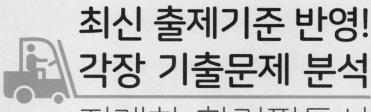

최신 출제기준 반영!
각장 기출문제 분석
지게차 합격필독서

최신판
지게차 운전기능사 필기

한상돈(학원원장)·
정동혁·강성만 저
이천복·성도근 검토위원

솔과학

목차

서문

산업의 발전과 더불어 물류산업도 급속히 발전됨에 따라서 건설기계 지게차운반 사업은 급변하게 늘어갔고 그만큼 안전사고도 많이 일어나고 있습니다. 이러한 현실을 반영하여 이 책은 지게차 구조와 원리를 정확히 숙지하고 자격을 취득하여 현장에서 적용 운전하고자 하는 분들께 도움이 되고자 다음과 같이 구성하였습니다.

지게차를 종력을 발생시키는 엔진 분야, 엔진을 조정하는 전기·전자 분야, 동력을 전달하는 종력전달장치 분야, 지게차의 작업장치 분야, 작업장치를 구동하는 유압 분야, 조향장치·제동장치 분야 및 안전 및 도료교통법 분야로 구성하였습니다. 그리고 이러한 구성을 바탕으로 하여 지게차운전기능사 필기시험을 대비한 가장 최신의 새로운 출제기준에 맞추어 공부할 수 있도록 출제 예상문제를 집필하였으며 최단 시간 내에 유형파악과 적중률을 높이기 위한 기출문제를 수록하였습니다.

부디 지게차 운전기능사를 준비하시는 수험생 여러분들이 자신감을 가지고 집중적으로 최소의 시간으로 최대의 효과를 얻을 수 있도록 하여 목표를 달성하시길 진심으로 기원합니다.

저자는 지게차 부문에서는 누구보다 수많은 시간 교육을 하고 현장실무 경험을 풍부하게 갖추고 있습니다. 이러한 경험과 노력이 오롯이 스며있는 이 책을 통하여 수험생 여러분이 지게차운전 기능사를 준비하는 과정에 조금이나마 도움이 되었으면 합니다.

집필을 도와준 솔과학 대표자 및 여러 관계자 여러분께 감사드리며, 이 책의 부족한 점은 앞으로도 보완 수정해 갈 것임을 미리 말씀드립니다.

저자 일동

출제기준(필기)

직무 분야	건설	중직무 분야	건설기계운전	자격 종목	지게차운전기능사	적용 기간	2016.7.1. ～ 2021.6.30.

○ 직무내용 : 지게차를 사용하여 작업현장에서 화물을 적재 또는 하역하거나 운반하는 직무

필기검정방법	객관식	문제수	60	시험시간	1시간

필기과목명	문제수	주요항목	세부항목	세세항목
건설기계기관, 전기, 섀시, 지게차작업장치, 유압일반, 건설기계관리법 규 및 도로통행방법, 안전관리	60	1.건설기계기관장치	1. 기관의 구조, 기능 및 점검	1. 기관본체 2. 연료장치 3. 냉각장치 4. 윤활장치 5. 흡 · 배기장치
		2. 건설기계전기장치	1. 전기장치의 구조, 기능 및 점검	1. 시동장치 2. 충전장치 3. 조명장치 4. 계기류 5. 예열장치
		3. 건설기계섀시장치	1. 섀시의 구조, 기능 및 점검	1. 동력전달장치 2. 제동장치 3. 조향장치 4. 주행장치
		4. 지게차 작업장치	1. 지게차 작업 장치	1. 지게차 구조 2. 작업장치기능 3. 작업방법
		5. 유압일반	1. 유압유	1. 유압유
			2. 유압기기	1. 유압펌프 2. 제어밸브 3. 유압실린더와 유압모터 4. 기타 부속장치 등
		6. 건설기계 관리법규 및 도 로교통법	1. 건설기계등록검사	1. 건설기계 등록 2. 건설기계 검사
			2. 면허 · 사업 · 벌칙	1. 건설기계 조종사의 면허 및 건설기계사업 2. 건설기계 관리 법규의 벌
			3. 건설기계의 도로 교통법	1. 도로통행방법에 관한 사항 2. 도로교통법규의 벌칙
		7. 안전관리	1. 안전관리	1. 산업안전일반 2. 기계 · 기기 및 공구에 관한 사항 3. 오염방지장치
			2. 작업 안전	1. 작업상의 안전 2. 기타 안전관련 사항

출제기준(실기)

직무 분야	건설	중직무 분야	건설기계운전	자격 종목	지게차운전기능사	적용 기간	2016.7.1. ～ 2021.6.30.

○직무내용 : 지게차를 사용하여 작업현장에서 화물을 적재 또는 하역하거나 운반하는 직무

○수행준거 : 1. 지게차 운전을 위한 장비점검을 할 수 있을 것
  2. 지게차를 조종하여 안전하게 작업할 수 있을 것
  3. 지게차를 운전하여 주행할 수 있을 것

실기검정방법	작업형	시험시간	10분 ～ 30분정도

실기과목명	주요항목	세부항목	세세항목
지게차운전 작업 및 도로주행	1. 운전기능	1. 레버 조작하기	1. 안전한 주행을 위하여 전·후진 레버를 조작할 수 있다. 2. 화물의 안전운반을 위하여 리프트 실린더를 조작할 수 있다. 3. 화물의 안전운반을 위하여 틸트 레버를 조작할 수 있다. 4. 화물의 종류에 따라 사이드 시프트 레버를 조작할 수 있다.
		2. 방향 전환하기	1. 작업환경에 따라 안전운전을 위하여 주변상황을 확인할 수 있다. 2. 이동경로에 따라 방향전환을 위하여 방향지시등을 조작할 수 있다. 3. 작업환경에 따라 운전기능을 습득하기 위하여 전·후진 레버를 조작할 수 있다. 4. 작업조건에 따라 방향전환을 위하여 핸들을 조작할 수 있다.
		3. 운반 및 하역 작업하기	1. 위험화물의 안전한 운반을 위하여 가속장치를 조작하여 저속 주행할 수 있다. 2. 화물의 종류에 따라 가속장치와 레버를 조작하여 속도조절을 할 수 있다. 3. 화물의 안전한 운반을 위하여 제동페달을 조작하여 제동할 수 있다. 4. 화물 하역 시 보조자의 신호에 따라 레버조작을 하여 저속으로 하역작업을 할 수 있다.
		4. 스위치 조작 및 계기판 확인하기	1. 등화장치 스위치를 조작하여 이상 여부를 점검할 수 있다. 2. 경고장치 스위치를 조작하여 이상 여부를 점검할 수 있다. 3. 계기판 확인을 위한 스위치를 조작하여 이상 여부를 점검할 수 있다. 4. 운전자의 편의를 위하여 공조장치 스위치를 조작하고 이상 여부를 점검할 수 있다.
	2. 작업계획 수립	1. 작업요청서 확인하기	1. 현장작업 실시 전 작업요청서를 수령하고 작업내용과 관련된 작업준비 사항에 대하여 협의 조정할 수 있다. 2. 작업요청서 내용을 파악하여 이동거리, 이동경로, 도로 상태를 확인할 수 있다. 3. 작업요청서 내용을 파악하여 작업시간을 확인할 수 있다. 4. 작업 시 안전사고에 대비하여 운반물에 대한 보험가입 유무를 협의 조정할 수 있다.
		2. 화물의 종류에 따른 작업계획 수립하기	1. 위험화물인 경우 작업 전 별도의 안전조치 후 운반작업 계획을 수립할 수 있다. 2. 고가품의 운반일 경우 사용자의 입회하에 특수보완 포장하고 운반할 수 있도록 작업계획을 수립할 수 있다. 3. 파손의 우려가 있는 화물일 경우 사용자의 입회하에 파손방지를 위한 별도 안전포장을 하고 운반할 수 있도록 작업일정 계획을 수립할 수 있다. 4. 비보험 화물일 경우 사용자와 안전한 운반을 위한 방안을 마련하고 사고발생 시 보상관련 사항을 사전협의하여 작업계획을 수립할 수 있다.

실기과목명	주요항목	세부항목	세세항목
		3. 화물크기 및 중량 확인하기	1. 화물의 크기를 확인하고 안전한 운반을 위한 보조자의 배치를 요청할 수 있다. 2. 안전한 운반을 위하여 화물의 중량에 따라 포크 위치를 선정하고 화물에 맞게 간격 조정을 할 수 있다. 3. 화물 크기와 무게에 따라 화물의 중심을 파악하여 안전한 적재방법을 결정할 수 있다. 4. 부피가 큰 화물인 경우 안전한 시야확보를 위한 후진 작업방법을 결정할 수 있다.
	3. 안전관리	1. 안전보호구 착용 및 안전장치 확인하기	1. 산업안전보건법의 산업안전수칙에 따라 안전보호구의 이상여부를 확인하고 착용할 수 있다. 2. 장비사용설명서에 따라 후진 시 물체와 충돌을 방지하기 위하여 후방 경보장치를 조작할 수 있다. 3. 후진 작업을 할 경우 후면 시야확보를 위하여 후사경의 정상여부를 확인하고 운전할 수 있다. 4. 낙하물 및 전도·전복사고 시 안전을 위하여 오버헤드가드의 손상여부를 확인하고 운전할 수 있다.
		2. 위험요소 확인하기	1. 장비사용설명서에 따라 안전을 위하여 지게차에는 운전자만 탑승할 수 있다. 2. 작업장에서 차량의 위치를 주변에 알려 위험을 경고할 수 있도록 안전부착물을 부착할 수 있다. 3. 장비사용설명서에 따라 운전자가 정 위치에 있을 때 만 작업장치를 작동할 수 있다. 4. 작업장치의 오작동을 방지하기 위하여 운전자의 복장, 손, 운전석 바닥 오염 여부를 확인하고 청결히 할 수 있다. 5. 안전운전을 위하여 작업장치와 주행장치의 정상작동 여부를 사전에 확인할 수 있다.
		3. 안전운반 작업하기	1. 안전운반 작업을 위하여 전·후진 주행 장치와 인칭 제동장치를 조작할 수 있다. 2. 안전운반 작업을 위하여 작업 시 전·후진의 작업방법을 판단하여 포크를 수평으로 유지하고 지면과의 안전높이를 조절할 수 있다. 3. 안전운반 작업을 위하여 상부 장애물 접촉에 주의하여 리프트 실린더를 조작하여 마스트의 상하 높이를 조절할 수 있다.
		4. 장비안전 관리하기	1 전·후진 작동, 제동장치 및 핸들조작 상태를 점검하고 안전하게 관리할 수 있다. 2 연료의 누출여부 및 각종 오일의 누유 상태를 점검하고 안전하게 관리할 수 있다.
	4. 작업장 확인	1. 작업현장 점검하기	1. 작업요청서 내용을 파악하여 안전한 작업공간을 확보할 수 있다. 2. 작업요청서 내용을 파악하여 작업장소의 환경을 확인하고 대처 방안을 마련할 수 있다. 3. 작업요청서 내용을 파악하여 적재·하역 장소 간 이동거리를 확인하고 작업시간을 계산할 수 있다. 4. 작업요청서 내용을 파악하여 작업 장소 간 이동경로의 장애물을 확인하고 처리할 수 있다.
		2. 지반확인하기	1. 작업요청서 내용을 파악하여 작업장의 경사도에 따라 안전운전을 할 수 있는지 여부를 판단할 수 있다. 2. 작업요청서 내용에 따라 이동경로에 맨홀이나 배수로가 있을 경우 안전조치를 취할 수 있다. 3. 작업요청서 내용에 따라 노면상태를 파악하여 지지력이 약하거나 요철구간이 있을 경우 안전운반 대책을 수립할 수 있다. 4. 작업요청서 내용을 파악하여 계절별 특성을 반영한 안전대책을 수립할 수 있다.
		3. 장애물 파악하기	1. 작업요청서 내용을 파악하여 미끄러운 구간이 있을 경우 예방 조치할 수 있다. 2. 작업요청서 내용을 파악하여 이동경로의 상하좌우 장애물 유형을 확인하고 조치할 수 있다. 3. 작업요청서 내용을 파악하여 작업 공간에 유해물질이 있을 경우 안전한 작업 경로를 확보할 수 있다. 4. 작업요청서 내용을 확인하여 작업공간의 안전여부를 사전에 파악하고 대처할 수 있다.

실기과목명	주요항목	세부항목	세세항목
		4. 안전표시 및 안전작업 준비하기	1. 작업요청서 내용을 파악하여 유해한 작업 환경일 경우 운전자는 안전조치를 할 수 있다. 2. 작업요청서 내용을 파악하여 사람의 이동이 빈번할 경우 안전표시를 하고 보조자를 배치할 수 있다. 3. 작업요청서 내용을 파악하여 작업경로가 어두운 경우 작업등을 설치하고 보조자를 배치할 수 있다. 4. 작업요청서 내용을 파악하여 작업장 공간이 부족할 경우 사용자와 협의하여 작업공간을 확보하고 안전표시를 할 수 있다.
	5. 작업 전 점검	1. 외관점검하기	1. 장비사용설명서에 따라 타이어의 손상 및 공기압의 적정여부를 점검할 수 있다. 2. 장비사용설명서에 따라 제동장치 작동 상태를 점검하고 브레이크액을 보충할 수 있다. 3. 장비사용설명서에 따라 휠 볼트 조임 상태를 확인하고 조치할 수 있다. 4. 장비사용설명서에 따라 조향장치의 정상작동 여부를 점검할 수 있다. 5. 장비사용설명서에 따라 엔진 시동 후 소음상태 및 공회전 상태 등을 점검할 수 있다.
		2. 누유 · 누수 확인하기	1. 엔진의 성능을 유지하기 위하여 엔진의 오일 누유를 점검하고 보충할 수 있다. 2. 엔진의 과열을 방지하기 위하여 냉각장치 호스류의 누수를 점검하고 부동액 잔량을 확인하여 보충할 수 있다. 3. 유압장치의 정상작동을 위하여 틸트 실린더 및 리프트 실린더의 누유 상태를 점검하고 보충할 수 있다. 4. 정상적인 제동력을 유지하기 위하여 제동장치 계통의 누유를 점검하고 브레이크액 부족 시 보충할 수 있다. 5. 정상적인 주행을 위하여 조향장치 계통의 누유를 점검하고 유압오일 부족 시 보충할 수 있다.
		3. 계기판 점검하기	1. 엔진 오일 경고등의 작동 상태를 점검하여 오일 순환의 정상 여부를 판단할 수 있다. 2. 냉각계통의 정상작동 여부를 확인하기 위하여 온도게이지를 점검하고 정상상태를 판단할 수 있다. 3. 정상운행을 위하여 연료게이지를 점검하고 연료 잔량을 확인할 수 있다. 4. 안전운행을 위하여 방향지시등을 점검하고 전구를 교환할 수 있다. 5. 전기장치의 정상작동 여부를 위하여 충전경고등 점등상태를 확인하여 충전 상태를 파악할 수 있다.
		4. 마스트 · 체인 점검하기	1. 적재물의 안전을 위하여 포크와 체인의 연결부위 균열 상태를 점검할 수 있다. 2. 작업장치의 정상작동을 위하여 마스트 상하 작동 상태를 점검할 수 있다. 3. 작업장치의 정상작동을 위하여 리프트 체인 및 마스트 베어링 상태를 점검할 수 있다. 4. 안전작업을 위하여 좌우 리프트 체인 유격의 동일여부를 점검할 수 있다.
		5. 엔진시동상태 점검하기	1. 엔진의 정상적인 시동을 위하여 축전지 단자 및 결선상태를 점검할 수 있다. 2. 축전지의 정상 상태확인을 위하여 축전지 점검 창을 통해 충전상태를 파악할 수 있다. 3. 엔진의 정상적인 시동을 위하여 동절기에 예열플러그의 작동 여부 및 예열시간을 확인할 수 있다. 4. 엔진의 정상적인 시동을 위하여 시동전동기의 정상 작동상태를 점검할 수 있다.
	6. 적재 · 하역 · 운반작업	1. 화물적재 및 하역하기	1. 화물의 종류에 따라 포크의 깊이와 각도로 적재상태를 확인할 수 있다. 2. 화물의 종류에 따라 흔들림 없이 무게 중심을 확인할 수 있다. 3. 화물의 안전한 적재를 위하여 인칭페달을 조작할 수 있다. 4. 적재된 화물의 형태에 따라서 마스트 각도를 조절할 수 있다. 5. 지정된 장소로 이동 후 낙하에 주의하여 하역할 수 있다.

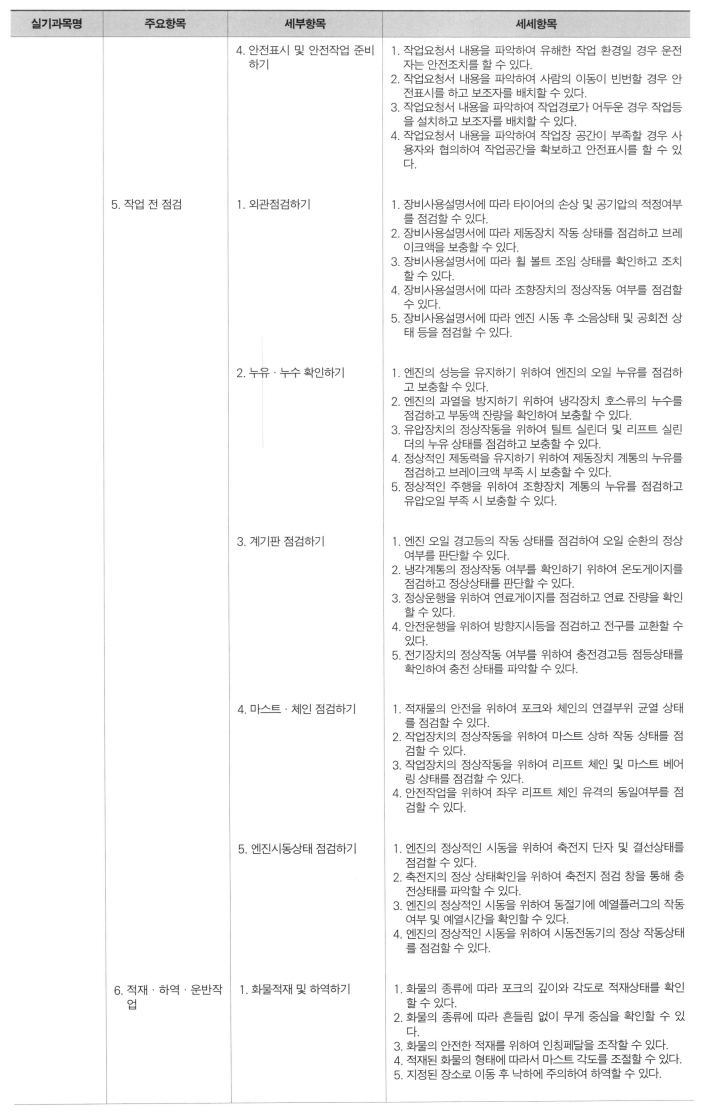

실기과목명	주요항목	세부항목	세세항목
		2. 주행하기	1. 노면과 주변 상황에 따라 후진작업 시 후사경과 후진경고음을 확인하며 주행할 수 있다. 2. 작업 진행 시 적재된 화물의 낙하에 주의하며 제한속도를 준수하여 주행할 수 있다. 3. 주행 중 진입 시 높이와 폭을 확인하여 진입 가능여부를 판단할 수 있다.
		3. 운전시야 확보하기	1. 운전시야를 확보하기 위하여 작업장의 위험요소를 파악할 수 있다. 2. 운전시야를 확보하여 적재물 낙하 및 충돌사고를 사전에 예방할 수 있다. 3. 주행 중 작업자와 보행자의 안전거리를 확보하여 접촉사고를 예방할 수 있다.
		4. 장비 및 주변 상태 확인하기	1. 지게차의 정상운전 상태 확인을 위하여 이상 소음 여부를 확인할 수 있다. 2. 지게차 운전 중 누유·누수 상태를 확인하고 조치할 수 있다. 3. 운전 중 돌발 상황발생 시 대처할 수 있다. 4. 이동경로의 장애물을 확인하고 대처할 수 있다.
	7. 작업 후 점검	1. 안전주차하기	1. 장비 안전을 위하여 주차한 후 주차 제동장치를 체결할 수 있다. 2. 보행자의 안전을 위하여 포크를 내린 후 끝부분이 완전히 지면에 닿게 마스트를 앞쪽으로 기울여 주차할 수 있다.
		2 외관점검하기	1. 장비사용설명서에 따라 휠 볼트, 너트 풀림 상태를 점검할 수 있다. 2. 장비사용설명서에 따라 타이어 공기압 및 손상유무를 점검할 수 있다.
	8. 사후유지관리	1. 작업·조정장치 점검하기	1. 유압 작동부의 유압오일을 점검할 수 있다. 2. 변속기 오일을 점검할 수 있다. 3. 제동장치의 작동상태를 확인할 수 있다. 4. 안전작업을 위하여 마스트·리프트체인의 손상 및 장력상태를 점검할 수 있다. 5. 마스트, 사이드롤러 작동부의 윤활상태를 점검할 수 있다.
		2. 엔진 관리하기	1. 예방정비를 위하여 엔진 오일을 점검하고 보충여부를 판단할 수 있다. 2. 엔진 공회전 상태에서 작동이상 유무를 판단할 수 있다.
	9. 도로주행	1. 교통법규 준수하기	1. 안전주행을 위하여 주행 시 포크의 끝부분이 보행자의 안전을 고려하도록 횡단보도 정지선을 준수하여 정지할 수 있다. 2. 주행 시 안전을 위하여 운전석에는 운전자만 탑승하고 운전할 수 있다.
		2. 안전운전 준수하기	1. 주행 시 안전속도를 준수하며 방어 운전할 수 있다. 2. 주행 시 보행자 보호 및 타 차량에 대하여 양보 운전을 할 수 있다. 3. 주행 시 노면의 장애물을 확인하며 안전 운전할 수 있다. 4. 주행 시 마스트장치로 인하여 발생하는 사각지대의 시야를 확보하고 안전 운전할 수 있다.

출제기준(필기)

직무 분야	건설	중직무 분야	건설기계운전	자격 종목	지게차운전기능사	적용 기간	2020.1.1.~2022.12.31.

○ 직무내용 : 지게차를 사용하여 작업현장에서 화물을 적재 또는 하역하거나 운반하는 직무이다.

필기검정방법	객관식	문제수	60	시험시간	1시간

필기과목명	문제수	주요항목	세부항목	세세항목
지게차 주행, 화물적재, 운반, 하역, 안전관리	60	1. 안전관리	1. 안전보호구 착용 및 안전장치 확인	1. 안전보호구 2. 안전장치
			2. 위험요소 확인	1. 안전표시 2. 안전수칙 3. 위험요소
			3. 안전운반 작업	1. 장비사용설명서 2. 안전운반 3. 작업안전 및 기타 안전 사항
			4. 장비 안전관리	1. 장비안전관리 2. 일상 점검표 3. 작업요청서 4. 장비안전관리 교육 5. 기계ㆍ기구 및 공구에 관한 사항
		2. 작업 전 점검	1. 외관점검	1. 타이어 공기압 및 손상 점검 2. 조향장치 및 제동장치 점검 3. 엔진 시동 전ㆍ후 점검
			2. 누유ㆍ누수 확인	1. 엔진 누유점검 2. 유압 실린더 누유점검 3. 제동장치 및 조향장치 누유점검 4. 냉각수 점검
			3. 계기판 점검	1. 게이지 및 경고등, 방향지시등, 전조등 점검
			4. 마스트ㆍ체인 점검	1. 체인 연결부위 점검 2. 마스트 및 베어링 점검
			5. 엔진시동 상태 점검	1. 축전지 점검 2. 예열장치 점검 4. 시동장치 점검 5. 연료계통 점검
		3. 화물 적재 및 하역작업	1. 화물의 무게중심 확인	1. 화물의 종류 및 무게중심 2. 작업장치 상태 점검 3. 화물의 결착 4. 포크 삽입 확인
			2. 화물 하역작업	1. 화물 적재상태 확인 2. 마스트 각도 조절 3. 하역 작업
		4. 화물운반작업	1. 전ㆍ후진 주행	1. 전ㆍ후진 주행 방법

필기과목명	문제수	주요항목	세부항목	세세항목
			2. 화물 운반작업	1. 유도자의 수신호 2. 출입구 확인
		5. 운전시야확보	1. 운전시야 확보	1. 적재물 낙하 및 충돌사고 2. 접촉사고 예방
			2. 장비 및 주변상태 확인	1. 운전 중 작업장치 성능확인 2. 이상 소음 3. 운전 중 장치별 누유 · 누수
		6. 작업 후 점검	1. 안전주차	1. 주기장 선정 2. 주차 제동장치 체결 3. 주차 시 안전조치
			2. 연료 상태 점검	1. 1. 연료량 및 누유 점검
			3. 외관점검	1. 휠 볼트, 너트 상태 점검 2. 그리스 주입 점검 3. 윤활유 및 냉각수 점검
			4. 작업 및 관리일지 작성	1. 작업일지 2. 장비관리일지
		7. 도로주행	1. 교통법규 준수	1. 도로주행 관련 도로교통법 2. 주행 시 포크의 위치 3. 도로표지판
			2. 안전운전 준수	1. 도로주행 시 안전운전
			3. 건설기계관리법	1. 건설기계 등록 및 검사 2. 면허 · 벌칙
		8. 응급대처	1. 고장 시 응급처치	1. 고장표시판 설치 2. 고장내용 점검 3. 고장유형별 응급조치
			2. 교통사고 시 대처	1. 교통사고 유형별 대처 2. 교통사고 응급조치 및 긴급구호
		9. 장비구조	1. 엔진구조	1. 엔진본체 구조와 기능 2. 윤활장치 구조와 기능 3. 연료장치 구조와 기능 4. 흡배기장치 구조와 기능 5. 냉각장치 구조와 기능
			2. 전기장치	1. 시동장치 구조와 기능 2. 충전장치 구조와 기능 3. 등화 및 계기장치 구조와 기능 4. 퓨즈 및 계기장치 구조와 기능
			3. 전 · 후진 주행장치	1. 조향장치의 구조와 기능 2. 변속장치의 구조와 기능 3. 동력전달장치 구조와 기능 4. 제동장치 구조와 기능 5. 주행장치 구조와 기능

필기과목명	문제수	주요항목	세부항목	세세항목
			4. 유압장치	1. 유압펌프 구조와 기능 2. 유압 실린더 및 모터 구조와 기능 3. 컨트롤 밸브 구조와 기능 4. 유압탱크 구조와 기능 5. 유압유 6. 기타 부속장치
			5. 작업장치	1. 마스트 구조와 기능 2. 체인 구조와 기능 3. 포크 구조와 기능 4. 가이드 구조와 기능 5. 조작레버 장치 구조와 기능 6. 기타 지게차의 구조와 기능

출제기준(실기)

직무 분야	건설	중직무 분야	건설기계운전	자격 종목	지게차운전기능사	적용 기간	2020.1.1.~2022.12.31.

○ 직무내용 : 지게차를 사용하여 작업현장에서 화물을 적재 또는 하역하거나 운반하는 직무이다.

○ 수행준거 : 1. 안전수칙에 따라 안전장비를 착용하고 안전장치와 위험요소를 확인하여 적재물을 안전하게 운반 작업하며 주기적으로 장비를 관리하여 안전사고를 예방하고 관리할 수 있다.
2. 지게차의 외관 상태와 누유·누수 여부를 점검하고 계기판의 각종 경고등 및 마스트·체인, 엔진의 시동상태 등을 파악하여 적재·하역·운반작업 중에 안전사고를 예방하고 관리할 수 있다.
3. 화물의 무게중심을 확인하여 적재 또는 하역할 수 있다.
4. 지게차를 주행하여 화물을 운반할 수 있다.
5. 장비 및 주변상태를 확인하고 운전시야를 확보할 수 있다.
6. 운전자가 장비를 운행한 후 안전주차, 연료 및 충전상태 점검, 외관점검, 작업 및 관리일지를 작성하여 안전사고를 예방하고 효율적으로 관리할 수 있다.
7. 도로교통법과 건설기계관리법규를 준수하여 안전하게 운전할 수 있다.
8. 지게차 고장 시 응급처치 및 교통사고에 대처할 수 있다.

실기검정방법	작업형	시험시간	10분 ~ 30분정도

실기과목명	주요항목	세부항목	세세항목
지게차운전 작업 및 도로주행	1. 운전기능	1. 안전보호구 착용 및 안전장 치 확인하기	1. 산업안전보건법의 산업안전수칙에 따라 안전보호구의 이상 여부를 확인하고 착용할 수 있다. 2. 장비사용설명서에 따라 후진 시 물체와 충돌을 방지하기 위 하여 후방 경보장치를 조작할 수 있다. 3. 후진 작업을 할 경우 후면 시야확보를 위하여 후사경의 정상 여부를 확인하고 운전할 수 있다. 4. 낙하물 및 전도·전복사고 시 안전을 위하여 오버헤드가드의 손상여부를 확인하고 운전할 수 있다.
		2. 위험요소 확인하기	1. 장비사용설명서에 따라 안전을 위하여 지게차에는 운전자만 탑승할 수 있다. 2. 작업장에서 차량의 위치를 주변에 알려 위험을 경고할 수 있 도록 안전부착물을 부착할 수 있다. 3. 장비사용설명서에 따라 운전자가 정 위치에 있을 때 만 작업 장치를 작동할 수 있다. 4. 작업장치의 오작동을 방지하기 위하여 운전자의 복장, 손, 안 전화, 운전석 바닥 오염 여부를 확인하고 청결히 할 수 있다. 5. 안전운전을 위하여 작업장치와 주행장치의 정상작동 여부를 사전에 확인할 수 있다.
		3. 안전운반 작업하기	1. 장비사용설명서의 안전수칙에 따라 지게차의 적재중량을 준 수하여 적재할 수 있다. 2. 안전운반 작업을 위하여 전·후진 주행 장치와 인칭 제동장 치를 조작할 수 있다. 3. 안전운반 작업을 위하여 경사로 작업 시 전·후진의 작업방 법을 판단하여 포크를 수평으로 유지하고 지면과의 안전높이 를 조절할 수 있다. 4. 적재물의 낙하방지를 위하여 포크간격을 조절한 후 균형을 유지하면서 서행 운전할 수 있다. 5. 안전운반 작업을 위하여 상부 장애물 접촉에 주의하여 리프 트 실린더를 조작하여 마스트의 상하 높이를 조절할 수 있다.
		4. 장비 안전관리하기	1. 장비사용설명서에 따라 리프트 실린더의 작동상태를 점검하 고 안전하게 관리할 수 있다. 2. 전·후진 작동, 제동장치 및 핸들조작 상태를 점검하고 안전 하게 관리할 수 있다. 3. 연료의 누출여부 및 각종 오일의 누유 상태를 점검하고 안전 하게 관리할 수 있다. 4. 일상 점검표에 따라 작업 전·후에 장비를 주기적으로 점검 하고 안전하게 관리할 수 있다. 5. 작업요청서와 장비사용설명서에 따라 화물 정보와 관련된 장 비 안전관리 교육을 할 수 있다.

실기과목명	주요항목	세부항목	세세항목
	2. 작업 전 점검	1. 외관점검하기	1. 장비사용설명서에 따라 타이어의 손상 및 공기압의 적정여부를 점검할 수 있다. 2. 장비사용설명서에 따라 제동장치 작동 상태를 점검하고 브레이크액을 보충할 수 있다. 3. 장비사용설명서에 따라 휠 볼트 조임 상태를 확인하고 조치할 수 있다. 4. 장비사용설명서에 따라 조향장치의 정상작동 여부를 점검할 수 있다. 5. 장비사용설명서에 따라 엔진 시동 후 소음상태 및 공회전 상태 등을 점검할 수 있다.
		2. 누유·누수 확인하기	1. 엔진의 성능을 유지하기 위하여 엔진의 오일 누유를 점검하고 보충할 수 있다. 2. 엔진의 과열을 방지하기 위하여 냉각장치 호스류의 누수를 점검하고 부동액 잔량을 확인하여 보충할 수 있다. 3. 유압장치의 정상작동을 위하여 틸트 실린더 및 리프트 실린더의 누유 상태를 점검하고 보충할 수 있다. 4. 정상적인 제동력을 유지하기 위하여 제동장치 계통의 누유를 점검하고 브레이크액 부족 시 보충할 수 있다. 5. 정상적인 주행을 위하여 조향장치 계통의 누유를 점검하고 유압오일 부족 시 보충할 수 있다.
		3. 계기판 점검하기	1. 엔진 오일 경고등의 작동 상태를 점검하여 오일 순환의 정상여부를 판단할 수 있다. 2. 냉각계통의 정상작동 여부를 확인하기 위하여 온도게이지를 점검하고 정상상태를 판단할 수 있다. 3. 정상운행을 위하여 연료게이지를 점검하고 연료 잔량을 확인할 수 있다. 4. 안전운행을 위하여 방향지시등을 점검하고 전구를 교환할 수 있다. 5. 전기장치의 정상작동 여부를 위하여 충전경고등 점등상태를 확인하여 충전 상태를 파악할 수 있다.
		4. 마스트·체인 점검하기	1. 적재물의 안전을 위하여 포크와 체인의 연결부위 균열 상태를 점검할 수 있다. 2. 작업장치의 정상작동을 위하여 마스트 상하 작동 상태를 점검할 수 있다. 3. 작업장치의 정상작동을 위하여 리프트 체인 및 마스트 베어링 상태를 점검할 수 있다. 4. 안전작업을 위하여 좌우 리프트 체인 유격의 동일여부를 점검할 수 있다.
		5. 엔진시동 상태 점검하기	1. 엔진의 정상적인 시동을 위하여 축전지 단자 및 결선상태를 점검할 수 있다. 2. 축전지의 정상 상태확인을 위하여 축전지 점검 창을 통해 충전상태를 파악할 수 있다. 3. 엔진의 정상적인 시동을 위하여 동절기에 예열플러그의 작동여부 및 예열시간을 확인할 수 있다. 4. 엔진의 정상적인 시동을 위하여 시동전동기의 정상 작동상태를 점검할 수 있다.
	3. 화물 적재 및 하역작업	1. 화물의 무게중심 확인하기	1. 화물의 종류에 따라 흔들림 없이 무게 중심을 확인 할 수 있다. 2. 화물의 무게중심을 확인 후 작업장치 상태를 확인할 수 있다. 3. 화물의 무게중심을 확인 후 화물을 결착할 수 있다.
		2. 화물 하역작업하기	1. 화물의 종류에 따라 포크의 깊이와 각도로 적재상태를 확인할 수 있다. 2. 적재된 화물이 불안정할 경우 화물을 결착할 수 있다. 3. 적재된 화물의 형태에 따라서 마스트 각도를 조절할 수 있다. 4. 지정된 장소로 이동 후 낙하에 주의하여 하역할 수 있다.
	4. 화물 운반 작업	1. 전·후진 주행하기	1. 노면과 주변 상황에 따라 후진작업 시 후사경과 후진경고음을 확인하며 주행할 수 있다. 2. 작업 진행 시 적재된 화물의 낙하에 주의하며 제한속도를 준수하여 주행할 수 있다.

실기과목명	주요항목	세부항목	세세항목
		2. 화물 운반작업하기	1. 작업 진행 시 보조자의 수신호를 확인하여 운전할 수 있다. 2. 주행 중 출입구 진입 시 높이와 폭을 확인하여 진입 가능여부를 판단할 수 있다.
	5. 운전시야확보	1. 운전시야 확보하기	1. 운전시야를 확보하기 위하여 작업장의 위험요소를 파악할 수 있다. 2. 운전시야를 확보하여 적재물 낙하 및 충돌사고를 사전에 예방할 수 있다. 3. 운전시야를 확보하기 위하여 보조자의 도움으로 운행 동선을 확인할 수 있다. 4. 주행 중 작업자와 보행자의 안전거리를 확보하여 접촉사고를 예방할 수 있다.
		2. 장비 및 주변상태 확인하기	1. 작업요청서에 따른 운전 중 작업 장치 성능을 확인 할 수 있다. 2. 지게차의 정상운전 상태 확인을 위하여 이상 소음 여부를 확인하여 조치할 수 있다. 3. 지게차 운전 중 누유 · 누수 상태를 확인하고 조치할 수 있다. 4. 운전 중 돌발 상황발생 시 대처할 수 있다. 5. 작업요청서에 따른 이동경로의 장애물을 확인하고 대처할 수 있다.
	6. 작업 후 점검	1. 안전주차하기	1. 건설기계관리법 시행규칙에 따라 주기장을 선정할 수 있다. 2. 장비 안전을 위하여 주기장에 주차한 후 주차 제동장치를 체결할 수 있다. 3. 보행자의 안전을 위하여 포크를 내린 후 끝부분이 완전히 지면에 닿게 마스트를 앞쪽으로 기울여 주차할 수 있다. 4. 운행이 종료되면 장비의 키는 반드시 지정된 곳에 안전하게 보관할 수 있다. 5. 작업 중 경사지에 임시 주차할 경우 안전을 위하여 바퀴에 고임대를 사용하여 주차할 수 있다.
		2. 연료 및 충전 상태 점검하기	1. 연료게이지를 확인하고 적정량의 연료를 안전하게 주입할 수 있다. 2. 축전지 점검 창을 통하여 충전상태를 확인하고 방전 시 충전할 수 있다. 3. 축전지를 점검하여 방전되었을 경우 보조 축전지를 사용하여 시동할 수 있다. 4. 동절기에는 온도차에 따른 결로현상을 방지하기 위하여 작업 후 연료를 가득 채울 수 있다.
		3. 외관점검하기	1. 장비사용설명서에 따라 휠 볼트, 너트 풀림 상태를 점검할 수 있다. 2. 장비사용설명서에 따라 타이어 공기압 및 손상유무를 점검할 수 있다. 3. 장비 유지관리를 위하여 조향 및 작업장치의 그리스 주입개소에 그리스를 주입할 수 있다. 4. 장비 유지관리를 위하여 부위별 윤활유 누유 및 냉각수 누수를 점검하고 보충할 수 있다.
		4. 작업 및 관리일지 작성하기	1. 운전 중 발생하는 특이사항을 관찰하여 작업일지에 기록할 수 있다. 2. 장비의 효율적인 관리를 위하여 사용자의 성명과 작업의 종류 가동시간 등을 작업일지에 기록할 수 있다. 3. 연료 게이지를 확인하여 연료를 주입하고 작업일지에 기록할 수 있다. 4. 장비 안전관리를 위하여 정비개소 및 사용부품 등을 장비관리일지에 기록할 수 있다.
	7. 도로주행	1. 교통법규 준수하기	1. 도로교통법에 따라 도로주행 시 신호를 준수하여 운전할 수 있다. 2. 도로교통법에 따라 도로주행 시 차선을 준수하여 우측 끝차선으로 운전할 수 있다. 3. 안전주행을 위하여 도로주행 시 포크의 끝부분이 보행자의 안전을 고려하도록 횡단보도 정지선을 준수하여 정지할 수 있다. 4. 도로주행 시 안전을 위하여 운전석에는 운전자만 탑승하고 운전할 수 있다.

실기과목명	주요항목	세부항목	세세항목
		2. 안전운전 준수하기	1. 도로교통법에 따라 도로주행 시 안전속도를 준수하며 방어 운전할 수 있다. 2. 도로주행 시 보행자 보호 및 타 차량에 대하여 양보 운전을 할 수 있다. 3. 도로주행 시 노면의 장애물을 확인하며 안전 운전할 수 있다. 4. 도로교통법에 따라 야간 운행 시 전조등 및 경광등을 점등하고 안전부착물을 부착하여 안전 운전할 수 있다. 5. 도로주행 시 마스트장치로 인하여 발생하는 사각지대의 시야를 확보하고 안전 운전할 수 있다.
	8. 응급대처	1. 고장 시 응급처치하기	1. 시동이 꺼졌을 때에는 후면 안전거리에 고장표시판을 설치 후 고장내용을 점검할 수 있다. 2. 제동불량 시 안전주차하고 후면 안전거리에 고장표시판을 설치 후 고장내용을 점검할 수 있다. 3. 타이어 펑크 시 안전주차하고 후면 안전거리에 고장표시판을 설치 후 정비사에게 지원요청 할 수 있다. 4. 전·후진 주행장치 고장 시 안전주차하고 후면 안전거리에 고장표시판을 설치 후 견인 조치를 의뢰할 수 있다. 5. 마스트 유압라인 고장 시 안전주차하고 후면 안전거리에 고장표시판을 설치 후 포크를 마스트에 고정하여 응급 운행할 수 있다.
		2. 교통사고 시 대처하기	1. 인명 사고 시 신속한 응급조치 후 긴급구호 요청할 수 있다. 2. 지게차 화재 시 장비에 비치된 소화기로 긴급 진화할 수 있다. 3. 교통사고 시 안전주차하고 후면 안전거리에 고장표시판을 설치하여 2차 사고를 예방할 수 있다. 4. 전도·전복사고 발생 시 안전조치하고 긴급구호 요청할 수 있다.

필기응시절차

자격종목 :   지게차 운전기능사

응시방법 :   한국산업인력공단 홈페이지
　　　　　　회원가입 - 원서접수 신청 - 자격선택 - 종목선택 - 응시유형 -
　　　　　　추가입력 - 장소선택 - 결제하기

시험일정 :   상시시험
　　　　　　Q-net(www.q-net.or.kr)에서 확인

검정방법 :   객관식 4지 택일형, 60문항

시험시간 :   60분

시험과목 :   지게차 주행, 화물적재, 운반, 하역, 안전관리

합격기준 :   100점 만점에 60점 이상

참고
- 한국산업인력공단이 주관 및 시행하는 기능사 정기 CBT 필기시험 및 상시 CBT 필기시험과
  관련한 정보는 큐넷 홈페이지 (http://www.q-net.or.kr)를 방문하여 확인
- 필기시험의 원서접수는 인터넷으로만 가능하며 정기 치 상시시험 모두
  큐넷 홈페이지(http://www.q-net.or.kr)에서 접수할 수 있음

[공개]

국가기술자격 실기시험문제

자격종목	지게차운전기능사	과제명	코스운전 및 작업

비번호		시험일시		시험장명	

※ 시험시간 : 4분

1. 요구사항

주어진 지게차를 운전하여 아래 작업순서에 따라 도면과 같이 시험장에 설치된 코스에서 화물을 적·하차 작업과 전·후진 운전을 한 후 출발 전 장비위치에 정차하시오.

가. 작업순서

1) 출발위치에서 출발하여 화물 적재선에서 드럼통 위에 놓여 있는 화물을 파렛트 (pallet)의 구멍에 포크를 삽입하고 화물을 적재하여 (전진)코스대로 운전합니다.

2) 화물을 화물적하차위치의 파렛트(pallet)위에 내리고 후진하여 후진 선에 포크를 지면에 완전히 내렸다가, 다시 전진하여 화물을 적재합니다.

3) (후진)코스대로 후진하여 출발선 위치까지 온 다음 전진하여 화물 적재선에 있는 드럼통 위에 화물을 내려놓고, 다시 후진하여 출발 전 장비위치에 지게차를 정지 (포크는 주차보조선에 내려놓습니다.)시킨 다음 작업을 끝마칩니다.

4 - 1

[공개]

자격종목	지게차운전기능사	과제명	코스운전 및 작업

2. 수험자 유의사항

가. 공통

※ 항목별 배점은 "화물하차작업 55점, 화물상차작업 45점"입니다.

1) 시험위원의 지시에 따라 시험장소를 출입 및 운전해야 합니다.
2) 음주상태 측정은 시험시작 전에 실시하며, 음주상태 및 음주측정을 거부하는 경우 실기시험에 응시할 수 없습니다.(도로교통법에서 정한 혈중 알코올농도 0.03% 이상)
3) 규정된 작업복장의 착용여부는 채점사항에 포함됩니다.(수험자 지참공구 목록 참고)
4) 휴대폰 및 시계류(손목시계, 스톱워치 등)는 시험 전 제출 후 시험에 응시합니다.
5) 장비운전 중 이상 소음이 발생되거나 위험사항이 발생되면 즉시 운전을 중지하고, 시험위원에게 알려야 합니다.
6) 장비조작 및 운전 중 안전수칙을 준수하고, 안전사고가 발생되지 않도록 유의하여야 합니다.

나. 코스운전 및 작업

1) 코스 내 이동시 포크는 지면에서 20~30cm로 유지하여 안전하게 주행하여야 합니다. (단, 파렛트를 실었을 경우 파렛트 하단부가 지면에서 20~30cm유지하게 함)
2) 수험자가 작업 준비된 상태에서 시험위원의 호각신호에 의해 시작되고, 다시 후진하여 출발 전 장비위치에 지게차를 정차시켜야 합니다. (단, 시험시간은 앞바퀴 기준으로 출발선 및 도착선을 통과하는 시점으로 합니다.)

다. 다음과 같은 경우에는 채점 대상에서 제외하고 불합격 처리합니다.

가) 기권

(1)수험자 본인이 기권 의사를 표시하는 경우

나) 실격

(1) 운전 조작이 미숙하여 안전사고 발생 및 장비 손상이 우려되는 경우
(2) 시험시간을 초과하는 경우
(3) 요구사항 및 도면대로 코스를 운전하지 않은 경우
(4) 출발신호 후 1분 내에 장비의 앞바퀴가 출발선을 통과하지 못하는 경우
(5) 코스 운전 중 라인을 터치하는 경우(단, 후진 선은 해당되지 않으며, 출발선에서 라인 터치는 짐을 실은 상태에서만 적용합니다.)
(6) 수험자의 조작 미숙으로 기관이 1회 정지된 경우
(7) 주차브레이크를 해제하지 않고 앞바퀴가 출발선을 통과하는 경우
(8) 화물을 떨어뜨리는 경우 또는 드럼통(화물)을 넘어뜨리는 경우
(9) 화물을 적재하지 않거나, 화물 적재 시 파렛트(pallet) 구멍에 포크를 삽입하지 않고 주행하는 경우

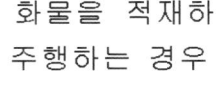

[공개]

자격종목	지게차운전기능사	과제명	코스운전 및 작업

(10) 코스 내에서 포크 및 파렛트가 땅에 닿는 경우(단, 후진선 포크 터치는 제외)

(11) 코스 내에서 주행 중 포크가 지면에서 50cm를 초과하여 주행하는 경우

　　(단, 화물 적하차를 위한 전후진하는 위치에서는 제외)

　　※ 화물적하차를 위한 전후진하는 위치(2개소) : 출발선과 화물적재선 사이의 위치와

　　　코스 중간지점의 후진선이 있는 위치에 "전진-후진" 으로 도면에 표시된 부분임

(12) 화물 적하차 위치에서 하차한 파렛트가 고정 파렛트를 기준으로 가로 또는 세로 방향으로

　　20cm를 초과하는 경우

(13) 파렛트(pallet) 구멍에 포크를 삽입은 하였으나, 덜 삽입한 정도가 20cm를 초과한 경우

4 - 3

[공개]

자격종목	지게차운전기능사	과제명	가공소재 운반 및 적재

3. 도면

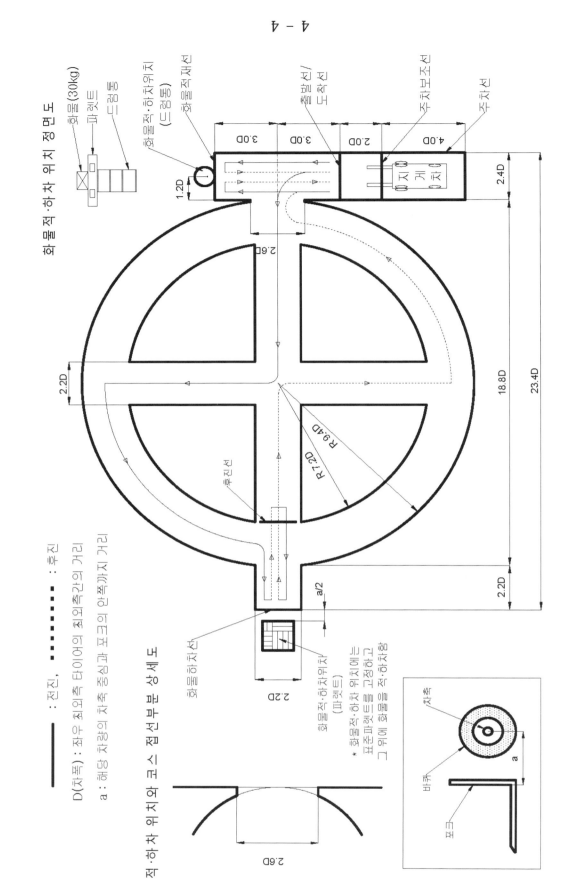

제1장
지게차 작업장치

1. 지게차의 개요

1. 지게차의 개요

가. 지게차 일반

1) 개요

지게차(fork lift)는 주로 경화물을 적재, 하역 작업 및 화물의 단거리 운반(100~200m)작업에 적합하기 때문에 공장 내 또는 창고, 부두 지역의 화물 취급에 많이 사용되는 건설기계이다.

건설기계관리법의 정의

➡ ❶ 타이어식으로 들어 올림 장치와 조종석을 가진 것
➡ ❷ 다만, 전동식으로 솔리드 타이어를 부착한 것 중 도로가 아닌 장소에서 운행하는 것은 제외

산업안전보건법에 따른 범위

➡ ❶ 건설기계관리법에 의해 등록되는 지게차의 범위를 모두 포함
➡ ❷ 그 외에도, 모든 형태의 지게차를 모두 포함

가) 용도

① 경량물의 적재 및 적하 작업에 적합하다.
② 중량물의 적재 및 하역 작업에 적합하다.
③ 경량물의 운반 작업에 적합하다.

나) 지게차의 특징

① 기관의 동력이 앞바퀴에 전달되는 전륜구동 방식이다.
② 최소회전반경을 적게 하기 위하여 후륜조향 방식이다.
③ 완충장치가 없기 때문에 도로 조건이 나쁜 곳은 불리하다.
④ 최소회전반경은 약 1.8~2.7m이다.
⑤ 유압 펌프는 기어펌프를 사용하고 유압은 7~13MPa[70~130kgf/cm2]이다.
⑥ 안쪽 바퀴의 조향각은 65~75°이다.

2) 지게차의 분류

가) 프리리프트 마스트(표준형)

① 마스트가 1단으로 되어 있는 지게차이다.

② 출입문이나 천정의 공간이 낮은 공장 내에서 화물의 적재 및 적하작업이 용이하다.

나) 하이 마스트

① 마스트가 2단으로 늘어나게 되는 형식의 지게차이다.

② 표준형 지게차로 작업이 불가능한 높은 장소의 적재 및 적하작업이 용이하다.

③ 저장 공간을 최대로 활용할 수 있다.

④ 포크의 상승이 신속하게 이루어진다.

⑤ 옥외작업용.

다) 3단 마스트

① 마스트가 3단으로 늘어나게 되는 형식의 지게차이다.

② 저장 공간을 경제적으로 이용할 수 있는 장점이 있다.

③ 높은 장소의 화물 적재 및 적하 작업이 용이하다.

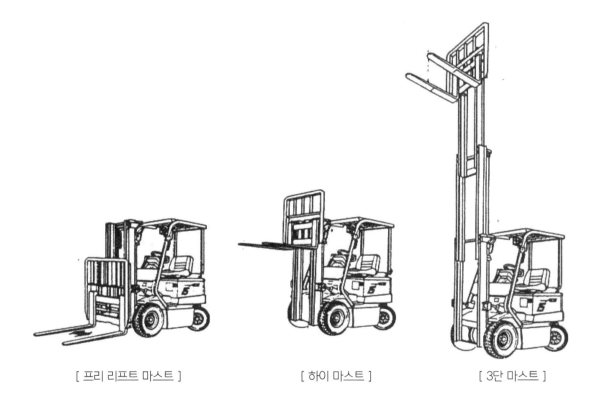

[프리 리프트 마스트]   [하이 마스트]   [3단 마스트]

라) 블록 클램프

① 클램프를 좌우에서 안쪽으로 이동시켜 화물을 고정시키는 지게차이다.

② 콘크리트 블록 등을 받침대 없이 20~25개씩 모아서 운반 작업이 용이하다.

③ 클램프 안쪽에 고무판이 부착되어 있기 때문에 화물이 빠지는 것을 방지한다.

마) 사이드 시프트

① 백 레스트와 포크를 좌측 또는 우측으로 이동시킬 수 있는 지게차이다.

② 차체를 이동시키지 않고 적재 및 하역 작업을 할 수 있다.

바) 사이드 시프트 클램프

① 좌우측에 설치된 클램프를 좌측 또는 우측으로 이동시킬 수 있는 지게차이다.

② 차체를 이동시키지 않고 적재 및 하역작업을 할 수 있다.

③ 부피가 큰 경화물의 운반 및 적재 작업에 적합하다.

④ 화물의 손상이 적고 매우 신속하다.

사) 로드 스테빌라이저

① 마스트에 상하로 작동하는 압착판이 설치된 지게차이다.

② 화물을 포크 쪽을 향하여 누르기 때문에 화물의 낙하를 방지할 수 있다.

③ 화물을 요철이 심한 노면이나 경사진 노면에서 안전하게 운반할 수 있다.

[블록 클램프]   [사이드 클램프]   [사이드 시프트 클램프]

아) 로테이팅 포크

① 백 레스트와 포크를 좌우로 회전시킬 수 있는 지게차이다.

② 용기에 들어 있는 화물을 일으켜 세우는 작업에 적합하다.

③ 원추형의 화물을 운반 및 회전시켜 적재하는데 적합하다.

자) 로테이팅 클램프

① 백 레스트와 클램프를 좌우로 회전시킬 수 있는 지게차이다.

② 원추형의 화물을 좌우로 조여 운반 및 회전시켜 적재하는데 적합하다.

③ 클램프 안쪽에 고무판이 부착되어 있어 화물이 미끄러지는 것을 방지한다.

[로드 스태빌라이저]   [로테이팅 포크]

차) 힌지드 포크

① 포크가 45° 각도로 휘어져 있는 지게차이다.

② 원형의 목재, 파이프 등의 운반 작업에 적합하다.

카) 힌지드 버킷

① 포크 대신에 버킷이 설치되어 있는 지게차이다.

② 석탄, 소금, 비료 등 비교적 흘러내리기 쉬운 물건의 운반 및 하역작업에 적합하다.

③ 흐트러진 물건의 운반 및 하역 작업에 적합하다.

[로테이팅 클램프]　　　　[힌지드 포크]　　　　[힌지드 버킷]

3) 지게차의 구조

가) 마스트

① 마스트는 핑거보드 및 백 레스트가 가이드 롤러에 의해서 상하로 섭동할 수 있는 레일이다.

② 인너 레일과 아웃 레일로 구성되어 있고 오버랩은 500±50mm이다.

③ 리프트 실린더, 리프트 체인, 체인 스프로킷, 리프트 롤러, 틸트 실린더, 핑거보드, 백 레스트, 캐리어, 포크 등 이 부착되어 있다.

나) 리프트 체인

① 리프트 체인은 리프트 실린더와 함께 포크의 상승 및 하강 작용을 돕는 역할을 한다.

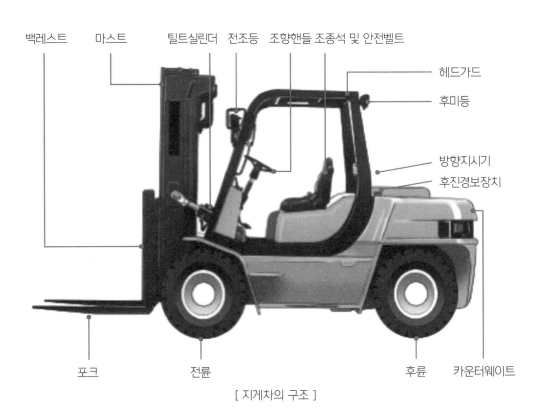

[지게차의 구조]

② 체인의 한 쪽은 아웃 레일의 스트랩에 고정되고 다른 한쪽은 스프로킷을 통과하여 핑거보드에 고정된다.

③ 좌우 포크의 수평 높이는 리프트 체인에 의해서 조정된다.

④ 리프트 체인의 길이는 핑거보드 롤러의 위치로 조정된다.

⑤ 리프트 체인은 엔진오일로 주유한다.

다) 핑거보드

① 핑거보드는 포크가 설치되는 수평판으로 백 레스트에 지지되어 있다.

② 리프트 체인의 한쪽 끝이 고정되어 있다.

라) 캐리어

① 포크를 롤러 베어링에 의해서 인너 레일을 따라 상승 및 하강 작용을 돕는 역할을 한다.

② 상하 방향과 좌우 방향의 압력에 견딜 수 있도록 2° 기울여 설치되어 있다.

③ 포크 상승 및 하강 작용시 하중을 지지한다.

마) 백 레스트

핑거보드 위에 설치되어 포크에 적재된 화물을 지지하는 역할을 한다.

바) 포크

① 포크는 핑거보드에 설치되어 화물을 들어 올리는 역할을 한다.

② 좌우 포크의 설치 간격은 파레트 폭의 1/2~3/4정도이다.

③ 화물 적재 및 하역 작업을 할 때 시선은 포크 끝에 두는 것이 좋다.

사) 평형추(counter weight, ballense weight)

① 지게차 프레임의 최후단에 설치되어 차체 앞쪽으로 쏠리는 것을 방지한다.

② 화물의 적재 작업 및 하역 작업시 지게차의 균형을 유지시키는 역할을 한다.

아) 리프트 실린더

① 마스트의 크로스 멤버에 설치되어 포크 상승 및 하강시키는 단동식 유압 실린더이다.

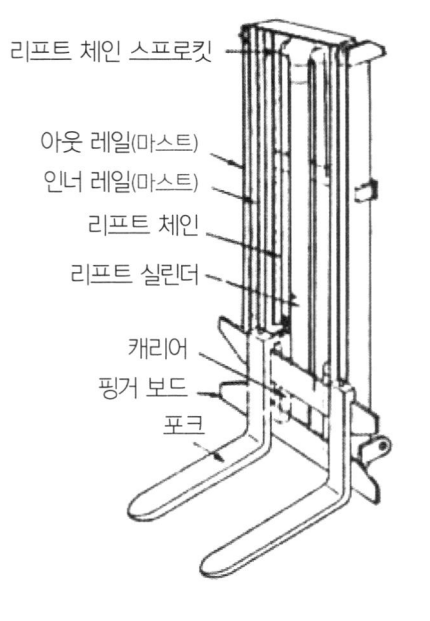

리프트 체인 스프로킷
아웃 레일(마스트)
인너 레일(마스트)
리프트 체인
리프트 실린더
캐리어
핑거 보드
포크

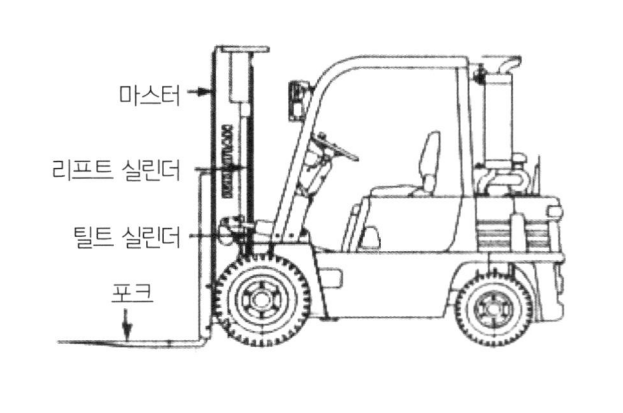

마스터
리프트 실린더
틸트 실린더
포크

[마스터의 구조]

② 포크 상승은 유압에 의해서 이루어지고 하강은 자중에 의해서 하강된다.

③ 리프트 실린더는 1~2개가 설치되어 있다.

④ 리프트 레버를 당기면 포크가 상승되고 밀면 하강된다.

자) 틸트 실린더

① 마스트와 프레임 사이에 설치되어 있는 복동식 유압 실린더이다.

② 마스트를 앞쪽 또는 뒤쪽으로 경사시키는 역할을 한다.

③ 틸트 실린더는 좌우 각각 1개씩 설치되어 있다.

④ 틸트 레버를 당기면 마스트가 앞쪽으로 기울어지고 당기면 뒤쪽으로 기울어진다.

차) 마스트 경사각

기준 무부하 상태에서 마스트를 앞이나 뒤로 기울였을 때 마스트가 수직면에 대하여 이루는 경사각을 말한다. 마스트 경사각은 전경각과 후경각으로 구분한다.

마스트의 전경각 및 후경각은 다음 기준에 맞아야 한다. 단, 철판 코일을 들어 올릴 수 있는 특수한 구조인 경우 또는 안전에 지장이 없도록 안전경보장치 등을 설치한 경우에는 그러하지 아니하다.

(1) 정격 하중이 10톤 이하인 경우

① 카운트 밸런스형 : 전경각은 5~6°, 후경각은 10~12°

② 리치형 : 전경각은 3°, 후경각은 5°

③ 사이드 포크형 : 전경각은 3~5°, 후경각은 5°

(2) 정격 하중이 10톤을 초과하는 경우

① 전경각 : 3~6°

② 후경각 : 10~12°

※ 전경각 : 마스트를 앞으로 기울인 경우 수직면에 대하여 이루는 최대 경사각

※ 후경각 : 마스트를 뒤로 기울인 경우 수직면에 대하여 이루는 최대 경사각

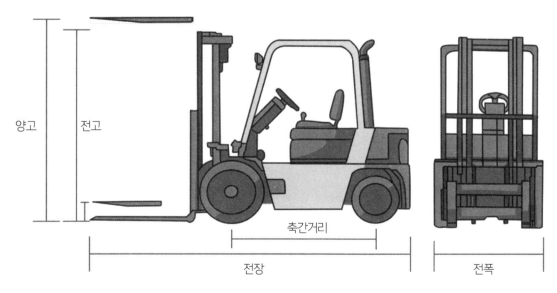

[작업장치-지게차]

4) 구조 및 작동

가) 동력 전달 순서

(1) 마찰클러치식 지게차

엔진 → 클러치 → 변속기 → 종감속 기어 및 차동장치 → 앞 차축 → 앞바퀴

(2) 토크컨버터식 지게차

엔진 → 토크 컨버터 → 변속기 → 종감속 기어 및 차동장치 → 앞 구동축 → 최종 감속장치 → 앞바퀴

(3) 유압식 지게차

엔진 → 토크 컨버터 → 파워 시프트 → 변속기 → 차종감속 기어 및 동장치 → 앞 차축 → 앞바퀴

(4) 전동식 지게차

배터리 → 컨트롤러 → 구동 모터 → 변속기 → 종감속 기어 및 차동장치 → 앞 구동축 → 앞바퀴

나) 조종장치

(1) 저 · 고속 레버와 전 · 후진 레버

① 저 · 고속 레버 : 지게차의 1단과 2단을 선택하는 역할을 하며, 레버를 밀면 저속, 레버를 당기면 고속이 된다. 작업시에는 저속의 위치에서 행한다.

② 전 · 후진 레버 : 지게차의 전진과 후진을 선택하는 역할을 하며, 레버를 당기면 전진, 레버를 당기면 후진한다.

(2) 리프트 레버

① 포크를 상승 및 하강 위치를 선택하는 역할을 한다.

② 레버를 당기면 포크는 상승하고 밀면 포크가 하강된다.

③ 레버를 놓으면 자동적으로 중립 위치에 리턴 된다.

④ 포크에 화물을 적재하고 약 20~30cm정도를 상승시키고 이동한다.

(3) 틸트 레버

① 마스트를 앞쪽 또는 뒤쪽으로 기울이는 위치를 선택하는 역할을 한다.

② 레버를 당기면 뒤쪽으로 기울어지고 밀면 앞쪽으로 기울어진다.

③ 레버를 놓으면 자동적으로 중립 위치에 리턴 된다.

5) 유압 계통

가) 유압 펌프

① 유압 펌프는 크랭크 축 풀리에 연결된 자재 이음을 통하여 구동된다.

② 유압을 발생하여 컨트롤 밸브에 공급되어 레버에 의해서 선택된 액추에이터에 공급된다.

③ 발생 유압은 7~13MPa[70~130kgf/cm²]정도이다.

④ 레버가 중립 위치에 있을 때는 작동유는 컨트롤 밸브를 통하여 유압 탱크로 리턴 된다.

⑤ 유압 조절 밸브는 항상 일정한 유압으로 유지시키는 역할을 한다.

⑥ 유압 펌프는 조향엔진과 펌프와 직결되어 있다.

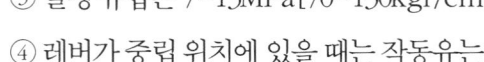

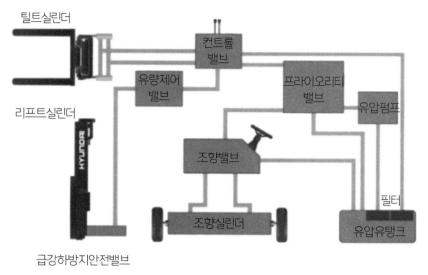

[유압장치]

나) 리프트 실린더

① 레버를 당기면 유압유가 실린더의 아래쪽으로 유입되어 피스톤을 밀어 포크가 상승된다.

② 레버를 밀면 화물의 중량 또는 포크의 자중에 의해 실린더에 유입된 유압유가 유압 탱크로 리턴되어 포크는 하강한다.

③ 화물의 중량에 의해서 포크가 갑자기 하강하는 것을 방지하기 위하여 안전 체크 밸브가 설치되어 있다.

④ 포크의 하강 속도는 다운 컨트롤 밸브에 의해서 조절되며, 포크를 상승시킬 때에는 가속 페달을 밟는다.

다) 틸트 실린더

① 레버를 밀면 유압유가 피스톤의 뒤쪽으로 유입되어 마스트가 앞쪽으로 기울어진다.

② 레버를 당기면 유압유가 피스톤의 앞쪽으로 유입되어 마스트가 뒤쪽으로 기울어진다.

[지게차 구조 명칭]

6) 운행 및 작업시 주의 사항

가) 지게차 운행시 주의 사항

① 급유 중은 물론 운행 중에도 화기를 가까이하지 않는다.

② 급브레이크는 피하고 특히 적재시에 주의한다.

③ 내리막길에서는 브레이크를 밟으면서 서서히 주행한다.

④ 포크에는 사람을 타거나 들어 올리지 말아야 한다.

⑤ 화물을 싣고 경사지를 내려갈 때에는 후진으로 운행하여야 한다.

⑥ 경사지를 오르거나 내려올 때에는 급회전을 하지 않아야 한다.

⑦ 이동시 지면에서 포크는 20~30cm 정도 올린다.

⑧ 한눈을 팔면서 운행하지 말아야 한다.

⑨ 포크의 끝단으로 화물을 들어 올리지 않는다.

⑩ 운행 조작시에는 시동 후 5분 정도 경과한 후에 한다.

⑪ 주행 중 필히 노면 상태에 주의하고 노면이 거친 곳에서는 천천히 운행한다.

나) 지게차 주차시 주의 사항

① 포크를 완전히 지면에 내려놓아야 한다.

② 엔진을 정지시키고 주차 브레이크를 잡아당겨 주차 상태를 유지한다.

③ 포크 선단이 지면에 닿도록 마스트를 전방으로 경사시킨다.

④ 기동 스위치에서 키를 빼내어 보관한다.

⑤ 전·후진 레버는 중립으로 하고 저·고속 레버는 저속 위치로 한다.

⑥ 기관을 공전 상태로 정지시키는 경우에는 마스트를 뒤로 틸트 해 둔다.

다) 창고 또는 공장에 출입할 때 안전 작업

① 화물을 운반할 때에는 포크는 지상 20~30cm정도 높이를 유지하여야 한다.

② 지게차의 폭과 출입구의 폭을 확인하여야 한다.

③ 부득이 포크를 올려서 출입하는 경우 출입구 높이에 주의한다.

④ 반드시 주위의 안전 상태를 확인한 후 출입한다.

⑤ 얼굴, 손, 발을 차체 밖으로 내밀지 않고 출입한다.

라) 지게차 작업시 안전 수칙

① 주정차시에는 반드시 주차 브레이크를 고정시킬 것

② 전·후진 변속시에는 지게차가 완전히 정지된 상태에서 행할 것

③ 후진시에는 반드시 뒤쪽을 살필 것

④ 급발진, 급브레이크, 급선회는 하지 않는다.

마) 지게차의 적재 작업

① 화물을 올릴 때에는 포크를 수평이 되도록 한다.

② 화물을 올릴 때에는 가속 페달을 밟는 동시에 레버를 조작한다.

③ 포크로 물건을 찌르거나 물건을 끌어서 올리지 않는다.

④ 운반하려는 물건 가까이 접근하면 속도를 낮춘다.

⑤ 운반하려는 물건 앞에서는 일단 정지한다.

⑥ 운반하려는 물건이 무너지거나 파손 등의 위험성 여부를 확인한다.

⑦ 화물을 적재 장소에 도달하면 일단 정지한다.

⑧ 마스트를 수직되게 틸트시켜 화물적재 위치보다 조금 높은 위치까지 상승시킨다.

⑨ 화물 적재 위치를 잘 확인한 후 천천히 전진하여 예정 위치에 화물을 내린다.

바) 지게차의 하역 작업

① 운반하려는 화물의 앞 가까이 오면 속도를 줄인다.

② 화물의 앞에서는 일단 정지한다.

③ 포크는 파레트에 대해 항상 평행을 유지시킨다.

④ 화물을 부릴 때에는 마스트를 앞으로 약 4° 경사시킨다.

⑤ 화물을 부릴 때에는 가속 페달의 조작은 필요 없다.

⑥ 리프트 레버 사용시 눈의 초점은 마스트를 주시한다.

⑦ 지게차가 경사된 상태에서 적하 작업을 할 수 없다.

⑧ 포크에 쌓아 올린 물건을 내릴 때에는 수직으로 천천히 내린다.

제2장
건설기계 기관장치

1. 기관의 개요

1) 개요

열기관은 연료의 연소열 또는 열원에 의해서 발생된 열에너지를 기계적인 에너지로 바꾸는 장치를 말한다.

2) 열기관의 분류

가) 외연기관

실린더 밖에서 연료를 연소시키는 것(증기기관 등)

나) 내연기관

실린더 안에서 연료를 연소시키는 것(가솔린기관, 디젤기관 등)

(1) 내연기관의 분류

(가) 점화방식에 따른 분류

① 가솔린 기관 : 공기와 연료의 혼합기를 압축하여 전기적인 불꽃으로 점화 (연료는 가솔린)

② 디젤 기관 : 공기만을 흡입하여 예열. 압축한 후 연료를 분사하면 압축열에 의해서 착화 (연료는 디젤)

(나) 작동 방식에 따른 분류

① 2행정 사이클 기관: 크랭크 축 1회전 즉, 피스톤의 2행정으로 1사이클을 완료하는 기관을 말한다.

② 4행정 사이클 기관: 크랭크 축 2회전 즉, 피스톤의 4행정으로 1사이클을 완료하는 기관을 말한다.

(다) 연소 방식에 따른 분류

① 정적 사이클(오토 사이클) : 일정 용적하에서 연소하는 기관을 말한다.

② 정압 사이클(디젤 사이클) : 일정 압력하에서 연소하는 기관을 말한다.

③ 복합 사이클(사바테 사이클) : 일정 용적, 일정 압력하에서 연소하는 기관을 말한다.

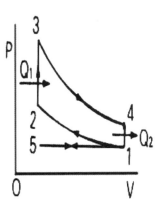

1-2 : 단열 압축
2-3 : 정적 가열
3-4 : 단열 팽창
4-1 : 정적 방열

[정적 사이클]

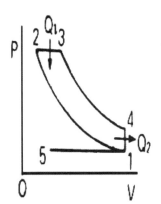

1-2 : 단열 압축
2-3 : 정압 가열
3-4 : 단열 팽창
4-1 : 정적 방열

[정압 사이클]

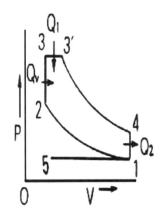

1-2 : 단열 압축
2-3 : 정적 가열
3-3′ : 정압 가열
3′-4 : 단열 팽창
4-1 : 정적 방열

[합성 사이클]

(다) 실린더 배열에 따른 분류

① 직렬형 : 실린더가 수직 일렬로 배열된 형식

② V형 : 실린더가 V자로 배열된 형식

③ 수평 대향형 : 실린더가 수평으로 배열된 형식

④ V형 : 실린더가 V형으로 배열된 형식

⑤ 성형 : 실린더가 방사선형으로 배열된 형식

3) 기관의 작동원리

가) 4행정 사이클 기관의 작동 원리

(1) 흡입 행정

피스톤이 내려가면서 대기와의 압력차에 의해 신선한 혼합기가 유입되는 행정이다. 흡기 밸브는 열려 있고 배기 밸브는 닫혀 있다.

(2) 압축 행정

피스톤이 올라가면서 혼합기를 압축시키는 행정이다. 흡·배기 밸브 모두 닫혀 있다.

(3) 동력 행정

연소 압력으로 피스톤을 밀어내려 동력을 발생하는 행정이다. 흡·배기 밸브 모두 닫힌 상태이다.

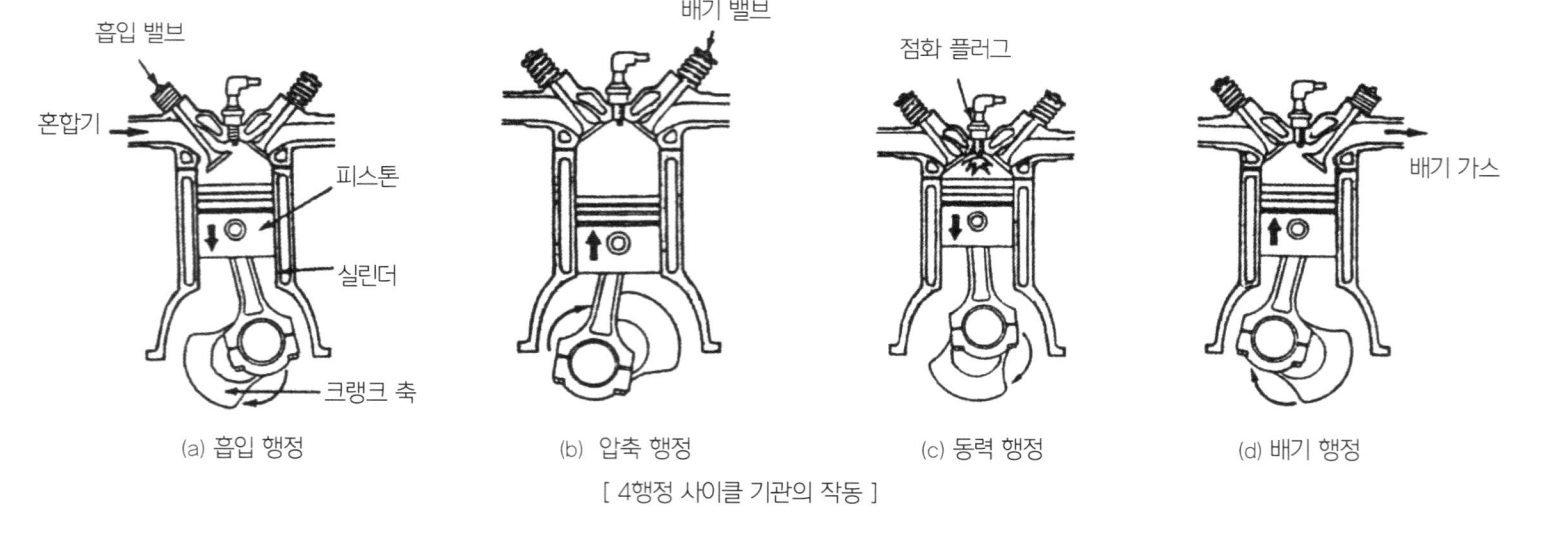

[4행정 사이클 기관의 작동]

(4) 배기 행정

피스톤이 올라가면서 연소된 가스를 밖으로 내보내는 행정이다. 흡기 밸브는 닫혀 있고 배기 밸브는 열려 있다.

(5) 밸브 개폐 시기

① 상사점(T.D.C ; Top Dead Center) : 피스톤이 최상단에 위치하는 곳

② 하사점(B.D.C ; Bottom Dead Center) : 피스톤이 최하단에 위치하는 곳

③ 행정(stroke) : 상사점과 하사점 사이의 거리 즉, 피스톤이 움직인 거리

④ 밸브오버랩(valve over lap) : 흡·배기 효율을 향상시키기 위해 흡·배기 밸브가 동시에 열려 있는 상태

⑤ 밸브 오버랩 각도 계산식 : 흡기 열리기 시작 각도 + 배기 닫히기 끝 각도

⑥ 밸브의 총 열림 각도 계산 : 밸브 열리기 시작 각도 + 180° + 밸브 닫히기 끝 각도

⑦ 블로 다운 : 2행정 사이클 엔진에서 폭발행정 말이나 배기 행정 초기에 피스톤은 하향하나 배기 밸브가 열려 배기가스 자체의 압력에 의해서 배출되는 현상

⑧ 사이클 : 어떤 물질에서 연속 반복되는 변화(흡입, 압축, 폭발, 배기) 즉, 혼합기가 실린더 내에 흡입된 다음 배기가스가 되어 밖으로 배출될 때까지의 주기적인 가스의 변화

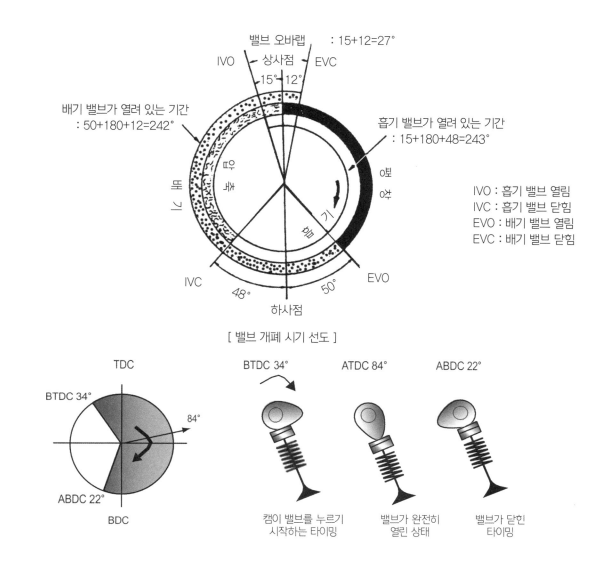

[밸브 개폐 시기 선도]

캠이 밸브를 누르기 시작하는 타이밍

밸브가 완전히 열린 상태

밸브가 닫힌 타이밍

나) 2행정 사이클 기관의 작동 원리

(1) 흡입, 압축 및 폭발, 배기 행정

피스톤이 상승하면서 흡입 포트가 열려 크랭크 케이스 내에 신선한 혼합기를 흡입하고 피스톤 헤드부는 배기 공을 막은 다음 유입된 혼합기를 압축하여 점화 플러그에서 발생되는 불꽃에 의해서 연소시킨다.

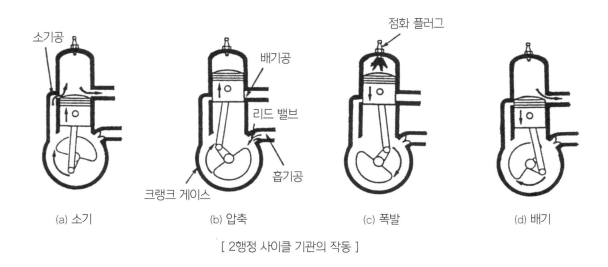

(a) 소기   (b) 압축   (c) 폭발   (d) 배기

[2행정 사이클 기관의 작동]

(2) 배기 및 소기

연소 가스가 피스톤을 밀어내려 배기공이 열리면 연소 가스가 배출되며, 피스톤에 의해서 소기공이 열리면 흡입 행정에서 흡입된 혼합 가스가 피스톤 헤드부로 유입된다.

※ 디플렉터 : 2행정 사이클 엔진에서 혼합기의 손실을 적게 하고 와류를 증가시키기 위해 피스톤 헤드에 설치된 돌기부를 말한다.

다) 4행정과 2행정 사이클의 비교

(1) 4행정 사이클 기관의 장단점

(가) 장점

① 작동이 확실하고 효율이 좋으며, 안정성이 있다.

② 회전 속도의 범위가 넓다.

③ 체적 효율이 높고 연료 소비율도 적다.

(나) 단점

① 밸브 기구에 의한 충격 및 소음이 많다.

② 기통수가 적으면 회전이 원활하지 않다.

(2) 2행정 사이클 기관의 장단점

(가) 장점

① 토크 변환율이 적고 기통수가 적어도 회전이 원활하다.

② 밸브 기구가 없거나 구조가 간단하다.

(나) 단점

① 흡·배기 불량하다.

② 피스톤이 손상되기 쉽다.

③ 저속 운전이 곤란하다.

4) 기관 본체

가) 실린더 헤드

실린더 블록 위에 개스킷을 사이에 두고 설치되어 있으며, 주철 또는 알루미늄 합금의 재료로 되어 있다.

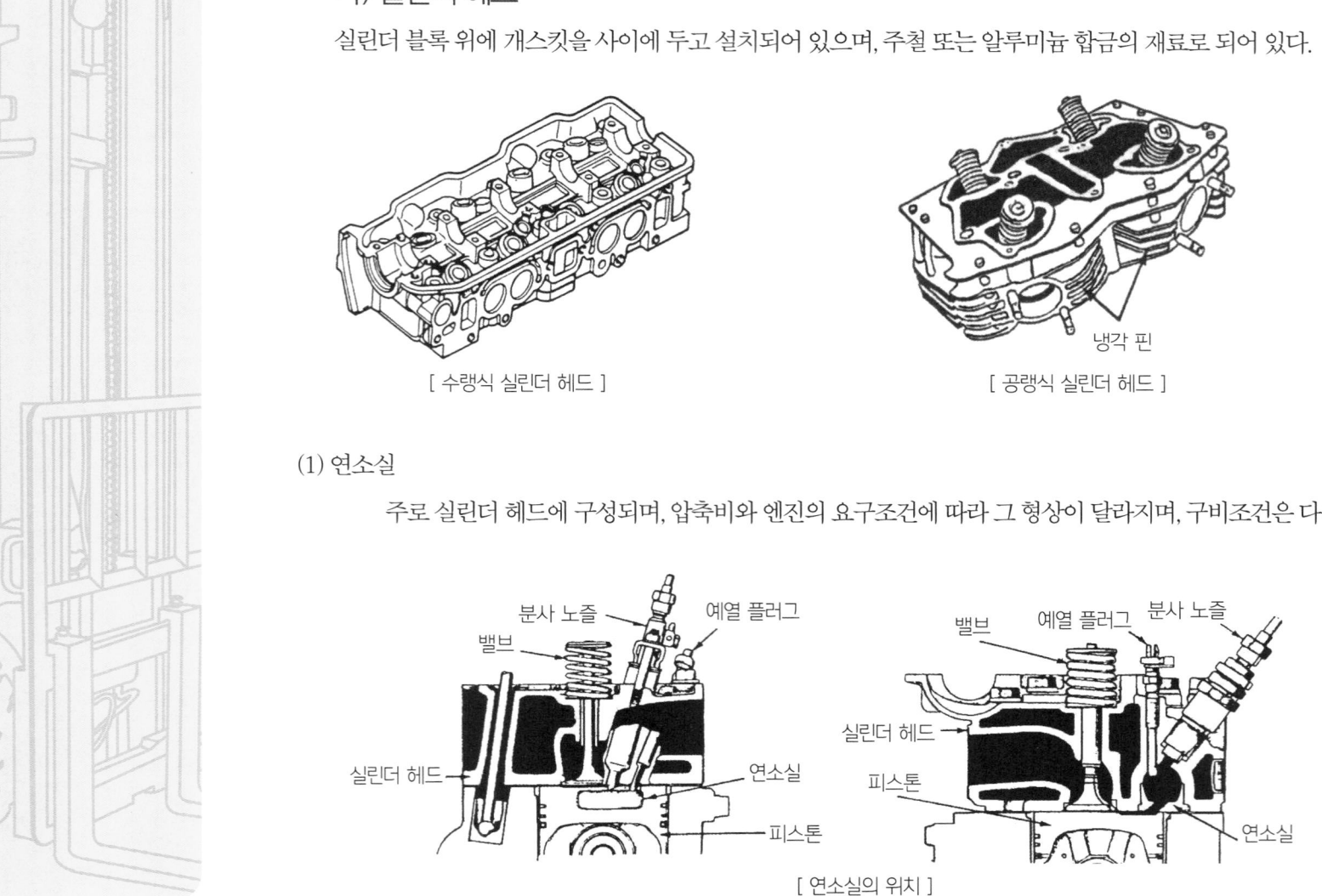

[수랭식 실린더 헤드]   [공랭식 실린더 헤드]

(1) 연소실

주로 실린더 헤드에 구성되며, 압축비와 엔진의 요구조건에 따라 그 형상이 달라지며, 구비조건은 다음과 같다.

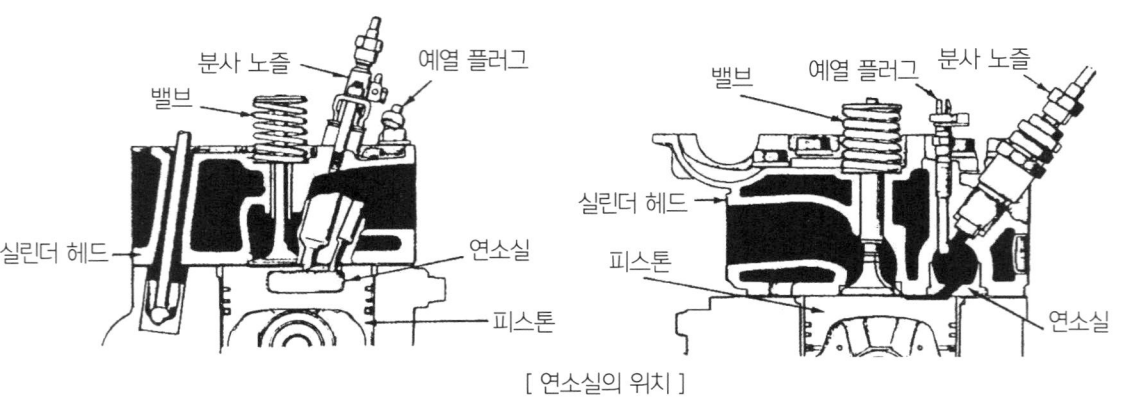

[연소실의 위치]

① 화염 전파에 요하는 시간을 최소가 되도록 할 것

② 연소실 내의 표면적이 최소가 되도록 할 것

③ 가열되기 쉬운 돌출부를 두지 말 것

④ 흡·배기가 원활하게 이루어지도록 할 것

⑤ 혼합기에 와류를 일으키게 할 것

(2) 실린더 헤드 개스킷

실린더 블록과 헤드사이에 설치되어 압축가스의 기밀 유지, 오일 및 냉각수가 누출되는 것을 방지하는 역할을 한다.

① 보통 개스킷 : 석면을 구리판으로 싸서 만든 것

② 스틸베스토 개스킷 : 강판 양쪽 면에 돌출물을 만들고 흑연과 석면을 압착하여 만든 것

③ 스틸 개스킷 : 강판만으로 만든 것

④ 헤드 개스킷 재료는 내열성 및 내압성이 만족되어야 한다.

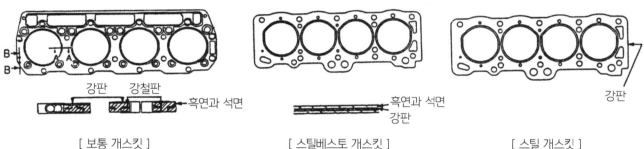

[보통 개스킷]　　　　[스틸베스토 개스킷]　　　　[스틸 개스킷]

(3) 실린더 헤드 정비 방법

① 균열 검사 : 육안법, 타진법, 자기 탐상법, 염색 탐상법, X-Ray

② 변형 검사 : 곧은 자와 시크니스(필러) 게이지로 6개소 이상 점검(변형 한계 : 0.2mm)

③ 변형이 있는 경우 평면 연삭기로 연마 후 새로운 개스킷을 사용

2. 기관의 블록

가) 실린더와 크랭크 케이스

(1) 실린더 블록

① 엔진의 기초 구조물이다.

② 재료는 주철 및 경합금이다.

③ 균열 및 변형의 검사는 실린더 헤드와 동일하다.

(2) 실린더

① 피스톤의 상하 운동을 안내하고 열 에너지를 기계적 에너지로 바꾼다.

② 실린더 벽은 있다.

(3) 실린더 라이너

(가) 건식 라이너

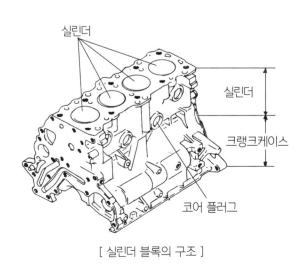

[실린더 블록의 구조]

① 두께는 2~4mm로 냉각수와 직접 접촉되지 않는다.

② 프레스를 이용하여 내경 100mm당 2~3톤의 힘으로 압입

(나) 습식 라이너

① 두께는 5~8mm로 냉각수와 직접 접촉된다.

② 조립은 실(seal)에 진한 비눗물을 바르고 손으로 눌러 끼운다.

※ 실린더가 한계값 이상 마모되었을 때

- 일체식 실린더 : 보링(boring)해야 한다.

- 삽입식 실린더 : 라이너만 교환한다.

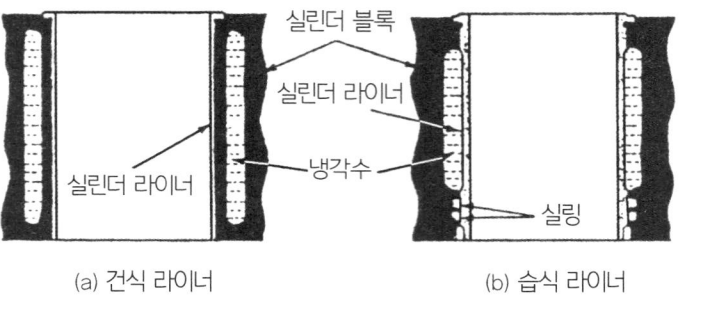
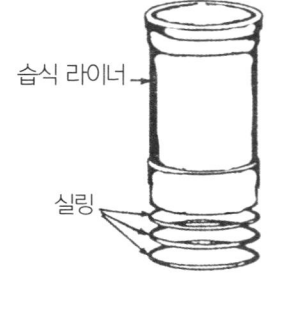

(a) 건식 라이너   (b) 습식 라이너

[실린더 라이너]

(3) 실린더 내경과 행정의 비

(가) 단행정 기관(오버 스퀘어 기관)

① 행정이 내경보다 적은 기관

② 단행정(오버 스퀘어)기관의 장 · 단점

• 피스톤의 평균 속도를 올리지 않고 회전 속도를 높일 수 있다.

• 흡기 효율을 높일 수 있다.

• 엔진 높이를 낮출 수 있다.

• 측압이 증대된다.

• 열이 많이 난다.

(나) 정방행정 기관(스퀘어 기관)

① 행정과 내경이 같은 기관

(다) 장행정 기관(언더 스퀘어 기관)

① 행정이 내경보다 큰 기관

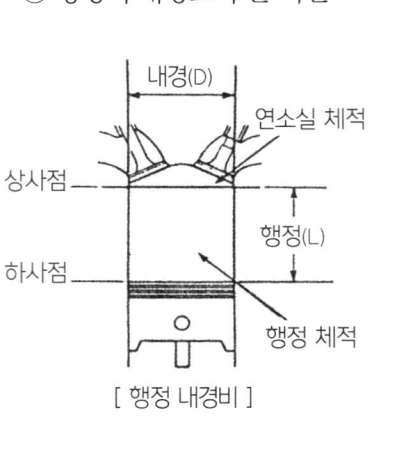

[행정 내경비]   [장행정 기관]   [정방행정 기관]   [단행정 기관]

나) 피스톤

피스톤은 실린더 내를 왕복 운동하며, 폭발 압력을 커넥팅 로드 및 크랭크 축에 전달하여 동력을 발생한다.

[피스톤의 구조]

(1) 피스톤 간극
　　① 피스톤 간극은 열팽창 때문에 두며, 위치에 따라 간극이 다르다.
　　② 피스톤 간극은 경합금 피스톤의 경우 실린더 내경의 0.05% 정도이다.
　　③ 간극이 크면 : 압축 압력 저하, 오일의 희석, 블로바이 현상, 피스톤 슬랩 발생
　　④ 간극이 작으면 : 마멸 증대, 소결(stick현상)

※ 오일의 희석 : 블로바이(Blow-by)현상에 의한 가스와 오일이 화학변화를 일으켜 오일이 굳어지는 현상
※ 블로바이 : 가스가 실린더와 피스톤 사이에서 크랭크 케이스로 새는 것

(2) 피스톤 슬랩(piston slap)
피스톤 간극이 클 때 실린더 벽에 충격적으로 접촉되어 금속음을 발생하는 것으로 방지책으로는 오프셋 피스톤을 사용한다.
(3) 피스톤이 갖추어야 할 조건
　　① 가볍고 폭발 압력에 충분히 견딜 것
　　② 열팽창이 적고 열전도율이 좋을 것
　　③ 가스누출을 방지하여 기밀을 유지할 것
(4) 피스톤의 재질
　(가) 특수 주철
　　① 알루미늄 합금에 비해 강도가 크다.
　　② 열팽창이 작다.
　　③ 관성이 크기 때문에 고속 엔진에 부적합하다.
　(나) 알루미늄 합금
　　① 열전도가 좋다.
　　② 고속, 고압축 기관에 적합하다.
　　③ 열팽창 계수가 크고 강도가 낮다.
　　④ Y합금 = Al + Cu + Ni + Mg
　　⑤ 로엑스(low-ex)합금 = Al + Cu + Mg + Ni + Si +Fe

※ 피스톤의 상호 중량 오차는 2%(7g) 이내이어야 한다.

(5) 피스톤의 종류

① 캠연마 피스톤 : 열팽창을 고려하여 핀 보스의 직각부를 핀 보스부보다 크게 한 형식

② 솔리드 피스톤 : 피스톤의 상, 중, 하의 지름이 동일한 것으로 기계적 강도가 크다.

③ 스플릿 피스톤 : 스커트부에 가로 및 세로 홈을 둔 형식

④ 인바 스트럿 피스톤 : 열팽창 계수가 작은 인바강을 핀 보스부에 넣고 일체 주조한 형식으로 열팽창이 가장 적은 피스톤

⑤ 슬리퍼 피스톤 : 측압을 받지 않는 부분을 떼어 낸 형식

⑥ 오프셋 피스톤 : 피스톤 슬랩을 피할 목적으로 피스톤 핀의 중심을 피스톤의 중심에서 1.5mm 정도 오프셋 시킨 피스톤

$$※ 피스톤의 평균속도 : S = \frac{2 \times L \times N}{60} = \frac{L \times N}{60}$$

S : 피스톤의 평균 속도(m/s), L : 피스톤의 행정(m), N : 기관의 회전수(min-1)

다) 피스톤 링

(1) 피스톤 링의 3대 작용

① 기밀 유지

② 오일 제어

③ 열전도 작용

(2) 피스톤 링의 종류

① 압축링 : 압축링은 기밀을 유지함과 동시에 오일을 제어한다.

② 오일링 : 실린더 벽에 뿌려진 과잉의 오일을 긁어내린다.

※ 피스톤 링의 재질은 주로 조직이 세밀한 특수주철이 사용되며 원심 주조한다.

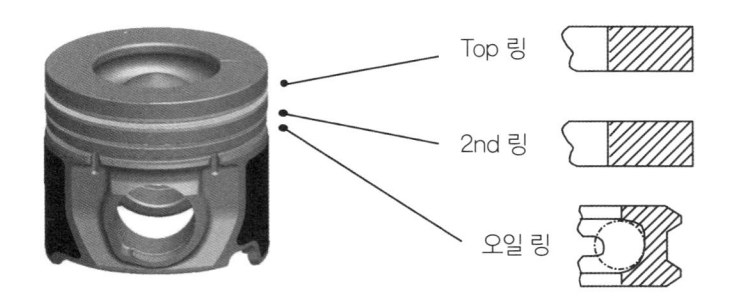

Top 링

2nd 링

오일 링

[피스톤 링 각부 명칭]

(3) 피스톤 링 이음의 종류

① 종절형(Butt joint)

② 단절형(Lap joint)

③ 경사절형(Angle joint)

④ 실이음(Seal joint)

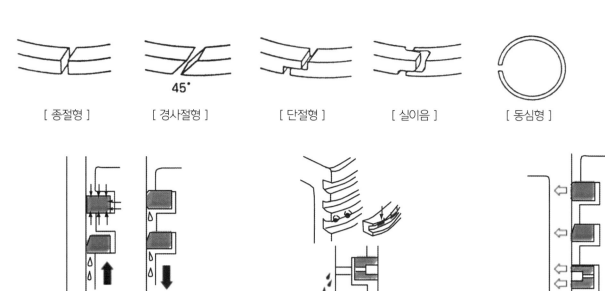

[종절형]　　[경사절형]　　[단절형]　　[실이음]　　[동심형]　　[편심형]

위의 Top 링이 가스를 밀봉하고 아래의 2nd 링
이 밀봉을 도와서 함께 유막 두께를 조정한다.

오일링에 의해 긁어 떨어진 오일은
배출 구멍을 통해 피스톤내에 유입된다.

피스톤의 열은 링을 통과하여
실린더에 전달된다.

[피스톤 링의 기능]

(4) 링의 절개구 방향

오일 소모 및 블로바이 방지를 위하여 절개구가 일직선이 되지 않도록 120~180도 엇갈리게 설치한다.

(5) 피스톤 링의 형상

① 동심형 링 : 두께와 폭이 일정하다. 실린더 벽에 가하는 압력이 불균일하다.

② 편심형 링 : 실린더 벽에 가하는 압력이 균일하다.

라) 피스톤 핀

피스톤 핀은 피스톤과 커넥팅 로드를 연결하며, 피스톤에서 받은 압력을 크랭크 축에 전달한다.

※ 피스톤 핀의 표면은 표면경화하여 내마멸성을 높이고, 안쪽은 중공으로 가볍게 한다.

(1) 피스톤 핀의 구비조건

① 가벼울 것

② 충분한 강성이 있을 것

③ 내마멸성이 우수할 것

(2) 피스톤 핀의 설치방법

① 고정식 : 피스톤 보스부에 피스톤 핀을 고정 볼트로 고정

② 반부동식 : 피스톤핀을 커넥팅 로드 소단부에 클램프 볼트로 고정

③ 전부동식 : 고정된 부분이 없고 핀의 이탈을 방지하기 위해 스냅링 설치

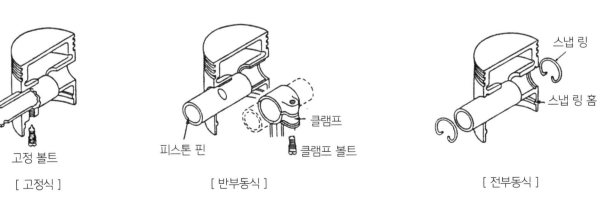

고정 볼트

[고정식]

피스톤 핀　　클램프

클램프 볼트

[반부동식]

스냅 링

스냅 링 홈

[전부동식]

마) 커넥팅 로드

피스톤과 연결되는 소단부와 크랭크 축과 연결되는 대단부로 구성되며, 동력행
정 시 피스톤에서 받은 압력을 크랭크 축에 전달한다.

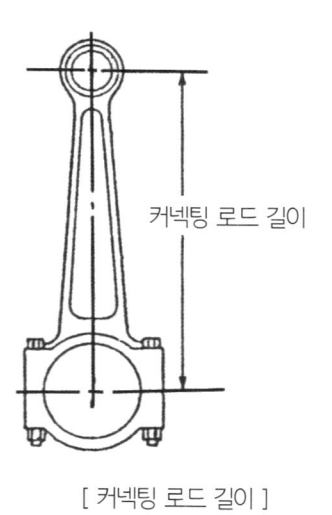

[커넥팅 로드 길이]

    (1) 갖추어야 할 조건

        ① 충분한 강성을 가지고 있을 것

        ② 내마멸성이 우수할 것

        ③ 가벼울 것

    (2) 커넥팅 로드의 길이

    피스톤 행정의 약 1.5~2.3배 정도

        ① 길이가 짧으면 : 측압은 증대되고 엔진 높이는 낮아진다.

        ② 길이가 길면 : 측압이 감소되고 강성은 작아진다.

바) 크랭크 축

동력행정시 피스톤의 직선운동을 회전 운동으로 바꾸어 외부로
출력한다. 흡입 · 압축 · 배기행정시 피스톤에 운동을 전달한다.
크랭크 케이스 내에 설치된 메인 베어링에 지지된다.

    (1) 구비 조건

        ① 강성이 충분하고 내마멸성이 클 것

        ② 정적 및 동적 평형이 잡혀 있을 것

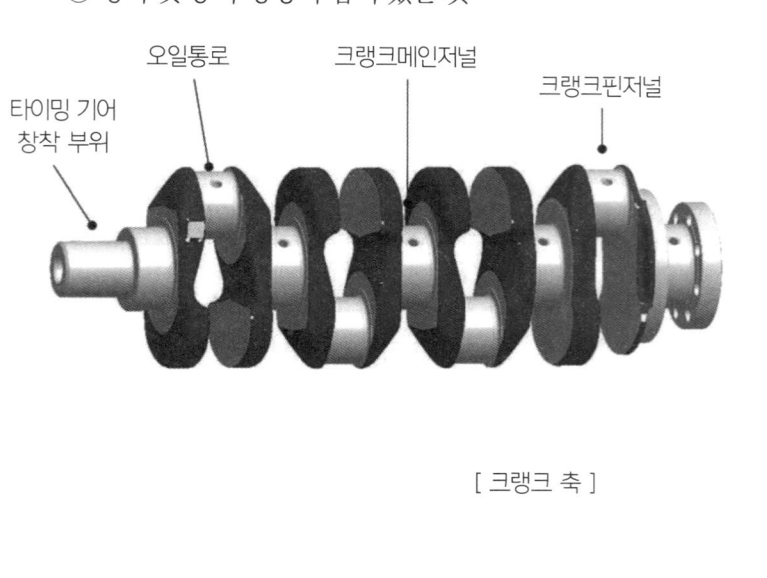
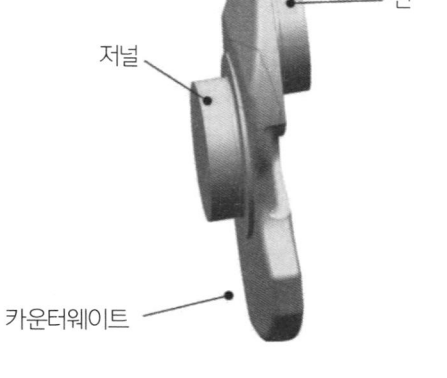

[크랭크 축]

    (2) 크랭크 축의 형식과 점화순서

        (가) 4기통 기관(직렬형)

          ① 크랭크 축의 위상각 : 180°

          ② 점화순서 : 1 - 3 - 4 - 2 또는 1 - 2 - 4 - 3

        (나) 6기통 기관(직렬형)

          ① 크랭크 축의 위상각 : 120°

          ② 우수식 점화순서 : 1 - 5 - 3 - 6 - 2 - 4

          ③ 좌수식 점화순서 : 1 - 4 - 2 - 6 - 3 - 5

$$※ 위상각 = \frac{720°}{기통수}$$

(3) 작동 행정을 찾는 방법

    (가) 4기통 기관

        ① 작동 행정은 그림과 같이 시계방향으로 기록한다.

        ② 점화순서는 반시계 방향으로 차례로 기록한다.

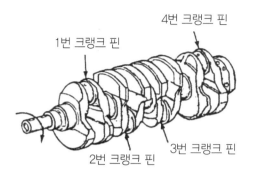
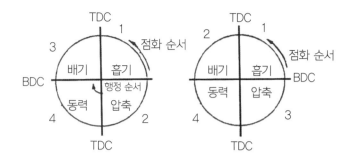

[4기통 기관의 행정과 점화순서]

    (나) 6기통 기관

        ① 작동행정은 그림과 같이 시계방향으로 기록한다.

        ② 점화순서는 반시계 방향으로 실린더 번호를 120o(그림에서는 60o)마다 차례로 기록한다.

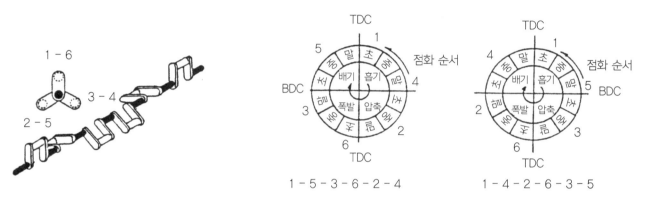

[6기통 기관의 행정과 점화순서]

사) 플라이 휠

    ① 엔진 회전력의 맥동을 방지하여 회전 속도를 고르게 한다.

    ② 엔진 기동을 위해 링 기어가 설치되어 있다.

    ③ 클러치 기구가 부착되며 클러치 마찰면으로 이용된다.

    ④ 실린더 수가 많고 회전 속도가 빠르면 플라이 휠 무게는 가볍게 한다.

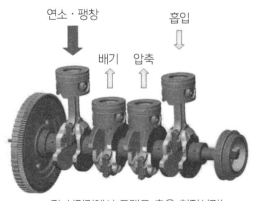

▲ 각 실린더에서 크랭크 축을 회전시키는
힘을 고르게 하는 것이 플라이 휠의 일이다.

[플라이 휠]

⑤ 링 기어는 가열하여 끼워져 있다.

㉮ 링 기어 : 인장 하중을 받는다.

㉯ 플라이 휠 : 압축 하중을 받는다.

⑥ 링 기어의 마모개소

㉮ 4기통 기관 : 2개소

㉯ 6기통 기관 : 3개소

아) 엔진 베어링

엔진 베어링은 회전 부분에 사용되는 것으로 보통 평면베어링이 사용된다.

(1) 오일 간극

① 오일 간극 : 0.038~0.1mm

② 오일 간극이 크면 : 유압 저하, 윤활유 소비증가

③ 오일 간극이 작으면 : 마모촉진, 소결현상

(2) 엔진 베어링의 구조

① 베어링 돌기 : 베어링이 하우징에서 움직이지 않게 한다.

② 베어링 크러시 : 베어링 바깥 둘레와 하우징 안 둘레의 차이를 말한다. 조립시 밀착을 좋게 하며, 열전
도율이 양호하다.

③ 베어링 스프레드 : 베어링 하우징의 내경과 베어링을 끼우지 않았을 때의 외경과의 차이이다. 캡에 끼
운 채로 있어 작업이 편리하며 크러시에 의한 찌그러짐을 방지한다.

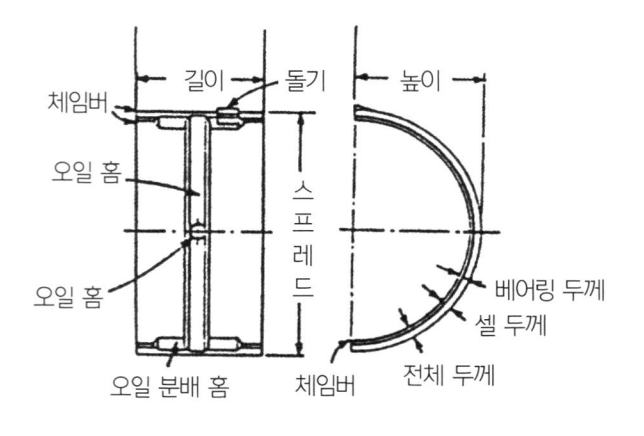
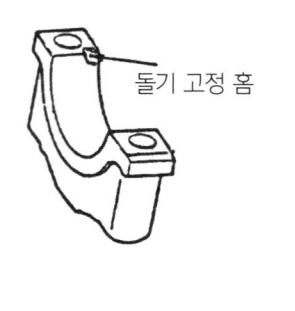
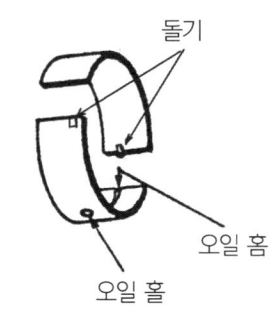

(3) 엔진 베어링의 구비조건

① 변동 하중에 견디어야 하고 과도하게 마멸되지 않을 것

② 하중부담능력, 내피로성, 매입성이 좋을 것

③ 추종 유동성, 내식성, 마멸과 길들임성이 좋을 것

4) 밸브 및 밸브 기구

가) 밸브

연소실에 마련된 흡기 및 배기 포트를 개폐하는 역할을 한다.

(1) 구비 조건

① 큰 하중에 견디고 변형을 일으키지 않을 것

② 가스 흐름에 대해 저항이 적을 것

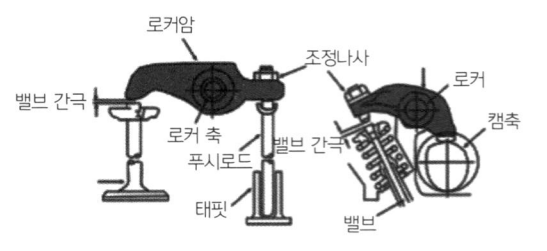

[밸브기구]

③ 중량이 가볍고 내구성이 있을 것

④ 열전도가 잘 될 것

(2) 마진

① 기밀 유지를 위한 보조 충격에 대해 지탱력을 가짐

② 마진은 밸브를 수정 연마함에 따라 얇아짐

③ 마진은 밸브 재사용 여부를 결정한다(0.8mm 이상).

(3) 밸브면 각도

$30°, 45°, 60°$를 많이 사용

(4) 밸브 헤드

① 헤드의 지름을 크게 하면 흡입 효율은 증대되나 냉각이 곤란하다.

② 밸브 헤드의 면적은 배기보다 흡기가 더 크다.

(5) 간섭각

열 팽창을 고려하여 밸브면 각도를 시트 면의 각도보다 $1/4~1°$ 적게 한 것이다.

(6) 밸브 스템 엔드

평면으로 다듬질되어야 한다.

스템 엔드

홈

스템드

밸브 페이스

밸브 마진

밸브 헤드

[밸브구조]

나) 밸브 시트

① 밸브면과 밀착하여 연소실의 기밀을 유지한다.

② 밸브 시트의 폭은 1.4~2.0mm이다.

③ 배기는 냉각 효율을 증대시키기 위해 조금 넓게 한다.

다) 밸브 스프링

밸브가 닫혀 있는 동안 기밀을 유지시킨다.

(1) 구비 조건

① 장력이 충분할 것

② 밸브가 캠의 형상에 따라 개폐될 것

③ 내구성이 좋고 서징을 일으키지 않을 것

(2) 서징 현상

밸브 스프링의 고유 진동이 캠의 주기적인 운동과 같거나 그 정수 배가되어 캠에 의한 작동과 관계없이 진동을 일으키는 현상이다.

(3) 서징 현상의 방지책

① 부등피치 스프링 및 원뿔형 스프링 사용

② 2중 스프링 사용

[밸브스프링]

라) 리테이너 및 리테이너 록

① 스프링을 밸브 스템에 고정한다.

② 리테이너 록은 말굽형, 핀형, 원뿔형이 있으며 원뿔형을 많이 사용한다.

마) 밸브 회전기구

밸브 시트의 카본 제거 및 편 마멸 방지, 균일한 온도 분포를 위해 밸브를 스프링의 신축작용으로 조금씩 회전시킨다.

① 릴리스 형식 : 밸브가 열릴 때 엔진 진동으로 회전한다.

② 포지티브 형식 : 밸브가 열릴 때 강제로 회전한다.

바) 캠축

엔진의 밸브 수와 동일한 캠이 배열되어 있으며, 기계식 엔진인 경우 연료 펌프 구동용 편심륜과 배전기 구동용 헬리컬 기어가 설치되어 있다.

(1) 캠축의 형식

① SOHC(Single Over Head Cam shaft) : 캠축이 실린더 헤드 위에 설치된 형식으로 캠축이 1개인 것

② DOHC(Double Over Head Cam shaft) : 캠축이 실린더 헤드 위에 2개가 설치된 것

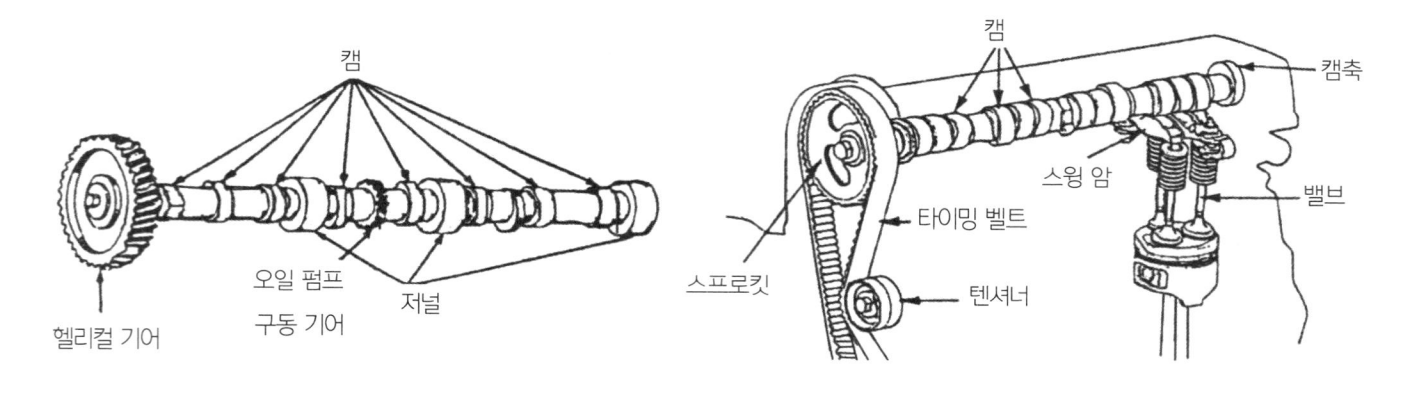

(2) 재질

① 내열성이 큰 주철을 표면경화

② 탄소강에 침탄

③ 중탄소강을 화염경화 또는 고주파 경화

(3) 캠

밸브 리프터를 밀어주는 역할을 하며, 캠의 수는 밸브의 수와 같다.

(가) 캠의 구성

① 기초원

② 노스(nose) : 밸브가 완전히 열리는 지점

③ 양정(lift) : 기초원과 노스와의 거리

④ 플랭크(flank) : 밸브 리프터가 접촉, 구동되면 옆면

⑤ 로브(lobe) : 밸브가 열려서 닫힐 때 까지의 거리

(나) 종류

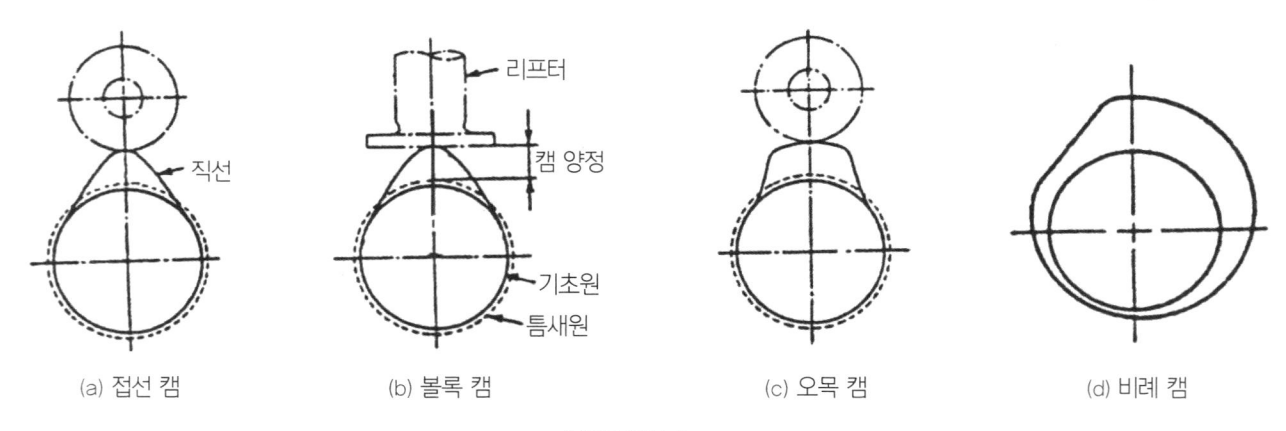

(a) 접선 캠   (b) 볼록 캠   (c) 오목 캠   (d) 비례 캠

[캠의 형상]

(나) 캠축의 구동방식

① 기어 구동식 : 타이밍 기어(헬리컬 기어)의 물림에 의해 구동된다.

② 체인 구동식 : 사일런트 또는 롤러 체인으로 구동된다.

　　　　- 소음이 적고 전달 효율이 높다.

　　　　- 캠축의 위치를 자유로이 선정할 수 있다.

　　　　- 텐셔너에 의해서 체인의 장력이 조정된다.

③ 벨트 구동식 : 타이밍 벨트로 코그드 벨트가 사용된다.

　　　　- 탄성에 의한 진동소음이 적다.

　　　　- 오일이 묻을 시 수명이 단축된다.

※ 캠축과 크랭크축의 회전비는 1 : 2

※ **코그드 벨트**(cogged belt)

- 톱니 벨트 또는 치형 벨트라고도 하며, 단면이 이(齒)를 가진 벨트로서 치형에 맞춘 외주(外周) 형상을 가진 전용의 풀리와 조합되어 사용된다.

- 유리 섬유나 아라미드 섬유의 심을 고무나 플라스틱으로 싸서 성형으로 만들며 경량이고 윤활이 필요 없는 것이 특징이다.

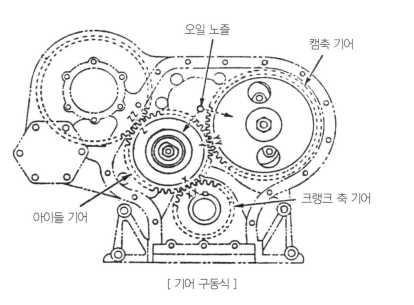
[기어 구동식]

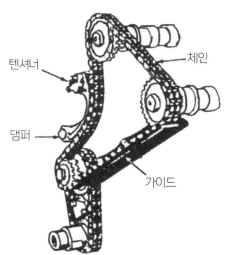
[체인 구동식]

사) 로커암 어셈블리

① 밸브간극 조정용 나사가 설치되어 있다.

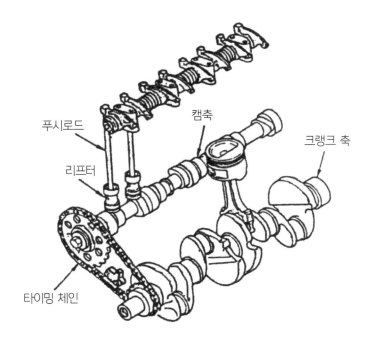

② 밸브 쪽을 푸시로드 쪽보다 1.2~1.6배 길게 한다.

③ 밸브 스템과의 접촉부는 표면 경화되어 있다.

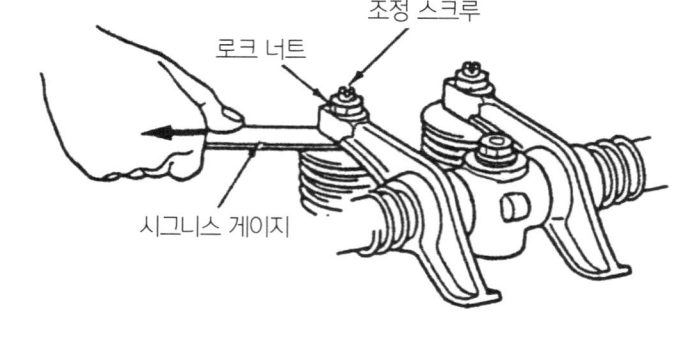

[로커암 어셈블리]　　　　　　　　　　　[밸브 간극 조정]

아) 밸브간극

(가) 밸브의 열팽창 때문에 둔다.

① 흡기 밸브간극 : 0.20~0.25mm

② 배기 밸브간극 : 0.25~0.40mm

(나) 밸브간극이 클 때의 영향

① 밸브의 열림이 적어 흡·배기 효율이 저하된다.

② 소음이 발생된다.

③ 출력이 저하되며, 스템 엔드부의 찌그러짐이 발생된다.

(다) 밸브간극이 작을 때의 영향

① 밸브가 완전히 닫히지 않아 기밀유지가 불량하다.

② 역화 및 후화 등 이상 연소가 발생된다.

③ 출력이 저하된다.

※ 오토래시 어저스터(Auto lash adjuster) : 제로 래시 어저스터 혹은 오일 태핏이라고도 한다. 엔진의 유온 변화, 각부의 마모 등에 의한 밸브 간극을 자동적으로 흡수 조정한다.

자) 밸브기구 형식

(1) L헤드형 밸브기구

SV형이라고도 하며 실린더 블록 한쪽에 흡기 및 배기 밸브가 설치된다.

캠축, 밸브 리프터(태핏) 및 밸브로 구성되어 있다.

(2) T헤드형 밸브기구

실린더 블록 양쪽에 흡, 배기 밸브 설치가 된다.

(3) I헤드형 밸브기구

캠축, 밸브 리프터, 밸브, 푸시로드, 로커암으로 구성되어 있으며, 현재 많이 사용되는 밸브기구이다.(흡, 배기 밸브가 모두 실린더 헤드에 설치)

(4) F헤드형 밸브기구

L헤드형과 I헤드형 밸브기구를 조합한 형식이다. 흡기밸브는 실린더 헤드에 설치, 배기 밸브는 실린더 블록에 설치된다.

(5) OHC(Over head cam shaft) 밸브 기구

캠축이 실린더 헤드 위에 설치된 형식으로 캠축이 1개인 것을 SOHC형식과 캠축이 헤드 위에 2개가 설치된 것을 DOHC형식이 있다.

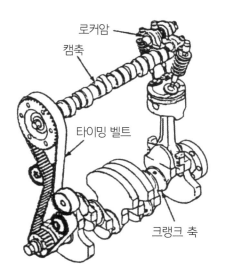

[SOHC 형 밸브 개폐 기구]

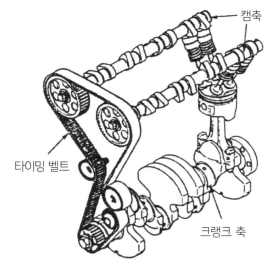

[DOHC 형 밸브 개폐 기구]

3. 윤활장치

가) 개요
기관 내부의 각 운동 부분에 윤활유를 공급하여 마찰 손실과 부품의 마모를 감소시켜 기계 효율을 향상시킨다.

나) 윤활의 기능
　　① 감마 작용
　　② 밀봉 작용
　　③ 냉각 작용
　　④ 세척 작용
　　⑤ 방청 작용
　　⑥ 충격 완화 및 소음 방지 작용

[윤활장치의 구성]

다) 마찰의 종류
　　① 고체 마찰 : 고체와 고체 사이
　　　의 마찰
　　② 경계 마찰 : 고체와 유체 사이의 마찰
　　③ 유체 마찰 : 유체와 유체 사이의 마찰

라) 윤활 방식
　　(1) 2사이클 기관의 윤활 방식
　　　① 혼기식 : 가솔린과 오일을 혼합하여 윤활
　　　② 분리 윤활식 : 기관의 주요부는 오일 펌프로, 실린더 내는 혼기식과 동일하게 윤활

(2) 4사이클 기관의 윤활 방식

　　① 압송식 : 오일 펌프에 의해 규정 압력으로 압송

　　② 비산식 : 커넥팅 로드 대단부에 설치된 주걱으로 오일을 비산

　　③ 비산 압송식 : 압송식과 비산식을 조합하여 기관의 주요부는 압송, 실린더 벽은 비산

마) 여과 방식

　　① 전류식 : 오일펌프에서 보낸 오일이 모두 여과기를 거쳐 윤활부에 공급

　　② 분류식 : 오일펌프에서 보낸 오일 일부는 여과하여 오일 팬으로, 일부는 그대로 윤활부에 공급

　　③ 샨트식 : 오일펌프에서 보낸 오일 일부를 여과하여 윤활부에 일부 오일은 그대로 윤활부에 공급

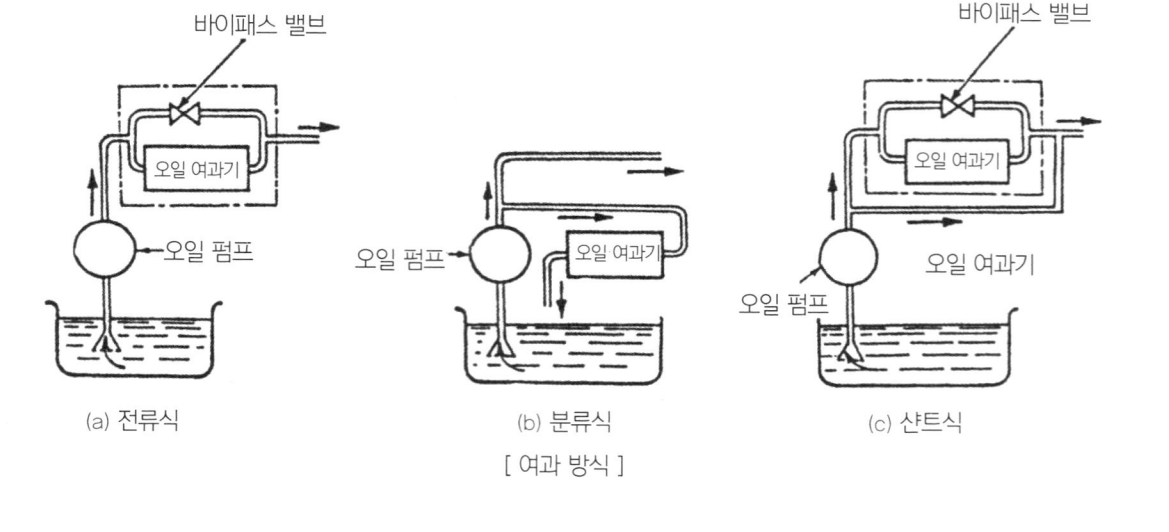

(a) 전류식　　　　　　　(b) 분류식　　　　　　　(c) 샨트식

[여과 방식]

바) 윤활장치의 구성

(1) 오일 팬

　오일을 저장할 수 있는 용기이다.

(2) 오일 펌프

　캠축 또는 크랭크 축에 의해 구동되어 오일을 압송하며, 종류는 기어식, 로터리식, 베인식, 플런저식 등이 있다.

흡입계1　　흡입계2　　흡입계3　　흡입계4

▲ 오일 압력으로 내측 로터를
구동시켜 오일을 송출함

▲ 로터리펌프

드라이브 기어

배출구　　　흡입구 드라
　　　　　　이브 기어
　　　　　　오리펌프 케이스

배출구　　　　흡입구

▲ 외접기어펌프　　　　　▲ 내접기어펌프

[여과 방식]

사) 압송 압력

(1) 가솔린 기관

200~300 kPa [2~3 kgf/cm²]

(2) 디젤 기관

300~500 kPa [3~5 kgf/cm²]

압력의 SI 단위인 파스칼(Pa)이 적절한 접두어와 함께 모든 분야에서 사용되어야 하는데 아직도 kgf/cm²가 널리 쓰이고 있는 실정이다. 그러나 이들의 사용을 되도록 피해야 한다. 날씨예보에서도 '밀리바아'가 통용되었으나 헥토파스칼(hPa)이 밀리바아 대신에 시도되고 있다. 그러나 기상자료를 많은 사람들에게 제시할 때는 킬로 파스칼(kPa)을 사용하여야 한다. 1 kgf/cm²는 약 98.0665 kPa이나 여기서는 계산 편의상 100 kPa로 한다.

아) 구성부품

(1) 유압 조절 밸브

오일 펌프에서 압송된 오일을 일정한 압력으로 조정하는 밸브로 릴리프 밸브라고도 부른다.

(2) 오일 스트레이너

오일 속에 포함된 비교적 큰 불순물을 제거

(3) 오일 여과기

금속 분말, 슬러지 등 미세한 불순물 제거

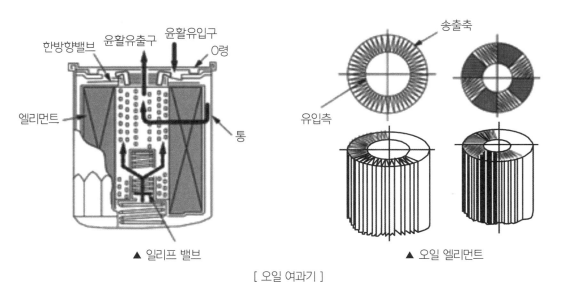

▲ 일리프 밸브   ▲ 오일 엘리먼트

[오일 여과기]

(4) 유면 표시기(Oil level gage)

오일 팬 내의 오일 양을 점검하기 위한 금속 막대

(5) 유압 경고등

엔진 작동 중 오일 순환이 되지 않으면 운전석의 계기판에 점등

(6) 오일 쿨러

오일 온도를 40~80℃ 정도로 유지하기 위한 장치

자) 윤활유

(1) 점도 및 점도 지수

(가) 점도 : 오일의 끈적끈적한 정도를 나타내는 것으로 유체의 이동 저항이다.

① 점도가 높으면 : 끈적끈적하여 유동성이 저하된다.

② 점도가 낮으면 : 오일이 묽어 유동성이 좋으나 유막 형성이 나쁘다.

(나) 점도 지수 : 온도에 따른 점도 변화를 나타내는 수치

① 점도 지수가 크면 : 온도 변화에 따라 점도의 변화가 작다.

② 점도 지수 작으면 : 온도 변화에 따라 점도의 변화가 크다.

(다) 유성

오일이 금속 마찰면에 유막을 형성하는 성질

(라) 점도 측정 방법

세이볼트 초, 앵귤러 점도, 레드우드 점도

(2) 윤활유의 종류

(가) 점도에 의한 분류 : 미국자동차기술협회(SAE)에서 제정한 분류

계 절	겨울	봄, 가을	여름
SAE번호	5W ~ 20	30	30~50

▶ W문자는 겨울철용으로 0°F에서 측정하여 분류하며, 문자가 없는 것은 210°F에서 점도를 측정한 것이다. 표시 문자가 5W-20, 10W-30, 20W-40 등은 저온에서 기동이 쉽게 점도가 낮을 뿐 아니라 고온에서도 오일의 기능을 나타낼 수 있도록 조성되었다.

(나) 용도와 기관의 운전조건에 의한 분류 : 미국석유협회(API)에서 제정

구 분	가솔린 기관	디젤 기관
좋은 조건의 운전	ML	DG
중간 조건의 운전	MM	DM
가혹한 조건의 운전	MS	DS

(다) SAE 신분류와 구분류의 비교

① 가솔린 기관의 경우

구분류	ML	MM	MS
신 분 류	SA	SB	SC, SD, SE, SF…

② 디젤 기관의 경우

구분류	DG	DM	DS
신 분 류	CA	CB, CC	CD, CE, CF…

(라) 기타 분류

윤활유는 SAE 분류와 API 분류 외에도 국제윤활유표준승인협회(ILSAC)분류, 유럽자동차제조 업자(ACEA) 분류, 자동차나 건설기계 제작회사들의 자사 분류 등이 있다.

(3) 엔진 오일의 색 점검

① 검은색 : 심한 오염

② 우유색 : 냉각수 침입

③ 붉은색 : 가솔린 유입

④ 회색 : 4에틸납, 연소 생성물 혼입

(4) 엔진 오일 및 여과기의 교환 시기

(가) 엔진 가동 200~250시간 마다

(나) 교환 시기는 엔진 조건, 운전 조건, 도로 조건 등을 고려하여 정한다.

(5) 엔진 오일의 양 점검

지면이 평탄한 곳에서 건설기계를 주차시키고 엔진을 정지시킨 다음 5~10분이 경과한 후 점검하며, 유량계를 빼내어 해칭마크의 중간에 있으면 정상이다.

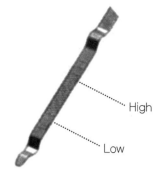

▲ High 선에서 1cm 내려오면 1ℓ의 오일이 소모된 것이다.

[엔진오일 게이지]

4. 냉각장치

가) 개요

연소열에 의한 부품의 변형 및 과열을 방지하기 위해 75~95℃(정상 온도)를 유지시키는 장치이다.

① 기관이 과열되었을 때의 영향 : 각 부품의 변형, 기관의 손상, 출력이 저하된다.

② 기관이 과랭되었을 때의 영향 : 연료 소비율의 증대, 베어링의 마모 촉진, 출력의 저하

③ 기관의 작동 온도 : 실린더 헤드의 냉각수 온도로 표시된다.

나) 냉각 방식

(1) 공랭식

① 자연 통풍식 : 냉각팬이 없기 때문에 주행 중에 받는 공기로 냉각하며, 오토바이 등에 사용된다.

② 강제 통풍식 : 냉각 팬을 회전시켜 냉각하며, 건설기계에 사용된다.

(2) 수랭식

① 자연 순환식 : 물 펌프 없이 냉각수의 대류를 이용하는 형식으로 고성능 엔진에는 부적합하다.

② 강제 순환식 : 물 펌프의 작동으로 냉각수를 순환시켜 냉각시키는 형식으로 자동차 및 건설기계 등에 사용된다.

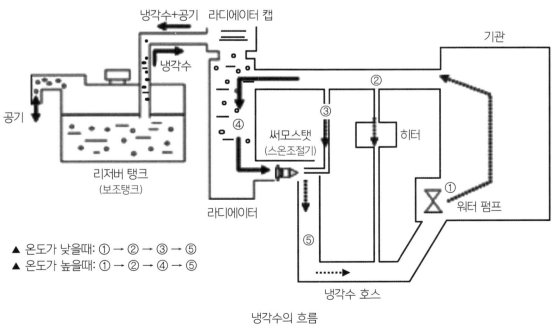

▲ 온도가 낮을때: ① → ② → ③ → ⑤
▲ 온도가 높을때: ① → ② → ④ → ⑤

냉각수의 흐름

[수랭식 냉각장치]

다) 수랭식의 구성

(1) 라디에이터

열을 흡수한 냉각수를 냉각시키는 방열기이다. 엔진에 유·출입되는 온도차는 5~10℃ 정도이다.

(가) 라디에이터의 구비 조건

① 단위 면적당 방열량이 클 것

② 공기의 흐름 저항이 작을 것

③ 소형 경량이고 견고할 것

④ 냉각수의 흐름 저항이 작을 것

(나) 라디에이터의 막힘률 계산

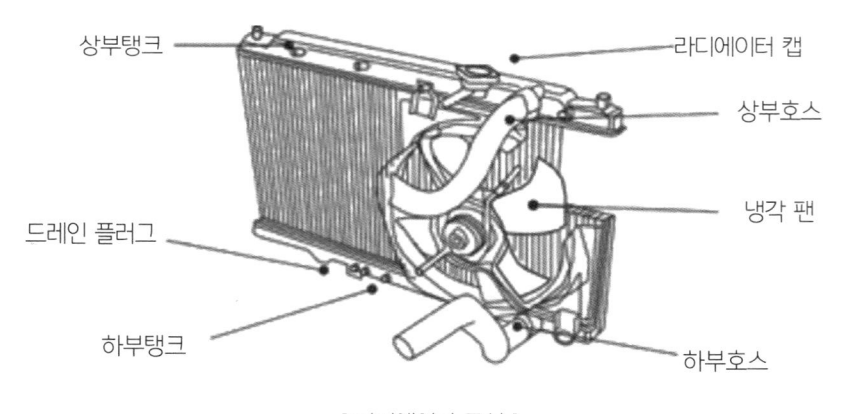

$$막힘률(\%) : S = \frac{신품\ 주수량 - 사용품\ 주수량}{신품\ 주수량} \times 100$$

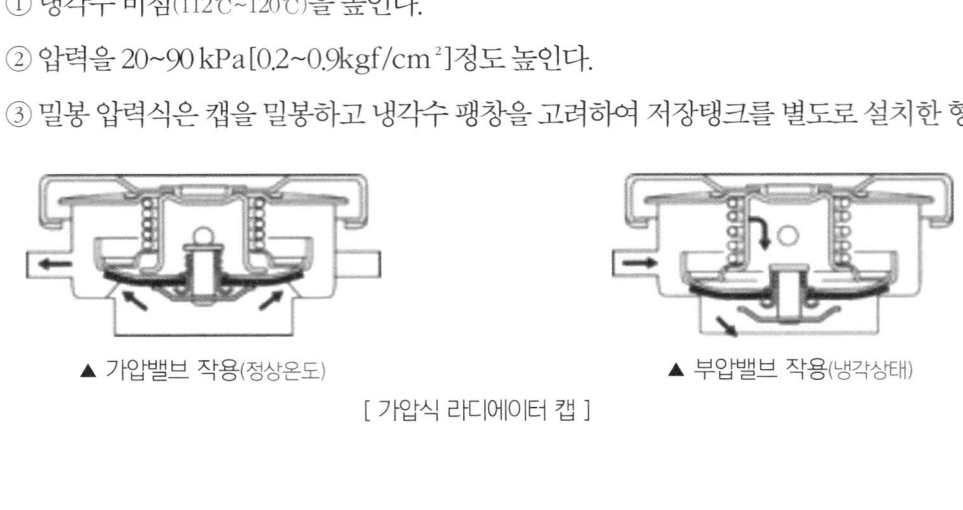

상부탱크

라디에이터 캡

상부호스

냉각 팬

드레인 플러그

하부탱크

하부호스

[라디에이터 구성]

※ 라디에이터의 막힘이 20% 이상이면 교환한다.

(다) 라디에이터 코어의 종류

리본 셀룰러형, 플레이트형, 코루게이트형

(2) 라디에이터 압력 캡

① 냉각수 비점(112℃~120℃)을 높인다.

② 압력을 20~90 kPa[0.2~0.9kgf/cm²]정도 높인다.

③ 밀봉 압력식은 캡을 밀봉하고 냉각수 팽창을 고려하여 저장탱크를 별도로 설치한 형식이다.

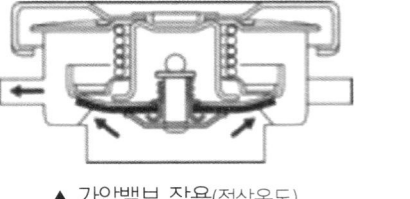

▲ 가압밸브 작용(정상온도)

▲ 부압밸브 작용(냉각상태)

[가압식 라디에이터 캡]

(3) 물 펌프

① 원심력 펌프의 원리를 이용하며, 냉각수를 강제로 순환시킨다.

② 엔진 회전수의 1.2~1.6배로 회전한다.

(3) 수온 조절기(Thermostat)

    ① 냉각수 통로를 자동적으로 개폐하여 냉각수의 온도를 조절한다.

    ② 65℃에서 열리기 시작하여 85℃에서 완전히 개방된다.

    ③ 적당한 냉각수 온도는 80℃ 전후이다.

    ④ 펌프의 능력은 송수량으로 표시한다.

TIP: 최근에는 열효율은 높이기 위해 100℃ 근처에서 전부 열리는 형식도 있다.

(4) 종 류

    ① 펠릿형 : 왁스와 합성고무 및 스프링 작용으로 작동되며 많이 사용된다.

    ② 벨로즈형 : 에틸이나 알코올이 냉각수의 온도에 의해서 팽창하여 밸브가 열린다.

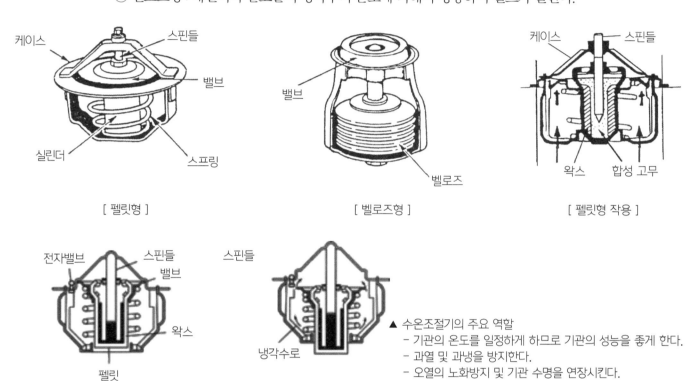

[펠릿형]   [벨로즈형]   [펠릿형 작용]

▲ 수온조절기의 주요 역할
    – 기관의 온도를 일정하게 하므로 기관의 성능을 좋게 한다.
    – 과열 및 과냉을 방지한다.
    – 오열의 노화방지 및 기관 수명을 연장시킨다.
    – 차내 난방효과를 높인다.
    – 냉각수의 소모를 방지한다.

[왁스 펠릿형 수온조절기(써모스탯)]

(5) 물 재킷

    실린더와 실린더 헤드의 연소실 주위에 냉각수가 순환할 수 있는 통로

(6) 냉각 팬과 구동 벨트

    (가) 냉각 팬

    물 펌프 또는 모터에 의해서 회전하여 강제적으로 공기를 순환시켜 라디에이터 및 실린더 블록을 냉각시키는 역할을 한다.

※ 유체 커플링 팬 : 유체 마찰을 이용하여 2000 min-1[rpm] 이상에서 냉각 팬과 물펌프를 분리 회전시키는 팬

    (나) 구동(팬) 벨트

    ① 크랭크 축, 발전기, 물펌프 등의 풀리와 연결되어 구동한다.

    ② 보통 이음이 없는 V벨트이며 접촉면의 각도는 40° 이다.

    ③ 구동 벨트의 긴장도 : 100N[10kgf]의 힘으로 눌렀을 때 13~20mm 정도

(7) 시라우드

공기의 흐름을 좋게 하기 위하여 라디에이터와 팬을 감싸고 있다.

(8) 냉각수와 부동액

　(가) 냉각수

증류수, 빗물, 수돗물 등의 연수(軟水)를 사용한다.

　(나) 부동액

겨울철에 냉각수가 동결 및 여름철에 냉각수의 비등을 방지하기 위하여 냉각수에 혼합하여 사용하며, 부동액의 종류는 메탄올, 알코올, 에틸렌글리콜, 글리세린 등이 있다.

　① 메탄올 : 반영구형(SPT)으로 냉각수 보충시 같은 비율의 혼합액을 보충하여야 한다. 비등점은 82℃, 응고점은 −30℃으로 낮아 증발되는 단점이 있다.

　② 에틸렌 글리콜 : 영구형(PT)으로 냉각수 보충시 물만 보충하면 한다. 비등점은 197.2℃, 응고점은 −50℃으로 증발없는 불연성으로 물에 잘 용해된다. 그러나 금속을 부식하며, 팽창계수가 큰 단점이 있다.

　③ 부동액 혼합비율은 그 지방의 평균 최저 온도보다 [−5]~[−10]℃낮게 설정

　④ 부동액의 혼합비율

물(%)	원액(%)	동결온도(℃)
77~80	20~23	−10
65	35	−20
55	45	−30
45~50	50~55	−40

※동파 방지기(core plug) : 수랭식 엔진의 실린더 헤드 및 실린더 블록에 설치된 플러그로 냉각수가 빙결되었을 때 체적의 증가에 의해서 코어 플러그가 빠지게 된다.

　(다) 공랭식 냉각장치

실린더 벽의 바깥 둘레에 냉각 핀을 설치하여 공기의 접촉 면적을 크게 하여 냉각시킨다.

5. 연료장치

연료를 고압으로 압송시켜 실린더 내에 연료를 분사시킨다.

(1) 디젤 연료장치의 형식

　① 독립식 : 각 분사 노즐마다 한 개 씩의 펌프 엘리먼트가 설치된 형식

　② 분배식 : 한 개의 분사펌프에 분사 밸브에 의해서 각 실린더에 분배하는 형식

　③ 공동식 : 한 개의 분사펌프와 커먼 레일에 연결된 어큐뮬레이터에 고압의 연료를 저장하였다가 커먼 레일을 거쳐 각 분사 노즐에 공급하여 분사하는 형식

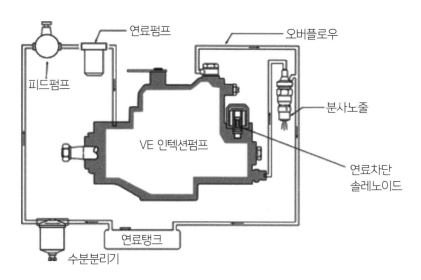

[연료 장치]

(2) 연료의 공급순서

연료탱크 → 공급펌프 → 연료여과기 → 분사펌프 → 분사노즐

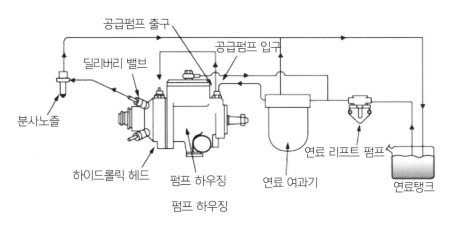

(3) 공급 펌프

연료탱크의 연료를 분사펌프에 압송, 송출 압력은 200~300 kPa[2~3kgf/cm2]

(4) 수동 펌프(priming pump)

엔진 정지시 공기빼기작업을 수동으로 연료를 펌핑하여 공급펌프 → 연료여과기 → 분사펌프의 순서로 작업한다.

(5) 오버플로 밸브(overflow valve)

여과기 내의 압력이 규정의 압력 이상으로 되면 열려서 연료를 연료 탱크로 되돌려 보내 일정 압력을 유지한다. 여과기 내의 압력 : 150 kPa[1.5 kgf/cm²]

　　　① 회로 내 공기 배출, 연료 여과기 보호

　　　② 연료탱크 내 기포 발생 방지

　　　③ 분사펌프의 소음 발생 방지

　　　④ 연료 송유압이 높아지는 것 방지

(6) 연료 여과기

　　(가) 기능

　　경유 속에 포함된 먼지나 수분을 제거 분리한다.

　　(나) 연료여과기가 설치되어 있는 곳

　　　① 연료 주입구 : 망 필터

　　　② 연료 공급펌프 : 가제 필터

③ 연료 필터 : 종이 필터

④ 노즐 홀더 : 바아(bar) 필터

※ 연료 여과기는 4 개소 이상 설치되어 있다.

(다) 연료 여과기 교환시기

600~750시간 마다 교환한다.

가) 분사펌프

연료 공급펌프로부터 공급 받은 연료를 고압으로 압축하여 분사 순서에 따라서 각 실린더의 분서 노즐에 압송한다. 분사량을 조절하는 조속기와 분사시기를 조절하는 타이머가 설치되어 있다.

(1) 펌프 엘리먼트

플런저와 플런저 배럴을 말하며, 공급펌프에서 공급된 연료를 고압으로 압축하여 분사노즐에 공급

① 플런저의 예비 행정 : 플런저가 하사점위치에서 상승하여 공급구멍을 막을 때까지 움직인 거리

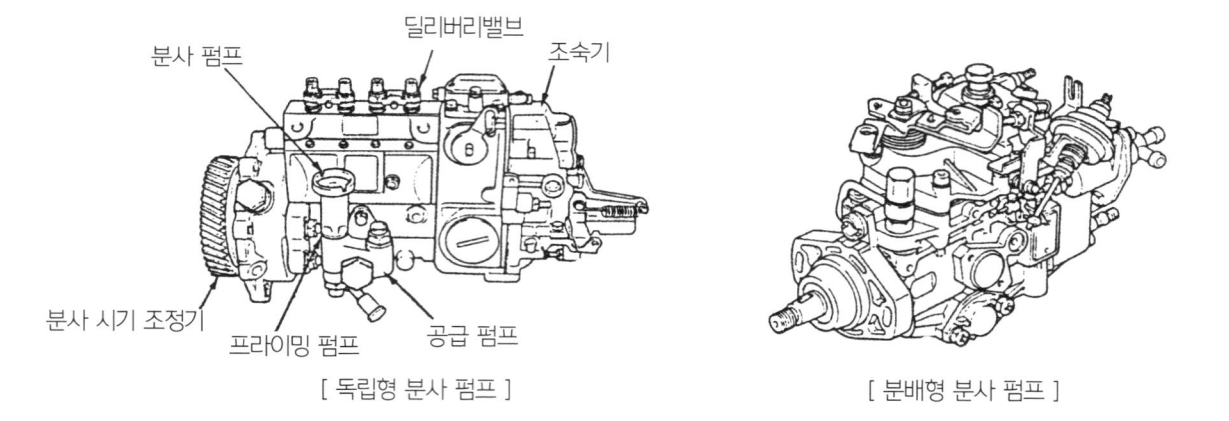

[독립형 분사 펌프]　　　　　　　　　　　　　　　　[분배형 분사 펌프]

② 플런저의 유효 행정 : 플런저가 공급구멍을 막은 후 바이패스 홈이 공급 구멍과 일치할 때까지 움직인 거리로 유효 행정이 크면 연료분사량이 많아진다.

(2) 플런저 리드

① 정리드 : 분사 초기는 일정하고 분사 말기는 변화된다.

② 역리드 : 분사 초기는 변화되고 분사 말기는 일정하다.

③ 양리드 : 분사 초기와 분사 말기 모두 변화된다.

(3) 딜리버리 밸브

① 딜리버리 밸브 홀더에 설치

② 회로 내 잔압 유지와 후적 및 연료의 역류 방지

(4) 분사량 조절기구

제어 래크, 제어 피니언, 제어 슬리브로 구성

(5) 조속기(governor)

제어슬리브와 제어피니언의 위치 변경하여 연료 분사량 조정

(6) 분사시기 조정기(injection timer)

연료의 분사시기를 조정

(7) 분사 압력 조절

분사노즐 홀더의 조정 나사

※ 분사량 불균율

각 실린더 간의 분사량 차이의 평균값을 말하며, 불균율이 크면 엔진의 진동이 발생되고 엔진 효율이 떨어진다. 불균

율은 분사펌프 시험기로 시험하며 불균율은 보통 ± 3%이며, 불균율 조정은 제어 피니언과 제어 슬리브의 관계 위치를 변경시켜 한다.

나) 분사 노즐

(1) 개방형 노즐

(2) 폐지형 노즐

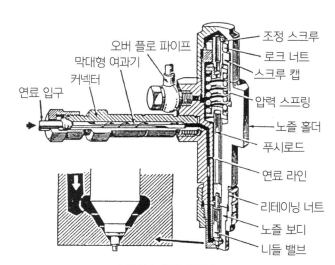

[분사 노즐의 구조]

　　(가) 핀틀형 노즐

　　　① 분공이 막힐 우려가 없다.

　　　② 분사 압력을 낮게 할 수 있다.

　　　③ 무화가 좋다.

　　　④ 구조가 간단하고 고장이 적다.

　　　⑤ 다공식에 비해 분무가 불량하다.

　　　⑥ 다공식에 비해 연료소비량이 많다.

　　(나) 스로틀형 노즐

　　분사가 개시될 때 분사량이 적어 디젤 노크가 방지된다.

　　(다) 구멍형 노즐

　　　① 니들 밸브의 앞 끝이 원뿔형이다.

　　　② 단공형, 다공형으로 구분한다.

　　　③ 분공의 크기는 0.2~0.5mm이다.

　　　④ 분사압력이 높아 무화가 양호하다.

　　　⑤ 엔진기동이 쉽다.

　　　⑥ 완전연소가 될 수 있어 연료 소비량이 적다.

　　　⑦ 분공이 작아 가공이 어렵고, 막힐 염려가 있다.

　　　⑧ 분사압력이 높아 분사펌프 수명이 짧다.

　　　⑨ 연결부에서 연료가 새기 쉽다.

다) 감압장치(decomp, de-compression device)

운전실에서 감압레버를 잡아당겨 캠축의 운동과 관계없이 흡기 또는 배기 밸브를 강제로 열어 실린더 내의 압력을 감소시킴으로써 크랭킹을 원활하게 한다. 엔진 시동을 쉽게 하는 시동보조장치이며, 엔진을 정지시킬 때에도 사용한다.

※ 디젤 엔진은 가솔린 엔진과 다르게 엔진을 정지시키려면 연료 분사를 차단하거나 실린더 내의 압축을 정지시켜야 한다.

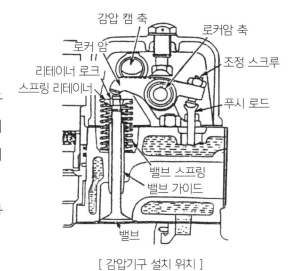

[감압기구 설치 위치]

라) 과급장치

흡입 공기의 체적 효율을 높이기 위하여 설치한 장치로 일종의 공기 펌프이다.

(1) 과급기의 종류

　　① 터보차저 : 배기가스를 이용하여 과급기를 구동하며, 4사이클 엔진에 사용한다.

　　② 슈퍼차저 : 기관의 동력을 이용하여 과급기를 구동한다. 2사이클 엔진에 사용한다.

(2) 과급기의 특징

① 엔진의 출력이 35~45% 증가된다.

② 연료 소비율이 향상된다.

③ 착화지연 기간이 짧다.

④ 엔진 회전력이 증가된다.

⑤ 고출력일 때 배기 온도가 저하된다.

⑥ 질이 나쁜 연료의 사용이 가능하다.

⑦ 엔진의 무게는 10~15% 증가한다.

⑧ 터보차저형식은 과급기실과 터빈실은 좌우 일체로 결합된다.

⑨ 고속회전하는 터빈축 베어링의 윤활은 엔진 오일로 한다.

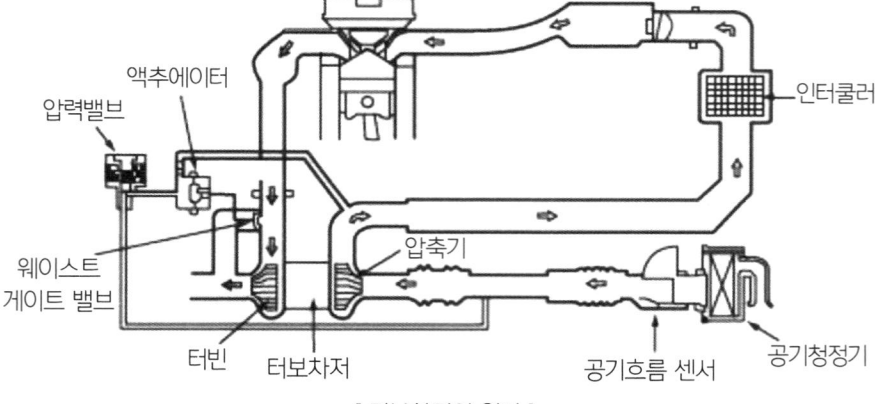

[터보차저의 원리]

※ 디퓨저(defuser) : 공기의 속도 에너지를 압력 에너지로 변환한다.

※ 체적 효율을 높이기 위해 실린더 이전에 공기 냉각을 위한 인터 쿨러를 설치한 형식도 있다.

※ 인터쿨러 : 과급장치에 들어가는 공기를 냉각 시키는 장치

6. 디젤 기관

가) 개요

디젤 기관은 실린더 내에 공기만을 흡입하여 압축시킨 다음 연료를 분사시켜 압축열(500~550℃)에 의해서 연소하는 자기 착화되는 기관이다.

(1) 디젤 기관과 가솔린 기관의 비교

비교 사항	디젤 기관	가솔린 기관
연료	경유	가솔린
연소	자기 착화	전기 불꽃 점화
압축비	15~22 : 1	7~11 : 1
압축압력	3.0~3.5 MPa[30~35 kgf/cm²]	0.7~1.1 MPa[7~11 kgf/cm²]
열효율	32~38%	28~32%

(2) 디젤기관의 연소과정

① 착화지연 기간 : 연료 분사 후 연소될 때까지 기간

② 폭발연소(화염전파)기간 : 착화지연기간 동안에 형성된 혼합기가 착화되는 기간

③ 제어연소(직접연소)기간 : 화염에 의해서 분사와 동시에 연소되는 기간

④ 후 연소기간 : 분사가 종료된 후 미연소 가스가 연소하는 기간

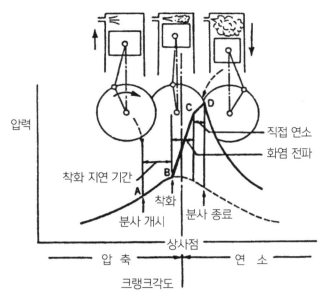

[디젤의 연소 과정]

(3) 연료 분사에 필요한 조건

    ① 무화

    ② 관통력

    ③ 분포

나) 디젤 노크

착화 지연기간 동안 분사된 다량의 연료가 급격히 연소되어 피스톤이 실린더 벽을 때리는 현상

(1) 디젤 노크 방지법

    ① 세탄가 높은 연료를 사용한다.

    ② 착화지연 기간을 짧게 할 것

(2) 착화지연기간을 짧게 하는 방법(노킹 방지책)

    ① 압축비를 높인다.

    ② 흡기 온도를 높인다.

    ③ 실린더 벽의 온도를 높인다.

    ④ 착화성이 좋은(높은 세탄가) 연료를 사용한다.

    ⑤ 와류를 좋게 한다.

    ⑥ 분사시기를 상사점 부근까지 늦춘다.

    ⑦ 분사 초기 연료 분사량을 적게 한다.

다) 디젤기관의 연소실

(1) 연소실의 구비 조건

    ① 연소시간이 짧을 것

    ② 평균 유효 압력이 높을 것

    ③ 열효율이 높을 것

④ 기동이 잘 될 것

⑤ 디젤 노크가 적고, 연소 상태가 좋을 것

(2) 연소실의 종류

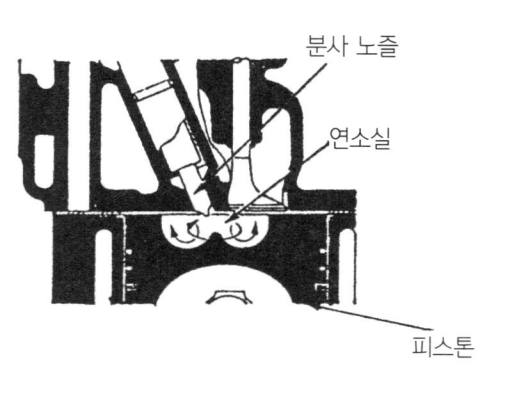

[단실식 연소실]

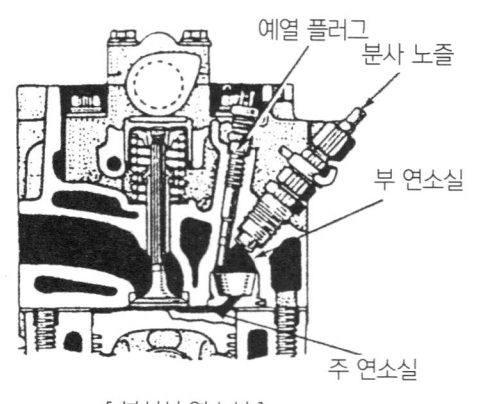

[복실식 연소실]

(가) 단실식 : 직접 분사실식

① 구조가 간단하고 기동이 쉽다.

② 열효율이 좋고 연료 소비가 적다.

③ 분사압력 : 15~30 MPa[150~300 kgf/cm2]

④ 분사압력이 높다.

⑤ 디젤 노크가 일어나기 쉽다.

⑥ 2사이클 디젤기관이 주로 사용한다.

※ 기동이 쉽게 이루어지도록 히트레인지를 흡기다기관에 설치하여 흡입되는 공기를 예열한다.

(나) 복실식(부실식) : 예연소실식, 공기실식, 와류실식

① 완전 연소시킨다.

② 분사압력 : 10~12 MPa[100~120 kgf/cm2]

③ 분사압력이 낮아도 된다.

④ 디젤 노크가 잘 일어나지 않는다.

⑤ 연료 소비가 많다.

※ 기동이 쉽게 이루어지도록 예열 플러그가 필요하다.

7. 전자제어 디젤엔진

연료분사펌프 내의 기계적인 구조에 의해 연료를 연소실에 압송하는 단순한 방식의 기존 디젤 플런저 방 식 기관과 다르게 직접분사식 디젤 기관을 말한다.

고압연료펌프에서 필요한 압력으로 연료를 가압하여 커먼레일로 압송하면 커먼레일에 저장되었던 고압의 연료를 ECU의 제어에 의해 인젝터를 작동시킴으로써 연료를 분사하는 방식이다.

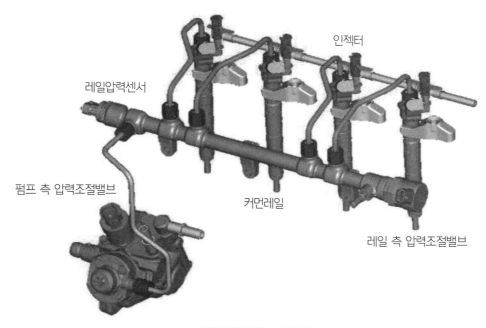

[커먼레일 타입 구성도]

가) 커먼레일

커먼 레일은 고압 연료펌프로부터 이송된 연료가 축압, 저장되는 곳으로 모든 인젝터에 같은 압력으로 연 료가 공급될 수 있도록 해 주는 일종의 저장소와 같은 역할을 한다.

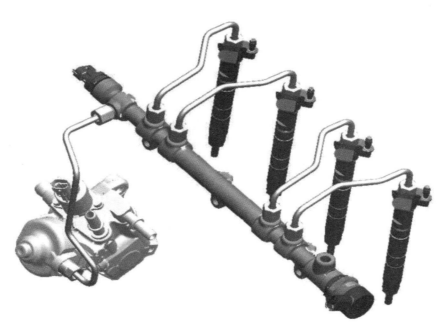

[커먼레일]

고압펌프의 연료 이송과 연료 분사 때문에 발생되는 압력변동은 레일의 체적에 의해 완화된다. 따라서 연 료 분사 시 레일에서 연료가 소모되어도 저장 축압의 효과에 의해 레일압력은 실제적으로 일정하게 유지된다. 이러한 커먼레일의 축압 기능에 의해 인젝터가 ECU의 구동에 따라 순간적인 고압 분사를 실시한다 해도 커 먼레일의 체적은 가압된 연료로 다시 채워진다. 물론 분사 후 발생할 수 있는 압력 변동은 ECU의 기능으로 보완하도록 설계되어 분사에 따른 실제적인 압력변동은 거의 발생되지 않는다.

나) 고압 펌프

고압펌프는 기관 구동 중 필요로 하는 고압을 발생하고 커먼레일 내에 높은 압력의 연료를 지속적으로 보 내주는 역할을 한다.

[고압 펌프]

다) 저압 펌프

(1) 전기식 저압 펌프

전기식 저압펌프는 연료탱크 내에 장착되어 있으며, 연료를 연료필터로 보내어지고 연료필터를 지난 연료는 고압펌프로 공급하는 역할을 한다.

전기식 저압펌프는 ECU에 의해 구동되며, IG ON 시에 3~5초간 작동한 다음 기관회전수(CKP) 신호를 입력받아 시동 ON 상태에서 계속 작동하게 된다.

☞ 전기식 저압 펌프 점검

- IG ON 상태에서 저압펌프의 작동음을 확인한다.(IG ON 시 약 3초간 작동)
- 연료필터 입구에 압력게이지를 연결한 후 저압펌프의 토출압력을 점검한다.

전기 펌프 방식		
	압력		판정
NO	Euro-3	Euro-4	
1	1.5 ~ 3kg/cm^2	2.0 ~ 4.5kg/cm^2	정상
2	4 ~ 6kg/cm^2	5.0 ~ 7.0kg/cm^2	연료필터 & 저압 연료라인 막힘
3	0 ~ 1.5kg/cm^2	0 ~ 2.0kg/cm^2	저압라인 누설 & 전기펌프 손상

(2) 흡입식 저압 펌프

기계식 저압 연료펌프는 기어타입으로 고압펌프와 일체식으로 구성되어 있다. 기관의 회전과 동시에 타이밍 체인 또는 벨트로 연결된 고압펌프가 회전하면 고압펌프 내부의 구동 샤프트에 의해 작동을 시작하며, 이 때 연료탱크 내의 연료는 저압펌프에 의해 흡입되어진다. 이렇게 흡입된 연료는 연료압력 조절밸브에 의해 조절되어 필요한 양의 연료가 고압펌프로 압송되어진다.

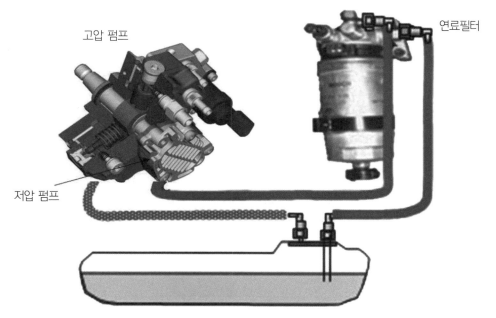

고압 펌프

연료필터

저압 펌프

[흡입식 저압펌프 연료 흐름도]

☞ 식 저압 펌프 점검

　　－ 연료필터 출구에 진공게이지를 설치한다.

　　－ 시동을 걸어 진공게이지의 압력을 확인한다.

전기 펌프 방식		
	압력	
NO	진공	판정
1	8 ~ 19cmHg	정상
2	20 ~ 60cmHg	연료필터 & 저압 연료라인 막힘
3	0 ~ 7cmHg	저압라인 누설 & 흡입펌프 손상

라) 인젝터(솔레노이드 타입)

커먼레일 기관의 인젝터는 고압 연료펌프로부터 송출된 연료가 레일을 통해 인젝터까지 공급되고 공급된 연료를 연소실에 직접 분사하는 DI(Direct Injection) 방식이다.

작동원리는 ECU에서 코일에 전류를 공급하면 밸브가 연료의 압력으로 들어올려진 후 컨트롤 챔버를 통해 연료를 배출하고 그와 동시에 니들과 노즐이 상승되면서 고압의 연료가 연소실로 분사되는 원리이다.

인젝터의 제어는 ECU 내부 구동 드라이브에서 높은 전압 및 전류로 제어된다.

ECU는 인젝터의 구동 전원과 접지측 제어를 동시에 실시한다. 파형을 분석하기 위해서는 전압과 전류파 형을 함께 보아야 하는데 아래 그림은 D-2.0 기관의 인젝터 구동 파형을 분석한 것이다.

　　① 구간 : 인젝터 구동 콘덴서 충전전압(23V)

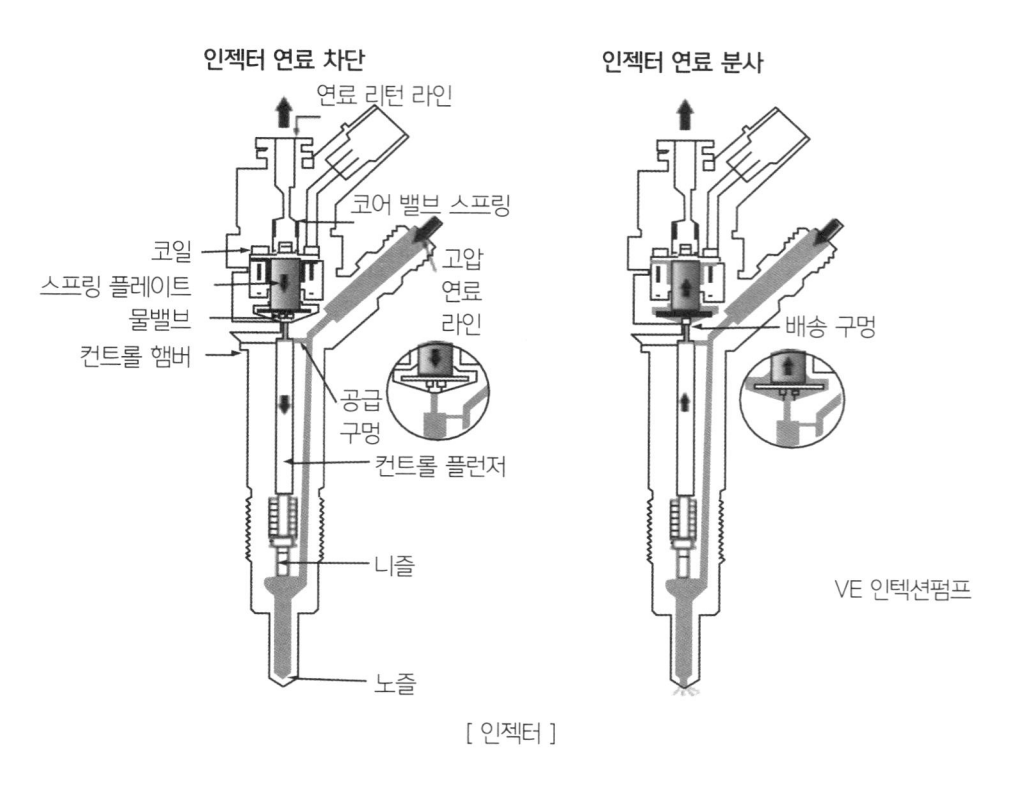

인젝터 연료 차단   인젝터 연료 분사

연료 리턴 라인

코어 밸브 스프링

코일
스프링 플레이트
물밸브
컨트롤 챔버

고압
연료
라인

배송 구멍

공급
구멍

컨트롤 플런저

VE 인텍션펌프

니즐

노즐

[인젝터]

② 지점 : 인젝터 써지전압(약 58.04V)

③ 지점 : 예비 분사(20.31A)

④ 지점 : 주 분사 - 풀인 전류(20.78A)

⑤ 지점 : 주 분사 - 홀드인 전류(12.18A)

마) 레일 압력 센서 RPS(Rail Pressure Sensor)

레일 압력 센서는 피에조 압전 소자로 구성되어 커먼레일 내부의 연료 압력을 검출한다.

ECU는 레일 압력 센서 신호를 이용 기관 상태에 따른 최적연료 분사량을 결정한다. 또한 레일 압력 센서 신호는 레일 압력을 기관 상황에 최적으로 제어하기 위해 레일 압력 조절기와 연료 압력 조절기의 피드백 신 호로 사용된다.

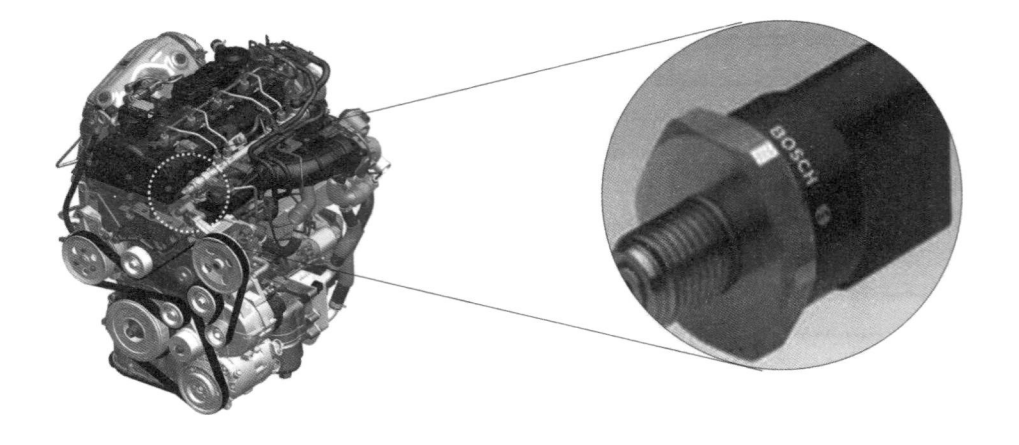

[레일 압력 센서 장착 위치]

레일 압력 센서 고장 시 목표 레일 압력을 450bar로 유지시키며 ECU의 설정된 값을 대체하여 압력 상승 공 회전 상태를 안정적으로 유지하고, 가속 시 3,000rpm 제한한다.

마) 연료 압력 조절밸브

커먼레일 기관에서 연료 압력 조절밸브의 역할은 ECU에서 목표로 하는 설정 압력으로 고압의 연료를 분사하

기 위해서는 커먼레일에 축압된 연료가 언제나 일정하게 유지, 제어될 수 있어야 하는데 이러한 압력제어를 가능하게 만드는 장치가 바로 연료 압력 조절밸브인 것이다.

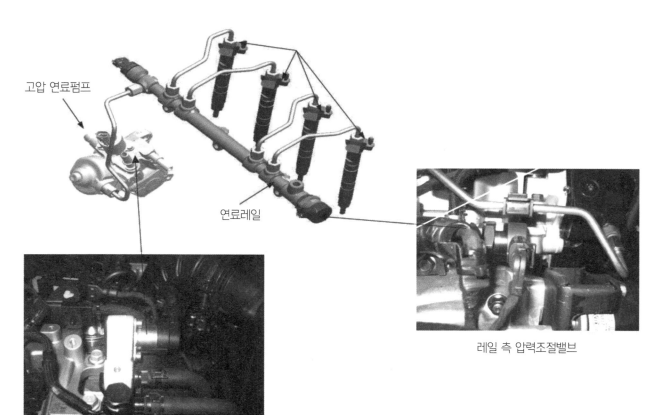

고압 연료펌프

연료레일

레일 측 압력조절밸브

펌프 측 압력조절밸브

[연료 압력조절 밸브]

제3장
건설기계 전기장치

1. 전기의 기초

가) 전류

전자의 이동을 전류라 하며 전하의 이동 방향을 전류의 방향으로 정하고, 전류 단위는 암페어(A)를 사용한다.

(1) 전류의 작용

① 발열 작용

② 화학 작용

③ 자기 작용

④ 발광 작용

⑤ 생리 작용

(2) 전류의 종류

① 직류(DC) : 한 방향으로만 흐르고 세기가 일정한 전류

② 교류(AC) : 흐름 방향이 주기적으로 바뀌며 세기가 연속적으로 변화하는 전류

나) 전압(전위차)

전기의 압력을 말하며, 전압 단위는 볼트(V)를 사용한다. 전류는 전압이 존재할 때만 흐른다.

(1) 기전력(emf)

계속적으로 전압을 발생시키는 힘

(2) 전원

기전력을 발생시키는 것

※ 전원은 비전기적 에너지를 전기 에너지로 변환

다) 저항

물질 속을 전류가 흐르기 쉬운가 또는 어려운가의 정도를 표시하는 것으로 단위는 옴(Ω)을 사용한다.

(1) 옴의 법칙

도체에 흐르는 전류는 도체에 가해지는 전압에 정비례하고, 그 도체의 저항에는 반비례한다.

$$I = \frac{E}{R} , R = \frac{E}{I} , E = I \times R$$

I : 도체에 흐르는 전류(A), R : 도체의 저항(Ω), E : 도체에 가해지는 전압(V)

라) 저항의 접속 방법

(1) 직렬 접속

① 몇 개의 저항을 한 줄로 연결한 것이다.

② 직렬 접속시 합성 저항은 각 저항을 더한 것과 같다.

③ 직렬 접속시 용량은 1개 때와 같다.

④ 직렬 접속시 전압은 갯수 배가 된다.

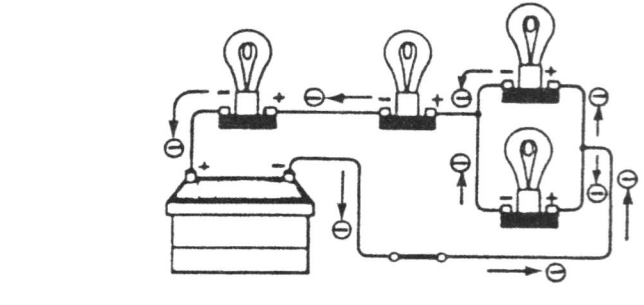

[직렬 접속]

(2) 병렬 접속

　　① 몇 개의 저항을 극성이 동일하도록 연결한 것이다.

　　② 병렬 접속시 합성 저항은 회로 중 가장 적은 저항값보다 작다.

　　③ 병렬 접속시 용량은 갯수 배가 된다.

　　④ 병렬 접속시 전압은 1개 때와 같다.

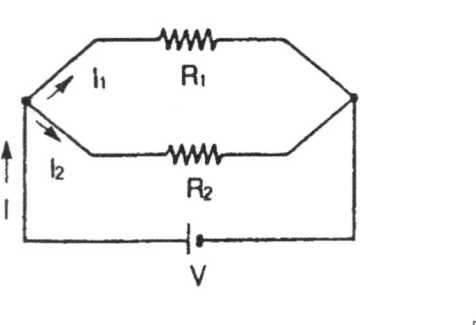

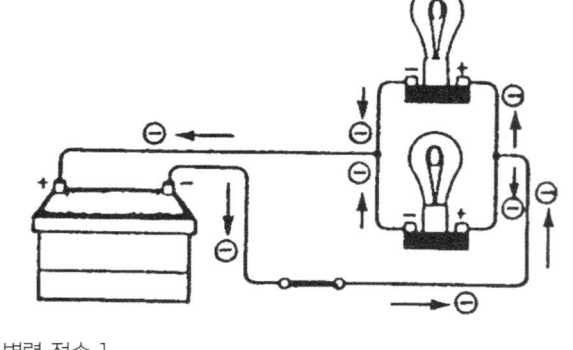

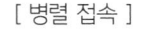
[병렬 접속]

(3) 직 · 병렬 연결

　　① 직렬 접속과 병렬 접속을 조합하여 접속한 회로이다.

　　② 합성 저항값은 직렬 합성 저항과 병렬 합성 저항을 더한 값이다.

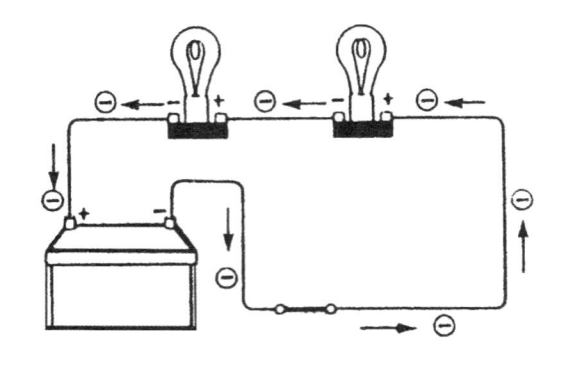

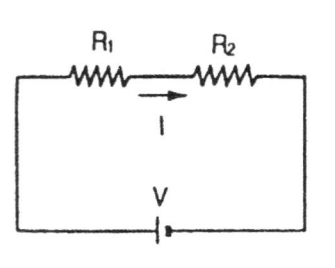
[직 · 병렬 접속]

2. 전기와 자기

가) 플레밍의 왼손 법칙

전자력의 방향을 알려고 할 때 왼손의 엄지, 인지, 가운데 손가락을 직각이 되도록 하여 인지를 자력선의 방향, 가운

데 손가락을 전류의 방향으로 일치시킬 때 엄지손가락은 전자력 방향을 나타낸다. 전동기, 전압계, 전류계 등이 이 원리를 이용한 것이다.

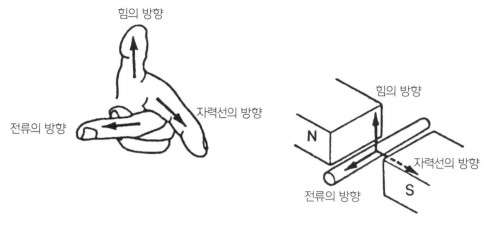

[플레밍의 왼손 법칙]

나) 플레밍의 오른손 법칙

유도 기전력을 알고자 할 때 오른손의 엄지, 인지, 가운데 손가락을 직각이 되도록 하여 엄지 손가락을 운동의 방향, 인지를 자력선의 방향으로 일치시키면 가운데손가락은 유도 기전력 방향을 나타낸다. 발전기가 이 원리를 이용한 것이다.

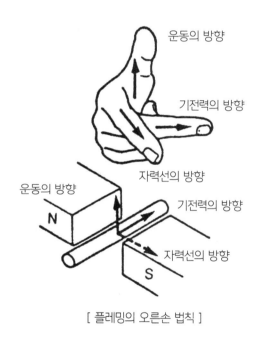

[플레밍의 오른손 법칙]

다) 자기 유도 작용과 상호 유도 작용

(1) 자기 유도 작용

코일에 흐르는 전류를 변화시키면 코일의 자력선도 변화되기 때문에 코일에는 그 변화를 방해하는 방향으로 기전력이 발생된다.

(2) 상호 유도 작용

하나의 코일에 흐르는 전류를 단속하면 그 변화를 방해하려고 다른 코일에 기전력이 발생되는 현상이다. 변압기 및 점화 코일 등이 이 원리를 이용한 것이다.

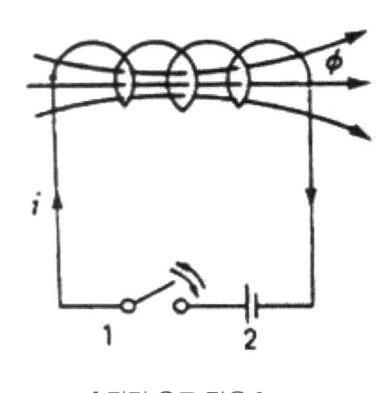

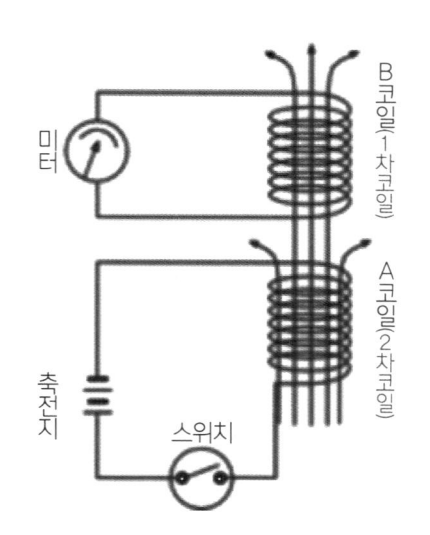

[자기 유도 작용]   [상호 유도 작용]

4) 축전지

가) 개요

축전지는 화학적 에너지를 전기적 에너지로 전기적 에너지를 화학적 에너지로 변환시킨다.

　① 1차 전지 : 방전만 가능하다. 예: 건전지

　② 2차 전지 : 방전 및 충전이 가능하다. 예: 축전지

※ 전지(electric cell) : 화학, 열, 광 등의 에너지로 기전력을 얻는 장치

나) 역할

　① 기관 시동시 기동장치에 전기를 공급한다.

　② 발전기 고장이 발생된 경우 건설기계의 운전을 위한 전원으로 작동한다.

　③ 건설기계의 운전 상태에서 발전기 출력과 부하와의 언밸런스를 조절한다.

다) 종류

　① 알칼리 축전지 : 수산화칼륨(KOH), 니켈(2Ni[OH]3)과 카드뮴(Cd)을 사용한다. 수명이 길고 관리는 용이하나, 가격이 비싸다.

　② 납산 축전지 : 납(PbO2 & Pb)과 묽은 황산(H2SO4)을 사용한다. 건설기계에 많이 사용되고 있다.

라) 납산 축전지의 구조

1개의 케이스에 여러 개의 셀(cell)이 있으며, 셀에는 양극판과 음극판 및 전해액이 들어 있다. 또한 셀당 기전력은 2.1 V이고, 셀당 음극판이 양극판보다 한 장 더 많다.

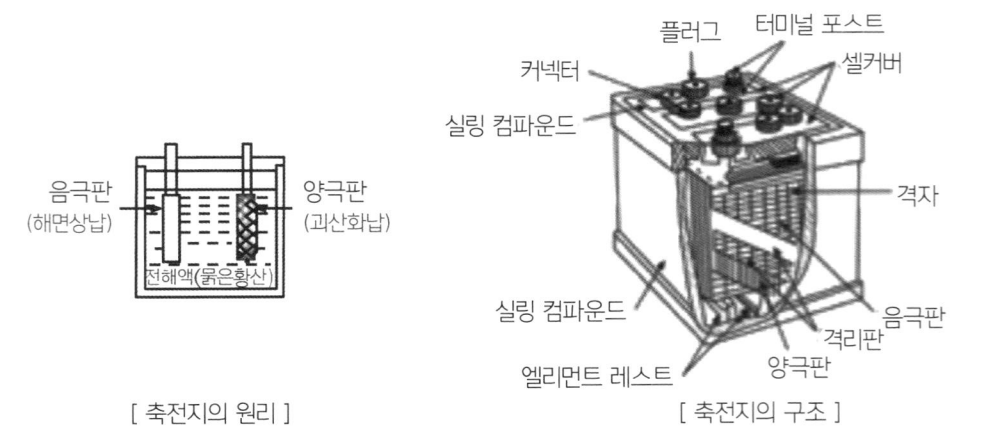

[축전지의 원리]　　　　　[축전지의 구조]

(1) 극판

(가) 양극판

격자에 작용물질인 과산화납은 암갈색으로 다공성이며, 사용함에 따라 결정성 입자가 떨어지게 된다.

(나) 음극판

격자에 작용물질인 해면상납은 회색으로 결합력이 강하고 반응성이 풍부하다.

※ 격자(grid) : 납과 안티몬의 합금으로 되어 있으며, 작용물질을 유지한다.

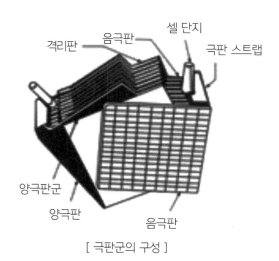

[극판군의 구성]

(다) 격리판

양극판과 음극판 사이에 끼워져, 양극판과 음극판이 단락되는 것을 방지한다.

(라) 구비 조건

　① 기계적 강도가 있어야 한다.

　② 다공성이 있어야 한다.

　③ 비전도성이어야 한다.

　④ 전해액에 부식되지 않고 확산이 잘 되어야 한다.

　⑤ 극판에 나쁜 물질을 내뿜지 않아야 한다.

마) 작용

(1) 축전지의 화학작용

(과산화납)+(묽은 황산)+(해면상납) $\rightleftarrows$ (황산납) + (물) + (황산납)

$$PbO_2 \; + \; 2H_2SO_4 \; + \; Pb \; \underset{\text{충전}}{\overset{\text{방전}}{\rightleftharpoons}} \; PbSO_4 \; + \; 2H_2O \; + \; PbSO_4$$

(양극판) (전해액) (음극판)　　(양극판) (전해액) (음극판)

(가) 방전 중 화학작용

　① 양극판 : 과산화납(PbO₂) → 황산납(PbSO₄)

　② 음극판 : 해면상납(Pb) → 황산납(PbSO₄)

　③ 전해액 : 묽은 황산(2H₂SO₄) → 물(2H₂O)

(나) 충전 중 화학작용

　① 양극판 : 황산납(PbSO₄) → 과산화납(PbO₂)

　② 음극판 : 황산납(PbSO₄) → 해면상납(Pb)

③ 전해액 : 물($2H_2O$) → 묽은 황산($2H_2SO_4$)

※ 충전시 양극판에서는 산소 가스, 음극판에서는 수소 가스가 발생한다.

바) 케이스 및 커버

합성수지 또는 에보나이트로 되어 있으며, 각 셀의 밑 부분에는 엘리먼트 레스트가 있다. 또한 커버의 중앙부는 전해액이나 물을 주입하고 비중계나 온도계를 넣기 위한 구멍과 그것을 막기 위한 마개(filler plug)가 있다.

※ 케이스 커버의 부식물은 산(酸)에 의한 것이므로 탄산나트륨 용액으로 닦아낸다.

사) 필러 플러그

벤트 플러그라고도 하며 작은 구멍(vent hole)이 있어, 축전지 내부에서 발생한 수소 가스나 산소 가스를 방출한다.

아) 커넥터와 단자 기둥

① 커넥터 : 각 셀을 직렬로 접속

② 단자 기둥(terminal post) : 외부 회로와 확실하게 접속되도록 한다.

자) 전해액

증류수에 순도 높은 황산을 혼합한 묽은 황산을 사용하며, 전류를 저장 또는 발생시키는 작용을 한다.

(1) 비중

물체의 무게와 동등한 용량을 순수한 4℃에서 물의 무게와의 비를 말하며, 완전 충전상태에서 전해액의 비중은 표준 온도 20℃일 때 다음과 같다.

① 열대지방 : 1.240

② 온대지방 : 1.260

③ 한대지방 : 1.280

※ 완전 충전 상태에서 표준 부근 비중일 때 황산의 도전도가 가장 높다.

④ 전해액의 비중은 온도에 따라 변화된다. 온도가 높으면 비중은 낮아지고 온도가 낮으면 비중은 높아진다.

⑤ 표준온도 20℃로 환산하여 비중은 온도 1℃의 변화에 대해 온도계수 0.0007이 변화된다.

$$S_{20} = St + 1.0007(t - 20)$$

S_{20} : 표준온도 20℃로 환산한 비중   St : t℃에서 실측한 비중

t : 측정시의 전해액의 온도(℃)

0.0007 : 온도 1℃ 변화에 대한 비중의 변화량

⑥ 전해액의 비중에 따른 충전상태

전해액 비중	충전된 양(%)	전해액 비중	충전된 양(%)
1.260	100	1.100	25
1.210	75	1.050	거의 0
1.150	50	-	-

(2) 전해액의 빙결

① 방전 상태에서는 비중 저하에 비례하여 빙결 온도가 올라간다.

② 전해액이 빙결되면 극판의 작용물질이 붕괴되어 다시 사용할 수 없다.

③ 한랭지에서는 빙결 방지를 위해 완전 충전 상태를 유지하는 것이 중요하다.

차) 방전 종지 전압

단자 전압은 방전이 진행됨에 따라 어느 한도에 이르면 급격히 저하하여 그 이후에는 충전을 계속하여도 전압이 상승되지 않는다. 방전 종지 전압은 어떤 전압 이하로 방전해서는 안 되는 전압을 말하며, 한 셀당 약 1.7~1.8V이다.

※ 20시간율 전류로 방전할 때 방전 종지 전압은 1.75V이다.

카) 용량

완전 충전된 축전지를 일정한 전류로 연속 방전시켜 방전 종지전압이 될 때까지 꺼낼 수 있는 전기량이다. 단위는 암페어시(AH)이다.

$$AH = A \times H$$

AH: 용량, A: 일정 방전 전류, H: 방전 종지 전압 시까지의 연속 방전 시간

※ 축전지 용량은 극판의 수, 극판의 크기, 전해액의 양에 따라 정해지며, 용량이 크면 이용 전류가 증가한다.

(1) 방전율의 종류

① 20시간율 : 일정한 전류로 연속 방전하여 셀당 전압이 1.75V에 이를 때까지 방전할 수 있는 전류의 총량

② 25암페어율 : 80°F[26.7℃]에서 25A의 전류로 방전하여 셀당 전압이 1.75V에 이를 때까지 방전할 수 있는 시간

③ 냉간율 : 0°F[-17.8℃]에서 300A의 전류로 방전하여 셀당 전압이 1V 강하하기까지 몇 분 소요되는가를 표시

(2) 용량과 온도와의 관계

① 전해액의 온도가 높으면 용량이 증대되고 온도가 낮으면 용량도 감소된다. 그러므로 용량을 표시할 때는 반드시 온도를 표시하여한다.

② 용량 표시는 25℃를 표준으로 하나 전해액 비중 표시는 20℃를 표준으로 한다.

타) 자기 방전

충전된 축전지를 방치해 두면 사용하지 않아도 조금씩 방전하여 용량이 감소된다.

(1) 자기 방전의 원인

① 구조상 부득이한 것

② 불순물에 의한 것

③ 단락에 의한 것

(2) 자기 방전량

24시간 동안의 자기 방전량은 실용량의 0.3~1.5%정도이며, 전해액의 온도가 높을수록, 비중이 높을수록 자기 방전량은 크다.

※충전된 축전지는 사용치 않더라도 15일마다 보충전하여야 한다.

파) 축전지의 충전

　(1) 초충전

　　축전지 제조 후 전해액을 넣고 활성화시키기 위해 최초로 하는 충전

　(2) 보충전

　　자기 방전이나 사용 중에 소비된 용량을 보충하기 위해 하는 충전

　(3) 급속 충전

　　충전 전류는 축전지 용량의 1/2로 시간적 여유가 없고 긴급할 때 하는 충전하는 방법으로 주의 사항은 다음
과 같다.

　　　① 충전 중 전해액의 온도를 45℃이상 올리지 말 것

　　　② 차에 설치한 상태에서 급속 충전을 할 경우 발전기의 다이오드 보호를 위해 축전지 (+)단자를 떼어 놓
을 것

　　　③ 급속 충전은 통풍이 잘 되는 곳에서 실시한다.

　　　④ 충전 시간을 가능한 한 짧게 한다.

　(4) 충전 방식

　　(가) 정전류 충전

　　충전의 시작에서부터 종료까지 일정한 전류로 충전하는 방법으로 충전 전류는 다음과 같다.

　　　① 표준 전류 : 축전지 용량의 10%

　　　② 최소 전류 : 축전지 용량의 5%

　　　③ 최대 전류 : 축전지 용량의 20%

　　(나) 정전압 충전

　　충전의 시작에서부터 종료까지 일정한 전압으로 충전하는 방법

　　(다) 단별 전류 충전

　　충전 중에 단계적으로 전류를 감소시켜 충전하는 방법

　　(라) 충전할 때의 주의 사항

　　　① 과충전이 되지 않도록 할 것

　　　② 전해액량 부족시 극판 위 10~13mm을 맞출 것

　　　③ 병렬 접속 충전을 하지 말 것

　　　④ 충전 중 축전지 근처에서 불꽃을 일으키지 말 것

　　　⑤ 충전 중 전해액의 온도를 45℃가 넘지 않도록 할 것

　　　⑥ 전압이 1.70~1.80V이하로 내려가지 않도록 할 것

　　　⑦ 축전지를 설치할 때는 절연선(+)을 먼저 연결하고 접지선(-)은 나중에 연결한다.

▶ 축전지를 제거할 때는 접지선(-)을 먼저 하고 절연선(+)은 나중에 제거한다.

　　　⑧ 축전지를 직렬로 연결하면 전압은 개수의 배가되고 용량은 일정하다.

　　　⑨ 축전지를 병렬로 연결하면 용량은 개수의 배가되고 전압은 일정하다.

※ 충전 중에 한계 온도로 상승할 때에는 전류 감소 또는 일시적으로 정지한다.

3. 기동장치

가) 개요

내연 기관은 자기 기동을 하지 못하므로 외부에서 크랭크축을 회전시켜 기동시키기 위한 장치이다.

(1) 직류 전동기의 종류와 특성

(가) 직권 전동기

전기자 코일과 계자 코일을 직렬로 결선된 전동기이다.

① 장 점 : 기동 회전력이 크다.

② 단 점 : 회전 속도의 변화가 크다. 축전지 소모가 많다.

(나) 분권 전동기

전기자 코일과 계자 코일이 병렬로 결선된 전동기이다.

① 장 점 : 장 점 : 회전 속도가 거의 일정하다.

② 단 점 : 회전력이 비교적 작다.

(다) 복권 전동기

전기자 코일과 계자 코일이 직ㆍ병렬로 결선된 전동기이다.

① 장 점 : 회전 속도가 거의 일정하고 회전력이 비교적 크다.

② 단 점 : 직권 전동기에 비하여 구조가 복잡하다.

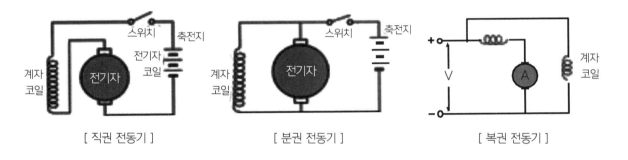

[직권 전동기]　　　　[분권 전동기]　　　　[복권 전동기]

※ 현재 사용되고 있는 기동 전동기는 직권식 전동기이다.

(2) 구조 및 작동

(가) 작동 부분

① 전동기 : 회전력의 발생

② 동력 전달기구 : 전동기의 회전력을 엔진에 전달

③ 전자식 스위치 : 피니언 기어를 섭동시켜 링 기어를 물리게 하는 부분

(나) 전동기

① 회전 부분 : 전기자, 정류자

　－ 전기자(armature) : 회전력을 발생시킴

　－ 정류자(commutator) : 전류를 일정한 방향으로만 흐르게 한다.

※ 정류자편 사이에 운모(mica)가 1mm정도의 두께로 절연되어 있고 정류자 면보다 0.5~0.8mm 낮게 파져 있으며 이것을 언더컷이라 한다.

② 고정 부분 : 계자 코일, 계자 철심, 브러시

③ 계철(york) : 계철은 전동기의 틀이 되며, 자력선의 통로가 된다.

④ 계자 철심 : 계자 코일이 감겨 있으며, 전류가 흐르면 전자석이 된다.

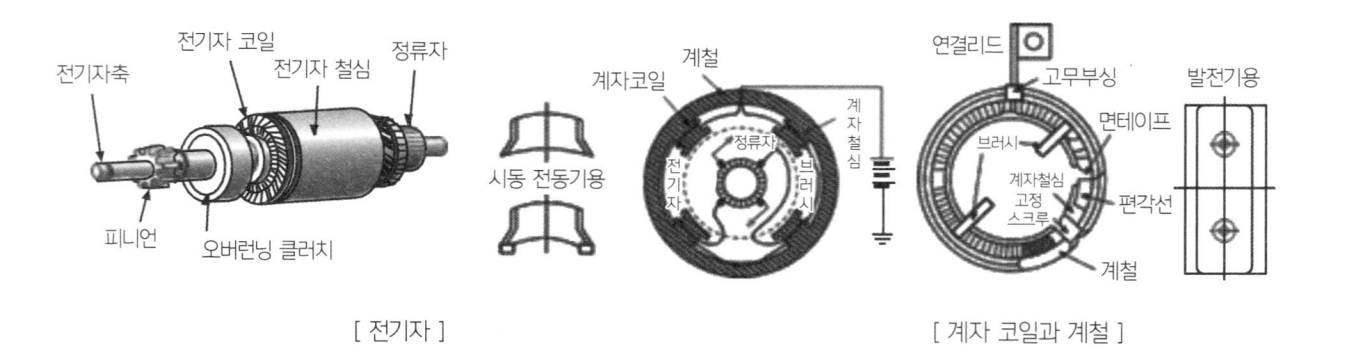

[전기자]   [계자 코일과 계철]

⑤ 계자 코일 : 계자 철심에 감겨져 전류가 흐르면 계자 철심을 자화시키는 코일로 큰 전류가 흐르기 때문에 평각 구리선이 사용된다.

⑥ 브러시 및 브러시 홀더 : 브러시는 큰 전류가 흐르므로 금속 흑연계가 사용되며, 스프링 장력은 약 50~100 kPa[0.5~1 kgf/cm2]이다.

　　－ 브러시는 표준 길이의 1/3 이상 마모되면 교환한다.

　　－ 베어링 : 하중이 크고 사용 시간이 짧으므로 부싱을 사용한다.

(다) 동력 전달기구

① 벤딕스식 : 피니언의 관성을 이용하여 전달

② 전기자 섭동식 : 자력선이 가까운 거리로 통과하려는 성질을 이용하여 전달

③ 피니언 섭동식 : 전자력을 이용하여 전달

④ 오버런닝 클러치 : 피니언 기어를 공전시켜 링 기어에 의해 기동 전동기가 회전되지 않도록 한다. 종류로는 롤러식, 스프래그식, 다판 클러치식이 있다.

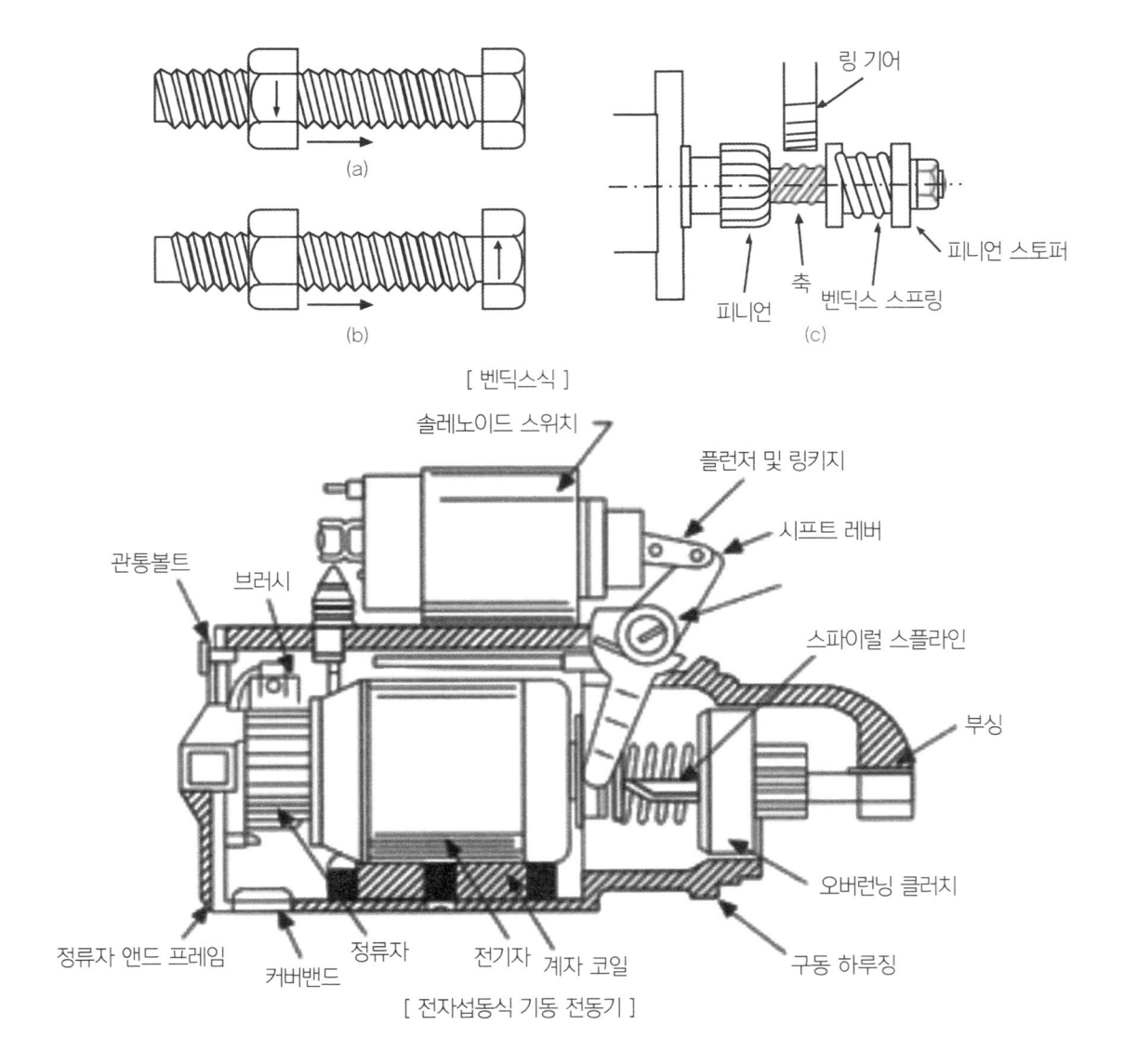

[벤딕스식]

[전자섭동식 기동 전동기]

(라) 기어 감속 기동 전동기

플라이 휠의 직경이 작아 필요로 하는 감속비를 얻을 수 없는 경우에 전기자축과 피니언축을 별도로 설치하여 감속비를 크게 한 전동기이다.

(마) 전자식 스위치(magnetic switch)

2개의 코일과 플런저, 접촉판, 2개의 접점으로 구성되어 있다. 운전석에서 스위치를 ON시키면 시프트 레버를 당겨 피니언 기어를 링기어에 물리게 한다.

① 풀인 코일 : 기동 전동기 단자에 접속되어 있으며 플런저를 잡아당긴다.

② 홀드인 코일 : 스위치 케이스 내에 접지되어 있으며, 피니언의 물림을 유지시킨다.

※ 풀인 코일의 저항 : 0.4 Ω, 홀드인 코일의 저항 : 1.1 Ω

(3) 기동 전동기 취급상 주의 사항

① 연속 사용하는 시간은 10~15 초 정도로 한다.

② 시동이 된 다음에는 스위치를 열어(OFF) 놓는다.

③ 회전 속도가 규정 이하시 기동되지 않는다.

④ 배선 굵기가 규정 이하, 접속부 등의 조임을 점검한다.

⑤ 30,000~40,000km 주행마다 분해 점검한다.

※ 엔진 기동이 가능한 회전 속도

실린더 압축 압력과 각 부의 마찰력을 이겨야 엔진 기동이 가능하다.

- 가솔린 엔진 : 100 min-1[R.P.M]
- 디젤 엔진 : 180 min-1[R.P.M]

4. 충전장치

플레밍의 오른손 법칙을 응용하여 기계적 에너지를 전기적 에너지로 변화시키는 것으로 발전기(generator), 발전기 조정기(generator regulator)등으로 구성되어 있다.

※ 발전기의 종류

직류 발전기는 자려자식 발전기, 교류 발전기는 타려자식 발전기이다.

가) 직류 발전기(DC generators)

구동 벨트를 이용하여 엔진의 동력으로 전기자를 회전시켜 전류를 발생시킨다. 전류가 흐르면 전자석이 되는 계자와 그 계자 내에서 회전하여 전류를 발생시키는 전기자 및 전기자에서 발생된 교류를 직류로 바꾸는 정류자로 되어 있다. 처음 발전의 시작은 계자 철심에 남아 있던 잔류 자기에 의해 이루어지는 자려자식 발전기이다.

(1) 직류 발전기의 형식

① 직권식 발전기 : 계자 코일과 전기자 코일을 직렬로 연결한 것

② 분권식 발전기 : 계자 코일과 전기자 코일을 병렬로 연결한 것

③ 복권식 발전기 : 계자 코일과 전기자 코일을 직 · 병렬로 연결한 것

(2) 발전기 조정기

기관의 회전 속도 변동에 의해서 전압이 비례하여 발생되므로 조정기가 필요하다. 조정기는 계자 코일에 흐르

는 전류를 제어하여 전장품 및 발전기 자체를 보호하는 장치로서 다음과 같다.

① 컷아웃 릴레이 : 발생 전압이 축전지 전압보다 낮을 경우 축전지의 전압이 발전기로 역류하는 것을 막는 장치이다.

② 전압 조정기 : 발전기의 전압을 일정하게 유지한다.

③ 전류 제한기 : 발전기의 발생 전류를 조정하여 발전기의 소손을 방지한다.

나) 교류 발전기(AC generators, alternators) 제네레이터/ 알터네이트 (현재 사용)

교류 발전기는 타려자식 발전기로 저속에서도 충전할 수 있고 출력이 크다. 스테이터, 로터, 로터를 지지하는 엔드 프레임과 실리콘 다이오드 등으로 구성되어 있다.

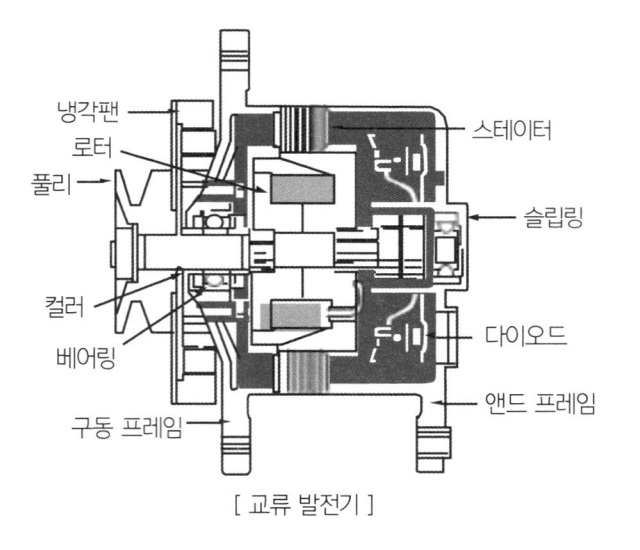

[교류 발전기]

(1) 스테이터 코일

직류 발전기의 전기자에 해당되며 철심에 3개의 독립된 코일이 감겨져 있어 로터의 회전에 의해 3상 교류가 유기된다. 3상 코일의 결선 방식은 선간 전압이 높은 스타 결선(Y결선), 선간 전류가 높은 델타 결선(△)이 있다. 스타 결선은 저속 회전에서도 높은 전압과 중성점의 전압을 사용할 수 있는 장점이 있다.

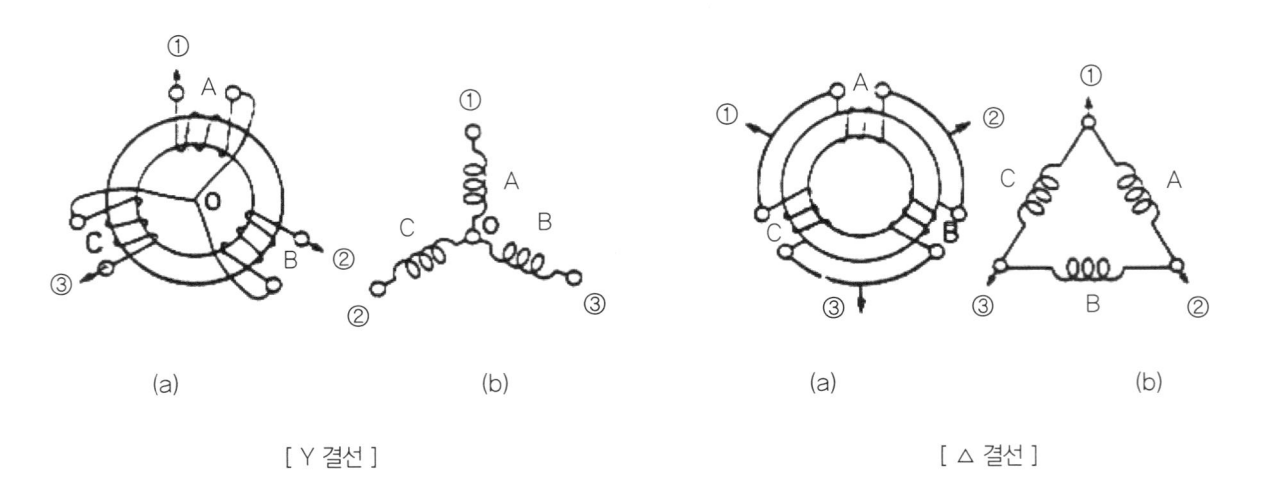

(2) 로터

직류 발전기의 계자 코일에 해당하는 것으로 자속을 형성한다. 구동 벨트에 의해서 엔진 동력으로 회전된다.

(3) 슬립 링과 브러시

로터 코일에 전류를 보내기 위하여 설치되어 있으며, 2개의 슬립 링과 2개의 브러시가 있다. 정류 작용을 하지 않기 때문에 불꽃 발생에 의한 소손은 거의 없다.

(4) 실리콘 다이오드

스테이터 코일에 발생된 교류 전기를 정류하는 것으로 다이오드 3개와 다이오드 3개가 합해져 6개로 되어 있으며, 축전지로부터 발전기로 전류가 역류하는 것을 방지하고 교류가 다이오드에 의해 직류로 변환시키는 역할을 한다.

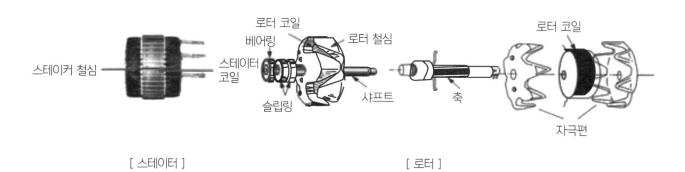

[스테이터]　　　　　　　　　　　　[로터]

※ 다이오드의 작용

- 주 다이오드(6개) : 출력용 다이오드
- 보조 다이오드(3개) : 충전경고등 점멸 및 로터코일 전류 공급(자려 운전)

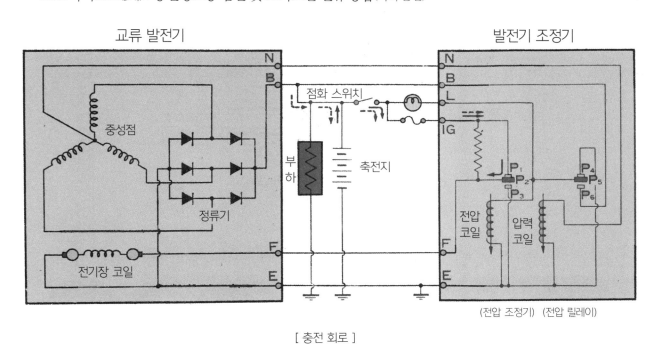

[충전 회로]

※ 전압 릴레이 : 충전 경고등 점멸과 동시에 전압 코일의 전류를 단속한다.

※ 충전상태 표시방법

- 전류계에 의한 방법, 경고등에 의한 방법

(4) IC 조정기

(가) 특징

① 조정 전압의 정밀도 향상, 접점식은 1V범위이지만 IC식은 0.6V이내이다.

② 진동에 의한 전압의 변동 없다.

③ 내열성의 향상, 접점 허용 주위 온도는 80℃이지만 IC는 120~130℃이다.

④ 접점이 없으므로 내구성 향상된다.

⑤ 발전기 내에 내장되어 소형화가 가능하다.

⑥ 차체 배선의 간소화 되었다.

⑦ 발전 출력이 증대된다.

6. 예열장치

예열장치는 겨울철과 같이 외기의 온도가 차가울 때 기동을 도와주는 디젤 기관의 시동 보조 장치이다.

가) 코일형

굵은 히트 코일이 직접 노출되어 있어 공기와의 접촉이 용이하여 적열될 때까지의 시간이 짧다. 코일이 연소 가스와 직접 접촉되기 때문에 기계적 강도와 가스에 의한 부식에 약하다. 배선은 직렬로 연결되어 있으며 현재는 많이 사용하지 않는다.

나) 실드형

금속 튜브 속에 히트 코일, 홀딩 핀이 삽입되어 있고 코일형에 비해 적열 상태가 늦으며, 배선은 병렬로 연결되어 있다. 히트 코일이 연소열의 영향을 적게 받으며 내구성이 향상되고 플러그 하나가 단선되어도 나머지 예열 플러그가 작용한다.

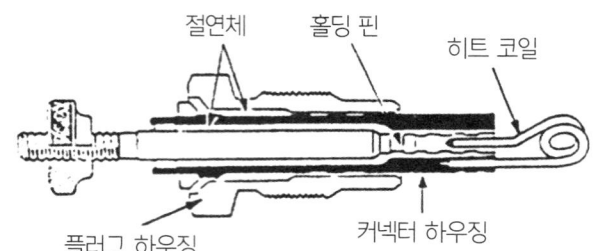

[코일형 예열플러그]

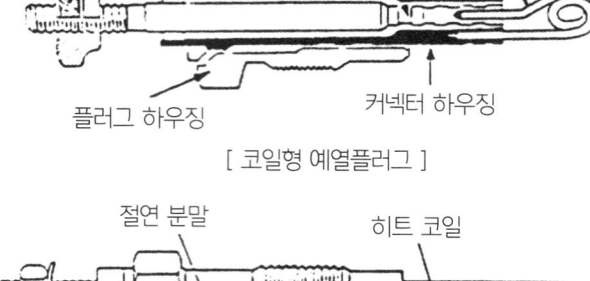

[실드형 예열 플러그]

(1) 예열 플러그의 명세표

항목	코일형	실드형
발열량	30~40W	60~100W
발열부의 온도	950~1050℃	950~1050℃
전압	0.9~1.4V	24V : 20~23V 12V : 9~11V
전류	30~60A	24V : 5~6A 12V : 10~11A
회로	직렬 접속	병렬 접속
예열 시간	40~60초	60~90초

다) 흡기 가열식

직접 분사실식 디젤 기관에서 예열 플러그를 설치할 곳이 없기 때문에 흡기 다기관에 히터나 히트 레인지를 설치하여 흡입되는 공기를 가열시켜 실린더에 공급한다.

(1) 흡기 히터

흡기 다기관에 설치된 노즐 보디를 열선으로 가열하면 이그나이터에 의해 착화 연소되어 흡입 다기관 내의 흡입 공기를 가열한다. 시동된 후에 스위치를 끄면 밸브가 닫혀 연료가 차단된다.

(2) 히트 레인지

흡기 다기관에 설치한 열선을 설치하여 축전지 전류를 공급하면 400~600W의 발열량에 의해 엔진 시동시 흡입되는 공기가 열선을 통과할 때 가열되어 흡입된다.

8) 등화장치

가) 등화 회로의 종류

(1) 조명등

① 전조등 : 야간 운행을 위한 조명

② 후진등 : 후진 방향 조명

③ 계기등 : 계기판의 각종 계기 조명

④ 번호등 : 번호판 조명

(2) 지시등

① 차폭등 : 폭을 표시

② 주차등 : 주차중임을 표시

③ 후미등 : 후미를 표시

(3) 신호등

① 방향 지시등 : 선회 방향을 신호

② 제동등 : 브레이크 작동 신호

(4) 경고등

① 유압등 : 유압이 규정 이하로 되면 점등 경고

② 충전등 : 축전지에 충전되지 않을 때 점등 경고

③ 연료등 : 연료가 규정이하이면 점등 경고

나) 전선

(1) 종류

① 피복선 : 무명, 명주, 비닐 등의 절연물로 선을 피복

② 비피복선 : 접지용으로 사용

(2) 배선 방식

(가) 단선식

① 부하의 한끝을 차체나 프레임에 접지

② 작은 전류가 흐르는 회로에 이용

(나) 복선식

① 접지쪽에도 전선을 사용

② 큰 전류가 흐르는 회로에 이용(전조등)

다) 회로보호 장치

(1) 퓨즈, 퓨지블 링크, 서킷 브레이커 등

① 퓨즈(fuse)

② 회로가 단락 누전(규정이상 과대전류)되었을 때 단선이 되어 회로를 보호

③ 회로 중 직렬로 결선(68℃ 녹음)

④ 재료 : 납(鉛), 주석, 창연, 카드뮴

⑤ 종류 : 리본형, 튜브형, 블레이드형, 카트리지형, 퓨지블 링크

제4장
건설기계 섀시장치

1. 동력전달장치

가) 클러치(Clutch)

엔진의 동력을 변속기로 전달 또는 차단하기 위해서 변속기와 엔진사이에 설치된다.

(1) 클러치의 필요성 및 특성

① 시동시 엔진을 무부하상태로 하기 위하여

② 엔진의 회전력을 차단하기 위하여

③ 정차 및 기관의 동력을 서서히 전달하기 위하여

(2) 클러치의 분류

① 마찰클러치: 건식 클러치, 습식 클러치

② 유체클러치 : 유체 크러치, 토크컨버터

(3) 유체클러치

유체클러치는 선풍기가 회전하는 원리를 이용한 것으로 펌프 측 임펠러와 터빈측 런너를 서로 마주하게 해서 한 개의 케이스 안에 넣고, 오일을 가득 채운다. 펌프가 회전시키면 유체 운동에너지가 터빈에 전달되어 회전하고, 오일은 돌아오면서 유체의 흐름을 방해하므로 중심부에 가이드링을 두어 유체의 충돌이 감소되도록 하였다.

(4) 토크 컨버터

토크 컨버터는 유체클러치의 개량형으로 유체클러치보다 회전력의 변화를 크게 한 것이다. 유체클러치에서는 방사선상으로 설치되어 있으나 토크컨버터는 와류형으로서 스테이터와 함께 회전된다. 또한 유체클러치에서 토크 변환율은 1:1이상으로는 될 수 없지만 토크컨버터는 스테이터가 설치되어 속도비의 변화에 따라 토크의 전달율 즉, 토크비가 자동적으로 변화되어 토크 변환율이 2~3:1이다.

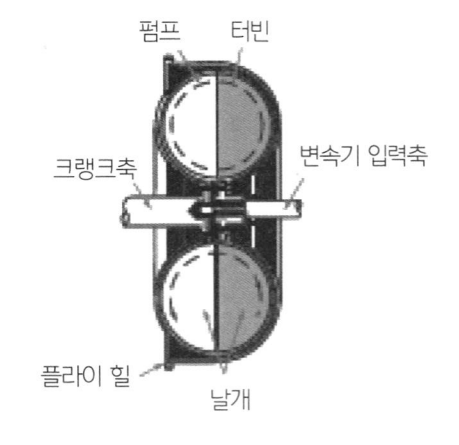

[클러치]   [토크컨버터]

나) 변속기

클러치와 추진축(propeller shaft)사이에 설치되어 있으면서 클러치를 통해서 전달된 기관의 회전력을 건설기계의 작업이나 주행상태에 따라 증대시키거나 감소시켜 구동바퀴에 전달하는 기능을 가졌고 장비를 후진시키는 역전장치도 갖추고 있다.

(1) 변속기의 구비조건

① 단계가 없이 연속적인 변속이 가능할 것

② 조작이 용이하고 신속, 정확하게 될 것

③ 전달효율이 좋을 것

④ 소형, 경량으로 고장이 없고 다루기가 용이할 것

(2) 변속기 구조 및 작용

(가) 섭동기어식(sliding-mesh type)변속기

변속 기어를 직접 움직여 맞물리게 하는 방식으로 구조가 간단하고 취급이 비교적 쉽고 회전력을 크게 할 수 있어 트랙터에 많이 사용된다. 또한 변속기의 주유는 GO(기어오일)를 주유하고 여름철에는 점도가 높은 GO # 90~120, 겨울철에는 점도가 낮은 GO # 80을 주유하며 매 10시간마다 점검하여 부족시 보충하고 6개월(1000시간)마다 교환하여야 한다.

(나) 상시물림식(constant-mesh type)변속기

이 형식은 섭동기어식에서 주행 중 변속할 때에 발생되는 소음을 방지하기 위해 만들어진 것이며 동력을 전달하는 기어를 항상 맞물리게 하고 클러치기어(도그클러치)를 설치하여 이것을 이동시킴으로써 기어와 물리게 하여 동력을 전달시키는 변속기어이다.

(다) 동기물림식 변속기

상시물림 변속기를 개량한 것으로 상시물림식의 도그 클러치 부분에 동기장치를 설치하여 기어가 물리기 전에 먼저 이 클러치를 접촉, 양쪽 기어의 주속도를 등속으로 만든 다음 동시에 기어가 물리므로 변속시 소음이 적고 변속이 용이하여 고속에서 저속으로 속도변화가 쉽게 이루어지며 더불 클러치를 조작할 필요가 없다.

(라) 유성기어식 변속기

유성기어 변속장치(planetary gear unit)는 토크 변화기의 뒷부분에 결합되어 있으며, 다판클러치, 브레이크 밴드, 프리휠링 클러치(1방향클러치), 유성기어 등으로 구성되어 토크변환 능력을 보조하고 후진 조작기능을 함께 한다.

(3) 변속조작기구

① 전후진 및 변속 레버 : 직접 조작식과 원격조작식이 있다.

② 인터록 : 이중 물림 방지

③ 로킹볼 : 변속된 기어 빠짐 방지

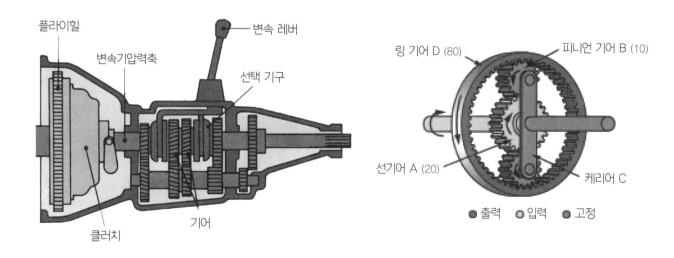

(4) 추진축(propeller shaft)

변속기의 회전력을 종감속기에 전달한다.

(5) 자재이음(universal joint)

자재이음이란 각도를 가지고 동력을 전달하는 추진축이나 앞차축 등에 설치되어 자유로이 동력을 전달하

기 위한 장치이다.

(6) 슬립이음(slip joint)

추진축의 길이에 변화를 가능하게 하기 위하여 축의 중간부분이 스플라인으로 되어 끼워져 있으며 이곳에는 섀시 그리스가 주유된다. 길이의 변화량은 50~70mm이다.

(7) 종감속기어(final gear)

① 장비의 뒤쪽 또는 앞쪽에 설치되어 트랙터의 중량을 지지

② 기관의 동력을 수평 또는 수직 동력으로 90° 전환시켜 구동바퀴에 전달

③ 회전력의 증대를 위하여 최종적인 감속

(8) 차동장치(differential gear unit)

① 타이어식 건설기계가 커브를 돌 때 외륜을 내륜보다 많이 회전하게 한다.

② 요철(凹凸) 노면을 주행할 때도 바퀴의 회전수가 항상 변화하지 않으면 안 된다.

(9) 차축(axle shaft)

① 구조상 현가방식에 따라 일체차축식(rigid axle)과 분할차축식(divided axle)으로 나눈다.

② 동력을 전달할 수 있는 구동륜차축과 구동력을 바퀴로 전달하지 못하는 유동륜 차축으로 분류된다.

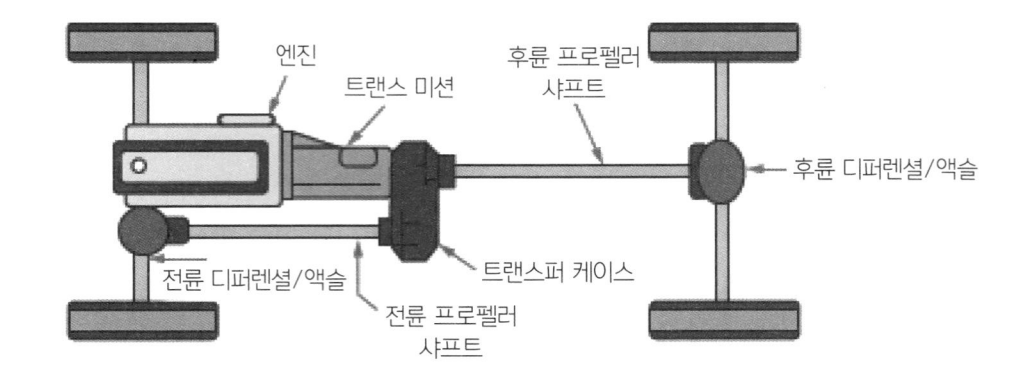

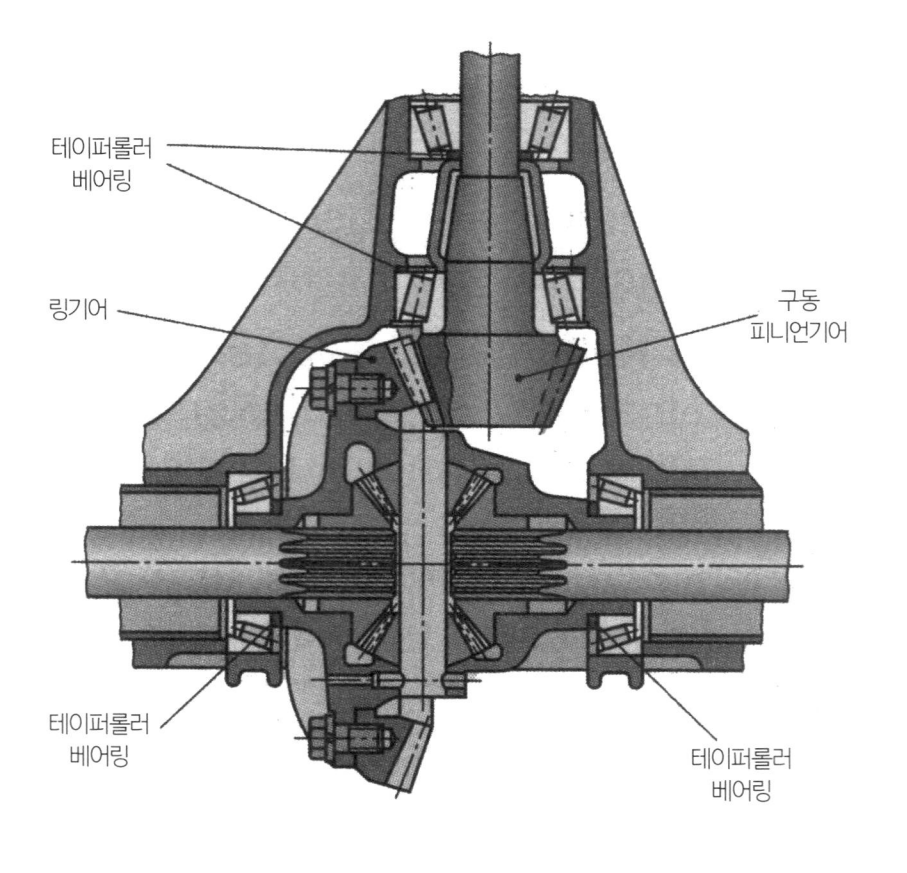

2. 휠 및 타이어

가) 휠(wheel)

① 타이어를 지지하는 림(rim)과 림을 허브에 지지하는 부분으로 구성

② 타이어와 함께 건설기계의 전체중량을 분담지지

③ 주행 및 제동시의 토크, 선회시의 원심력과 장비가 기울어졌을 때의 발생하는 옆방향 등의 힘에 견디고 노면으로부터의 충격에 견디며 가벼워야 한다.

나) 타이어

일반적으로 공기압력을 유지하는 튜브와 타이어로 구성되며, 타이어는 나일론과 레이온 등 의 섬유와 양질의 고무를 합쳐 코드(dord)를 만들고 이것을 겹쳐서 유황을 첨가하여 형틀 속에 성형으로 제작한 것이다.

(1) 타이어의 구조

① 카커스(carcass)

② 비드(bead)

③ 브레이커(breaker)

④ 트레드(tread)

(2) 타이어의 호칭

일반적으로 타이어의 호칭 치수는 타이어의 폭, 타이어의 내경 또는 외경 및 플라이수로 표시한다.

① 저압타이어 : 폭(인치) - 내경(인치) - 플라이수

예 : 9.50-20이면 타이어의 호칭 폭이 9.50인치, 타이어의 내경이 20인치

② 고압타이어 : 외경(인치) × 폭(인치) - 플라이수

③ 래디얼 타이어 : 폭(mm)/편평비-최고속도, 종류-내경(인치)

예: 175 / 70HR14

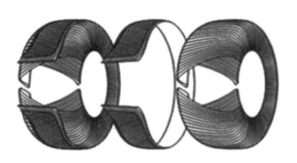

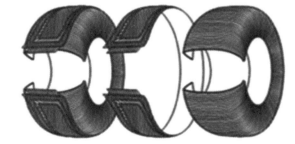

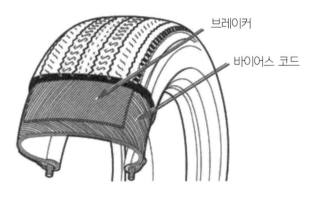

브레이커

바이어스 코드

밸트

레디얼 코드

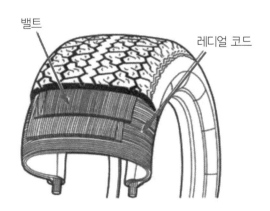

(a)바이어스 타이어

(b)래디얼 타이어

[코드배열 방식에 의한 분류]

3. 조향장치

가) 조향장치 일반

조향장치는 건설기계의 진행 방향을 바꾸기 위한 조종장치로 조향핸들(steering wheel)을 회전시켜 조향륜을 조향하는 구조로 되어 있다. 조향장치는 장비의 안전상 제동장치와 함께 매우 중요하며 통상의 조향장치로서의 기능 외에 충돌시에 운전자의 보호라는 안전성의 기능이 요구되고 있다.

(1) 조향장치의 원리

애커먼식을 개량한 것으로 선회시 앞바퀴가 나란히 움직이지 않고 뒤액슬의 연장선상의 한 점에서 만나게 되어 있다. 즉, 애커먼쟝토식(ackerman-jantoud type)은 현재 많은 장비에 이용되고 있는 것으로 조향 너클의 연장선이 뒤차축의 중심에서 만나게 하면 선회시 안쪽 바퀴의 조향각이 더 크게 되어 반대 차축 연장선상의 한 점에서 모든 바퀴가 동심원을 그리게 되는 원리이다.

(2) 최소회전반경

조향핸들을 최대로 돌려서 선회할 때 맨 바깥쪽 바퀴가 그리는 원의 최소 회전반경이라 한다. 최소회전반경은 다음 식에 의해서 구한다.

$$R = \frac{L}{\sin a} + r$$

여기서, R = 최소회전반경, L = 축거

  a = 바깥쪽 앞바퀴의 조향각

  r = 바퀴의 접지면 중심과 킹핀과의 거리

(3) 조향장치에 구비조건

① 조향 조작이 경쾌하고 운전자의 피로를 적어야 한다.

② 회전반경이 적고 방향변환이 원활할 것

③ 선회시 차체 및 차대에 영향이 없을 것

④ 핸들과 바퀴의 선회차가 크지 않을 것

⑤ 수명이 길고 다루기 쉬우며 정비가 용이할 것

나) 주요구성 및 작용

(1) 조향핸들

핸들은 허브, 스포크 및 림 등으로 구성되고, 스포크나 림의 내부에는 보강하기 위한 강이나 경합금 심이 들어있다. 건설기계용에서는 노브를 두어 운전자가 조작이 쉽도록 하였다.

(2) 조향축

조향축은 핸들의 조작력을 조향기어에 전달하는 축이며, 상부에는 핸들이 조립되어 있고, 아랫부분에는 조향기어가 조립되어 있다.

(3) 조향기어

조향기어는 핸들의 동력을 적당한 감속비로 피트먼암에 전달한다. 기어상자 속에서 기어오일을 주유하며 최근에는 배력장치를 둔 것도 있다.

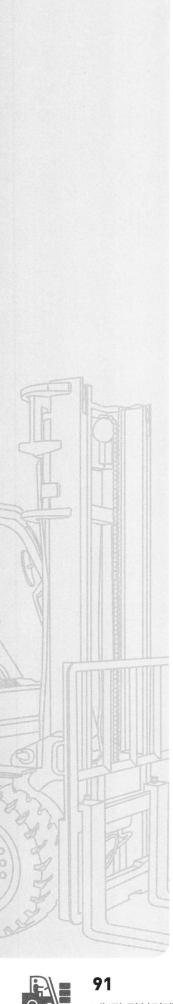

(4) 피트먼 암(pitman arm or drop arm)

피트먼암은 일반적으로 크롬 강등의 특수강을 형단조하여 제작한 후 한쪽 끝은 테이퍼 진 세레이션을 이용하여 섹터축과 연결되어 있고, 다른쪽 끝은 링크기그를 연결하기 위한 볼이음이 달려 있다.

(5) 드래그 링크

드래그링크(drag link)는 피트먼암과 너클암을 연결하는 로드이며, 양쪽 끝은 볼이음에 의해 암과 연결되었다.

(6) 타이로드와 타이로드 엔드

타이로드는 좌우의 너클암과 연결되어 제3암의 작동을 다른 쪽 너클암에 전달하며 좌우바퀴의 관계 위치를 정확하게 유지하는 역할을 한다.

(7) 너클 암

너클 암은 타이로드 엔드와 너클 스핀들 사이에 연결되거나 드래그링크와 연결되어 조향력을 전달하여 준다. 일반적으로 드래그링크가 결합되는 쪽은 제3암(third arm)이라 한다. 특수 장비에는 액슬축 끝부분을 더블 베벨기어라 하여 구동력을 증가시키기도 한다.

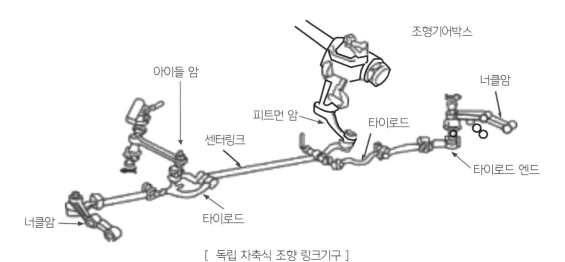

[독립 차축식 조향 링크기구]

다) 동력식 조향기구

일반적인 조향장치에 동력원으로 유압이나 공기압을 가하여 조향조작을 경쾌하게 할 수 있도록 만든 것이며 작은 감속비로 하면서 외부에서 유압이나 공기압을 가하여 민속하고 경쾌한 조작을 할 수 있도록 한 것이다.

(1) 구성 부품

(가) 제어부

작동장치에 이르는 유압통로를 개폐하는 밸브이며, 핸들의 조작으로 제어밸브가 오일회로를 바꾸어 동력실린더의 작동상태와 작동방향을 제어한다. 또한 유압계통에 고장이 생겼을 때에도 핸들조작을 할 수 있도록 안전체크밸브가 설치되어 있다.

(나) 동력부

엔진에 의해서 구동되는 오일펌프와 최고 유압을 규제하는 압력조절밸브 및 오일통로의 유량(流量)을 조정하는 유량제어밸브(folw control valve)를 포함한 밸브유닛 등으로 구성되어 동력원이 되는 유압을 발생하는 장치이다.

(다) 작동부

유압을 기계적인 힘으로 바꾸어 앞바퀴의 조향력을 발생하게 하는 부분이로 복동식 동력실린더를 사용하며 유압은 별도의 조향유압펌프에서 전달된다.

(2) 종류별 특징

(가) 링키지형

작동장치인 동력실린더가 조향링키지 기구의 중간에 설치된 형식으로 작동은 핸들의 조작으로 피트먼암과 제어밸브를 작동시키고 오일통로를 바꾸어줌으로써 동력실린더의 피스톤은 이동시켜서 타이로드를 밀거나 또는 당겨 앞바퀴의 방향을 바꾸며 제어밸브와 동력실린더가 일체로 결합된 조합식과 각각 분리되어 있는 분리식이 있다.

(나) 일체형

동력실린더, 동력피스톤, 제어밸브 등으로 구성된 주요 기구가 조향기어하우징 안에 일체로 결합되어 있으며 오일통로를 전환하는 제어밸브는 핸들에 조립된 웜축 끝에 설치되어 있으며, 제어밸브의 밸브스풀을 웜축으로 직접 조작시켜 줌으로써 작동이 된다.

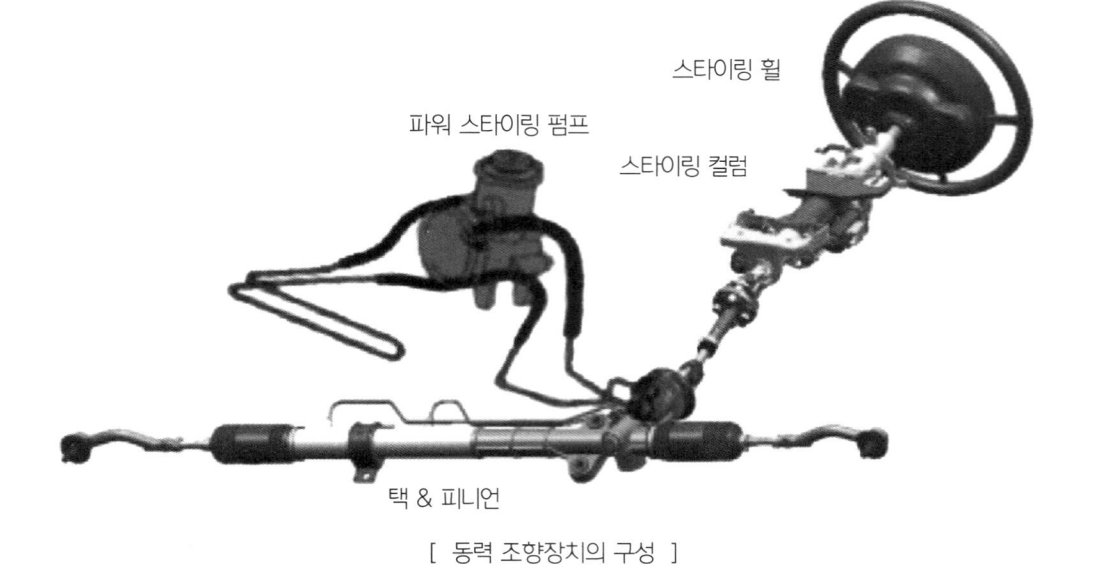

[동력 조향장치의 구성]

라) 바퀴 정렬

바퀴는 조향 조작을 할 때에는 확실하면서 경쾌하여야 주행 중 언제나 방향이 안정되어 노면으로부터 충격을 받아서 움직여도 즉각 가볍게 되돌아오는 복원성이 좋아진다.

(1) 캠버(camber)

　　① 바퀴를 앞에서 보았을 때 윗부분이 바깥쪽으로 경사지게 결합된 것

　　② 바퀴의 중심선과 노면에 대한 수직선이 이루는 각도

　　③ 캠버는 장비에 따라 다르나 일반적으로 0.5~2°로 되어 있다.

(2) 토인(toe-in)

　　① 바퀴를 윗면에서 보았을 때 바퀴의 앞부분이 뒷부분보다 좁은 것

　　② 토인의 값은 통상 3~7mm

　　③ 토인을 만들어져 캠버 때문에 바퀴가 바깥쪽으로 벌어지는 경향을 방지

　　④ 사이드슬립을 하지 않고 직진할 수가 있기 때문에 타이어는 마모가 적어진다.

(3) 킹핀각(kingpin angle)

　　① 바퀴의 캠버와 대칭적으로 킹핀이 경사져 있는 것

　　② 캠버와 협조하여 조향조작을 가볍게 하는 효다.

　　③ 킹핀의 경사는 핸들을 자동 복원시키는 효과도 있다.

　　④ 킹핀 경사각은 바퀴의 중심선과 6~9° 정도이다.

(3) 캐스터(caster)

① 바퀴를 옆방향에서 보면 킹핀은 상부를 약간 뒤로 기울여서 장치하고 있다.

② 이와 같이 기울기의 각도를 캐스터각이라고 한다.

③ 킹핀축의 연장선은 타이어 접지 중심보다 전방에서 지면에 교차하도록 되어 있다.

④ 직진 위치로 되돌아오려는 복원력이 작용하여 장비는 직진성이 있게 된다.

⑤ 일반적으로 캐스터각의 값은 0.5~1° 정도이다.

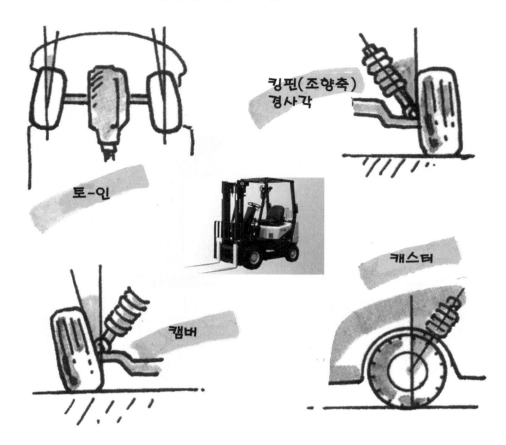

4. 제동장치

가) 제동장치 일반

브레이크는 일반적으로 마찰력을 이용하여 건설기계의 운동에너지를 열에너지로 바꾸고 발생된 열을 공기 중에 내보냄으로써 제동 작용을 행하는 마찰식 브레이크가 주로 사용되고 있다.

    (1) 브레이크 오일

        (가) 오일의 성분과 사용상의 주의

           ① 브레이크액(brake fluid)은 과거에는 피마자유가 사용되었으나 지금은 합성유로 바뀌어 에틸렌 글리콜, 글리콜 에테르 등이 주로 사용된다.

           ② 비등점이 다른 브레이크액을 혼합하면 브레이크액에 수분이 들어가면 비등점이 낮아지는 성질이 있고 베이퍼로크의 원인이 된다. 중량비로서 수분이 5% 들어가면 비등점은 60~80℃정도 내려간다.

        (나) 브레이크 오일의 구비조건

           ① 비등점이 높아야 한다.

           ② 농도의 변화가 적어야 한다.

           ③ 화학변화를 잘 일으키지 말아야 한다.

           ④ 고무나 금속을 변질시키지 않으며 증발되지 않아야 한다.

(2) 브레이크의 분류

　(가) 주 브레이크(foot brake)

　　① 유압식 브레이크

　　② 배력식브레이크

　　③ 공기식브레이크

　(나) 주차 브레이크(hand brake)

　　① 센터 브레이크

　　② 바퀴 브레이크

　(다) 보조 브레이크

　　① 배기브레이크

　　② 와전류리타더

　　③ 엔진브레이크

나) 유압식 브레이크 구성 및 작용

유압식 브레이크는 파스칼의 원리를 응용한 것으로, 브레이크페달을 밟으면 마스터 실린더에서 유압이 발생하고, 그 유압이 각 제동바퀴에 즉 휠에 장치되어 있는 휠실린더 내의 피스톤을 움직여, 브레이크슈를 확장시키고 드럼을 밀어 붙여 비로소 브레이크작용을 한다.

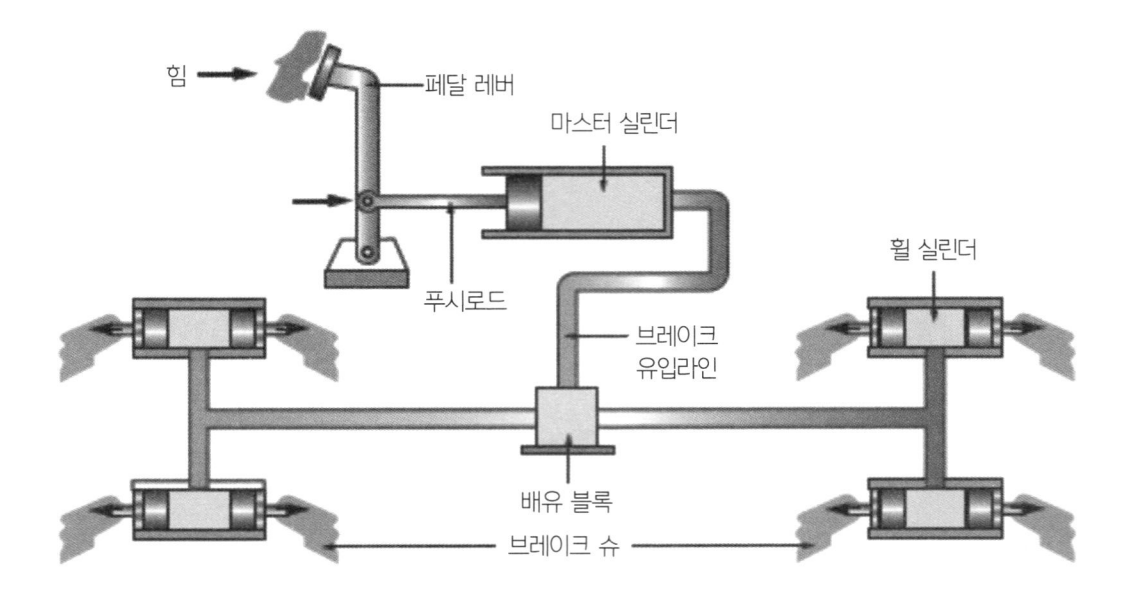

(1) 브레이크 페달

　지렛대의 원리를 이용한 것으로, 마스터실린더에 가하는 발의 힘을 적게 하여도 제동력은 크게 생기는 것이 중요사항이다.

(2) 마스터 실린더

　브레이크페달을 밟아서 필요한 유압을 발생하는 부분이다

(3) 브레이크 파이프 및 호스

　마스터 실린더에서 발생된 유압을 휠실린더로 전달하는 방청처리한 강 파이프를 사용한다. 브레이크 호스는 프레임에 결합된 파이프와 차축이나 바퀴 등 요동이 심한 조향 장치부에 사용되고, 플렉시블호스(flexible hose)라고도 한다.

(4) 휠 실린더

　마스터 실린더에서 유압을 전달 받아 브레이크슈를 드럼에 밀착시키는 역할을 한다.

(5) 브레이크 슈

　① 휠 실린더로 부터의 유압에 의하여 브레이크 드럼에 압착되는 것

　②T형 단면으로 라이닝은 테이블에 리벳이나 강력한 접착제로 부착

(6) 브레이크 드럼

특수 주철로 만들었고, 강판을 병용한 것도 있다. 냉각이 잘 되고 강성을 크게 하기 위해 원둘레 방향으로 리브(rib)가 있는 것도 있으며, 다음과 같은 구비조건을 갖추어야 된다.

　① 회전평형이 유지되어야 한다

　② 충분한 강성을 지니고 있어 슈가 확장되어도 변형되지 말아야 한다.

　③ 슈와의 마찰면은 충분한 내마모성을 가져야 한다.

　④ 방열(放熱)이 잘 되고 가벼워야 된다.

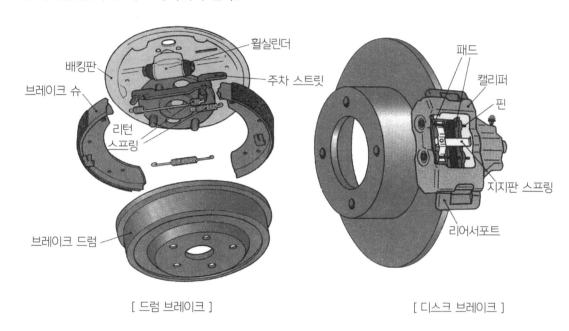

[드럼 브레이크]　　　　　　　　　[디스크 브레이크]

다) 디스크 브레이크의 구조 및 작동

(1) 디스크 브레이크의 특성

　① 베이퍼록 현상이 적고, 오일 누출이 적다.

　② 열변형(熱變形)에 의한 제동력의 저하가 없다.

　③ 한쪽만 작용할 염려도 없다.

　④ 스프링 아래 중량이 가볍다.

　⑤ 패드는 강도가 큰 재료를 사용해야 한다.

(2) 디스크

디스크는 특수주철로 만들며 휠허브에 결합되어 바퀴와 함께 회전한다.

(3) 캘리퍼

브레이크실린더와 패드를 구성하고 있는 한 뭉치이며, 특수주철로 안장과 같이 되어 있고 양쪽 면에는 브레이크실린더가 설치되어 있다.

(4) 브레이크 실린더 및 피스톤

브레이크 실린더는 캘리퍼의 좌우에 2개가 결합되어 있으며, 브레이크 실린더 및 피스톤에는 자동틈새조정장치가 마련되어 있다.

(5) 패드

보통 석면과 레진(resin)을 혼합 소성한 것으로 소량으로 쇳가루가 들어 있다.

라) 배력식 브레이크

최근에는 장비가 대형화되면서 본래의 유압식 브레이크만으로는 제동력이 부족하다. 따라서 제동력도 높이고 운전자의 피로도 덜어주는 장치가 필요하다. 이 장치가 배력장치로서 크게 나누면 진공식과 압축공기식이 있고 어느 것이나 대기압과의 압력차를 응용한 것이다.

마) 공기 브레이크

공기브레이크는 엔진과 같이, 회전되는 별도의 공기압축기에서 생산된 압축공기의 압력을 이용하여 브레이크슈를 드럼에 밀착시켜 제동 작용을 하는 브레이크로서, 페달의 적은 조작력으로도 또 큰 제동력을 얻기 때문에 건설기계와 트럭, 트레일러 등에 많이 쓰이고 있다.

공기 압축기, 압력 조정기, 언로더, 공기 탱크, 브레이크 밸브, 릴레이밸브, 퀵릴리스 밸브, 브레이크 체임버, 슬랙어저스터, 저압표시기, 체크밸브, 안전밸브 등으로 구성되어 있다.

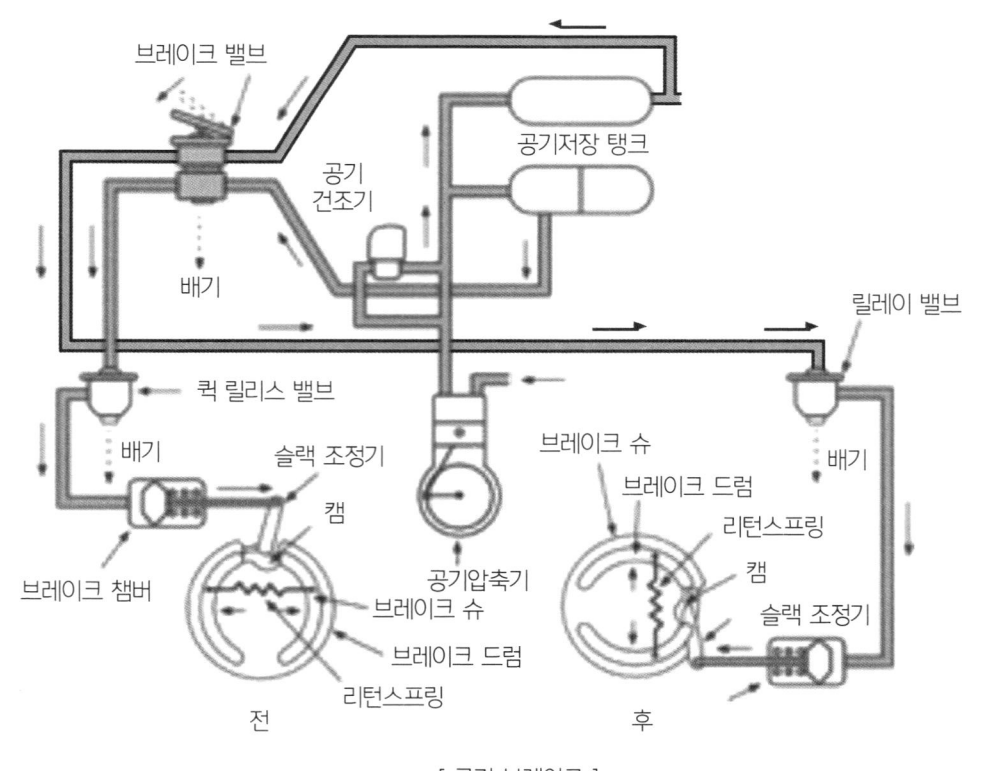

[공기 브레이크]

바) 감속 브레이크

감속 브레이크는 긴 언덕길을 내려갈 때 등에서 풋브레이크와 병용되며, 혹사에 의한 풋브레이크의 페이드 현상이나 베이퍼 록을 방지하여 브레이크 수명을 연장시키는 등의 효과를 내는 것 기관브레이크를 적극적으로 이용하게 한 배기브레이크(exhaust brake), 와 전류를 이용하는 와전류 리타더(eddycurrent retarder)물을 이용하는 하이드롤릭 리타더(hydraulic) 등이 있다.

- 페이드(heat fade) : 마찰열에 의하여 효력이 일시적으로 저하하는 현상

  저감대책은 마찰재의 온도 특성 개량, 마찰부의 온도 상승 억제로 드럼 및 로터의 지름 및 폭을 크게 할 필요가 있으며 냉각성을 좋게 하고, 열 용량을 증대 및 온도 상승에 따른 마찰 계수 변화가 적은 라이닝 사용한다.

- 베이퍼 록(vaper lock) : 액압 브레이크가 과열된 부분의 액중에 기포가 발생하여 페달 이동거리가 급격하게 증가하는 현상

1) 발생 원인

　① 긴 언덕길 주행시 반복하여 제동시 일어나기 쉬우며, 연속주행에서 정지 후 방치 상태에서는 풍속에 의해 냉각 효
　　과 적어 액의 고온으로 인해 기포가 발생하여 브레이크 작동이 저하된다.

　② 브레이크액이 고온이 되어 비등점 이상에서 비등 및 기화하여 실린더, 배관 등에 기포가 발생한다.

　③ 브레이크 오일 변질, 불량한 브레이크 액 사용, 마스터실린더의 잔압 부족 등도 원인 될 수 있다.

2) 저감대책

　브레이크 냉각효율을 증대 및 비등점이 높은 브레이크액을 사용한다.

제15장
건조기계 운영장치

1. 유압의 개요

가) 개요

유압은 작은 힘으로 큰 힘을 얻을 수 있고 속도를 자유로이 조정할 수 있는 것으로 파스칼의 원리를 기초로 한다. 여러 가지의 건설기계뿐 아니라 하역 운반 기계, 공작 기계, 항공기, 선박 등 각 방면에 널리 이용되고 있다.

(1) 파스칼의 원리

밀폐된 용기에 내에 있는 정지 유체의 일부에 힘을 가하였을 때 유체 내의 어느 부분의 압력도 가해진 만큼 증가한다는 원리를 말한다.

① 각 점에 작용하는 압력은 모든 방향이 같다.

② 액체는 작용력을 감소시킬 수 있다.

③ 단면적을 변화시키면 힘을 증대시킬 수 있다.

④ 액체는 운동을 전달할 수 있다.

(2) 베르누이의 정리

관내를 흐르는 유체가 단면적이 큰 곳과 작은 곳을 흐를 때 단면적이 큰 곳은 유속이 느리고 압력은 높으나 단면적이 작은 곳은 유속은 빠르나 압력이 낮다. 이와 같이 유체의 속도와 압력은 관계는 항상 일정한 관계가 있다는 원리이다. 유체가 정상적으로 관로를 흐를 때 관 속에서 손실이 없다고 가정하면 어느 부분의 유체 압력, 유체 밀도, 흐름 속도는 일정하다.

(3) 유압장치의 특징

① 제어가 매우 쉽고 정확하다.

② 힘의 무단 제어가 가능하다.

③ 에너지 저장이 가능하다.

④ 적은 동력으로 큰 힘을 얻을 수 있다.

⑤ 동력 분배와 집중이 용이하다.

⑥ 동력 전달이 원활하다.

⑦ 왕복 운동 또는 회전 운동을 할 수 있다.

⑧ 과부하의 방지가 용이하다.

⑨ 운동 방향을 쉽게 변경할 수 있다.

(4) 유압 기기의 장점

① 미세한 조작이 용이하다.

② 원격 조작이 가능하다.

③ 진동이 작고 작동이 원활하다.

※ 힘의 3요소 : 작용점, 크기, 방향

- 유압 관련 공식

$$P = \frac{W}{A}$$

P : 압력(Pa[kgf/cm²]), W : 유체에 작용하는 힘(N[kgf]), A : 용기의 단면적(cm²)

나) 유량과 속도의 관계

유량은 오일이 흐르는 시간에 반비례하고, 오일이 흐르는 통로의 단면적에는 비례한다.

> ① 유량의 단위 : L/min[LPM], GPM
>
> ② 유량 구하는 공식

$$유량 = \frac{체적}{시간} = \frac{면적 \times 길이}{시간} = 면적 \times 속도$$

2. 유압기기의 구성

가) 개요

유압기기에는 유압유를 공급 및 저장하는 유압 탱크, 압력유를 보내는 유압 펌프, 압력과 유량 및 방향을 제어하는 제어 밸브, 유압 에너지를 기계적 에너지로 변환시키는 액추에이터 등으로 구성되어 있다.

나) 유압기기의 관계운동

> (1) 유압 펌프의 종류
>
> > ① 기어식
> >
> > ② 베인식
> >
> > ③ 플런저식
> >
> > ④ 로터리식

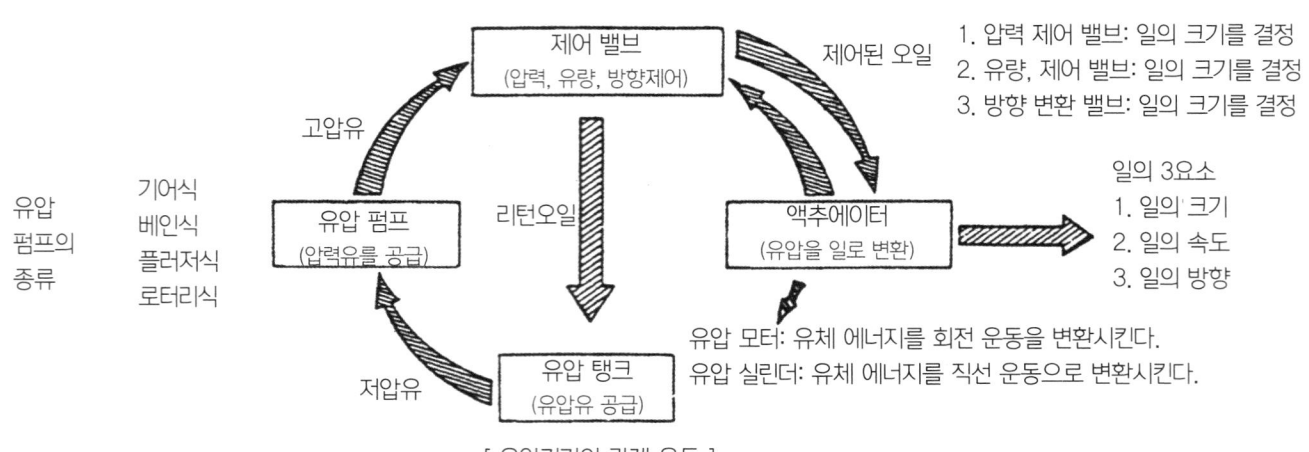

[유압기기의 관계 운동]

> (a) 작동유(유압 오일)
>
> > (가) 작동유의 주요 기능
> >
> > > ① 동력을 전달한다.
> > >
> > > ② 마찰열을 흡수한다.
> > >
> > > ③ 움직이는 기계요소의 마모를 방지한다.
> > >
> > > ④ 필요한 요소 사이를 밀봉한다.

(나) 작동유의 구비 조건

　① 넓은 온도 범위에서 점도의 변화가 적을 것

　② 점도 지수가 높을 것

　③ 산화에 대한 안정성이 있을 것

　④ 윤활성과 방청성이 있을 것

　⑤ 착화점이 높을 것

　⑥ 적당한 점도를 가질 것

　⑦ 점성과 유동성이 있을 것

　⑧ 물리적, 화학적인 변화가 없고 비압축성일 것

　⑨ 유압장치에 사용되는 재료에 대하여 불활성일 것

(다) 작동유의 선택시 고려 사항

　① 화학적으로 안정성이 높을 것

　② 휘발성이 적을 것

　③ 독성이 없을 것

　④ 열전도율이 좋을 것

(라) 작동유의 온도

　① 난기 운전시 오일의 온도 : 20~27℃

　② 정상적인 오일의 온도 : 50±10℃

　③ 최고 허용 오일의 온도 : 80℃

　④ 최저 허용 오일의 온도 : 20℃

　⑤ 열화 되는 오일의 온도 : 80~100℃

(마) 유압유 노화 촉진의 원인

　① 유온이 80℃ 이상으로 높을 때

　② 다른 오일과 혼합하여 사용하는 경우

　③ 유압유에 수분이 혼입되었을 때

(바) 현장에서 오일의 열화를 찾아내는 방법

　① 유압유 색깔의 변화나 수분 및 침전물의 유무를 확인한다.

　② 유압유를 흔들었을 때 거품이 발생되는지 확인한다.

　③ 유압유에서 자극적인 악취가 발생되는지 확인한다.

　④ 유압유의 외관으로 판정 : 색채, 냄새, 점도

(사) 유압유가 과열되는 원인

　① 펌프의 효율이 불량할 때

　② 유압유의 노화, 유압유의 점도가 불량할 때

　③ 오일 냉각기의 성능이 불량할 때

　④ 탱크 내에 유압유가 부족할 때

　⑤ 안전밸브의 작동 압력이 너무 낮을 때

(아) 유압유의 온도가 상승하는 원인

　① 높은 열을 갖는 물체에 유압유가 접촉될 때

　② 과부하로 연속 작업을 하는 경우

　③ 오일 냉각기가 불량할 때

④ 유압유에 캐비테이션이 발생될 때

⑤ 유압 회로에서 유압 손실이 클 때

(자) 캐비테이션 현상이 발생되었을 때의 영향

① 체적 효율이 저하된다.

② 소음과 진동이 발생된다.

③ 저압부의 기포가 과포화 상태가 된다.

④ 내부에서 부분적으로 매우 높은 압력이 발생된다.

⑤ 급격한 압력파가 형성된다.

⑥ 액추에이터의 효율이 저하된다.

(차) 작동유 취급

① 지정된 품질의 오일을 선택하여 사용한다.

② 작동유의 누출을 방지한다.

③ 수분, 먼지 등의 불순물이 유입되지 않도록 한다.

④ 오일이 열화 되었으면 교환하여 사용한다.

3. 유압장치

가) 유압 발생부

유압 발생부는 유압 펌프나 전동기에 의해서 유압을 발생하는 부분으로 유압 탱크, 여과기, 유압 펌프, 압력계, 오일 펌프 구동용 전동기 등으로 구성되어 있다.

나) 유압 제어부

유압 제어부는 작동유를 필요한 압력, 유량, 방향 제어하는 부분으로 압력 제어 밸브, 유량 제어 밸브, 방향 제어 밸브로 구성되어 있다.

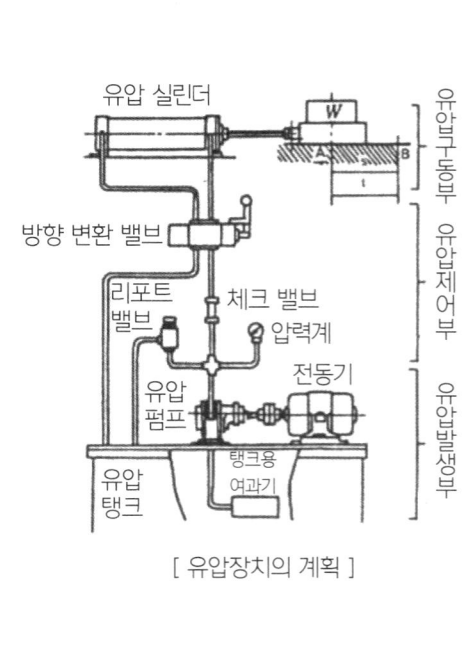

[유압장치의 계획]

    (1) 압력 제어 밸브(일의 크기 결정)

      유압 펌프 근처에 설치되어 최고 유압을 제어하여 유압 회로 내의 요구 압력으로 유지시켜 과부하의 방지 및 유압 기기를 보호한다.

    (2) 유량 제어 밸브(일의 속도 결정)

      오일 통로의 단면적을 변화시켜 유량을 제어함으로써 액추에이터의 속도와 회전수를 변화시키는 역할을 한다.

    (3) 방향 제어 밸브(일의 방향 결정)

      역류를 방지하고 작동유의 흐름 방향을 제어하는 역할을 한다.

다) 유압 구동부

유압 작동부이며 유체 압력 에너지를 기계적 에너지로 변환시키는 부분으로 액추에이터에 의해 왕복 운동 또는 회전 운동을 하는 부분이다.

① 유압 모터 : 유체의 압력 에너지에 의해서 회전 운동을 한다.

② 유압 실린더 : 유체의 압력 에너지에 의해서 직선 운동을 한다.

※ 일의 3요소 : 크기, 속도, 방향

4. 유압기기

가) 유압 탱크

(1) 기능

① 유압 회로 내의 필요한 유량을 확보한다.

② 오일의 기포 발생 방지와 기포를 소멸시킨다.

③ 작동유의 온도를 적정하게 유지시킨다.

※ 수분이 혼입되었을 때의 영향

① 공동 현상이 발생된다.

② 작동유의 열화가 촉진된다.

③ 유압 기기의 마모를 촉진시킨다.

(2) 유압 탱크의 구비조건

① 유면을 항상 흡입 라인 위까지 유지하여야 한다.

② 정상적인 작동에서 발생한 열을 발산할 수 있어야 한다.

③ 공기 및 이물질을 오일로부터 분리할 수 있는 구조이어야 한다.

④ 배유구와 유면계가 설치되어야 한다.

⑤ 흡입관과 복귀관 사이에 격판이 설치되어야 한다.

⑥ 흡입 오일을 여과시키기 위한 스트레이너가 설치되어야 한다.

나) 유압 펌프

기계적 에너지를 유압 에너지로 변화시켜 작동유의 유압을 송출한다.

유압 펌프에는 기어 펌프, 베인 펌프, 플런저 펌프, 로터리 펌프, 스크류 펌프 등이 사용된다.

(1) 종류

(가) 기어식

기어의 회전에 의해서 펌프 작용을 한다.

① 구조가 간단하여 고장이 적고, 소형이며 가볍다.

② 흡입력이 크기 때문에 가압식 유압 탱크를 사용하지 않아도 된다.

③ 고속 회전이 가능하고 가격이 싸다.

④ 부하 변동 및 회전 변동이 큰 가혹한 조건에도 사용이 가능하다.

⑤ 최고 압력이 17~21MPa[170~210kgf/cm^2]정도이고, 최고 회전수는 2,000~ 3,000 min^{-1} [rpm] 정도이다.

⑥ 펌프의 효율은 80~85%정도이다.

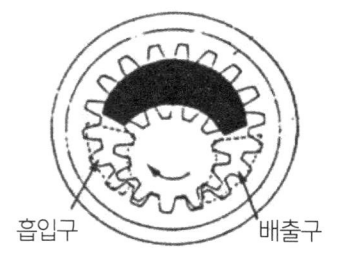

(a) 내접 기업 펌프

(b) 외접 기업 펌프

[기어 펌프]

※ 유압 회로에 공기가 유입되는 원인

　　- 오일의 점도가 부적당할 때

　　- 유압 탱크의 작동유가 부족할 때

　　- 스트레이너가 막혔을 때

　　- 유압 펌프의 마멸이 클 때

　　- 유압 펌프의 흡입측 연결부가 이완되었을 때

　　(나) 베인식

　　날개(vane)에 의해서 펌프 작용을 한다.

　　　① 맥동과 소음 및 진동이 적다.

　　　② 가압식 유압 탱크를 사용하지 않아도 된다.

　　　③ 고속 회전이 가능하다.

　　　④ 구조가 간단하고 값이 싸다.

　　　⑤ 수리와 관리가 용이하다.

　　　⑥ 최고 압력이 14~17MPa[140~170kgf/cm²]정도이고 최고 회전수는 2,000~3,000 min⁻¹ [rpm] 정도
　　　　이다.

　　　⑦ 펌프의 효율은 80~85% 정도이다.

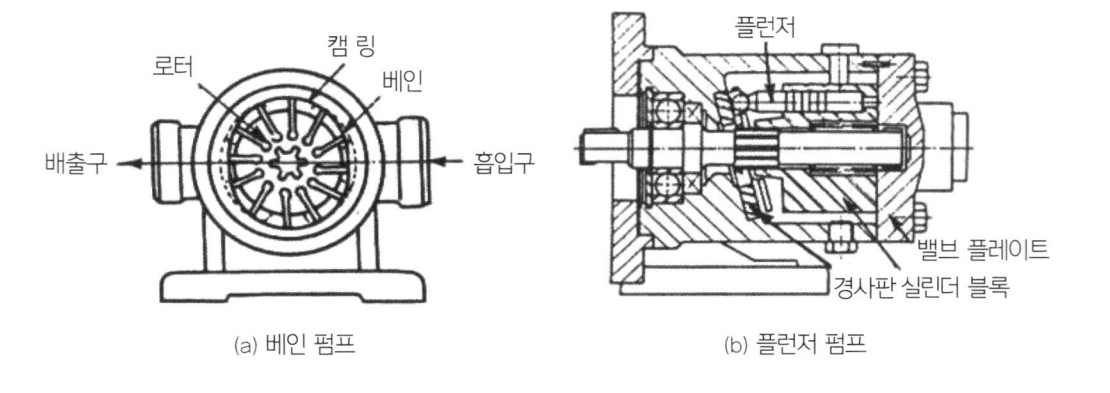

(a) 베인 펌프　　　　　　　　　　(b) 플런저 펌프

(다) 플런저식

플런저에 의해서 펌프 작용을 하며, 가변 용량형을 사용한다.

　　① 가변 용량형 : 펌프의 용량을 0에서 최대까지 변화시킬 수 있다.

　　② 정용량형 : 펌프의 용량이 항상 일정한 펌프

　　③ 최고 압력이 25~35MPa[250~350kgf/cm²]정도이고 최고 회전수는 2,000~2,500 min⁻¹ [rpm]정도
　　　이다.

④ 펌프의 효율은 85~95% 정도이다.

⑤ 레이디얼 펌프 : 플런저가 회전축에 대하여 직각 방사형으로 배열된 펌프

⑥ 액시얼 펌프 : 플런저가 회전축 방향으로 배열되어 있는 펌프

⑦ 펌프의 효율이 양호하고 높은 압력에 잘 견딘다.

⑧ 토출량의 변화 범위가 크고, 다른 펌프에 비해 최고 압력이 높다.

⑨ 수명이 길고 가변 용량이 가능하다.

※ 공기 유입시 발생되는 현상

  - 숨돌리기 현상이 발생된다.

  - 캐비테이션 현상이 발생된다.

  - 작동유의 열화가 촉진된다.

(2) 유압 펌프의 비교

종목	기어 펌프	베인 펌프	플러저 펌프
구조	간단하다	간단하다	가변용량이 가능
최고 압력 MPa(kgf/cm^2)	17~21(170~210)	14~17(140~170)	25~35(250~350)
최고 회전수 min^{-1}(rpm)	2,000~3,000	2,000~3,000	2,000~2,500
펌프의 효 율(%)	80~85	80~85	85~95
소음	중간 정도	적다	크다
자체 흡입 성능	우수	보통	약간 나쁘다
수명	중간 정도	중간 정도	길다

다) 유압 밸브

(1) 압력 제어 밸브(일의 크기 제어)

압력 제어 밸브는 유압 회로 내의 유압을 일정하게 유지하고 최고 압력으로 되지 않도록 제한한다. 회로 내에 유압으로 인한 유압 액추에이터의 작동 순서를 제한하며 일정한 배압을 액추에이터에 부여하는 등 제어를 한다.

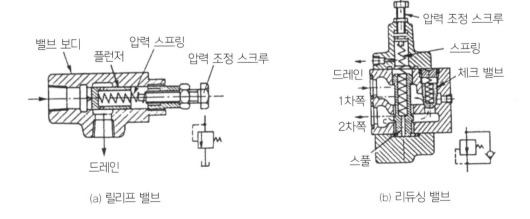

(a) 릴리프 밸브   (b) 리듀싱 밸브

(가) 릴리프 밸브

릴리프 밸브는 유압 펌프와 제어 밸브 사이에 설치되어 회로 내의 압력이 규정 압력 이상으로 되면 작동유를 유압 탱크로 리턴 시켜 회로 내의 압력을 규정값으로 유지시킨다. 유압장치 내의 압력을 일정하게 유지하고 최고 압력을 제어하여 회로를 보호한다.

※ 채터링 : 릴리프 밸브 등에서 스프링의 장력이 약해 밸브 시트를 때려 비교적 높은 소음을   내는 진동을 채터링이라 한다.

(나) 리듀싱 밸브(감압 밸브)

유압 회로에서 분기 회로의 압력을 주 회로의 압력보다 감압시켜 저압으로 유지시킨다. 유압 실린더 내의 압력은 동일하여도 각각 다른 압력으로 나눌 수 있으며, 유압 액추에이터의 작동 순서를 제어한다.

(다) 시퀀스 밸브

2개 이상의 분기 회로에서 유압 회로의 압력에 의하여 작동 순서를 제어하는 역할을 한다.

(라) 언로더 밸브

유압 회로 내의 압력이 규정 압력에 도달하면 펌프에서 송출되는 모든 유량을 탱크로 리턴시켜 유압 펌프를 무부하가 되도록 하는 역할을 한다.

(마) 카운터 밸런스 밸브

유압 실린더 등이 자유 낙하되는 것을 방지하기 위하여 배압을 유지시키는 역할을 한다.

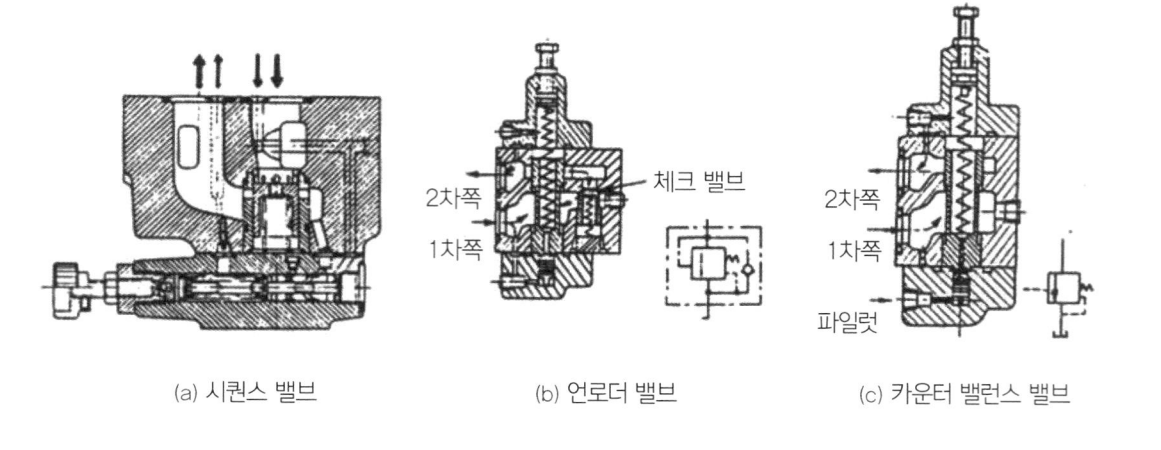

(a) 시퀀스 밸브　　　　(b) 언로더 밸브　　　　(c) 카운터 밸런스 밸브

(2) 유량 제어 밸브(일의 속도 제어)

유량 제어 밸브는 회로에 공급되는 유량을 조절하여 액추에이터의 작동 속도를 제어하는 역할을 한다.

(가) 스로틀 밸브(교축 밸브)

밸브 내 오일 통로의 단면적을 외부로부터 변환시켜 오일 통로에 저항을 증감시켜 유량을 조절하는 역할을 한다.

(나) 압력 보상 유량 제어 밸브

밸브의 입구와 출구의 압력차가 변하여도 조정 유량은 변하지 않도록 하는 역할을 하며, 일반적으로 유량 조절 밸브라 하는 것은 이 형식을 말하는 것으로 가장 많이 사용된다. 보상 피스톤이 출입구의 압력 변화를 민감하게 감지하여 미세한 운동으로 유량을 조절한다.

[스로틀 밸브]

(다) 디바이더 밸브(분류 밸브)

디바이더 밸브는 2개의 액추에이터에 동등한 유량을 분배하여 그 속도를 동기시키는 역할을 한다.

(라) 슬로 리턴 밸브

붐 또는 암이 자중에 의한 영향을 받지 않도록 하강 속도를 제어하는 역할을 한다.

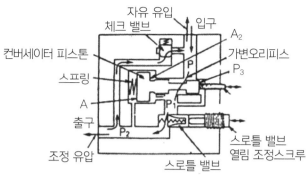

[압력 보상 유량 제어 밸브]

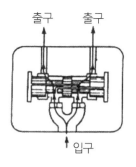

[디바이더 밸브]

(3) 특수 밸브

(가) 압력 온도 보상 유량 제어 밸브

압력 보상 유량 조절 밸브와 방향 밸브를 조합한 것으로 변환 레버의 경사각에 따라 유량이 조정되며, 중립에서는 전량이 유출된다.

(나) 브레이크 밸브

브레이크 밸브는 부하의 관성이 큰 곳에 사용하며, 관성체가 가지고 있는 관성 에너지를 오일의 열 에너지로 변화하여 관성체에 제동 작용의 역할을 한다. 제동력의 조정은 릴리프 밸브의 설정 압력을 변화시켜 조정하며, 체크 밸브는 유압 모터의 캐비테이션 현상을 방지하는 역할을 한다.

(다) 리모트 컨트롤 밸브

원격 조작 밸브로 대형 건설기계에서 간편하게 조작하도록 설계되어 2차 압력을 제어하는 여러 개의 감압 밸브를 1개의 케이스에 내장된 것이다. 360°의 범위에서 임의의 방향으로 경사 시켜 동시에 2개의 2차 압력을 별도로 제어할 수가 있다. 따라서 이 2차 압력은 스풀 밸브에 스프링을 설치하여 컨트롤 밸브를 작동시키면 동시에 2개의 밸브를 조작할 수 있다.

(라) 클러치 밸브

기중기의 권상 드럼 등의 클러치를 조작하기 위한 밸브로 기능상 체크 밸브의 누출이 없어야 한다. 만약 오일의 누출이 있으면 클러치가 느슨해져 권상 상태의 화물이 낙하하게 되므로 위험하다.

(마) 메이크업 밸브

체크 밸브와 같은 작동으로 유압 실린더 내의 진공이 형성되는 것을 방지하기 위하여 오일을 유압 실린더에 부족한 오일을 공급하는 역할을 한다.

(4) 방향 제어 밸브

(가) 체크 밸브

작동유의 흐름을 한쪽 방향으로만 흐르도록 하고 역류를 방지하는 역할을 한다.

(나) 인라인형 체크 밸브

작동유의 역류를 방지하기 위하여 회로의 중간에 설치되어 있다.

(다) 앵글형 체크 밸브

작동유의 흐름을 90° 방향으로 변환시키는 역할을 한다.

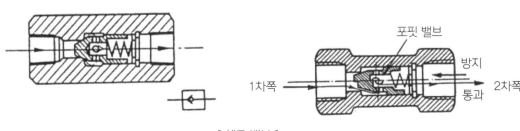

[체크 밸브]

(라) 스풀 밸브

하나의 밸브 보디 외부에 여러 개의 홈이 있는 밸브로 축방향으로 이동하여 작동유의 흐름 방향을 변환시키는 역할을 한다.

(마) 디셀레이션 밸브

감속 밸브로 유압 모터 또는 유압 실린더의 운동 위치에 따라 캠에 의해서 작동되어 회로를 개폐시켜 속도를 변환시키는 역할을 한다.

5. 유압 회로

건설기계의 유압 회로는 유압 펌프, 제어 밸브, 유압 실린더, 유압 모터의 주요 부품 및 필터, 어큐뮬레이터 등이 조합되어 있다. 따라서 유압 회로는 정해진 유압 기호를 사용하며, 목적에 따라 압력 제어, 속도 제어, 방향 제어 등을 조합하여 구성한다.

(1) 유압 회로도의 종류

① 그림 회로도 : 구성 기기의 외관을 그림으로 나타낸 유압 회로도

② 단면 회로도 : 기기의 내부와 작동을 단면으로 나타낸 유압 회로도

③ 조합 회로도 : 그림 회로도와 단면 회로도를 조합하여 나타낸 유압 회로도

④ 기호 회로도 : 구성 기기를 유압의 기호로 나타낸 유압 회로도이며, 가장 많이 사용된다.

(2) 유압 파이프

(가) 흡입 회로

유압 펌프로 작동유를 유입시키는 회로는 캐비테이션 현상을 방지하기 위해 흡입 배관은 적당한 크기와 모양을 선택하여야 하며, 유압 탱크를 가압식으로 사용하면 캐비테이션을 방지할 수 있다.

(나) 리턴 회로

복귀용 배관은 오일 탱크의 유면 보다 위에 설치되면 공기 혼입의 기포 발생(aeration)이 발생되기 쉬우므로 유면 보다 아래에 설치되어 있다. 리턴되는 유량이 많을 때에는 오일 탱크의 유면보다 아래에 설치하는 것으로는 기포의 발생을 방지할 수 없기 때문에 리턴 회로에 디퓨저를 설치하여야 한다.

※ 캐비테이션 현상

유압장치에서 오일 속의 용해 공기가 기포로 되어 있는 현상으로 오일의 압력이 국부적으로 저하되어 포화 증기압에 이르면 증기를 발생하거나 용해 공기 등이 분리되어 기포가 발생된다. 이 상태로 오일이 흐르면 기포가 파괴되면서 국부적인 고압이나 소음을 발생하는 현상을 캐비테이션 현상 또는 공동 현상이라 하며, 방지법은 다음과 같다.

- 한냉시에는 작동유의 온도를 최소한 20℃ 이상이 되도록 난기 운전을 한다.
- 적당한 점도의 작동유를 선택한다.
- 작동유에 수분 등의 이물질이 혼입되는 것을 방지한다.

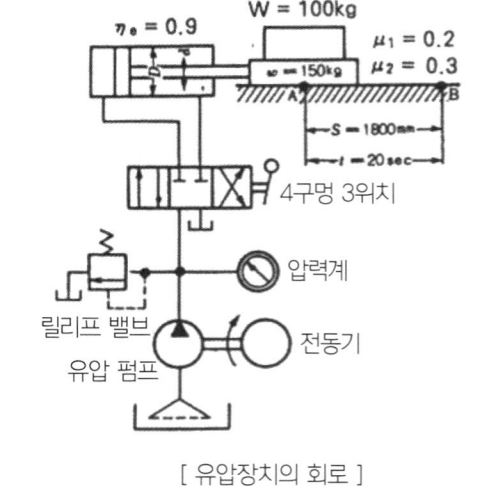

[유압장치의 회로]

(다) 유압 파이프의 재질

　① 강 파이프 : 유압 파이프는 탄소강 파이프가 사용되고 있으며 파이프의 이음에는 유니언 이음, 나사 이음, 플랜지 이음, 플레어 리스 이음, 급속 이음, 회전 이음 등이 있으나 유니언 이음을 가장 많이 사용된다.

　② 고무 호스 : 고무 호스의 구조는 커버 고무, 면 블레이드, 중간 고무, 와이어 블레이드, 내면 고무층으로 되어 있다. 고압 호스는 와이어 블레이드의 층수를 증가시키면 내압은 증가되지만 고무 호스의 특성인 유연성이 상실된다.

※ 유압 호스의 장착 요령

　- 직선으로 장착할 때에는 약간 느슨하게 장착한다.

　- 스프링 코일 호스는 스프링이 찌그러져 호스를 압박하지 않도록 한다.

　- 호스와 호스는 서로 접촉되지 않도록 장착한다.

　- 호스는 꼬이지 않도록 장착하여야 한다.

마) 액추에이터

액추에이터는 유압의 에너지를 기계적 에너지로 변화시키는 장치이다. 유압 에너지에 의해서 직선 왕복 운동을 하는 유압 실린더와 유압의 에너지에 의해서 회전 운동을 하는 유압 모터가 있다.

　(1) 유압 실린더

　　유압 실린더는 유압 펌프에서 공급되는 유압에 의해서 직선 왕복 운동으로 변환시키는 역할을 한다.

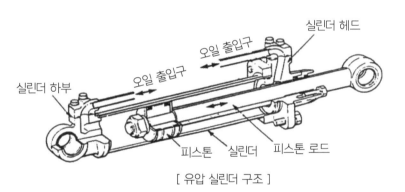

[유압 실린더 구조]

(가) 단동 실린더

유압 펌프에서 피스톤의 한쪽에만 유압이 공급되어 작동하고 리턴은 자중 또는 외력에 의해서 이루어진다.

(나) 복동 실린더

유압 펌프에서 피스톤 양쪽에 유압이 공급되어 작동되는 실린더로 건설기계에서 가장 많이 사용되며, 피스톤의 양쪽에 유압이 동시에 공급되면 작동되지 않는다.

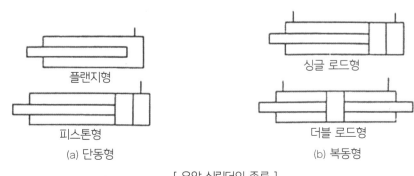

[유압 실린더의 종류]

(다) 유압 실린더의 지지 방식

클레비스형, 트러니언형, 플랜지형, 푸트형

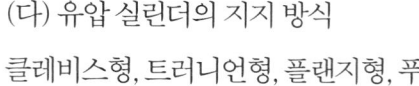

| (a) 푸트형 | (b) 플랜지형 | (c) 클레비스형 | (d) 트러니언형 |

[실린더의 지지 방식]

(2) 유압 모터

유압 모터는 유압 펌프에 의해서 공급되는 유압에 의해서 회전 운동으로 변환시키는 역할을 한다.

(가) 유압 모터의 특징

① 무단 변속이 용이하다.

② 신호시에 응답성이 빠르다.

③ 관성력이 작으며, 소음이 적다.

④ 출력당 소형이고 가볍다.

⑤ 작동이 신속하고 정확하다.

(나) 유압 모터의 종류

① 기어형 모터 : 구조가 간단하고 값이 싸며, 작동유의 공급 위치를 변화시키면 정방향의 회전이나 역방향의 회전이 자유롭다. 모터의 효율은 70~90% 정도이다.

② 베인형 모터 : 정용량형 모터로 캠링에 날개가 밀착되도록 하여 작동되며 내구력이 크다. 모터의 효율은 95% 정도이다.

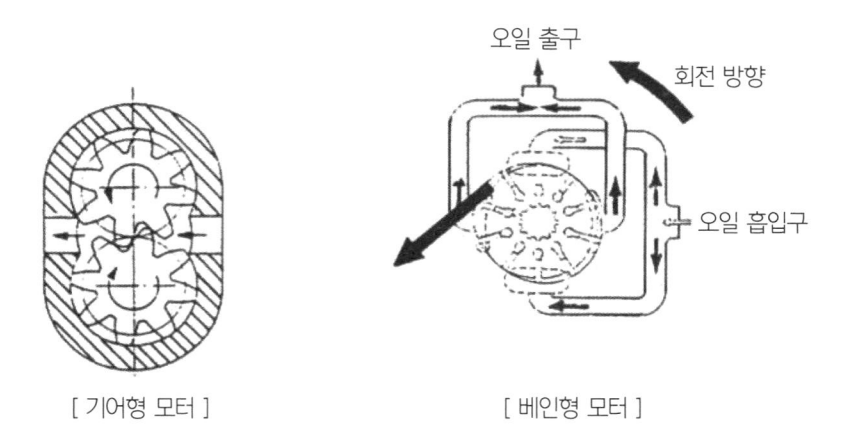

[기어형 모터]   [베인형 모터]

③ 레이디얼 플런저 모터 : 플런저가 회전축에 대하여 직각 방사형으로 배열되어 있는 모터로 굴삭기의 스윙 모터로 사용된다. 모터의 효율은 95~98% 정도이다.

④ 액시얼 플런저 모터 : 플런저가 회전축 방향으로 배열되어 있는 모터로 효율은 95~98% 정도이다.

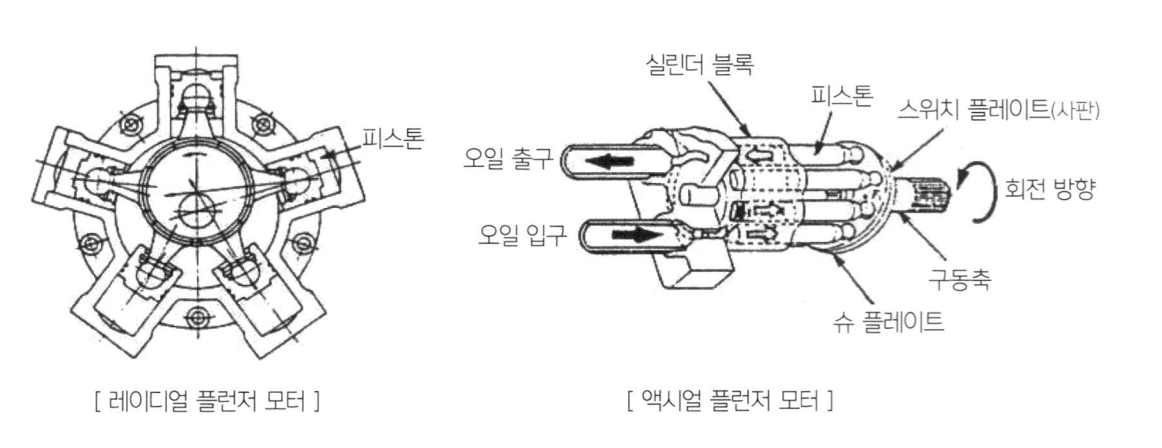

[레이디얼 플런저 모터]   [액시얼 플런저 모터]

바) 어큐뮬레이터

어큐뮬레이터는 유체 에너지를 축적시키기 위한 용기로 내부에 질소 가스가 봉입되어 있다.

① 유체 에너지를 축적시켜 충격 압력을 흡수한다.

② 온도 변화에 따르는 오일의 체적 변화를 보상한다.

③ 펌프의 맥동적인 압력 보상과 유체의 맥동을 감쇄시킨다.

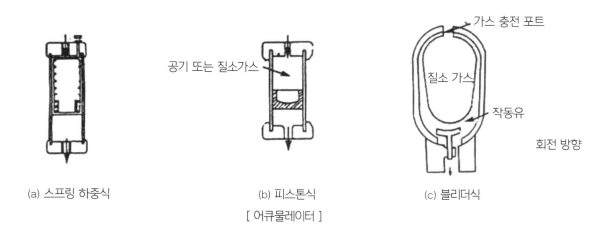

(a) 스프링 하중식　　　　(b) 피스톤식　　　　(c) 블리더식

[어큐뮬레이터]

사) 오일 냉각기

① 작동유의 온도를 40~60℃ 정도로 유지시키는 역할을 한다.

② 작동유의 슬러지, 열화, 유막 파괴를 방지한다.

아) 오일 시일

오일 시일은 각 오일 회로에서 오일이 외부로 누출되는 것을 방지하는 역할을 한다.

(1) 구비 조건

① 압력에 대한 저항력이 클 것

② 내열성, 내마멸성이 클 것

③ 금속면을 손상시키지 않으며, 부품에 걸리는 일이 없이 잘 끼워질 것

④ 피로 강도가 클 것

(2) 종류

① U패킹 : 왕복 운동을 하는 부분에 사용하며, 충분히 고압에 견디고 섭동 저항이 적다.

② O링 : 유압 피스톤 링으로 사용되며, 접합 부분에 조립하면 찌그러진 양에 따라서 접촉면의 오일 누출을 방지한다.

③ 더스트 시일 : 외부로부터 먼지, 흙 등의 이물질이 실린더에 침입되는 것을 방지함과 동시에 오일의 누출을 방지한다.

6. 유압 기호

가) 표시기호의 기본

명칭	기호	명칭	기호
펌프, 압축기, 모터	○	흐름의 방향, 유체의 출입구	▼
기기 압력원, 회전 이음	⊙	필터, 열교환기	◇
링크 연결부, 롤러	◉	조립유닛	(점선 사각형)
밸브	□ (밸브 기호)	조정 가능한 경우	↗

나) 관로 및 접속

명칭	기호	명칭	기호
주관로	————	탱크에 연결되는 관로	⊥ ⊥
드레인관로	– – – – –	통기관로	⌒
관로의 접속	· ─┼─ ─┴─	연출구	─×─ ─×←
플렉시블관로	◡	고정스트롤	═
관로의 교차로	─┼─ ─┴┬─ ─┼─	급속이음	─→│←○─
파일럿 관로	– – – – –	기계식의 연결	═←═
신호전달로	─//─//─//─		

다) 펌프 및 모터

명칭	기호	명칭	기호
정용량형 유압 펌프	⊘ ⊘	정용량형 유압 펌프	⊘ ⊘
가변용량형 유압 펌프	⊘ ⊘	가변용량형 유압 모터	⊘ ⊘

라) 실린더

명칭	기호	명칭	기호
단독실린더 스프링무		더블로드형	
스프링붙인		쿠션 붙임 길린더 싱글쿠션형	
램형실린더		더블쿠션형	
부동실린더 싱글로드형		차동실린더	

마) 제어 방식

명칭	기호	명칭	기호
스프링 방식		복동형	
조정 스프링 방식		전자방식 싱글코일형 더블코일형	
입력방식		유압모터형 파일럿 방식 1방향형	
기계방식		전동기 방식 1방향형	
실린더형 파일럿 방식		조합 방식 순차작동 방식	
단독형 스프링 무 스프링 붙임		선택 자동 방식	

바) 압력 제어 밸브

명칭	기호	명칭	기호
기본표시 상시닫힘 상시열림		시퀀스밸브 파일럿없음 파일럿붙임	
릴리프밸브 및 안전밸브 파일럿 무 파일럿 붙임		액압붙임 (릴리프) 없음 언로드 붙임	
언로드 붙임		정차감압밸브	

사) 유량 제어 밸브

명칭	기호	명칭	기호
가변교축 밸브		외부드레인식	
유량조정밸브 고정형		온도보상붙임	
가변형 내부드레인식		체크밸브 붙임	

아) 방향 제어 밸브

명칭	기호	명칭	기호
2포트 2위치 변환 밸브입력식		4포트 2위치 변환 밸브 스프링 오프셋 내부 파일럿 전자식 상세기호	
스프링오프셋 파일럿식		간략기호	
3포트 2위치 변환 밸브파일럿식		4포트 교축 변환 밸브 트레이서밸브	
3포트 2위치 변환 밸브 스프링 오프셋 전자식		전기유압식 서보 밸브 1단 직동식	

자) 체크 밸브

명칭	기호	명칭	기호
체크밸브		셔틀밸브	
파일럿식 체크 밸브			

차) 부속 기기

명칭	기호	명칭	기호
오일 탱크 개방 탱크		필터 배수기 없음	
체크 밸브 또는 콕		냉각기	
압력스위치		압력계	
어큐뮬레이터		온도계	
전동기		유량계 순간 지시식	
압력원			

제6장
건설기계 관리법규 및 도로교통법

1. 관리법규
2. 도로 교통법

1. 관리법규

가) 건설기계 관리법 목적
1. 건설기계의 효율적인 관리
2. 건설공사의 기계화 촉진
3. 건설기계의 안전도 확보

나) 건설기계의 종류 : 26개 외 특수 건설기계

다) 건설기계의 등록 : 대통령령에 따라 시. 도지사에 등록

라) 등록 관련 신고사항
1. 등록변경 신고 : 소유자⇒시 · 도지사
2. 기한 : 30일 이내(비상시5일)
3. 제출서류 : 변경신고서, 변경사유 증명서류, 검사증
4. 등록말소 : 시 · 도지사는 건설기계를 말소할 수 있다.
   1) 직권말소 사유
      ① 허위 또는 부정한 방법으로 등록 시
   2) 직권 말소 할 수 있는 사유
      ① 차대번호가 등록 시 와 다른때
      ② 건설기계 구조 및 성능이 기준에 부적합 시
      ③ 기한 내 정기검사를 받지 않았을 때
   3) 자의 말소 사유
      ① 멸실 또는 해체(30일 이내 신청)
      ② 용도 폐지(30일 이내 신청)
      ③ 장비 도난 시(2개월 이내 신청)
      ④ 수출 시
      ⑤ 폐기 시

5. 임시운행 허가
   1) 허가권자 : 시장, 군수, 구청장
   2) 사유
      ① 신규등록 검사 또는 확인검사 시
      ② 신규등록 전 수출을 위한 선적지 운행
      ③ 신개발 장지 시험운행
   3) 허가기한 : 2개월 이내(신개발 장비 :2년)

6. 건설기계 사업

1) 임대업

    ① 종합 대여업 : 20대 이상 보유

    ② 단종 대여업 : 5대 이상 20대 미만 보유

    ③ 개별 대여업 : 4대 이하 보유

2) 정비업

    ① 종합 정비업

    ② 부분 정비업

    ③ 전문 : 유압. 엔진

3) 폐기업

4) 매매업 – 중고 건설기계 매매

7. 건설기계 검사의 종류

1) 신규등록검사 : 건설기계를 신규 등록 시 실시하는 검사

2) 정기검사 : 도로를 운행하는 건설기계로 정기검사 유효 만료일 후에 계속 운행하고자 할 때 실시하는 검사

2) 구조변경검사 : 건설기계의 주요 구조를 변경 또는 개조 시 실시하는 검사

4) 수시검사 : 성능이 불량하거나 사고가 빈발하는 건설기계의 성능을 점검하는 검사

8. 건설기계 조종사 면허

1) 결격사유

    ① 만 18세 미만인 사람

    ② 정신병자. 정신미약자. 간질병자

    ③ 마약. 대마. 향 전신성 의약품 또는 알콜 중독자

2) 일정 기간 결격 사유

    ① 건설기계 조종사 면허가 취소된 날로부터 1년 이내

        ㉠ 음주 운전으로 면허가 취소된 때

        ㉡ 적성검사 기준 미달(알콜. 마약등 중독)

    ② 건설기계 조종사 면허가 취소된 날로부터 2년 이내

        ㉠ 부정한 방법으로 조종사 면허를 받아서 취소 시

        ㉡ 조종면허 효력 정지 기간중 건설기계 조종중 취소 시

9. 건설기계 조종사 적성검사

1) 신청 : 시 · 도지사 에게 신청

2) 검사기준

    ① 두 눈을 뜨고 잰 시력(교정시력 포함)이 0.7 이상, 두 눈의 각각 시력이 0.3 이상

    ② 55데시벨 소리를 들을 수 있고 언어 분별력 80% 이상

    ③ 시각 150도 이상

    ④ 한쪽 팔 또는 한쪽 다리 이상을 쓸 수 없는 자

    ⑤ 한쪽 다리 발목 이상의 관절 잃은 자

    ⑥ 한쪽 손 이상의 엄지 또는 엄지를 제외한 손가락 마디 3개 이상 잃은 자

2. 도로 교통법

Ⅰ 용어의 정의

1. 도로 : 일반교통에 사용되는 모든 장소(도로법에의한도로, 유료도로 포함)

2. 자동차 전용도로 : 자동차만 통행할 수 있도록 설치된 도로

3. 고속도로 : 자동차의 고속교통에 사용되는 도로

4. 중앙선 : 황색 실선 등으로 표시한선

5. 차로 : 차마가 통행하도록 안전표지에 의해 구분된 차도의 부분(Lane)

6. 차선 : 차로와 차로를 구분하기 위하여 그 경계 지점에 표시한선. 차로 경계 표시선(Line)

7. 자전거 및 보행자 겸용 도로 : 자전거 이용 활성화 법률에 의한 도로

8. 횡단보도 : 보행자가 도로를 횡단할 수 있도록 안전표지로 표시한 도로의 부분

9. 교차로 : 둘 이상의 도로가 교차하는 부분

10. 안전지대 : 보행자의 안전을 위하여 안전표지 등으로 표시한 도로의 부분

11. 신호기 : 도로 교통에 관하여 문자. 기호 또는 등화로서 사람이나 전기의 힘에 의해 조작되는 장치

12. 안전표지 : 교통의 안전에 필요한 주의. 규제. 지시. 등을 표시하는 표지판

13. 원동기 장치 자전거 : 배기량 125cc 이하의 2륜차 및 50cc 미만의 원동기 장치를 단차

14. 긴급자동차 -소방차. 구급차 그 외 대통령이 정하는 자동차로서 긴급한 용도로 사용 되는 차.

15. 주차 : 차가 승객을 기다리거나 화물을 싣거나 고장으로 즉시 출발할 수 없는 상태

16. 정차 : 제차가 5분을 초과하지 아니하고 정지하는 것

17. 앞지르기 : 차가 앞서가는 다른차의 옆을 지나서 그 차의 앞으로 나가는 것

18. 일시정지 : 차가 일시적으로 바퀴를 완전히 정지 시키는 것

19. 보행자 전용도로 : 보행자만이 다니는 도로

20. 차마 : 차와 우마를 말함

21. 서행 : 차가 즉시 정지할 수 있는 느린 속도로 진행하는 것

Ⅱ 신호기 및 수신호 방법

1. 신호기 및 신호등 설치. 관리 : 지방 경찰청장 또는 경찰서장

2. 신호기 종류와 뜻

    1) 녹색등화

        ① 보행자는 횡단보도를 횡단 할 수 있다.

        ② 차마는 직진할 수 있고 천천히 우회전 할 수 있다.

        ③ 비보호 좌회전 표지가 있는 곳에서는 좌회전을 할 수 있다.

            단) 다른 교통에 방해가 된 때 에는 신호위반 책임을 진다.

    2) 황색등화

    보행자는 횡단을 해서는 안 되며, 이미 횡단중인 보행자는 신속히 횡단 또는 되돌아와야 한다.

    3) 적색등화

        ① 보행자는 횡단해서는 안 된다.

② 차마는 횡단보도 또는 정지선이 있을 때는 그 직전에 정지해야 한다.

③ 차마는 신호에 따라 직진하는 측면 교통에 방해가 되지 않도록 우회전 할 수 있다.

4) 녹색화살 표시 등화

차마는 화살표 방향으로 진행할 수 있다.

5) 적색등화 점멸

① 보행자는 주의하면서 횡단할 수 있다.

② 차마는 정지선, 횡단보도 직전에서 일시 정지한 후 다른 교통에 주의하면서 진행할 수 있다.

6) 황색등화 점멸

① 보행자는 주의하면서 횡단할 수 있다.

② 차마는 다른 교통에 주의하면서 진행할 수 있다.

3. 신호등의 배열순서

　　1) 3색등 : 적색 – 황색 – 녹색

　　2) 4색등 : 적색 – 황색 – 녹색화살 – 녹색

4. 신호의 순서

　　1) 3색 등화 : 녹색 – 황색 – 적색

　　2) 4색 등화 : 적색 및 녹색화살 – 황색 – 녹색 – 황색 – 적색

5. 신호등의 성능

　　1) 신호등의 발산 각도 : 45도 이상

　　2) 신호등의 밝기 : 낮에 150미터 앞쪽에서 확인 가능

6. 신호 또는 지시에 따를 의무

신호기, 경찰공무원, 경찰관 보조자의 신호에 따른다.

☞ 경찰보조자 : 모범운전자회, 녹색어머니회(등교), 해병전우회, 보이.걸스카우트 요원

☞ 가장 우선 하는 신호 : 경찰관의 수신호

Ⅲ 도로의 통행 방법

1. 통행의금지 및 제한 : 지방경찰청장은 도로 에서의 위험방지를 위하여 보행자나 차마의 통행을 금지할 수 있다.

2. 차로에 따른 통행 구분

　　1) 차로의 설치기준

　　　　① 차로를 설치할 때에는 중앙선을 표시해야 한다.

　　　　② 차로의 순위는 중앙으로부터 1차로로 한다.

　　　　③ 일방통행로에서는 도로 좌측, 가변차로는 신호기가 지시하는 제일 왼쪽 차로 로부터 1차로 로 한다

　　2) 차로의 너비 : 3m 이상으로 한다. 단 부득이한 경우 2.75m이상으로 한다.

3. 진로변경 제한선 : 교차로, 횡단보도 직전 또는 지하차도 및 터널 등에 주로 백색실선 으로 설치

4. 차 · 마의 통행의 우선순위

　　1) 행정자치부 령에 따라 정한다

　　2) 긴급자동차, 승용차, 승합차, 원동기장치 자전거순

5. 보행자의 통행방법

　　1) 보행자는 보도와 차도가 구분된 도로에서 보도를 통행 하여야 한다.

　　2) 보 · 차도가 구분되지 않은 도로에서는 도로의 좌측 또는 길가장자리 구역을 통행 하여야 한다.

6. 행렬등의 통행방법

1) 차도의 우측을 통행 하여야 하는 경우

　　　① 학생의 대열, 군부대, 그 밖의 단체 행렬

　　　② 기 또는 현수막 등을 휴대한 행렬 및

　　　③ 말, 소등의 큰 동물을 몰고 가는 사람

　　　④ 사다리. 목재 등 보행자 통행에 지장을 줄 물건을 운반중인 사람

　　　⑤ 도로의 청소, 보수 등 도로 에서 작업중인 사람

2) 차도 중앙을 통행할 수 있는 경우 : 사회적으로 중요한 행사에 따른 시가행진

7. 맹인 및 어린이 등의 통행방법

　　1) 맹인 : 흰색 지팡이를 가지고 보행 하여야한다.

　　2) 맹인에 준하는 사람

　　　① 듣지 못하는 사람

　　　② 신체 평행기능 장애자

　　　③ 의족 등을 사용하지 않고는 보행이 불가능 한자

　　　④ 신체 장애인용 의자차에 의지하여 이동하는 사람

　　3) 어린이 : 13세미만

　　4) 유아 : 6세 미만

Ⅳ 앞지르기와 자동차의 속도

1. 앞지르기 방법

　　1) 앞차의 좌측을 통행 2)안전한 방법으로 앞지르기 실시

2. 앞지르기 금지

　　　　① 앞차가 다른 차와 나란히 진행할 때 ②앞차가 다른 차를 앞지르고 있을 때

☞ 앞지르기를 하려는 차가 신호를 하는 때는 속도를 높여 견제 하거나 앞을 가로 막는 등의 방해를 해서는 안 된다.

3. 앞지르기 금지장소

　　1) 교차로

　　2) 도로의 구부러진 부근

　　3) 비탈길의 고갯마루 부근

　　4) 가파른 비탈길의 내리막

　　5) 터널 안

　　6) 다리 위

　　7) 지방 경찰청장이 지정한 곳

4. 신호의 시기

손이나 방향지시기 또는 등화로서 변경행위가 끝날 때까지 신호를 함

5. 신호의 방법

　　- 좌. 우회전, 횡단, 유턴 진로 변경 시 : 방향지시등을 켠다.

6. 이상 기후 시 감속

　　1) 최고 속도의 20/100

　　　① 비가 내려 노면에 습기가 있는 때

　　　② 눈이 20mm 미만 쌓인 때

　　2) 최고 속도의 50/100

① 폭우, 폭설 등으로 가시거리가 100m 이내인 때

② 노면이 얼어 붙은 때

③ 눈이 20mm 이상 쌓인 때

7. 자동차의 견인

　　1) 견인 할 수 있는 대수 : 1대

　　2) 거리 : 견인 차량의 앞부터 피 견인차의 뒤까지 25미터 초과 금지

8. 철길 건널목 통과

　　1) 철길 건널목 통과 방법

　　　　① 건널목 앞에서 일단 정지하여 안전을 확인한 후 통과

　　　　② 신호등이 진행신호 또는 간수가 진행 신호할 경우 정지하지 않고 통과

　　　　③ 차단기가 내려져있거나 내려지려고 할 때 에는 진입금지

Ⅴ 서행 및 주 · 정차 금지사항

1.서행 및 일시정지

　　☞ 서행 : 차가 즉시 정지 할 수 있는 속도로 주행하는 것

　　1) 서행장소

　　　　① 도로가 구부러진 부근

　　　　② 비탈길의 고갯마루 부근

　　　　③ 가파른 비탈길의 내리막

　　　　④ 교통정리가 안되고 좌우를 확인할 수 없는 교차로

　　　　⑤ 지방 경찰청장이 지정한 장소

　　2) 일시 정지 장소

　　　　① 교통정리가 안 되고 교통이 빈번한 교차로

　　　　② 지방 경찰청장이 지정한 장소

2. 주차 금지장소

　　1) 절대금지

　　　　① 터널 안 및 다리 위

　　　　② 지방경찰청장이 지정한곳

　　2) 5m 이내 : 화재경보기로부터

3. 정 · 주차 금지장소

　　1) 절대금지

　　　　- 터널안 및 다리위

　　　　- 지방경찰청장이 지정한곳

　　2) 5m 이내

　　　　- 교차로의 가장자리

　　　　- 도로의 모퉁이 부근

　　3) 10m 이내

　　　　- 안전지대 사방의 각 부근

　　　　- 건널목 가장자리 또는 횡단보도

　　　　- 버스정류장 표시 기둥이나 판 또는 선이 설치된 부근

Ⅵ 긴급자동차

1. 긴급자동차

    1) 당연 : 소방자동차, 구급자동차

    2) 대통령령 으로 정한 긴급자동차

        ① 범죄수사 및 교통단속 경찰업무 수행 자동차

        ② 국군 주한 유엔군용 차중 질서유지 및 부대이동을 유도하는 자동차

        ③ 수사기관 범죄 수사용 자동차

        ④ 교도기관의 호송경비용 자동차

        ⑤ 도로관리 응급 복구용 자동차

        ⑥ 민방위 기관의 긴급예방 및 복구자동차

    3) 신청에 의해 지방경찰청장이 지정하는 차

        ① 전기. 가스 등 응급 작업용 공사 차

        ② 전신. 전화 등 응급 작업용 작업 차

        ③ 긴급 우편물 운송용 차

        ④ 전파감시 업무용 자동차

    4) 긴급자동차로 간주되는 차

        ① 경찰용 긴급 자동차에 의해 유도되는 자동차

        ② 생명이 위급한 환자나 부상자를 운반중인 자동차

2. 긴급 자동차의 운행

  - 긴급자동차는 자동차 안전기준에서 정하는 구조를 갖추어야 한다.

  - 사이렌을 울리거나 경광 등을 켜야 한다.

  - 전조등을 켜거나 그 밖의 다른 방법으로 긴급차임을 알려야한다.

3. 긴급 자동차의 우선 및 특례

    1) 우선

  - 부득이한 경우 도로의 좌측 부분을 통행할 수 있다.

  - 일시정지의 의무를 적용받지 않는다.(단, 철길 건널목 제외)

    2) 특례

  - 법령이 정한 운행속도나 제한속도를 준수하지 않고 통행할 수 있다.

  - 앞지르기, 끼어들기 금지의 규정을 적용받지 않고 통행할 수 있다.

4. 긴급자동차에 대한 피양

    1) 교차로 : 교차로를 피하여 가장 자리에 일시 정지

    2) 교차로외 : 도로 우측 가장자리로 피양

    3) 일방통행로 : 긴급차 통행에 지장을 줄 경우 좌측 가장자리로 피양

Ⅶ 승차 또는 적재의 제한

1. 운행상의 안전 기준

    1) 인원 : 승차 정원의 11할 이내(고속버스, 화물자동차 제외)

    2) 적재량

        ① 길이 : 자동차 길이의 1/10을 더한 길이

        ② 높이 : 지상으로부터 3.5m

2. 안전기준을 초과하는 적재

: 출발지를 관할하는 경찰서장의 허가

(폭의 양 끝에 너비30cm, 길이50cm 빨간 헝겊 표지 부착)

☞ 허가할 수 있는 경우 : 전신, 전화, 수도, 전기, 제설작업용 화물자동차의 승차인원 및 분할이 불가능한 적재물을 운반할 때

Ⅷ 음주운전 및 벌점

1. 술에 취한 상태

누구든 술에 취한 상태에서 운전 하여서는 안 된다. (특히, 혈중 알콜농도 0.05% 이상)

2. 처벌 : 2년 이하의 징역이나 500만원 이하의 벌금

    1) 형사처벌

        ① 0.05%-0.35% : 입건

        ② 0.36% 이상 : 구속

        ③ 3회 이상 음주운전 전력자 : 구속

    2) 경찰관의 음주 측정 거부 시 : 면허 취소

3. 점수 초과로 인한 면허취소

순위 기간 벌점점수 비고

    1) 1년간 121점

    2) 2년간 201점

    3) 3년간 271점

    ☞ 도주차량 신고 시 : 40점 감면

주)교통사고로 사람을 다치게 하거나 구호조치 및 신고의무를 하지 아니한 차량임

4. 교통소양교육 이수(4시간) : 20일 감경. 단, 누산점수 공제 없음

5. 벌점 소멸

처분 벌점이 40점 미만일 경우 최종 위반일 ,사고일로부터 1년간 무위반 무사고 경과한때 소멸.

※40점 이상이면 당해 위반 또는 사고가 있었던 날을 기준으로 3년간 관리.

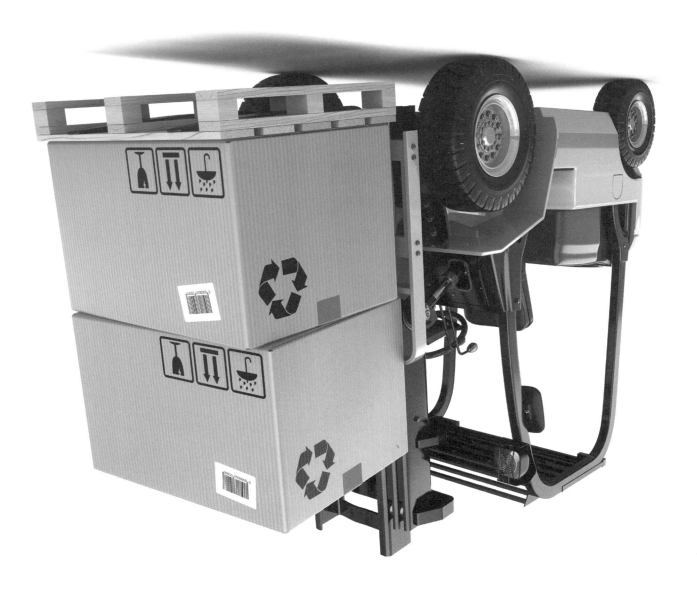

안전관리
제7장

I 고압선 근처 작업시 안전

1. 전선로 근처에서 작업시 주의사항

① 붐이 전선에 근접되지 않도록 한다.

② 바람이 강할수록 전선은 많이 흔들린다.

③ 전력선 인근에서는 작업 유도원을 배치하여 유도원의 지시에 따른다.

④ 전선은 철탑에서 멀어 질수록 많이 흔들린다.

2. 154,000V 철탑 근처에서 작업시 주의사항

① 철탑 주변 흙이 무너지지 않도록 작업한다.

② 전선에 최소 3m 이내는 접근하지 않아야한다. (이격거리 : 350cm이상)

③ 철탑 기초에서 충분히 이격하여 작업한다.

3. 전선로와의 안전 이격거리

① 전선이 굵을수록 이격거리가 커져야 한다.

② 애자수가 많을수록 이격거리가 커져야 한다.

③ 전압이 높을수록 이격거리가 커져야 한다.

4. 기타

① 한국전력 맨홀 근처에서 굴착 작업시 동선을 절단 하였을 때는 절단 된 채로 그냥둔 후 한국전력에 연락을 하여 야한다.

② 일반 차도에서 전력 케이블은 지표아래 1.2-1.5m 깊이에 매설되어 있다.

③ 전선로 근처에서 작업시 수목이 전선로에 넘어지는 사고가 발생시에는 마닐라로프로 수목을 묶어 크레인으로 당겨서 제거한다.

④ 도로에서 굴착작업중 "고압선 위험" 표시 시트가 발견되면 표시 시트 직하에 전력케이블이 묻혀있다.

⑤ 콘크리트 전주상에 변압기가 설치되어 있는 선로 주변에서 예측할 수 있는 전압은 22,900V이다.

☞ 도로에서 굴착 작업중 지하에 매설된 전력케이블이 손상되면 전력공급이 차단되거나 일정시간경과 후 부식 등으로 전력 공급이 중단될 수 있다.

II 도시가스 근처 작업시 안전

1. 도시가스 압력에 따른 분류

① 저압 : 0.1Mpa 미만, 보호표 색상 황색

② 중압 : 0.1Mpa-1Mpa 미만, 보호표 색상 적색

③ 고압 : 1Mpa 초과, 보호표 색상 적색

2. 도로 굴착시 공사전에 계획 수립사항

① 도면에 표시된 가스배관과 저장물 유무 조사

② 도시가스 사업자와 일정을 협의하여 시험 굴착 계획 수립

③ 위치 표시용 페인트와 황색 깃발등 준비

3. 도시가스 배관

① 가스 배관 외면에 사용가스명, 최고압력 및 가스흐름 방향 등 표시

② 가스 배관과 수평거리 30cm 이내 에서는 파일박기를 할 수 없다.

③ 가스 배관과 수평거리 2m 이내에서 파일박기를 하고자 할 때 시험 굴착을 하여 가스배관의 위치를 확인한다.

Ⅲ 수공구 취급시 안전

1. 수공구 취급시 안전사항

  1) 해머 작업시 안전사항

    ① 장갑을 끼고 해머작업을 하지 않는다.

    ② 해머로 공동 작업시에는 호흡을 맞추어야 한다.

    ③ 열처리된 재료는 해머 작업을 하지 않는다.

    ④ 기름 묻은 손으로 작업하지 않는다.

    ⑤ 타격 하려는 곳에 시선을 고정한다.

    ⑥ 해머 자루 고정부분 끝에 쐐기를 박는다.

  2) 정 작업시 안전사항

    ① 쪼아내기 작업시 보안경을 착용한다.

    ② 열 처리한 재료는 정 작업을 하지 않는다.

    ③ 버섯 머리된 재료는 그라인더에 갈아서 사용한다.

    ④ 마주보고 작업하지 않는다.

  3) 렌치 작업시 안전사항

    ① 볼트 및 너트에 맞는 것을 사용하여야 풀거나 조일 때는 볼트 및 너트 머리에 끼운 후사용한다.

    ② 스패너에 연장대를 끼워서 사용하지 않는다.

    ③ 스패너는 올바르게 끼우고 앞으로 잡아당겨 사용한다.

  4) 드라이버 작업시 안전사항

    ① 공작물을 손으로 잡고 작업한다.

    ② 규격에 맞는 공구를 사용한다.

  5) 산소 · 아세틸렌 사용시 안전사항

    ① 산소는 산소병에 35°c에서 150기압으로 압축 충전한다.

    ② 아세틸렌 도관의 색상(적색), 산소 도관의 색상(흑색)

    ③ 아세틸렌은 1.5기압 이상이면 폭발할 위험이 있다.

    ④ 산소 용기의 온도는 40°c 이하에서 보관한다.

  6) 산업현장 안전색채

    ① 녹색 : 안전지도 표시

    ② 황색 : 주의표시

    ③ 진보라 : 방사능 위험표시

    ④ 청색 : 수리중. 송전중

    ⑤ 적색 : 위험표시

  7) 화재의 분류

    ① A급화재 : 일반 가연물 화재

    ② B급화재 : 유류화재

    ③ C급화재 : 전기화재

    ④ D급화재 : 금속화재

  8) 기타

    ① 프레스의 안전장치 : 클러치페달

    ② 프레스 작업시 다치기 쉬운곳 : 손

③ 연삭숫돌 교환시 3분 이상 시운전후 작업을 하여야 한다.

④ 동력 전달 장치 중 가장 재해가 많은 것은 벨트

⑤ 카바이트 저장소에는 옥내에 전등 스위치가 있으면 폭발할 위험이 있으므로 옥외에 전등스위치를 설치한다.

⑥ 옷에 묻은 먼지를 털 때 압축공기를 사용하면 먼지가 섬유 속으로 파고 들어가므로 사용해서는 안 된다.

도로교통 표지

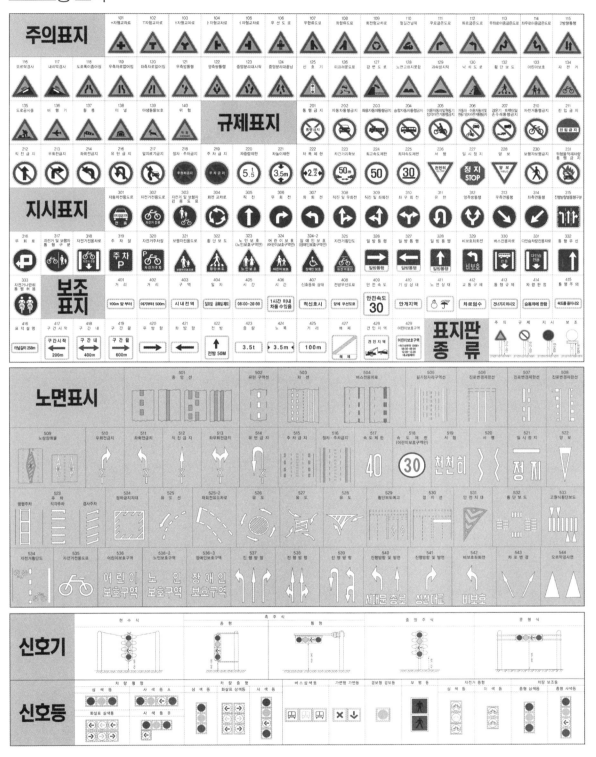

산업안전표지 358

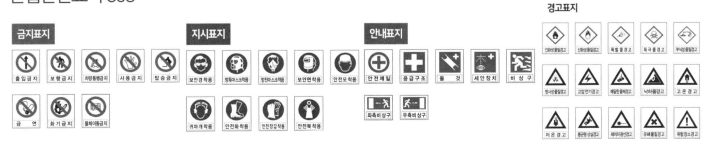

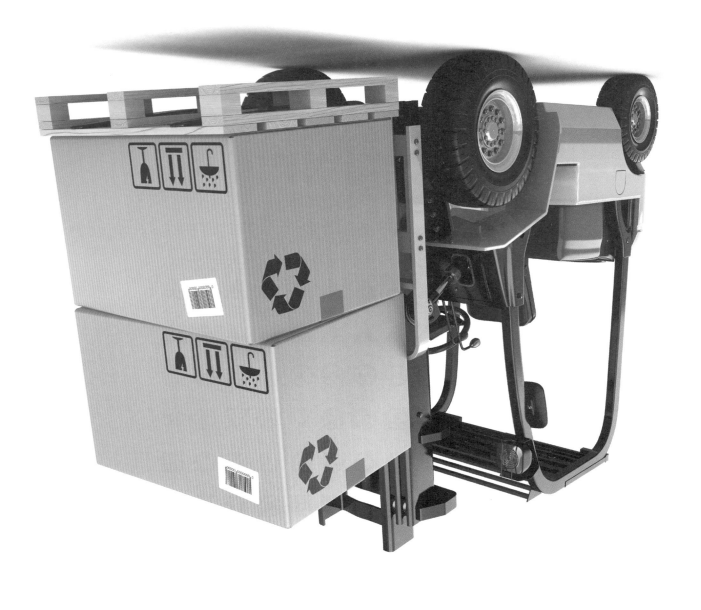

기록문제

1. 디젤기관의 압축압력이 규정보다 저하되는 이유는?
　　① 실린더 벽이 규정보다 많이 마모 되었다.
　　② 냉각수가 규정보다 작다.
　　③ 엔진 오일량이 규정보다 많다.
　　④ 점화시기가 규정보다 다소 느리다.

실린더 벽이 마모되거나 피스톤 링이 마모되면 압축압력이 저하되어 블로바이 현상이
나 오일의 회석

2. 건식 공기청정기의 효율저하를 방지하기 위한 방법으로 가장 적
합한 것은?
　　① 기름으로 닦는다.
　　② 마른걸레로 닦아야 한다.
　　③ 압축공기로 먼지 등을 털어낸다.
　　④ 물로 깨끗이 세척한다.

건식 공기청정기는 정기적으로 엘리먼트를 빼내어 압축 공기로 안쪽에서 바깥쪽으로
불어내어 청소하여야 한다.

3. 팬벨트에 대한 점검과정이다. 가장 적합하지 않은 것은?
　　① 팬벨트는 눌러(약 10kgf) 처짐이 13~20mm 정도로 한다.
　　② 팬벨트는 풀리의 밑 부분에 접촉되어야 한다.
　　③ 팬벨트의 조정은 발전기를 움직이면서 조정한다.
　　④ 팬벨트가 너무 헐거우면 기관과열의 원인이 된다.

팬벨트 장력은 정지된 상태에서 발전기 풀리와 물 펌프 사이에서 벨트의 중심을 엄지
손가락으로 눌러서 점검하며, 10kgf의 힘으로 눌렀을 때 13~20mm정도의 헐거운 상
태가 적당하다.

4. 기관의 연료분사펌프에 연료를 보내거나 공기빼기 작업을 할 때
필요한 장치는?
　　① 체크 밸브(check valve)
　　② 프라이밍 펌프(priming pump)
　　③ 오버플로 펌프(overflow pump)
　　④ 드레인 펌프(drain pump)

5. 냉각수 순환용 물 펌프가 고장 났을 때 기관에 나타날 수 있는 현상
으로 가장 적합한 것은?
　　① 기관 과열　　　　　② 시동 불능
　　③ 축전지의 비중 저하　④ 발전기 작동 불능

기관 과열 원인 : 냉각수 양이 부족할 때, 물재킷 내의 물때가 많을 때, 물 펌프의 회전이
느릴 때, 수온조절기가 닫힌 상태로 고장났을 때, 분사 시기가 부적당할 때, 라디에이터
코어가 20% 이상 막혔을 때

6. 기관의 밸브 간극이 너무 클 때 발생하는 현상에 관한 설명으로 올
바른 것은?
　　① 정상온도에서 밸브가 확실하게 닫히지 않는다.
　　② 밸브 스프링의 장력이 약해진다.
　　③ 푸시로드가 변형된다.
　　④ 정상온도에서 밸브가 완전히 개방되지 않는다.

밸브간극이 클 때의 영향
① 밸브의 열림이 적어 흡 · 배기 효율이 저하된다.
② 소음이 발생된다.
③ 출력이 저하되며, 스템 엔드부의 찌그러짐이 발생된다.

7. 기관에서 크랭크축의 역할은?
　　① 원활한 직선운동을 하는 장치이다.
　　② 기관의 진동을 줄이는 장치이다.
　　③ 직선운동을 회전운동으로 변환시키는 장치이다.
　　④ 원운동을 직선운동으로 변환시키는 장치이다.

크랭크축은 동력행정시 피스톤의 직선운동을 회전 운동으로 바꾸어 외부로 출력한다.
흡입·압축·배기행정시 피스톤에 운동을 전달한다. 크랭크 케이스 내에 설치된 메인 베
어링에 지지된다.

8. 엔진의 회전수를 나타낼 때 RPM이란?
　　① 시간당 엔진회전수　　② 분당 엔진회전수
　　③ 초당 엔진회전수　　　④ 10분간 엔진회전수

기관의 회전수(min-1)

9. 연료의 세탄가와 가장 밀접한 관련이 있는 것은?
　　① 열효율　　　　　　② 폭발압력
　　③ 착화성　　　　　　④ 인화성

10. 엔진오일이 우유 색을 띄고 있을 때의 주된 원인은?
　　① 가솔린이 유입되었다.　② 연소가스가 섞여 있다.
　　③ 경유가 유입되었다.　　④ 냉각수가 섞여 있다.

11. 실린더 마모와 가장 거리가 먼 것은?
　　① 출력의 감소
　　② 크랭크실의 윤활유 오손
　　③ 불완전 연소
　　④ 거버너의 작동불량

12. 건설기계 기관에서 사용하는 윤활유의 주요 기능이 아닌 것은?
　　① 기밀작용　　　　　② 방청작용
　　③ 냉각작용　　　　　④ 산화작용

윤활유의 주요기능:기밀작용,방청작용,냉각작용,응력분산작용

13. 축전지 급속 충전시 주의사항으로 잘못된 것은?
　　① 통풍이 잘되는 곳에서 한다.
　　② 충전 중인 축전지에 충격을 가하지 않도록 한다.
　　③ 전해액 온도가 45℃를 넘지 않도록 특별히 유의한다.
　　④ 충전시간은 길게하고, 가능한 2주에 한 번씩 하도록 한다.

급속 충전
충전 전류는 축전지 용량의 1/2로 시간적 여유가 없고 긴급할 때 하는 충전하는 방법으
로 주의 사항은 다음과 같다.

14. 교류발전기에서 스테이터 코일에 발생한 교류는?
   ① 실리콘에 의해 교류로 정류되어 내부로 나온다.
   ② 실리콘에 의해 교류로 정류되어 외부로 나온다.
   ③ 실리콘 다이오드에 의해 교류로 정류시킨 뒤에 내부로 들어간다.
   ④ 실리콘 다이오드에 의해 직류로 정류시킨 뒤에 외부로 끌어낸다.

교류발전기에 설치된 다이오드는 스테이터에서 발생된 교류 전류를 직류로 정류하고
배터리의 전류가 발전기로 역류되는 것을 방지한다.

15. 트랜지스터의 회로작용이 아닌 것은?
   ① 지연 회로   ② 증폭 회로
   ③ 발열 회로   ④ 스위칭 회로

16. 일반적인 축전지 터미널의 식별법으로 적합하지 않은 것은?
   ① (+), (-)의 표시로 구분한다.
   ② 터미널의 요철로 구분한다.
   ③ 굵고 가는 것으로 구분한다.
   ④ 적색과 흑색 등 색으로 구분한다.

축전지 터미널(단자)의 식별 방법 : P(positive), N(negative)의 문자로 표시, (+)와 (-)의 부
호로 표시, 양극단자(+)는 굵고 음극단자(-)는 가는 것으로 표시, 적색과 흑색의 색깔
로 표시

17. 건설기계의 전조등 성능을 유지하기 위하여 가장 좋은 방법은?
   ① 단선으로 한다.
   ② 복선식으로 한다.
   ③ 축전지와 직결시킨다.
   ④ 굵은선으로 갈아 끼운다.

복선식은 전조등 성능을 유지시킨다.

18. 시동이 걸렸을 때 시동 키(key) 스위치를 계속 누르고 있을 때 나
   타나는 현상은?
   ① 베어링이 소손된다.
   ② 전기자가 소손된다.
   ③ 충전이 잘 된다.
   ④ 피니언 기어가 소손된다.

기관의 시동이 완료되면 피니언을 링 기어로부터 분리시킨다.

19. 지게차의 운행사항으로 틀린 것은?
   ① 틸트는 적재물이 백레스트에 완전히 닿도록 한 후 운행한다.
   ② 주행 중 노면상태에 주의하고 노면이 고르지 않는 곳에서 천
      천히 운행한다.
   ③ 내리막길에서는 급회전을 삼간다.
   ④ 지게차의 중량제한은 필요에 따라 무시해도 된다.

20. 굴삭기로 작업할 때 주의사항으로 틀린 것은?
   ① 땅을 깊이 팔 때는 붐의 호스나 버킷실린더의 호스가 지면에

닿지 않도록 한다.
   ② 암석, 토사 등을 평탄하게 고를 때는 선회관성을 이용하면 능
      률적이다.
   ③ 암 레버의 조작시 잠깐 멈췄다 움직이는 것은 펌프의 토출량
      이 부족하기 때문이다.
   ④ 작업 시는 실린더의 행정 끝에서 약간 여유를 남기도록 운전
      한다.

굴삭기로 작업할 때 주의사항

땅을 깊이 팔 때는 붐의 호스나 버킷실린더의 호스가 지면에 닿지 않도록 한다.

암 레버의 조작시 잠깐 멈췄다 움직이는 것은 펌프의 토출량이 부족하기 때문이다.

작업 시는 실린더의 행정 끝에서 약간 여유를 남기도록 운전한다.

21. 무환궤도식 건설기계에서 트랙이 벗겨지는 주 원인은?
   ① 트랙의 서행 회전
   ② 트랙이 너무 이완되었을 때
   ③ 파이널 드라이브의 마모
   ④ 보조 스프링이 파손되었을 때

22. 동력전달장치에 사용되는 차동기어장치에 대한 설명으로 틀린
   것은?
   ① 선회할 때 좌?우 구동바퀴의 회전속도를 다르게 한다.
   ② 선회할 때 바깥쪽 바퀴의 회전속도를 증대 시킨다.
   ③ 보통 차동 기어장치는 노면의 저항을 작게 받는 구동바퀴의
      회전속도가 빠르게 될 수 있다.
   ④ 기관의 회전력을 크게 하여 구동 바퀴에 전달한다.

차동장치(differential gear unit)

① 타이어식 건설기계가 커브를 돌 때 외륜을 내륜보다 많이 회전하게 한다.

② 요철(凹凸) 노면을 주행할 때도 바퀴의 회전수가 항상 변화하지 않으면 안 된다.

23. 기중기 와이어로프의 마모원인이 아닌 것은?
   ① 와이어로프의 윤활 부족
   ② 활차 홈이 과도하게 마모된 경우
   ③ 활차 베어링의 급유 부족
   ④ 로프 감는 드럼클러치의 슬립

24. 모터그레이더의 탠덤 드라이브에 사용되는 오일로 가장 적합
   한 것은?
   ① 엔진오일   ② 기어오일
   ③ 그리이스   ④ 유압유

25. 수동변속기가 장착된 건설기계의 동력전달장치에서 클러치판은
   어떤 축의 스플라인에 끼워져 있는가?
   ① 추진축   ② 차동기어 장치
   ③ 크랭크축   ④ 변속기 입력축

엔진의 동력을 변속기로 전달 또는 차단하기 위해서 변속기와 엔진사이에 설치되며 변
속기 입력축에 끼워진다.

26. 동력장치의 장점과 거리가 먼 것은?
   ① 작은 조작력으로 조향조작이 가능하다.
   ② 조향 핸들의 시미현상을 줄일 수 있다.

③ 설계·제작 시 조향 기어비를 조작력에 관계없이 선정할 수 있다.

④ 조향핸들이 유격조정이 자동으로 되어 볼 죠인트 수명이 반영구적이다.

27. 다음 중 건설기계의 범위에 해당 되지 않는 것은?

　① 자체중량 2톤 미만의 불도저

　② 자체중량 1톤 미만의 굴삭기

　③ 자체중량 2톤 미만의 로더

　④ 자체중량 2톤 미만의 엔진식 지게차

28. 다음 중 특별 또는 경고표지 부착대상 건설기계에 관한 설명이 아닌 것은?

　① 대형건설기계에는 조종실 내부의 조종사가 보기 쉬운 곳에 경고 표지판을 부착하여야 한다.

　② 길이가 16.7미터를 초과하는 건설기계는 특별표지 부착 대상이다.

　③ 특별표지판은 등록번호가 표시되어 있는 면에 부착해야 한다.

　④ 최소 회전반경 12미터를 초과하는 건설기계는 특별표지 부착 대상이 아니다.

29. 앞지르기 금지 장소가 아닌 것은?

　① 터널 안, 앞지르기 금지표지 설치장소

　② 버스정류장 부근, 주차금지 구역

　③ 경사로의 정상 부근, 급경사로의 마지막

　④ 교차로 도로의 구부러진 곳

30. 도로교통법상에서 교통안전표지의 구분이 맞는 것은?

　① 주의표지, 통행표지, 규제표지, 지시표지, 차선표지

　② 주의표지, 규제표지, 지시표지, 보조표지, 노면표지

　③ 도로표지, 주의표지, 규제표지, 지시표지, 노면표지

　④ 주의표지, 규제표지, 지시표지, 차선표지, 도로표지

31. 건설기계소유자에게 등록번호표 제작명령을 할 수 있는 기관의 장은?

　① 국토해양부장관　　　② 행정안전부장관

　③ 경찰청장　　　　　　④ 시·도지사

32. 도로교통법상 철길 건널목을 통과할 때 방법으로 가장 적합한 것은?

　① 신호등이 없는 철길 건널목을 통과할 때에는 서행으로 통과하여야 한다.

　② 신호등이 있는 철길 건널목을 통과할 때에는 건널목 앞에서 일시정지 하여 안전한지의 여부를 확인한 후에 통과하여야 한다.

　③ 신호가 없는 철길 건널목을 통과할 때에는 건널목 앞에서 일시 정지 하여 안전한지의 여부를 확인한 후에 통과하여야 한다.

　④ 신호기와 관련 없이 철길 건널목을 통과할 때에는 건널목 앞에서 일시 정지하여 안전한지의 여부를 확인한 후에 통과 하여야 한다.

33. 건설기계 검사기준에서 원동기 성능검사 항목이 아닌 것은?

　① 토크 컨버터는 기름량이 적정하고 누출이 없을 것

　② 작동 상태에서 심한 진동 및 이상 음이 없을 것

　③ 배출가스 허용기준에 적합할 것

　④ 원동기의 설치 상태가 확실 할 것

34. 100만 원 이하의 벌금에 해당되는 것은?

　① 건설기계를 도로나 타인의 토지에 방치한 자

　② 형식승인 또는 확인검사를 받지 아니하고 건설기계의 제작 등을 한 자

　③ 조종사면허를 받지 않고 건설기계를 계속해서 조종한 자

　④ 조종사면허 취소 후에도 건설기계를 계속해서 조종한 자

35. 자동차가 주행 중 서행하여야 하는 곳을 설명한 사항으로 맞지 않는 것은?

　① 4차로 주행차선에서 1차로 부근

　② 도로가 구부러진 부근

　③ 가파른 비탈길의 내리막

　④ 비탈길의 고개 마루 부근

36. 자동차의 승차 정원에 대한 내용으로 맞는 것은?

　① 등록증에 기재된 인원

　② 화물자동차 4명

　③ 승용자동차 4명

④ 운전자를 제외한 나머지 인원

37. 오일의 압력이 낮아지는 원인과 가장 거리가 먼 것은?
① 오일펌프 성능이 노후 되었을 때
② 오일의 점도가 높아졌을 때
③ 오일의 점도가 낮아졌을 때
④ 계통 내에서 누설이 있을 때

38. 유압유의 흐름을 한쪽으로만 허용하고 반대방향의 흐름을 제어하는 밸브는?
① 릴리프밸브
② 체크밸브
③ 카운터 밸런스 밸브
④ 매뉴얼 밸브

39. 다음 [보기]에서 유압작동유가 갖추어야 할 조건으로 모두 맞는 것은?

> ㄱ. 압력에 대해 비압축성일 것
> ㄴ. 밀도가 작을 것
> ㄷ. 열팽창계수가 작을 것
> ㄹ. 체적탄성계수가 작을 것
> ㅁ. 점도지수가 낮을 것
> ㅂ. 발화점이 높을 것

① ㄱㄴㄷㄹ
② ㄴㄷㅁㅂ
③ ㄴㄹㅁㅂ
④ ㄱㄴㄷㅂ

40. 유압유의 점도에 대한 설명으로 틀린 것은?
① 온도가 상승하면 점도는 저하된다.
② 점성의 정도를 나타내는 척도이다.
③ 온도가 내려가면 점도는 높아진다.
④ 점성계수를 밀도로 나눈 값이다.

점성계수:액체의 끈적한 성질의 대한 수치.

41. 유압모터의 회전속도가 규정 속도보다 느릴 경우의 원인에 해당하지 않는 것은?
① 유압펌프의 오일 토출량 과다
② 유압유의 유입량 부족
③ 각 작동부의 마모 또는 파손
④ 오일의 내부누설

유압모터의 회전속도가 규정보다 느린 원인.
유압유의 유입량 부족, 각 작동부의 마모 또는 파손, 오일의 내부누설

42. 유압회로 내의 유압을 설정압력으로 일정하게 유지하기 위한 압력제어 밸브는?
① 릴리프 밸브
② 감압 밸브
③ 릴레이 밸브
④ 리턴 밸브

릴리프 밸브: 압력을 일정하게 유지하거나 조정함으로써 과부하 방지

43. 유압유 작동부에서 오일이 누출되고 있을 때 가장 먼저 점검 하여야 할 곳은?
① 실(seal)
② 피스톤
③ 기어
④ 펌프

오일 실(Seal)은 유압 작동부의 오일 누출을 방지하기 위해 사용하는 부품이다.

44. 그림과 같은 유압기호는?

① 유압밸브
② 차단밸브
③ 오일탱크
④ 유압실린더

45. 유압실린더의 작동속도가 느릴 경우, 그 원인으로 옳은 것은?
① 엔진오일 교환 시기가 경가 되었을 때
② 유압회로 내에 유량이 부족할 때
③ 운전실에 있는 가속페달을 작동시켰을 때
④ 릴리프 밸브의 셋팅 압력이 높을 때

46. 기어식 유압펌프에서 회전수가 변하면 가장 크게 변화되는 것은?
① 오일 압력
② 회전 경사단의 각도
③ 오일흐름 용량
④ 오일흐름 방향

유압펌프의 회전수가 변하면 오일흐름의 용량도 같이 변한다.

47. 산업안전보건에서 안전표지의 종류가 아닌 것은?
① 위험표지
② 경고표지
③ 지시표지
④ 금지표지

안전표지의 종류에는 금지표지, 경고표지, 지시표지, 안내표지가 있다.

48. 배터리 전해액처럼 강산, 알칼리 등의 액체를 취급할 때 가장 적합한 복장은?
① 면장갑 착용
② 면직으로 만든 옷
③ 나일론으로 만든 옷
④ 고무로 만든 옷

전해액의 약한 섬유로는 면, 면직, 나일론등이 있다.

49. 다음 중 보호안경을 끼고 작업해야 하는 사항과 가장 거리가 먼 것은?
① 산소용접 작업 시
② 그라인더 작업 시
③ 건설기계 장비 일상점검 작업 시
④ 클러치 탈, 부착 작업 시

건설기계장비 일상 점검 시에는 정확한 시각을 필요로하기때문에 보호안경착용은 불필요하다.

50. 스패너 작업 시 유의할 사항으로 틀린 것은?
① 스패너의 입이 너트의 치수에 맞는 것을 사용해야 한다.
② 스패너의 자루에 파이프를 이어서 사용해서는 안 된다.
③ 스패너와 너트 사이에는 쐐기를 넣고 사용하는 것이 편리하다.
④ 너트에 스패너를 깊이 물리도록 하여 조금씩 앞으로 당기는 식으로 풀고 조인다.

51. 물품을 운반할 때 주의할 사항으로 틀린 것은?
① 가벼운 화물은 규정보다 많이 적재하여도 된다.
② 안전사고 예방에 가장 유의한다.
③ 정밀한 물품을 쌓을 때는 상자에 넣도록 한다.
④ 약하고 가벼운 것을 위에 무거운 것을 밑에 쌓는다.

52. 전등 스위치가 옥내에 있으면 안 되는 경우는?
    ① 건설기계 장비 차고
    ② 절삭유 저장소
    ③ 카바이드 저장소
    ④ 기계류 저장소

카바이트 저장소에는 옥내에 전등 스위치가 있으면 폭발할 위험이 있으므로 옥외에 전등스위치를 설치한다.

53. 산업재해의 통상적인 분류 중 통계적 분류를 설명한 것 중 틀린 것은?
    ① 사망: 업무로 인해서 목숨을 잃게 되는 경우
    ② 중경상: 부상으로 인하여 30일 이상의 노동 상실을 가져온 상해정도
    ③ 경상해: 부상으로 1일 이상 7일 이하의 노동 상실을 가져온 상해 정도
    ④ 무상해 사고: 응급처치 이하의 상처로 작업에 종사하면서 치료를 받는 상해 정도

중경상은 부상으로 인하여 2주 이상의 노동 상실을 가져온 상해 정도를 말한다.

54. 해머작업 시 안전수칙 설명으로 틀린 것은?
    ① 열처리 된 재료는 해머로 때리지 않도록 주의한다.
    ② 녹이 있는 재료를 작업할 때는 보호안경을 착용하여야 한다.
    ③ 자루가 불안정한 것(쐐기가 없는 것 등)은 사용하지 않는다.
    ④ 장갑을 끼고 시작은 강하게, 점차 약하게 타격한다.

해머작업 시에는 미끄러질 위험이 있으므로 장갑을 착용해서는 안 된다.

55. 가연성 액체, 유류 등 연소 후 재가 거의 없는 화재는 무슨 급별 화재인가?
    ① A급
    ② B급
    ③ C급
    ④ D급

A급 화재: 일반 가연물 화재

• B급 화재: 유류 화재

• C급 화재: 전기 화재

• D급 화재: 금속 화재

56. 기계운전 및 작업 시 안전사항으로 맞는 것은?
    ① 작업의 속도를 높이기 위해 레버 조작을 빨리 한다.
    ② 장비의 무게는 무시해도 된다.
    ③ 작업도구나 적재물이 장애물에 걸려도 동력에 무리가 없으므로 그냥 작업한다.
    ④ 장비 승·하차 시에는 장비에 장착된 손잡이 및 발판을 사용한다.

57. 도로굴착공사로 인하여 가스배관이 20m 이상 누출 되면 가스누출 경보기를 설치하도록 규정되어 있다. 이 때 가스누출 경보기는 몇 m 마다 설치하도록 되어 있는 가?
    ① 10
    ② 15
    ③ 20
    ④ 25

58. 굴착작업 중 주변의 고압전선로 등에 주의할 사항으로 맞는 것은?
    ① 고압선과 접촉해도 무관하다.
    ② 고압선과 안전거리를 확인한 후 작업 한다.
    ③ 주차 시켜 놓았을 때 버켓 끝을 전주에 기대어 놓았다.
    ④ 전주가 서있는 밑 부분을 굴착하여도 무관하다.

전선로와의 안전 이격거리
① 전선이 굵을수록 이격거리가 커져야 한다.
② 애자수가 많을수록 이격거리가 커져야 한다.
③ 전압이 높을수록 이격거리가 커져야 한다.

59. 굴착공사 중 적색으로 된 도시가스 배관을 손상하였으나 다행히 가스는 누출되지 않고 피복만 벗겨졌다. 조치사항으로 가장 적합한 것은?
    ① 해당도시가스회사 직원에게 그 사실을 알려 보수토록 한다.
    ② 가스가 누출되지 않았으므로 그냥 되메우기 한다.
    ③ 벗겨지거나 손상된 피복은 고무판이나 비닐테이프로 감은 후 되메우기 한다.
    ④ 벗겨진 피복은 부식방지를 위하여 아스팔트를 칠하고 비닐테이프로 감은 후 직접 되메우기 한다.

60. 한전에서는 송전선로의 고장발생 예방 및 고장개소의 신속한 발견을 위하여 고장신고 제도를 운영하며 신고한 자에게는 일정한 사례금을 지급하고 있다. 다음 중 신고와 거리가 먼 것은?
    ① 한전에서 고장개소를 발견하지 못한 상태에서 신고자가 고장개소를 발견하고 즉시 신고를 하는 경우(고장신고)
    ② 전기설비로 인한 인축사고의 발생이 우려되는 사항의 신고(예방신고)
    ③ 한전에서 설비상태의 확인을 요청한 경우(확인신고)
    ④ 고장개소를 발견하고 하루 뒤에 신고한 경우(지연신고)

1	2	3	4	5	6	7	8	9	10
①	③	②	②	①	④	③	②	③	④
11	12	13	14	15	16	17	18	19	20
④	④	④	④	③	②	②	④	④	②
21	22	23	24	25	26	27	28	29	30
②	④	④	②	④	④	②	④	②	②
31	32	33	34	35	36	37	38	39	40
④	④	③	②	①	①	②	②	④	④
41	42	43	44	45	46	47	48	49	50
①	①	①	③	②	③	①	④	③	③
51	52	53	54	55	56	57	58	59	60
①	③	②	④	②	④	②	②	①	④

1. 압력의 단위가 아닌 것은?
   ① kgf/cm2
   ② dyne
   ③ psi
   ④ bar

2. 디젤기관에서 압축압력이 저하되는 가장 큰 원인은?
   ① 냉각수 부족
   ② 엔진오일 과다
   ③ 기어오일의 열화
   ④ 피스톤 링의 마모

   실린더 벽이 마모되거나 피스톤 링이 마모되면 압축압력이 저하되어 블로바이현상이
   나 오일의 희석, 피스톤 슬랩 현상이 일어난다.

3. 엔진 윤활유의 기능이 아닌 것은?
   ① 윤활작용
   ② 냉각작용
   ③ 연소작용
   ④ 방청작용

   윤활유의 작용:윤활작용·냉각작용·방청작용·기밀작용·응력분산작용

4. 디젤기관에서 에어클리너가 막혔을 때 발생하는 현상은?
   ① 배기색은 희고, 출력은 정상이다.
   ② 배기색은 희고, 출력은 증가한다.
   ③ 배기색은 검고, 출력은 저하된다.
   ④ 배기색은 검고, 출력은 증가한다.

5. 기관에서 밸브의 개폐를 돕는 것은?
   ① 너클 암
   ② 스티어링 암
   ③ 로커 암
   ④ 방청작용

6. 디젤기관에서 조속기의 기능으로 맞는 것은?
   ① 연료 분사량 조절
   ② 연료 분사시기 조정
   ③ 엔진 부하량 조정
   ④ 엔진 부하시기 조정

   조속기(governor)제어슬리브와 제어피니언의 위치 변경하여 연료 분사량 조정

7. 디젤기관에서 연료 라인에 공기가 혼입되었을 때 현상으로 가장 적절한 것은?
   ① 분사압력이 높아진다.
   ② 디젤 노크가 일어난다.
   ③ 연료 분사량이 많아진다.
   ④ 기관 부조 현상이 발생된다.

   연료라인의 에어가 생기면 연료압이 밀려져서 엔진의 부조현상이 발생한다.

8. 건설기계 장비에서 기관을 시동한 후 정상운전 가능 상태를 확인 하기 위해 운전자가 가장 먼저 점검해야 할 것은?
   ① 주행속도계
   ② 엔진 오일량
   ③ 냉각수온도계
   ④ 오일압력계

9. 사용 중인 엔진의 오일을 점검하였더니 오일량이 처음량 보다 증 가하였다. 원인에 해당 될 수 있는 것은?
   ① 냉각수 혼입
   ② 산화물 혼입
   ③ 오일필터 막힘
   ④ 배기가스 유입

10. 실린더 헤드 등 면적이 넓은 부분에서 볼트를 조이는 방법으로 가장 적합한 것은?
    ① 규정 토크로 한 번에 조인다.
    ② 중심에서 외측을 향하여 대각선으로 조인다.
    ③ 외측에서 중심을 향하여 대각선으로 조인다.
    ④ 조이기 쉬운 곳부터 조인다.

    토크렌치를 사용하여 규정토크로 중심에서 외측을 향하여 대각선으로 조인다.

11. 기관 과열의 원인과 가장 거리가 먼 것은?
    ① 팬벨트가 헐거울 때
    ② 물 펌프 작동이 불량할 때
    ③ 크랭크축 타이밍기어가 마모되었을 때
    ④ 방열기 코어가 규정 이상으로 막혔을 때

    기관 과열 원인 : 냉각수 양이 부족할 때, 물재킷 내의 물때가 많을 때, 물 펌프의 회전이
    느릴 때, 수온조절기가 닫힌 상태로 고장났을 때, 분사 시기가 부적당할 때, 라디에이터
    코어가 20% 이상 막혔을 때.

12. 기관 작동 중 냉각수의 온도가 정상적으로 올라가지 않을 때의 원인으로 맞는 것은?
    ① 수온 조절기의 열림
    ② 팬벨트의 헐거움
    ③ 물 펌프의 불량
    ④ 냉각수 부족

    수온조절기(썸머스탯)가 열린 상태로 고착되었을때는 냉각수의 온도가 정상적으로 올
    라가지 않는다.

13. 납산축전지의 일반적인 충전 방법으로 가장 많이 사용되는 것은?
    ① 정전류 충전
    ② 정전압 충전
    ③ 단별전류 충전
    ④ 급속 충전

    납산축전지의 전해액은 묽은 황산이므로 정전류 충전으로한다.

14. 기동 전동기의 전기자 코일에 항상 일정한 방향으로 전류가 흐르 도록 하기 위해 설치한 것은?
    ① 다이오드
    ② 로터
    ③ 정류자
    ④ 슬립링

    정류자(commutator) : 전류를 일정한 방향으로만 흐르게 한다.

15. 회로의 전압이 12V이고 저항이 6옴일 때 전류는 얼마인가?
    ① 1A   ② 2A   ③ 3A   ④ 4A

16. 방향지시등의 한쪽 등이 빠르게 점멸하고 있을 때, 운전자가 가 장 먼저 점검하여야 할 곳은?
    ① 전구(램프)
    ② 플래셔 유닛
    ③ 콤비네이션 스위치
    ④ 배터리

17. 건설기계에 사용하는 교류발전기의 구조에 해당하지 않는 것은?
    ① 스테이터 코일
    ② 로터
    ③ 마그네틱 스위치
    ④ 다이오드

    교류발전기의 구성부품:다이오드·로터·스테이터코일등.

18. MF(Maintenance Free) 축전지에 대한 설명으로 적합하지 않는 것은?

① 격자의 재질은 납과 칼슘합금이다.

② 무보수용 배터리이다.

③ 밀봉 촉매 마개를 사용한다.

④ 증류수는 매 15일마다 보충한다.

MF축전지는 증류수를 보충할 필요가 없다.

19. 무한궤도식 굴삭기의 하부 주행체를 구성하는 요소가 아닌 것은?

① 선회고정 장치　　　　　② 주행 모터

③ 스프로킷　　　　　　　④ 트랙

20. 유압식 모터그레이더의 블레이드 횡행 장치의 부품이 아닌 것은?

① 상부레일　　　　　　　② 볼조인트

③ 회전실린더　　　　　　④ 피스톤로드

21. 타이어에서 고무로 피복된 코드를 여러 겹으로 겹친 층에 해당 되며 타이어 골격을 이루는 부분은?

① 카커스(carcass)부　　　② 드레드(tread)부

③ 숄더(shoulder)부　　　④ 비드(bead)부

카커스 부분은 고무로 피복된 코드를 여러겹 겹친 층에 해당되며, 타이어 골격을 이룬다.

22. 지게차에 관한 설명으로 틀린 것은?

① 짐을 싣기 위해 마스트를 약간 전경시키고 포크를 끼워 물건을 싣는다.

② 틸트 레버는 앞으로 밀면 마스터가 앞으로 기울고 따라서 포크가 앞으로 기운다.

③ 포크를 상승시킬 때는 리프트 레버를 뒤쪽으로, 하강시킬 때는 앞쪽으로 민다.

④ 목적지에 도착 후 물건을 내리기 위해 틸트 실린더를 후경시켜 전진한다.

23. 하부 추진체가 휠로 되어 잇는 건설기계장비로 커브를 돌 때 선회를 원할 하게 해주는 장치는?

① 변속기　　　　　　　　② 차동 장치

③ 최종 구동장치　　　　　④ 트랜스퍼케이스

차동장치(differential gear unit) ① 타이어식 건설기계가 커브를 돌 때 외륜을 내륜보다 많이 회전하게 한다. ② 요철(凹凸) 노면을 주행할 때도 바퀴의 회전수가 항상 변화하지 않으면 안 된다.

24. 무한궤도식 건설기계에서 트랙 장력이 너무 팽팽하게 조정되었을 때 보기와 같은 부분에서 마모가 가속되는 부분(기호)을 모두 나열한 항은?

| a. 트랙 핀의 마모　b. 부싱의 마모 |
| c. 스프로깃 마모　d. 블레아드 마모 |

① a.c　　② a.b.d　　③ a.b.c　　④ a.b.c.d

25. 토크 컨버터의 오일의 흐름 방향을 바꾸어 주는 것은?

① 펌프　　　　　　　　　② 터빈

③ 변속기축　　　　　　　④ 스테이터

26. 기중기의 안전한 작업방법으로 적합하지 않은 것은?

① 제한 하중 이상의 것은 달아 올리지 말 것

② 하중은 항상 옆으로 달아 올릴 것

③ 지정된 신호수의 신호에 따라 작업을 할 것

④ 하물의 혹 위치는 무게 중심에 걸리도록 할 것

27. 좌회전을 하기 위하여 교차로에 진입되어 있을 때 황색 등화로 바뀌면 어떻게 하여야 하는가?

① 정지하여 정지선으로 후진한다.

② 그 자리에 정지하여야 한다.

③ 신속히 좌회전하여 교차로 밖으로 진행한다.

④ 좌회전을 중단하고 횡단보도 앞 정지선까지 후진하여야 한다.

28. 앞지르기를 할 수 없는 경우에 해당 되는 것은?

① 앞차의 좌측에 다른 차가 나란히 진행하고 있을 때

② 앞차가 우측으로 진로를 변경하고 있을 때

③ 앞차가 그 앞차와의 안전거리를 확보하고 있을 때

④ 앞차가 양보 신호를 할 때

29. 건설기계 등록의 말소 사유에 해당하지 않는 것은?

① 건설기계를 폐기한 때

② 건설기계의 구조 변경을 했을 때

③ 건설기계가 멸실 되었을 때

④ 건설기계의 차대가 등록 시의 차대와 다른 때

등록의 말소 사유

• 거짓이나 그 밖의 부정한 방법으로 등록을 한 경우

• 건설기계가 천재지변 또는 이에 준하는 사고 등으로 사용할 수 없게 되거나멸실된 경우

• 건설기계의 차대(車臺)가 등록시의 차대와 다른 경우

• 건설기계가 건설기계안전기준에 적합하지 아니하게 된 경우

• 최고(催告)를 받고 지정된 기한까지 정기검사를 받지 아니한 경우

• 건설기계를 수출하는 경우

• 건설기계를 도난당한 경우

30. 건설기계 등록번호표의 색상 구분 중 틀린 것은?(관련규정 개정전 문제로 여기서는 기존 정답인 4번을 누르면 정답 처리 됩니다. 자세한 내용은 해설을 참고하세요)

① 관용 번호판의 흰색판에 검정색 문자이다.

② 영업용 번호판은 주황색판에 흰색 문자이다.

③ 자가용 번호판은 녹색판에 흰색 문자이다.

④ 임시운행 번호표는 흰색판에 청색 문자이다.

31. 정기검사대상 건설기계의 정기검사 신청기간으로 맞는 것은?

① 건설기계의 정기검사 유효기간 만료일 전후 45일 이내에 신청한다.

② 건설기계의 정기검사 유효기간 만료일 전 90일 이내에 신청한다.

③ 건설기계의 정기검사 유효기간 만료일 전후 30일 이내에 신청한다.

④ 건설기계의 정기검사 유효기간 만료일 후 60일 이내에 신청한다.

32. 신호등에 녹색 등화시 차마의 통행방법으로 틀린 것은?

① 차마는 다른 교통에 방해되지 않을 때에 천천히 우회전 할 수 있다.

② 차마는 직진 할 수 있다.

③ 차마는 비보호 좌회전 표시가 있는 곳에서는 언제든지 좌회전을 할 수 있다.

④ 차마는 좌회전을 하여서는 아니 된다.

차마는 직진할 수 있고 천천히 우회전 할 수 있다.

33. 도로교통법상 도로의 모퉁이로부터 몇 m 이내의 장소에 정차하여서는 안 되는가?

① 2m ② 3m ③ 5m ④ 10m

도로교통법상 도로의 모퉁이로부터 5m 이내의 장소에 정차하여서는 안된다.

34. 대형 건설기계 특별 표지판 부착을 하지 않아도 되는 건설기계는?

① 너비 3미터인 건설기계

② 길이 16미터인 건설기계

③ 최소 회전반경 13미터인 건설기계

④ 총중량 50톤인 건설기계

특별표지판 부착대상 대형 건설기계

• 길이가 16.7m를 초과하는 건설기계

35. 건설기계조종사 면허가 취소되었을 경우 그 사유가 발생한 날로부터 며칠 이내에 면허증을 반납해야 하는가?

① 7일 이내 ② 10일 이내

③ 14일 이내 ④ 30일 이내

36. 도로교통법상 폭우·폭설·안개 등으로 가시거리가 100m 이내일 때 최고속도의 감속으로 맞는 것은?

① 20% ② 50% ③ 60% ④ 80%

최고 속도의 50%를 감속하여 운행하여야 할 경우 : 노면이 얼어붙은 때, 폭우/폭설/안개 등으로 가시거리가 100미터 이내일 때, 눈이 20mm 이상 쌓인

37. 유압 에너지의 저장. 충격흡수 등에 이용되는 것은?

① 축압기(accmulator) ② 스트레이너(strainer)

③ 펌프(pump) ④ 오일 탱크(oil tank)

축압기(어큐뮬레이터)는 유압 에너지의 저장. 충격흡수 등에 이용된다.

38. 유압유의 압력에너지(힘를 기계적 에너지)일로 변환시키는 작용을 하는 것은?

① 유압펌프 ② 유압밸브

③ 어큐뮬레이터 ④ 액추에이터

39. 유압의 압력을 올바르게 나타낸 것은?

① 압력 = 단면적x가해진 힘

② 압력 = 가해진 힘/단면적

③ 압력 = 단면적/가해진 힘

④ 압력 = 가해진힘-단면적

압력 = 가해진 힘/단면적

40. 건설기계에 사용되는 유압펌프의 종류가 아닌 것은?

① 베인 펌프 ② 플런저 펌프

③ 포막 펌프 ④ 기어 펌프

건설기계에 사용되는 유압펌프의 종류가에는 기어펌프,플런저펌프,베인펌프등이 있다

41. 유량 제어 밸브가 아닌 것은?

① 속도제어 밸브 ② 체크 밸브

③ 교축 밸브 ④ 급속배기 밸브

체크 밸브는 유체의 흐름 방향을 한쪽 방향으로만 흐르게 하는 밸브를 말한다.

42. 유압회로의 압력에 의해 유압 액추에이터의 작동 순서를 제어하는 밸브는?

① 언로더 밸브 ② 시퀀스 밸브

③ 감압 밸브 ④ 릴리프 밸브

시퀀스 밸브는 유압회로의 압력에 의해 유압 액추에이터의 작동 순서를 제어한다.

43. 유압장치의 기본적인 구성요소가 아닌 것은?

① 유압 발생 장치 ② 유압 재순환장치

③ 유압 제어장치 ④ 유압 구동장치

44. 유압회로에서 유압유의 점도가 높을 때 발생 될 수 있는 현상이 아닌 것은?

① 관내의 마찰 손실이 커진다.

② 동력 손실이 커진다.

③ 열 발생의 원인이 될 수 있다.

④ 유압이 낮아진다.

유압유의 점도가 높으면 유압도 높아진다.

45. 오일탱크 내의 오일을 전부 배출시킬 때 사용하는 것은?

① 리턴 라인 ② 배플

③ 어큐뮬레이터 ④ 드레인 플러그

46. 유압 라인에서 압력에 영향을 주는 요소로 가장 관계가 적은 것은?

① 유체의 흐름 량 ② 유체의 점도

③ 관로 직경의 크기 ④ 관로의 좌·우 방향

관로의 좌·우 방향은 유압 라인에서 압력에 영향을 주지 않는다.

47. 벨트 취급에 대한 안전사항 중 틀린 것은?

① 벨트 교환시 회전을 완전히 멈춘 상태에서 한다.

② 벨트의 회전을 정지시킬 때 손으로 잡는다.

③ 벨트에는 적당한 장력을 유지하도록 한다.

④ 고무벨트에는 기름이 묻지 않도록 한다.

벨트가 회전중일때는 벨트를 손으로 잡아서는 절대 않된다.

48. 화재가 발생하기 위해서는 3가지 요소가 있는데 모두 맞는 것으로 연결된 것은?

① 가연성 물질 - 점화원 - 산소

② 산화 물질 - 소화원 - 산소

③ 산화 물질 – 점화원 – 질소

④ 가연성 물질 – 소화원 – 산소

49. 작업장의 안전수칙 중 틀린 것은?

① 공구는 오래 사용하기 위하여 기름을 묻혀서 사용한다.

② 작업복과 안전장구는 반드시 착용한다.

③ 각종기계를 불필요하게 공회전 시키지 않는다.

④ 기계의 청소나 손질은 운전을 정지 시킨 후 실시한다.

공구에 기름을 묻혀서 사용하면 미끄러질수있는 위험이 생긴다.

50. 수공구류의 일반적인 안전수칙이다. 해당 되지 않는 것은?

① 손이나 공구에 묻은 기름, 물 등을 닦아낼 것

② 주위를 정리 정돈할 것

③ 규격에 맞는 공구를 사용할 것

④ 수공구는 그 목적 외에 다목적으로 사용할 것

수공구는 그 목적 외에 다목적으로 사용해서는 않된다.

51. 안전제일에서 가장 먼저 선행되어야 할 이념으로 맞는 것은?

① 재산 보호   ② 생산성 향상

③ 신뢰성 향상   ④ 인명 보호

안전관리란 재해로부터 인간의 생명과 재산을 보존하기 위한 계획적이고 체계적인 제반 활동을 의미한다.

52. 보기의 조정렌치 사용상 안전수칙 중 옳은 것은?

> a. 집아당기며 작업한다.
> b. 조정 죠에 당기는 힘이 많이 가해지도록 한다.
> c. 볼트 머리나 너트에 꼭 끼워서 작업을 한다.
> d. 조정렌치 자루에 파이프를 끼워서 작업을 한다.

① a, b   ② a, c   ③ b, c   ④ b, d

53. 작업장에서 중량물을 들어 올리는 방법 중 안전상 가장 올바른 것은?

① 최대한 사람의 힘을 모아 들어올린다.

② 지렛대를 이용한다.

③ 로프로 묶고 잡아당긴다.

④ 체인블록을 이용하여 들어올린다.

54. 안전 · 보건표지의 종류와 형태에서 그림의 안전표지판이 나타내는 것은?

① 응급구호 표지   ② 비상구 표지

③ 위험장소경고 표지   ④ 환경지역 표지

55. 전기 용접 아크 광선에 대한 설명 중 틀린 것은?

① 전기 용접 아크에는 다량의 자외선이 포함되어 있다.

② 전기 용접 아크를 볼 때에는 헬멧이나 실드를 사용하여야 한다.

③ 전기 용접 아크 빛에 의해 눈이 따가울 때에는 따뜻한 물로 눈을 닦는다.

④ 전기 용접 아크 빛이 직접 눈으로 들어오면 전광성 안염 등의 눈병이 발생한다.

56. 일반적인 작업장에서 작업안전을 위한 복장으로 가장 적합하지 않은 것은?

① 작업복의 착용   ② 안전모의 착용

③ 안전화의 착용   ④ 선글라스 착용

57. 154kV 가공 송전선로 주변에서 건설장비로 작업 시 안전에 관한 설명으로 맞는 것은?

① 건설 장비가 선로에 직접 접촉하지 않고 근접만 해도 사고가 발생 될 수 있다.

② 전력선은 피복으로 절연되어 있어 크레인 등이 접촉해도 단선되지 않는 이상 사고는 일어나지 않는다.

③ 1 회선은 3 가닥으로 이루어져 있으며. 1 가닥 절단시에도 전력공급을 계속한다.

④ 사고 발생시 복구공사비는 전력설비가 공공 재산임으로 배상하지 않는다.

58. 전기시설에 접지공사가 되어 있는 경우 접지선의 표지색은?

① 적색   ② 녹색   ③ 황색   ④ 백색

59. 도로 지하에 매설된 도시가스배관의 색상은 맞는 것은?

① 황색, 흑색   ② 적색, 황색

③ 황색, 남색   ④ 흑색, 청색

60. 지하구조물이 설치된 지역에 도시가스가 공급되는 곳에서 굴삭기를 이용하여 굴착공사 중 지면에서 0.3m 깊이에서 물체가 발견되었다. 예측할 수 있는 것으로 맞는 것은?

① 도시가스 입상관

② 도시가스 배관을 보호하는 보호관

③ 가스 차단장치

④ 수취기

도시가스 배관을 보호하는 보호관은 0.3m부터 파일박기를 할수있다.

1	2	3	4	5	6	7	8	9	10
②	④	③	③	③	①	④	④	①	②
11	12	13	14	15	16	17	18	19	20
③	①	①	③	②	①	③	④	①	③
21	22	23	24	25	26	27	28	29	30
①	④	②	③	④	②	③	①	②	④
31	32	33	34	35	36	37	38	39	40
③	②	③	②	③	②	①	④	②	③
41	42	43	44	45	46	47	48	49	50
②	②	②	④	④	②	①	①	①	④
51	52	53	54	55	56	57	58	59	60
④	②	④	①	③	④	①	②	②	②

최근 기출문제 3

1. 엔진의 윤활유 압력이 높아지는 이유는?
   ① 윤활유 펌프의 성능이 좋지 않다.
   ② 윤활유량이 부족하다.
   ③ 윤활유의 점도가 너무 높다.
   ④ 기관 각부의 마모가 심하다.

점도가 높으면 : 끈적끈적하여 유동성이 저하되므로 엔진의 윤활유 압력이 높아진다.

2. 디젤기관에서 터보차저를 부착하는 목적으로 맞는 것은?
   ① 기관의 유효압력을 낮추기 위해서
   ② 기관의 냉각을 위해서
   ③ 기관의 출력을 증대시키기 위해서
   ④ 배기 소음을 줄이기 위해서

배기가스를 이용하여 과급기를 구동하며, 기관의 출력을 증대시키기 위해서다.

3. 기관에서 크랭크축의 회전과 관계없이 작동되는 기구는?
   ① 발전기　　　　　　② 캠 샤프트
   ③ 워터 펌프　　　　　④ 스타트 모터

스타트 모터는 엔진 시동시에만 작동한다.

4. 건설기계기관에 있는 팬벨트의 장력이 약할 때 생기는 현상으로 맞는 것은?
   ① 발전기 출력이 저하될 수 있다.
   ② 물 펌프 베어링이 조기에 손상된다.
   ③ 엔진이 과냉 된다.
   ④ 엔진이 부조를 일으킨다.

팬벨트의 장력이 약하면 발전기풀리에서 팬벨트가 미끄러지는 현상이 발생하므로 발전시 출력이 저하될수있다.

5. 운전 중 엔진오일 경고등이 점등되었을 때의 원인이 아닌 것은?
   ① 오일 드레인 플러그가 열렸을 때
   ② 윤활계통이 막혔을 때
   ③ 오일필터가 막혔을 때
   ④ 오일 밀도가 낮을 때

엔진 오일 경고등의 작동 상태를 점검하여 오일 순환의 정상여부를 판단할 수 있다.

6. 기관 과열 시 일어날 수 있는 현상으로 가장 적합한 것은?
   ① 연료가 응결될 수 있다.
   ② 실린더 헤드의 변형이 발생할 수 있다.
   ③ 흡배기 밸브의 열림량이 많아진다.
   ④ 밸브 개폐시기가 빨라진다.

기관이 과열되었을 때의 영향 : 각 부품의 변형, 기관의 손상, 출력이 저하된다.

7. 기관의 피스톤이 고착되는 원인으로 틀린 것은?
   ① 냉각수 량이 부족할 때
   ② 기관오일이 부족하였을 때
   ③ 기관이 과열되었을 때
   ④ 압축 압력이 너무 높았을 때

피스톤의 고착 원인
• 냉각수 량이 부족할 때
• 기관오일이 부족하였을 때
• 기관이 과열되었을 때

8. 건설기계에서 사용하는 경유의 중요한 성질이 아닌 것은?
   ① 옥탄가　　② 비중　　③ 착화성　　④ 세탄가

옥탄가는 휘발류의 특성을 나타내는 수치이다.

9. 건설기계에서 엔진부조가 발생되고 있다. 그 원인으로 맞는 것은?
   ① 인젝트 공급파이프의 연료 누설
   ② 인젝터 연료 리턴 파이프의 연료 누설
   ③ 가속페달 케이블의 조정 불량
   ④ 자동변속기의 고장 발생

인젝터는 실린더에 연료를 공급하는 장치이며 인젝터 공급파이프에서 연료가 누설되면 엔진부조가 발생한다.

10. 디젤기관에서 연료가 정상적으로 공급되지 않아 시동이 꺼지는 현상이 발생 되었다. 그 원인으로 적합하지 않는 것은?
    ① 연료파이프 손상
    ② 프라이밍 펌프 고장
    ③ 연료 필터 막힘
    ④ 자동변속기의 고장 발생

프라이밍 펌프는 연료 공급 펌프에 설치되어 있으며, 분사 펌프로 연료를 보내거나 연료계통의 공기를 배출 할 때 사용한다.

11. 디젤기관과 관계없는 것은?
    ① 경유를 연료로 사용한다.
    ② 점화장치 내에 배전기가 있다.
    ③ 압축 착화한다.
    ④ 압축비가 가솔린기관보다 높다.

점화장치는 가솔린 기관의 불꽃을 만들어주는 장치이다.

12. 운전 중 운전석 계기판에서 확인해야 하는 것이 아닌 것은?
    ① 실린더 압력계　　　　② 연료량 게이지
    ③ 냉각수 온도게이지　　④ 충전 경고등

13. 건설기계 엔진에 사용되는 시동모터가 회전이 안 되거나 회전력이 약한 원인이 아닌 것은?
    ① 시동스위치 접촉 불량이다.
    ② 배터리 단자와 터미널의 접촉이 나쁘다.
    ③ 브러시가 정류자에 잘 밀착되어 있다.
    ④ 배터리 전압이 낮다.

14. 야간작업 시 헤드라이트가 한쪽만 점등되었다. 고장 원인으로 가장 거리가 먼 것은?
    ① 헤드라이트 스위치 불량
    ② 전구 접지불량

③ 한 쪽 회로의 퓨즈 단선

④ 전구 불량

헤드라이트의 스위치가 불량하면 헤드라이트 모두가 점등이 되지 않는다.

15. AC 발전기에서 전류가 발생되는 곳은?

　① 로터 코일　　　　　　　② 레귤레이터

　③ 스테이터 코일　　　　　④ 전기자 코일

스테이터 코일 직류 발전기의 전기자에 해당되며 철심에 3개의 독립된 코일이 감겨져 있어 로터의 회전에 의해 3상 교류가 유기된다. 3상 코일의 결선 방식은 선간 전압이 높은 스타 결선(Y결선), 선간 전류가 높은 델타 결선(△)이 있다. 스타 결선은 저속 회전에서도 높은 전압과 중성점의 전압을 사용할 수 있는 장점이 있다.

16. 축전지 터미널에 부식이 발생하였을 때 나타나는 현상과 가장거리가 먼 것은?

　① 기동 전동기의 회전력이 작아진다.

　② 엔진 크랭킹이 잘 되지 않는다.

　③ 전압강하가 발생된다.

　④ 시동 스위치가 손상된다.

축전지 터미널에 부식이 발생하면 기동 전동기의 회전력이 작아진다.엔진 크랭킹이 잘 되지 않는다. 전압강하가 발생된다.

17. 실드 형 예열 플러그에 대한 설명으로 맞는 것은?

　① 히트 코일이 노출되어 있다.

　② 발열량은 많으나 열용량은 적다.

　③ 열선이 병렬로 결선되어 있다.

　④ 축전지의 전압을 강하시키기 위하여 저항기를 직렬 접속한다.

실드형 예열 플러그는 보호금속 튜브에 히트코일이 밀봉되어 있으며, 방열량과 열용량이 크고, 열선이 병렬로 접속되어 있다.

18. 납산축전지를 오랫동안 방전상태로 두면 사용하지 못하게 되는 원인은?

　① 극판이 영구 황산납이 되기 때문이다.

　② 극판에 산화납이 형성되기 때문이다.

　③ 극판에 수소가 형성되기 때문이다.

　④ 극판에 녹이 슬기 때문이다.

전해액이 증발하여 극판이 영구 황산납이 되기 때문이다.

19. 무한궤도식 건설기계에서 트랙 장력을 측정하는 부위로 가장 적합한 것은?

　① 아이들러와 스프로킷 사이

　② 1번 상부롤러와 2번 상부롤러 사이

　③ 스프로킷과 1번 상부롤러 사이

　④ 아이들러와 1번 상부롤러 사이

20. 굴삭기 붐의 자연 하강량이 많을 때의 원인이 아닌 것은?

　① 유압실린더의 내부누출이 있다.

　② 콘트롤 밸브의 스풀에서 누출이 많다.

　③ 유압실린더 배관이 파손되었다.

　④ 유압작동 압력이 과도하게 높다.

굴삭기 붐의 자연 하강량이 많을 때의 원인에는 유압실린더의 내부누출이 있을때. 콘트

롤 밸브의 스풀에서 누출이 많을때. 유압실린더 배관이 파손되었을때.

21. 일반적으로 기중기의 드럼 클러치로 사용되고 있는 것은?

　① 외부 확장식　　　　　　② 외부 수축식

　③ 내부 확장식　　　　　　④ 내부 수축식

기중기의 드럼 클러치로는 내부 확장식이 사용되고 있다.

22. 엔진에서 발생한 회전동력을 바퀴까지 전달할 때 마지막으로 감속작용을 하는 것은?

　① 클러치　　　　　　　　② 트랜스미션

　③ 프로펠러샤프트　　　　④ 파이널드라이버기어

23. 타이어식 건설기계에서 앞바퀴 정렬의 역할과 거리가 먼 것은?

　① 브레이크의 수명을 길게 한다.

　② 타이어 마모를 최소로 한다.

　③ 방향 안정성을 준다.

　④ 조향핸들의 조작을 작은 힘으로 쉽게 할 수 있다.

앞바퀴 정렬은 조향장치이고 브레이크는 제동장치의 일부분이다.

24. 지게차 작업시 안전 수칙으로 틀린 것은?

　① 주차 시에는 포크를 완전히 지면에 내려야 한다.

　② 화물을 적재하고 경사지를 내려갈 때는 운전 시야 확보를 위해 전진으로 운행해야 한다.

　③ 포크를 이용하여 사람을 싣거나 들어 올리지 않아야 한다.

　④ 경사지를 오르거나 내려올 때는 급회전을 금해야 한다.

화물을 싣고 경사지를 내려갈 때에는 후진으로 운행하여야 한다.

25. 크롤러형 로더로 작업을 할 수 있는 것을 나열한 것이다. 해당이 없는 것은?

　① 수직 굴토작업　　　　　② 포장로 제거

　③ 제설작업　　　　　　　④ 골재의 처리작업

26. 토크컨버터 구성품 중 스테이터의 기능으로 옳은 것은?

　① 오일의 방향을 바꾸어 회전력을 증대시킨다.

　② 토크컨버터의 동력을 전달 또는 차단한다.

　③ 오일의 회전속도를 감속하여 견인력을 증대시킨다.

　④ 클러치판의 마찰력을 감소시킨다.

27. 건설기계등록번호표의 색칠 기준으로 틀린 것은?

　① 자가용 – 녹색 판에 흰색 문자

　② 영업용 – 주황색 판에 흰색 문자

　③ 관용 – 흰색 판에 검은색 문자

　④ 수입용 – 적색 판에 흰색 문자

28. 자동차에서 팔을 차체의 밖으로 내어 45° 밑으로 펴서 상하로 흔들고 있을 때의 신호는?

　① 서행신호　　　　　　　② 정지신호

　③ 주의신호　　　　　　　④ 앞지르기신호

29. 차로가 설치된 도로에서 통행방법 중 위반이 되는 것은?

　① 택시가 건설기계를 앞지르기 하였다.

　② 차로를 따라 통행하였다.

③ 경찰관의 지시에 따라 중앙 좌측으로 진행하였다.
④ 두 개의 차로에 걸쳐 운행하였다.

30. 교차로 통행방법 설명 중 틀린 것은?
① 교차로 내는 차선이 없으므로 진행방향을 임의로 바꿀 수 있다.
② 좌회전할 때에는 교차로 중심 안쪽으로 서행한다.
③ 교차로에서 직진하려는 차는 이미 교차로에 진입하여 좌회전
하고 있는 차의 진로를 방해할 수 없다.
④ 교차로에서 우회전할 때에는 서행하여야 한다.

교차로 내에서 진행방향을 바꾸면 사고의 직접적인 영향을 주며 다른 차량의 진로를
방해한다.

31. 도로교통법에 의한 통고처분의 수령을 거부하거나 범칙금을 기
간 안에 납부하지 못한 자는 어떻게 처리되는가?
① 면허의 효력이 정지된다.
② 면허증이 취소된다.
③ 연기신청을 한다.
④ 즉결 심판에 회부된다.

32. 신규 등록일 부터 5년 경과된 트럭적재식 천공기의 정기검사 유
효기간은?
① 6개월   ② 1년
③ 2년   ④ 3년

2년: 지게차(1톤 이상), 로더(타이어식), 모터그레이더, 천공기, 타워크레인

33. 건설기계관리법령상 건설기계의 총 종류 수는?
① 16종(15종 및 특수건설기계)
② 21종(20종 및 특수건설기계)
③ 27종(26종 및 특수건설기계)
④ 30종(27종 및 특수건설기계)

34. 폐기요청을 받은 건설기계를 폐기하지 아니하거나 등록번호표
를 폐기하지 아니한 자에 대한 벌칙은?(관련 규정 개정전 문제로 기존
정답은 2번이었으면 여기서는 2번을 누르면 정답 처리됩니다. 바뀐 규정은 해
설을 참조하세요.)
① 2년 이하의 징역 또는 1천만원 이하의 벌금
② 1년 이하의 징역 또는 3백만원 이하의 벌금
③ 2백만원 이하의 벌금
④ 1백만원 이하의 벌금

35. 주차 · 정차가 금지되어 있지 않은 장소는?
① 교차로   ② 건널목
③ 횡단보도   ④ 경사로의 정상부근

정·주차 금지장소
1) 절대금지
- 터널안 및 다리위
- 지방경찰청장이 지정한곳
2) 5m 이내
- 교차로의 가장자리
- 도로의 모퉁이 부근

3) 10m 이내
- 안전지대 사방의 각 부근
- 건널목 가장자리 또는 횡단보도
- 버스정류장 표시 기둥이나 판 또는 선이 설치된 부근

36. 다음 중 항발기를 조종할 수 있는 건설기계 조종사 면허는?(2012
년 3월 개정된 법령기준으로 답을 찾아주세요.)
① 천공기   ② 공기압축기
③ 횡단보도   ④ 스크레이퍼

37. 유압회로에서 유량제어를 통하여 작업속도를 조절하는 방식에
속하지 않는 것은?
① 미터 인(meter in) 방식
② 미터 아웃(meter out) 방식
③ 브리드 오프(bleed off) 방식
④ 브리드 온(bleed on) 방식

미터인(meter in 엑추에이터 입구쪽 관로에 설치한 유량제어밸브로 흐름을 제어하여 속도를 제어)
미터아웃(meter out 밖이라는 뜻으로 출구에서 제어)
브리드오프(bleed off 필요하지 않을때 회수)

38. 유압장치에 부착되어 있는 오일탱크의 부속장치가 아닌 것은?
① 주입구 캡   ② 유면계
③ 배플   ④ 피스톤 로드

피스톤 로드는 유압 실린더의 부속이다.

39. 밀폐된 용기에 채워진 유체의 일부에 압력을 가하면 유체 내의 모
든 곳에 같은 크기로 전달된다는 원리는?
① 파스칼의 원리   ② 베르누이의 원리
③ 보일샬의 원리   ④ 아르키메데스의 원리

40. 구동되는 기어펌프의 회전수가 변하였을 때 가장 적합한 설명
은?
① 오일의 유량이 변한다.
② 오일의 압력이 변한다.
③ 오일의 흐름 방향이 변한다.
④ 회전 경사판의 각도가 변한다.

기어펌프의 회전수가 변하였을 때는 오일의 유량이 변한다.

41. 유압장치에서 유압조정밸브의 조정방법은?
① 압력조절밸브가 열리도록 하면 유압이 높아진다.
② 밸브스프링의 장력이 커지면 유압이 낮아진다.
③ 조정 스크류를 조이면 유압이 높아진다.
④ 조정 스크류를 풀면 유압이 높아진다.

42. 축압기의 종류 중 공기 압축형이 아닌 것은?
① 스프링 하중식(spring loaded type)
② 피스톤식(piston type)
③ 다이어프램식(diaphragm type)
④ 블래더식(bladder type)

공기 압축형 축압기의 종류에는 피스톤 방식, 다이어프램 방식, 블래더 방식 등이 있다.

43. 유압모터의 단점에 해당 되지 않는 것은?
　① 작동유에 먼지나 공기가 침입하지 않도록 특히 보수에 주의해야 한다.
　② 작동유가 누출되면 작업 성능에 지장이 있다.
　③ 작동유의 점도변화에 의하여 유압모터의 사용에 제약이 있다.
　④ 릴리프 밸브를 부착하여 속도나 방향제어하기가 곤란하다.

44. 유압유의 온도가 과도하게 상승하였을 때 나타날 수 있는 현상과 관계없는 것은?
　① 유압유의 산화작용을 촉진한다.
　② 작동 불량 현상이 발생한다.
　③ 기계적인 마모가 발생할 수 있다.
　④ 유압기계의 작동이 원활해진다.
유압유의 온도가 과도하게 상승하면 유압유에 에어가 생기므로 유압기계의 작동이 원활하지 않는다.

45. 유압장치의 일상점검 항목이 아닌 것은?
　① 오일의 양 점검　　　② 변질상태 점검
　③ 오일의 누유 여부 점검　　　④ 탱크 내부 점검

46. 방향전환 밸브의 조작 방식에서 단동 솔레노이드 기호는?
　① 　　②
　③ 　　④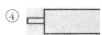

47. 안전?보건표지의 종류와 형태에서 그림의 안전 표지판이 나타내는 것은?

　① 사용금지　　　② 탑승금지
　③ 보행금지　　　④ 물체이동금지

48. 크레인 작업 방법 중 적합하지 않은 것은?
　① 경우에 따라서는 수직 방향으로 달아 올린다.
　② 신호수의 신호에 따라 작업한다.
　③ 제한하중 이상의 것은 달아 올리지 않는다.
　④ 항상 수평으로 달아 올려야 한다.
인양 물체의 중심이 높으면 물체가 기울거나 와이어로프나 매달기용 체인이 벗겨질 우려가 있으므로 중심은 될 수 있는 한 낮게 하여 매달도록 하여야 한다. 그러므로 항상 수평으로 달아 올리는 것은 바람직하지 못하다.

49. 높은 곳에 출입할 때는 안전장구를 착용하여야 하는데 안전대용 로프의 구비조건에 해당 되지 않는 것은?
　① 충격 및 인장 강도에 강할 것
　② 내마모성이 높을 것
　③ 내열성이 높을 것
　④ 완충성이 적고, 매끄러울 것
매끄러울 경우 안전상의 문제가 발생할수 있다.

50. 다음 중 크레인을 이용한 작업방법 중 안전기준에 해당하지 않

는 것은?
　① 급회전하지 않는다.
　② 작업 중 시계가 양호한 방향으로 선회한다.
　③ 작업 중인 크레인의 작업 반경 내에 접근하지 않는다.
　④ 크레인을 이용하여 화물을 운반할 때 붐의 각도는 20도 이하 또는 78도 이상으로 하여 작업 한다.
크레인을 이용한 작업중 안전기준은 (급회전하지 않는다. 작업 중 시계가 양호한 방향으로 선회한다. 작업 중인 크레인의 작업 반경 내에 접근하지 않는다.)

51. 다음 중 안전의 제일 이념에 해당하는 것은?
　① 품질 향상　　　② 재산 보호
　③ 인간 존중　　　④ 생산성 향상
안전관리란 재해로부터 인간의 생명과 재산을 보존하기 위한 계획적이고 체계적인 제반 활동을 의미한다.

52. 연삭 작업시 반드시 착용해야 하는 보호구는?
　① 방독면　　　② 장갑
　③ 보안경　　　④ 마스크
연삭 작업시 튀어나오는 작은 이물 질로부터 눈을 보호하기 위해 보안경을 착용해야 한다.

53. 감전되거나 전기화상을 입을 위험이 있는 작업에서 제일 먼저 작업자가 구비해야 할 것은?
　① 완강기　　　② 구급차
　③ 보호구　　　④ 신호기

54. 유해광선이 있는 작업장에 보호구로 가장 적절한 것은?
　① 보안경　　　② 안전모
　③ 귀마개　　　④ 방독마스크
유해광선으로부터 눈을 보호하기 위해 보안경을 착용한다.

55. 일반 수공구 사용시 주의사항으로 틀린 것은?
　① 용도 이외에는 사용하지 않는다.
　② 사용 후에는 정해진 장소에 보관한다.
　③ 수공구는 손에 잘 잡고 떨어지지 않게 작업한다.
　④ 볼트 및 너트의 조임에 파이프렌치를 사용한다.

56. 추락 위험이 있는 장소에서 작업할 때 안전관리 상 어떻게 하는 것이 가장 좋은가?
　① 안전띠 또는 로프를 사용한다.
　② 일반 공구를 사용한다.
　③ 이동식 사다리를 사용하여야 한다.
　④ 고정식 사다리를 사용하여야 한다.
안전띠나 로프를 사용하여 추락 위험을 방지할수 있다.

57. 도로 굴착시 황색의 도시가스 보호포가 나왔다. 매설된 도시가스 배관의 압력은?
　① 고압　　　② 중압
　③ 저압　　　④ 초고압
황색의 도시가스 보호포는 저압을 의미한다.

58. 지중전선로 중에 직접 매설식에 의하여 시설 할 경우에는 토관이 깊이를 최소 몇 m 이상으로 하여야 하는가? (단, 차량 및 기타 중량물의 압력을 받을 우려는 없는 장소)

① 0.6m
② 0.9m
③ 1.0m
④ 1.2m

59. 가스배관과 수평거리 몇 cm 이내에서는 파일박기를 할 수 없도록 도시가스 사업법에 규정되어 있는가?

① 30
② 60
③ 90
④ 120

가스 배관과 수평거리 30cm 이내 에서는 파일박기를 할 수 없다.

60. 굴착장비를 이용하여 도로 굴착작업 중 "고압선 위험"표지시트가 발견되었다. 다음 중 맞는 것은?

① 표지시트 좌측에 전력케이블이 묻혀 있다.
② 표지시트 우측에 전력케이블이 묻혀 있다.
③ 표지시트와 직각방향에 전력케이블이 묻혀 있다.
④ 표지시트 지하에 전력케이블이 묻혀 있다.

1	2	3	4	5	6	7	8	9	10
③	③	④	①	④	②	④	①	①	②
11	12	13	14	15	16	17	18	19	20
②	①	③	①	③	④	③	①	④	④
21	22	23	24	25	26	27	28	29	30
③	④	①	②	①	①	④	①	④	①
31	32	33	34	35	36	37	38	39	40
④	③	③	②	④	①	④	④	①	①
41	42	43	44	45	46	47	48	49	50
③	①	④	④	④	①	④	④	④	④
51	52	53	54	55	56	57	58	59	60
③	③	③	①	④	①	③	①	①	④

1. 기관의 냉각팬에 대한 설명 중 틀린 것은?
   ① 유체 커플링식은 냉각수의 온도에 따라서 작동된다.
   ② 전동팬은 냉각수의 온도에 따라 작동된다.
   ③ 전동팬이 작동되지 않을 때는 물 펌프도 회전하지 않는다.
   ④ 전동팬의 작동과 관계없이 물 펌프는 항상 회전한다.

   전동팬이 작동되지 않아도 물펌프는 팬벨트에 의해서 작동한다.

2. 기관 과열의 주요 원인이 아닌 것은?
   ① 라디에이터 코어의 막힘
   ② 냉각장치 내부의 물때 과다
   ③ 냉각수의 부족
   ④ 엔진 오일량 과다

   기관 과열 원인 : 냉각수 양이 부족할 때, 물재킷 내의 물때가 많을 때, 물 펌프의 회전이 느릴 때, 수온조절기가 닫힌 상태로 고장났을 때, 분사 시기가 부적당할 때, 라디에이터 코어가 20% 이상 막혔을 때

3. 다음 중 연소 시 발생하는 질소산화물(NOx)의 발생 원인과 가장 밀접한 관계가 있는 것은?
   ① 높은 연소 온도
   ② 가속 불량
   ③ 흡입 공기 부족
   ④ 소염 경계층

4. 디젤기관에서 시동이 되지 않는 원인으로 맞는 것은?
   ① 연료공급 펌프의 연료공급 압력이 높다.
   ② 가속 페달을 밟고 시동하였다.
   ③ 배터리 방전으로 교체가 필요한 상태이다.
   ④ 크랭크축 회전속도가 빠르다.

   배터리가 방전되면 스타트모터를 구동할수가 없어 시동이 되지 않는다.

5. 디젤기관에서 사용하는 분사노즐의 종류에 속하지 않는 것은?
   ① 핀틀(pintle)형
   ② 스로틀(throttle)형
   ③ 홀(hole)형
   ④ 싱글 포인트(single point)형

6. 디젤기관에서 부조 발생의 원인이 아닌 것은?
   ① 발전기 고장
   ② 거버너 작용 불량
   ③ 분사시기 조정 불량
   ④ 연료의 압송 불량

   발전기는 배터리를 충전해주는 역할을 한다.

7. 디젤기관에서 연료장치 공기빼기 순서가 바른 것은?
   ① 공급펌프 → 연료여과기 → 분사펌프
   ② 공급펌프 → 분사펌프 → 연료여과기
   ③ 연료여과기 → 공급펌프 → 분사펌프
   ④ 연료여과기 → 분사펌프 → 공급펌프

8. 운전 중인 기관의 에어클리너가 막혔을 때 나타나는 현상으로 맞는 것은?
   ① 배출가스 색은 검고, 출력은 저하한다.
   ② 배출가스 색은 희고, 출력은 정상이다.
   ③ 배출가스 색은 청백색이고, 출력은 증가된다.
   ④ 배출가스 색은 무색이고, 출력은 무관하다.

9. 엔진의 윤활유 소비량이 과다해지는 가장 큰 원인은?
   ① 기관의 과냉
   ② 피스톤 링 마멸
   ③ 오일 여과기 필터 불량
   ④ 냉각펌프 손상

   피스톤 링이 마멸되면 윤활유 소비량이 과다해지고 배기가스 색깔은 짙은하얀색으로 변한다.

10. 흡·배기 밸브의 구비조건이 아닌 것은?
    ① 열전도율이 좋을 것
    ② 열에 대한 팽창율이 적을 것
    ③ 열에 대한 저항력이 작을 것
    ④ 가스에 견디고, 고온에 잘 견딜 것

    흡, 배기 밸브의 구비 조건 : 열전도율이 좋을 것, 열에 대한 팽창률이 작을 것, 열에 대한 저항력이 클 것, 가스에 견딜 것, 고온에 잘 견딜 것, 무게가 가벼울 것

11. 일반적으로 기관에 많이 사용되는 윤활 방법은?
    ① 수 급유식
    ② 적하 급유식
    ③ 압송 급유식
    ④ 분무 급유식

    압송 급유식: 오일펌프로 각 윤활 부분에 공급하는 것으로 가장 많이 사용된다.

12. 기관 실린더(cylinder) 벽에서 마멸이 가장 크게 발생하는 부위는?
    ① 상사점 부근
    ② 하사점 부근
    ③ 중간 부분
    ④ 하사점 이하

    상사점 부근에서 피스톤이 폭발하므로 마멸이 가장크게 발생한다.

13. 기동 전동기의 시험 항목으로 맞지 않는 것은?
    ① 무부하 시험
    ② 회전력 시험
    ③ 저항 시험
    ④ 중부하 시험

    기동 전동기의 시험 항목으로는 저항시험, 회전력시험, 무부하시험이 있다.

14. 전압 조정기의 종류에 해당하지 않는 것은?
    ① 접점식
    ② 카본파일식
    ③ 트랜지스터식
    ④ 저항식

    전압 조정기의 종류에는 접점식, 카본파일식, 트랜지스터식이 있다.

15. 예열플러그를 빼서 보았더니 심하게 오염되어있다. 그 원인으로 가장 적합한 것은?
    ① 불완전 연소 또는 노킹
    ② 엔진 과열
    ③ 플러그의 용량 과다
    ④ 냉각수 부족

    불완전 연소 또는 노킹일어나면 미연소된 연료나 배기가스에 의해 예열플러그가 심하게 오염된다.

16. 충전 중 갑자기 계기판에 충전 경고등이 점등되었다. 그 현상으로 맞는 것은?
    ① 정상적으로 충전이 되고 있음을 나타낸다.

② 충전이 되지 않고 있음을 나타낸다.

③ 충전계통에 이상이 없음을 나타낸다.

④ 주기적으로 점등되었다가 소등되는 것이다.

전기장치의 정상작동 여부를 위하여 충전경고등 점등상태를확인하여 충전 상태를 파악할 수 있다.

17. 납산 축전지가 방전되어 급속 충전을 할 때의 설명으로 틀린 것은?

① 충전 중 전해액의 온도가 45℃가 넘지 않도록 한다.

② 충전 중 가스가 많이 발생되면 충전을 중단한다.

③ 충전전류는 축전지 용량과 같게 한다.

④ 충전시간은 가능한 짧게 한다.

급속 충전

충전 전류는 축전지 용량의 1/2로 시간적 여유가 없고 긴급할 때 하는 충전하는 방법으로 주의 사항은 다음과 같다.

① 충전 중 전해액의 온도를 45℃이상 올리지 말 것

② 차에 설치한 상태에서 급속 충전을 할 경우 발전기의 다이오드 보호를 위해 축전지 (+)단자를 떼어 놓을 것

③ 급속 충전은 통풍이 잘 되는 곳에서 실시한다.

④ 충전 시간을 가능한 한 짧게 한다.

18. 건설기계에 사용하는 축전지 2개를 직렬로 연결하였을 때 변화되는 것은?

① 전압이 증가된다.　　② 사용 전류가 증가된다.

③ 비중이 증가된다.　　④ 전압 및 이용 전류가 증가된다.

축전지를 직렬로 접속하면 전압이 상승하고, 병렬로 접속하면 전류가 상승한다.

19. 지게차 작업장치의 동력전달 기구가 아닌 것은?

① 리프터 체인　　　　② 틸트 실린더

③ 리프트 실린더　　　④ 트랜치호

20. 운전 중 클러치가 미끄러질 때의 영향이 아닌 것은?

① 속도 감소　　　　　② 견인력 감소

③ 연료소비량 증가　　④ 엔진의 과냉

엔진의 과냉은 냉각부품의 일부인 썰머스탯이 열린상태로 고착 되었을때 엔진이 과냉 현상이 발생한다.

21. 무한궤도식 굴삭기와 타이어식 굴삭기의 운전 특성에 대한 설명으로 틀린 것은?

① 무한궤도식은 기복이 심한 곳에서 작업이 불리하다.

② 타이어식은 변속 및 주행 속도가 빠르다.

③ 무한궤도식은 습지, 사지에서 작업이 유리하다.

④ 타이어식은 장거리 이동이 쉽고 기동성이 양호하다.

22. 휠 로더의 붐과 버킷 레버를 동시에 당기면 작동은?

① 붐만 상승한다.

② 버킷만 오무려 진다.

③ 붐은 상승하고 버킷은 오무려 진다.

④ 작동이 안 된다.

23. 파워스티어링에서 핸들이 매우 무거워 조작하기 힘든 상태일 때

의 원인으로 맞는 것은?

① 바퀴가 습지에 있다.

② 조향 펌프에 오일이 부족하다.

③ 볼 조인트의 교환시기가 되었다.

④ 핸들 유격이 크다.

파워스티어링은 유압으로 작동을 하기때문에 조향펌프에 오일이 부족하면 파워스티어링이 무거워진다.

24. 진공식 제동 배력 장치의 설명 중에서 옳은 것은?

① 진공 밸브가 새면 브레이크가 전혀 듣지 않는다.

② 릴레이 밸브의 다이어프램이 파손되면 브레이크가 듣지 않는다.

③ 릴레이 밸브 피스톤 컵이 파손되어도 브레이크는 듣는다.

④ 하이드로릭 피스톤의 체크 볼이 밀착 불량이면 브레이크가 듣지 않는다.

진공 제동 배력장치(하이드로 백)는 흡기다기관 진공과 대기압과의 차이를 이용한 것이므로 배력장치에 고장이 발생하여도 일반적인 유압 브레이크로작동할 수 있도록 하고 있다.

25. 일반적으로 기중기 작업시 붐의 최대와 최소 제한각도로 가장 적합한 것은?

① 최대 20°, 최소 30°　　　　② 최대 78°, 최소 20°

③ 최대 78°, 최소 55°　　　　④ 최대 180°, 최소 20°

26. 자동변속기가 장착된 건설기계의 모든 변속단에서 출력이 떨어질 경우 점검해야 할 항목과 거리가 먼 것은?

① 오일의 부족　　　　　　② 토크컨버터 고장

③ 엔진고장으로 출력 부족　④ 추진축 휨

추진축이 휘어지면 건설기계 이동시에 차량의 진동이 생긴다.

27. 건설기계를 산(매수 한) 사람이 등록사항변경(소유권 이전) 신고를 하지 않아 등록사항 변경신고를 독촉하였으나 이를 이행하지 않을 경우 판(매도 한) 사람이 할 수 있는 조치로서 가장 적합한 것은?

① 소유권 이전 신고를 조속히 하도록 매수 한 사람에게 재차 독촉한다.

② 매도 한 사람이 직접 소유권 이전 신고를 한다.

③ 소유권 이전 신고를 조속히 하도록 소송을 제기한다.

④ 아무런 조치도 할 수 없다.

28. 덤프트럭이 건설기계 검사소 검사가 아닌 출장검사를 받을 수 있는 경우는?

① 너비가 3m인 경우

② 최고 속도가 40km/h인 경우

③ 자체중량이 25톤인 경우

④ 축중이 5톤인 경우

출장검사가 허용되는 경우

• 도서지역에 있는 경우

• 자체중량이 40톤을 초과하거나 축중이 10톤을 초과하는 경우

• 너비가 2.5m를 초과하는 경우

• 최고속도가 시간당 35km 미만인 경우

29. 노면이 얼어붙은 경우 또는 폭설로 가시거리가 100미터 이내인 경우 최고속도의 얼마나 감속 운행하여야 하는가?

① 50/100
② 30/100
③ 40/100
④ 20/100

최고 속도의 50%를 감속하여 운행하여야 할 경우 : 노면이 얼어붙은 때, 폭우/폭설/안개 등으로 가시거리가 100미터 이내일 때, 눈이 20mm 이상 쌓인 때

30. 다음 그림의 교통안전표지는 무엇인가?

① 차간거리 최저 50m이다.
② 차간거리 최고 50m이다.
③ 최저속도 제한표지이다.
④ 최고속도 제한표지이다.

31. 등록건설기계의 기종별 표시방법으로 옳은 것은?

① 01 : 불도저
② 02 : 모터그레이더
③ 03 : 지게차
④ 04 : 덤프트럭

32. 편도 4차로 일반도로의 경우 교차로 30m 전방에서 우회전을 하려면 몇 차로로 진입 통행해야 하는가?

① 1차로로 통행한다.
② 2차로와 1차로로 통행한다.
③ 4차로로 통행한다.
④ 3차로만 통행 가능하다.

33. 정차 및 주차금지 장소에 해당 되는 것은?

① 건널목 가장자리로부터 15m 지점
② 정류장 표지판으로부터 12m 지점
③ 도로의 모퉁이로부터 4m 지점
④ 교차로 가장자리로부터 10m 지점

34. 특별 표지판을 부착하여야 할 건설기계의 범위에 해당하지 않는 것은?

① 높이가 5미터인 건설기계
② 총중량이 50톤인 건설기계
③ 길이가 16미터인 건설기계
④ 최소회전반경이 13미터인 건설기계

특별표지판 부착대상 대형 건설기계
• 길이가 16.7m를 초과하는 건설기계

35. 현장에 경찰 공무원이 없는 장소에서 인명사고와 물건의 손괴를 입힌 교통사고가 발생하였을 때 가장 먼저 취할 조치는?

① 손괴한 물건 및 손괴 정도를 파악한다.
② 즉시 피해자 가족에게 알리고 합의한다.
③ 즉시 사상자를 구호하고 경찰 공무원에게 신고한다.
④ 승무원에게 사상자를 알리게 하고 회사에 알린다.

차의 운전 등 교통으로 인하여 사람을 사상하거나 물건을 손괴한 경우에는 그차의 운전자나 그 밖의 승무원은 즉시 정차하여 사상자를 구호하는 등 필요한조치를 하여야 한다.

36. 3톤 미만 지게차의 소형건설기계 조종 교육시간은?

① 이론 6시간, 실습 6시간
② 이론 4시간, 실습 8시간
③ 이론 12시간, 실습 12시간
④ 이론 10시간, 실습 14시간

37. 건설기계에 사용되는 유압 실린더 작용은 어떠한 것을 응용한 것인가?

① 베르누이의 정리
② 파스칼의 정리
③ 지렛대의 원리
④ 후크의 법칙

38. 공유압 기호 중 그림이 나타내는 것은?

① 유압동력원
② 공기압동력원
③ 전동기
④ 원동기

39. 작동형, 평형피스톤형 등의 종류가 있으며 회로의 압력을 일정하게 유지시키는 밸브는?

① 릴리프 밸브
② 메이크업 밸브
③ 시퀀스 밸브
④ 무부하 밸브

릴리프 밸브는 회로의 압력을 일정하게 유지시켜준다.

40. 유압 실린더는 유체의 힘을 어떤 운동으로 바꾸는가?

① 회전 운동
② 직선 운동
③ 곡선 운동
④ 비틀림 운동

유압실린더는 유체의 힘을 직선운동으로 바꾸어준다.

41. 유압 작동유의 점도가 너무 높을 때 발생되는 현상으로 맞는 것은?

① 동력 손실의 증가
② 내부 누설의 증가
③ 펌프 효율의 증가
④ 마찰 마모 감소

42. 일반적으로 오일탱크의 구성품이 아닌 것은?

① 스트레이너
② 배플
③ 드레인플러그
④ 압력조절기

압력 조절기는 유압라인이나 연료라인의 구성품이다.

43. 다음 중 액추에이터의 입구 쪽 관로에 설치한 유량제어밸브로 흐름을 제어하여 속도를 제어하는 회로는?

① 시스템 회로(system circuit)
② 블리드오프 회로(bled-off circuit)
③ 미터인 회로(meter-in circuit)
④ 미터아웃 회로(meter-out circuit)

44. 유압장치의 구성요소가 아닌 것은?

① 유니버셜 조인트
② 오일탱크
③ 펌프
④ 제어밸브

유니버셜 조인트는 동력전달 장치의 구성요소이다.

45. 다음 그림과 같이 안쪽은 내·외측 로터로 바깥쪽은 하우징으로 구성되어 있는 오일펌프는?

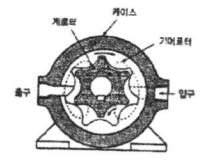

① 기어 펌프
② 베인 펌프
③ 트로코이드 펌프
④ 피스톤 펌프

46. 유압에너지를 공급받아 회전운동을 하는 기기를 무엇이라 하는가?

① 펌프
② 모터
③ 밸브
④ 롤러 리미트

모터는 유압에너지를 공급받아 회전운동을 한다.

47. 볼트 등을 조일 때 조이는 힘을 측정하기 위하여 쓰는 렌치는?

① 복스 렌치
② 오픈엔드 렌치
③ 소켓 렌치
④ 토크 렌치

토크렌치는 정확한 힘을 측정하여 힘의 크기만큼 볼트나 너트를 조일수있다.

48. 크레인으로 무거운 물건을 위로 달아 올릴 때 주의할 점이 아닌 것은?

① 달아 올릴 화물의 무게를 파악하여 제한하중 이하에서 작업한다.
② 매달린 화물이 불안전하다고 생각될 때는 작업을 중지한다.
③ 신호의 규정이 없으므로 작업자가 적절히 한다.
④ 신호자의 신호에 따라 작업한다.

49. 전기장치의 퓨즈가 끊어져서 다시 새것으로 교체하였으나 또 끊어졌다면 어떤 조치가 가장 옳은가?

① 계속 교체한다.
② 용량이 큰 것으로 갈아 끼운다.
③ 구리선이나 납선으로 바꾼다.
④ 전기장치의 고장개소를 찾아 수리한다.

전기장치의 퓨즈가 계속해서 끊어진다면 전기장치의 합선으로 전기장치의 고장개소를 찾아 수리한다.

50. 산업안전보건표지에서 그림이 나타내는 것은?

① 비상구 없음 표지
② 방사선 위험 표지
③ 탑승금지 표지
④ 보행금지 표지

51. 가동하고 있는 엔진에서 화재가 발생하였다. 불을 끄기 위한 조치 방법으로 가장 올바른 것은?

① 원인분석을 하고 모래를 뿌린다.
② 포말 소화기를 사용 후 엔진 시동스위치를 끈다.
③ 엔진 시동스위치를 끄고 ABC 소화기를 사용한다.
④ 엔진을 급가속하여 팬의 강한 바람을 일으켜 불을 끈다.

52. 동력 전달장치에서 가장 재해가 많이 발생하는 것은?

① 차축
② 기어
③ 피스톤
④ 벨트

53. 크레인으로 인양 시 물체의 중심을 측정하여 인양하여야 한다. 다음 중 잘못된 것은?

① 형상이 복잡한 물체의 무게 중심을 확인한다.
② 인양 물체를 서서히 올려 지상 약 30cm지점에서 정지하여 확인한다.
③ 인양 물체의 중심이 높으면 물체가 기울 수 있다.
④ 와이어로프나 매달기용 체인이 벗겨질 우려가 있으면 되도록 높이 인양한다.

54. 구급처치 중에서 환자의 상태를 확인하는 사항과 가장 거리가 먼 것은?

① 의식
② 상처
③ 출혈
④ 격리

55. 작업장에서 전기가 예고 없이 정전 되었을 경우 전기로 작동하던 기계기구의 조치방법으로 틀린 것은?

① 즉시 스위치를 끈다.
② 안전을 위해 작업장을 정리해 놓는다.
③ 퓨즈의 단선 유, 무를 검사한다.
④ 전기가 들어오는 것을 알기 위해 스위치를 켜둔다.

스위치를 켜두면 화재나 감전이 발생할수있다.

56. 복스 렌치가 오픈 렌치보다 많이 사용되는 이유는?

① 값이 싸며 적은 힘으로 작업할 수 있다.
② 가볍고 사용하는데 양손으로도 사용할 수 있다.
③ 파이프 피팅 조임 등 작업용도가 다양하여 많이 사용된다.
④ 볼트, 너트 주위를 완전히 감싸게 되어 사용 중에 미끄러지지 않는다.

57. 다음 중 한국전력의 송전선로 전압으로 맞는 것은?

① 6.6kV
② 22.9kV
③ 345kV
④ 0.6kV

58. 일반 도시가스 사업자의 지하배관 설치시 도로폭 8m 이상인 도로에서는 관련법상 어느 정도의 깊이에 배관이 설치되어 있는가?

① 1.5m 이상
② 1.2m 이상
③ 1.0m 이상
④ 0.6m 이상

차량 및 기타 중량물의 압력을 받을 우려는 없는 장소는 1.2m이상이다.

59. 도시가스사업법에서 압축가스일 경우 중압이라 함은 얼마의 압력을 말하는가?

① 0.1MPa ~ 1MPa 미만
② 0.02MPa ~ 1MPa 미만
③ 1MPa ~ 10MPa 미만
④ 10MPa ~ 100MPa 미만

60. 굴착도중 전력케이블 표지시트가 나왔을 경우의 조치사항으로 적합한 것은?

① 표지시트를 제거하고 계속 굴착한다.

② 표지시트를 제거하고 보호판이나 케이블이 확인될 때 까지 굴착한다.

③ 즉시 굴착을 중지하고 해당 시설 관련기관에 연락한다.

④ 표지시트를 원상태로 다시 덮고 인근 부위를 재 굴착한다.

1	2	3	4	5	6	7	8	9	10
③	④	①	③	④	①	①	①	②	③
11	12	13	14	15	16	17	18	19	20
③	①	④	④	①	②	③	①	④	④
21	22	23	24	25	26	27	28	29	30
①	③	②	③	②	④	②	①	①	④
31	32	33	34	35	36	37	38	39	40
①	③	③	③	③	①	②	①	①	②
41	42	43	44	45	46	47	48	49	50
①	④	③	①	③	②	④	③	④	④
51	52	53	54	55	56	57	58	59	60
③	④	④	④	④	④	③	②	①	③

147

최근 기출문제 5

1. 기관에서 피스톤의 행정이란?
   ① 피스톤의 길이
   ② 실린더 벽의 상하 길이
   ③ 상사점과 하사점과의 총 면적
   ④ 상사점과 하사점과의 거리

피스톤이 상사점에서 하사점까지의 간격을 왕복할 때, 상승 또는 하강하는 편도의 거리를 행정(行程)이라고 하며, 크랭크축은 180도 회전한다.

2. 압력식 라디에이터 캡에 있는 밸브는?
   ① 입력 밸브와 진공 밸브
   ② 압력 밸브와 진공 밸브
   ③ 입구 밸브와 출구 밸브
   ④ 압력 밸브와 메인 밸브

라디에이터의 압력밸브는 냉각수 비등점을 올려주는 작용을 하고, 진공밸브는 부압상태에서 열려 내부를 대기압과 같게 한다.

3. 오일펌프에서 펌프량이 적거나 유압이 낮은 원인이 아닌 것은?
   ① 오일탱크에 오일이 너무 많을 때
   ② 펌프 흡입라인(여과망) 막힘이 있을 때
   ③ 기어와 펌프 내벽 사이 간격이 클 때
   ④ 기어 옆 부분과 펌프 내벽 사이 간격이 클 때

오일량이 부족하면 유압이 낮아지는 원인이 된다.

4. 라디에이터 캡의 스프링이 파손되는 경우 발생하는 현상은?
   ① 냉각수 비등점이 높아진다.
   ② 냉각수 순환이 불량해진다.
   ③ 냉각수 순환이 빨라진다.
   ④ 냉각수 비등점이 낮아진다.

라디에이터 캡의 스프링이 파손되면 라디에이터 내의 압력이 낮아져서 비등점이 낮아진다.

5. 엔진오일의 작용에 해당되지 않는 것은?
   ① 오일제거작용
   ② 냉각작용
   ③ 응력분산작용
   ④ 방청작용

오일의 역할: 감마(마찰 감소 및 마멸 방지)작용, 밀봉작용, 냉각작용, 세척작용, 응력분산작용, 방청작용

6. 기관에 작동중인 엔진오일에 가장 많이 포함되는 이물질은?
   ① 유입먼지
   ② 금속분말
   ③ 산화물
   ④ 카본(carbon)

엔진오일은 열분해에 의해 발생한 카본입자 및 마모에 의해 생긴 금속가루 등의 미세한 이물질을 씻어낸다.

7. 실린더의 내경이 행정보다 작은 기관을 무엇이라고 하는가?
   ① 스퀘어 기관
   ② 단행정 기관
   ③ 장행정 기관
   ④ 정방행정 기관

행정과 지름(내경)
 - 장행정기관: 실린더 내경 < 피스톤 행정
 - 단행정 엔진: 실린더 내경 > 피스톤 행정
 - 정방행정 엔진: 실린더 내경 = 피스톤 행정

8. 유압식 밸브 리프터의 장점이 아닌 것은?
   ① 밸브 간극은 자동으로 조절된다.
   ② 밸브 개폐시기가 정확하다.
   ③ 밸브 구조가 간단하다.
   ④ 밸브 기구의 내구성이 좋다.

유압식 밸브 리프터는 오일회로 또는 오일펌프에 고장이 발생하면 작동이 불량하고, 구조가 복잡하다는 단점이 있다.

9. 디젤기관의 노크 방지 방법으로 틀린 것은?
   ① 세탄가가 높은 연료를 사용한다.
   ② 압축비를 높게 한다.
   ③ 흡기압력을 높게 한다.
   ④ 실린더 벽의 온도를 낮춘다.

10. 다음 중 내연기관의 구비 조건으로 틀린 것은?
   ① 단위 중량 당 출력이 적을 것
   ② 열 효율이 높을 것
   ③ 저속에서 회전력이 작을 것
   ④ 점검 및 정비가 쉬울 것

내연기관은 단위 중량당 출력이 크고, 출력의 변화에 대한 적응력이 좋아야한다.

11. 디젤기관 연료장치의 구성품이 아닌 것은?
   ① 예열플러그
   ② 분사노즐
   ③ 연료공급펌프
   ④ 연료여과기

예열 플러그는 디젤 기관에서 흡입되는 공기가 차가울 때 시동을 쉽게 하기 위해 공기를 가열해 주는 장치이다.

12. 피스톤과 실린더 사이의 간극이 너무 클 때 일어나는 현상은?
   ① 실린더의 소결
   ② 압축 압력 증가
   ③ 기관 출력 향상
   ④ 윤활유 소비량 증대

피스톤과 실린더 사이의 간극이 너무 클 때
 - 엔진오일이 연소실로 유입(윤활유 소비량 증대)

- 압축 압력 저하
- 엔진 출력 저하
- 시동 성능 저하

13. 기동전동기의 전기자 코일을 시험하는데 사용되는 시험기는?
　① 전류계 시험기
　② 전압계 시험기
　③ 그로울러 시험기
　④ 저항 시험기

그로울러 시험기는 전기자 주위에 자계를 형성하는 공구로 전기자의 단선, 접지, 단락 시험에 사용된다.

14. 축전지의 용량을 결정짓는 인자가 아닌 것은?
　① 셀 당 극판수
　② 극판의 크기
　③ 단자의 크기
　④ 전해액의 양

축전지의 용량은 극판의 크기, 극판의 수 및 황산(전해액)의 양에 의해 결정된다.

15. 종합경보장치인 에탁스(ETACS)의 기능으로 가장 거리가 먼 것은?
　① 간헐 와이퍼 제어기능
　② 뒤 유리 열선 제어기능
　③ 감광 룸 램프 제어기능
　④ 메모리 파워시트 제어기능

에탁스는 각종 시간 기능과 경보 기능을 마이크로컴퓨터로 제어하여 행하는 시스템으로 보기 중①,③,③항 외에도 와서 연동 와이퍼, 라이팅 모니터, 시동 키 삽입 상태에서의 도어 잠김방지, 시동 키 홀 조명, 운전석 도어 키 실린더 조명, 시트 벨트 경고, 센터 도어 로크, 반 도어 경보, 자동 도어로크 등의 기능을 지원한다.

16. 디젤기관의 전기장치에 없는 것은?
　① 스파크플러그
　② 글로우플러그
　③ 축전지
　④ 솔레노이드 스위치

스파크플러그는 가솔린기관에서 사용되는 전기 점화장치이다. 디젤기관의 경우 실린더 속으로 공기를 흡입하여 높은 압축비로 압축된 고온 고압의 공기 중에 연료를 분사함으로써 자연발화하여 연소가 이루어진다.

17. AC발전기에서 전류가 발생되는 곳은?
　① 여자 코일
　② 레귤레이터
　③ 스테이터 코일
　④ 계자 코일

교류(AC) 발전기의 스테이터 코일은 직류(DC) 발전기의 전기자(아마추어)에 해당되는 것으로 전류를 발생시킨다.

18. 건설기계 기관에 사용되는 축전지의 가장 중요한 역할은?
　① 주행 중 점화장치에 전류를 공급한다.
　② 주행 중 등화장치에 전류를 공급한다.
　③ 주행 중 발생하는 전기부하를 담당한다.
　④ 기동장치의 전기적 부하를 담당한다.

축전지는 전기적인 에너지를 화학적인 에너지로 바꾸어 저장하고, 다시 필요에 따라 전기적인 에너지로 바꾸어 공급할 수 있는 기능을 갖고 있는 것으로 기동장치의 전기적 부하를 담당한다.

19. 지게차로 화물을 싣고 경사지에서 주행할 때 안전상 올바른 운전방법은?
　① 포크를 높이 들고 주행한다.
　② 내려갈 때에는 저속 후진한다.
　③ 내려갈 때에는 변속 레버를 중립에 놓고 주행한다.
　④ 내려갈 때에는 시동을 끄고 타력으로 주행한다.

화물 운반 시 내리막길에서는 후진, 오르막길에서는 전진으로 운행하여야 하며, 이동 시 지면에서 포크는 20~30cm 정도 올린다.

20. 타이어식 건설기계의 휠얼라인먼트에서 토인의 필요성이 아닌 것은?
　① 조향바퀴의 방향성을 준다.
　② 타이어의 이상마멸을 방지한다.
　③ 조향바퀴를 평행하게 회전시킨다.
　④ 바퀴가 옆방향으로 미끄러지는 것을 방지한다.

조향바퀴에 방향성을 주는 것은 캐스터이다.

21. 지게차의 일반적인 조향방식은?
　① 앞바퀴 조향방식이다.
　② 허리꺾기 조향방식이다.
　③ 작업조건에 따라 바꿀 수 있다.
　④ 뒷바퀴 조향방식이다.

22. 클러치의 필요성으로 틀린 것은?
　① 전 · 후진을 위해
　② 관성운동을 하기 위해
　③ 기어 변속 시 기관의 동력을 차단하기 위해
　④ 기관 시동 시 기관을 무부하 상태로 하기 위해

클러치는 기관에서 발생된 동력을 변속기로 전달 또는 차단하는 것으로 변속기와 기관 사이에 설치된다.

23. 타이어식 건설기계에서 전 · 후 주행이 되지 않을 때 점검 하여야 할 곳으로 틀린 것은?
　① 타이로드 엔드를 점검 한다.
　② 변속 장치를 점검한다.
　③ 유니버셜 조인트를 점검한다.
　④ 주차 브레이크 잠김 여부를 점검한다.

타이로드(tie rod)와 타이로드 엔드(tie rod end)는 타이어식 건설기계에서 기계식 조향 기구의 구성품이다.

24. 지게차로 적재작업을 할 때 유의사항으로 틀린 것은?
　① 운반하려고 하는 화물 가까이 가면 속도를 줄인다.
　② 화물 앞에서 일단 정지한다.
　③ 화물이 무너지거나 파손 등의 위험성 여부를 확인 한다.
　④ 화물을 높이 들어 올려 아랫부분을 확인하며 천천히 출발한다.

화물이 낙하할 위험성이 높으므로 화물의 아랫부분에서 사람이 있으면 안 되며, 또한 확인하기 위해 화물을 높이 들어올리는 행위도 위험하다.

25. 타이어식 건설기계에서 조향 바퀴의 토인을 조정하는 것은?
① 핸들
② 타이로드
③ 워엄기어
④ 드래그링크

타이로드(tie rod)는 타이어식 건설기계에서 조향 바퀴의 토인을 조정하는 곳이다.

26. 지게차의 좌우 포크 높이가 틀릴 경우 조정하는 방법으로 맞는 것은?
① 리프트 밸브로 조정한다.
② 리프트 체인의 길이로 조정한다.
③ 틸트 레버로 조정한다.
④ 틸트 실린더로 조정한다.

지게차의 좌우 체인의 높이가 틀리면 리프트 체인의 길이로 조정한다.

27. 도로교통법령상 교통 안전표지의 종류를 올바르게 나열한 것은?
① 교통안전 표지는 주의, 규제, 지시, 안내, 교통표지   로 되어 있다.
② 교통안전 표지는 주의, 규제, 지시, 보조, 노면표지   로 되어 있다.
③ 교통안전 표지는 주의, 규제, 지시, 안내, 보조표지   로 되어 있다.
④ 교통안전 표지는 주의, 규제, 안내, 보조, 통행표지   로 되어 있다.

도로교통법 시행규칙에 의하면 교통안전표지는 주의표지, 규제표지, 지시표지, 보조표지 및 노면표지로 되어 있다.

28. 건설기계 안전기준에 관한 규칙상 건설기계 높이의 정의로 옳은 것은?
① 앞 차축의 중심에서 건설기계의 가장 윗부분까지의 최단거리
② 작업장치를 부착한 자체중량 상태의 건설기계의 가장 위쪽 끝이 만드는 수평면으로부터 지면까지의 최단거리
③ 뒷바퀴의 윗부분에서 건설기계의 가장 윗부분까지의 수직 최단거리
④ 지면에서부터 적재할 수 있는 최고의 최단거리

건설기계의 길이, 너비, 높이

• 길이: 작업장치를 부착한 자체중량 상태인 건설기계의 앞뒤 양쪽 끝이 만드는 두 개의 횡단방향의 수직평면 사이의 최단거리(후사경 및 그 고정용 장치는 포함하지 않음)
• 너비: 작업장치를 부착한 자체중량 상태의 건설기계의 좌우 양쪽 끝이 만드는 두 개의 종단방향의 수직평면 사이의 최단거리(후사경 및 그 고정용 장치는 포함하지 않음)
• 높이: 작업장치를 부착한 자체중량 상태의 건설기계의 가장 위쪽 끝이 만드는 수평면으로부터 지면까지의 최단거리

29. 다음 중 도로교통법을 위반한 경우는?
① 밤에 교통이 빈번한 도로에서 전조등을 계속 하향했다.
② 낮에 어두운 터널 속을 통과할 때 전조등을 켰다.
③ 소방용 방화 물통으로부터 10m 지점에 주차하였다.

④ 노면이 얼어붙은 곳에서 최고 속도의 20/100을 줄인 속도로 운행하였다.

폭우, 폭설, 안개 등으로 가시거리가 100m 이내인 때, 노면이 얼어붙은 때, 눈이 20mm 이상 쌓인 때에는 최고속도의 50/100을 줄인 속도로 운행하여야 한다.

30. 건설기계관리법령상 국토교통부령으로 정하는 바에 따라 등록번호표를 부착 및 봉인하지 않은 건설기계를 운행하여서는 아니된다. 이를 1차 위반했을 경우의 과태료는?(단, 임시번호표를 부착한 경우는 제외한다.)
① 5만원
② 10만원
③ 50만원
④ 100만원

위반행위의 횟수에 따른 과태료의 부과기준은 최근 1년간 같은 위반행위로 과태료를 부과받은 경우에 적용하며, 문제의 경우 1차 위반, 2차 위반, 3차 위반 모두 100만원의 과태료가 부과된다.

31. 제1종 운전면허를 받을 수 없는 사람은?
① 두 눈의 시력이 각각 0.5인 이상인 사람
② 대형면허를 취득하려는 경우 보청기를 착용하지 않고 55데시벨의 소리를 들을 수 있는 사람
③ 두 눈을 동시에 뜨고 잰 시력이 0.1인 사람
④ 붉은색, 녹색 및 노란색을 구별할 수 있는 사람

운전면허 종별 시력 기준(교정시력 포함)

• 제1종 운전면허: 두 눈을 동시에 뜨고 잰 시력이 0.8 이상이고 두 눈의 시력이 각각 0.5 이상일 것
• 제2종 운전면허: 두 눈을 동시에 뜨고 잰 시력이 0.5 이상일 것. 다만, 한쪽 눈을 보지 못하는 사람은 다른쪽 눈의 시력이 0.6 이상

32. 건설기계에서 등록의 갱정은 어느 때 하는가?
① 등록을 행한 후에 그 등록에 관하여 착오 또는 누락이 있음을 발견한 때
② 등록을 행한 후에 소유권이 이전되었을 때
③ 등록을 행한 후에 등록지가 이전되었을 때
④ 등록을 행한 후에 소재지가 변동되었을 때

시·도지사는 건설기계의 등록을 행한 후에 그 등록에 관하여 착오 또는 누락이 있음을 발견한 때에는 부기로써 갱정등록을 하고, 그 뜻을 지체없이 등록명의인 및 그 건설기계의 검사대행자에게 통보하여야 한다.

33. 편도 3차로 일반도로에서 3차로가 버스전용차로일 때, 건설기계는 어느 차로로 통행하여야 하는가?
① 1차로
② 2차로
③ 3차로
④ 모든차로

편도 3차로 일반도로에서 건설기계의 주행차로는 오른쪽 차로인 2차로와 3차로이지만 3차로가 버스 전용차로인 경우 2차로로 통행하여야 한다.

34. 등록되지 아니한 건설기계를 사용하거나 운행한 자 또는 등록이 말소된 건설기계를 사용하거나 운행한 자에 대한 처벌은?

① 2년 이하의 징역 또는 2천만원 이하의 벌금
② 1년 이하의 징역 또는 1천만원 이하의 벌금
③ 2년 이하의 징역 또는 1천만원 이하의 벌금
④ 1년 이하의 징역 또는 5백만원 이하의 벌금

2년 이하의 징역 또는 2천만원 이하의 벌금

• 등록되지 아니한 건설기계를 사용하거나 운행한 자

• 등록이 말소된 건설기계를 사용하거나 운행한 자

• 시 · 도지사의 지정을 받지 않고 등록번호표를 제작하거나 등록번호를 새긴 자

• 법 규정을 위반하여 건설기계의 주요 구조나 원동기, 동력전달장치, 제동장치 등 주요 장치를 변경 또는 개조한 자

• 무단 해체한 건설기계를 사용 · 운행하거나 타인에게 유상 · 무상으로 양도한 자

• 제작결함에 따른 시정명령을 이행하지 아니한 자

• 등록을 하지 아니하고 건설기계사업을 하거나 거짓으로 등록을 한 자

• 등록이 취소되거나 사업의 전부 또는 일부가 정지된 건설기계사업자로서 계속하여 건설기계사업을 한 자

35. 건설기계관리법령에서 건설기계의 주요구조 변경 및 개조의 범위에 해당하지 않는 것은?

① 기종변경
② 원동기의 형식변경
③ 유압장치의 형식변경
④ 동력전달장치의 형식변경

주요구조의 변경 및 개조의 범위

• 원동기의 형식변경

• 동력전달장치의 형식변경

• 제동장치 · 주행장치 · 유압장치 · 조종장치 · 조향장치의 형식 변경

• 작업장치의 형식변경(단, 가공작업을 수반하지 아니하고 작업장치를 선택부착하는 경우는 제외)

• 건설기계의 길이 · 너비 · 높이 등의 변경

• 수상작업용 건설기계의 선체의 형식변경

※건설기계의 기종변경, 육상작업용 건설기계규격의 증가 또는 적재함의 용량증가를 위한 구조변경은 이를 할 수 없다.

36. 시 · 도지사로부터 등록번호표제작통지 등에 관한 통지서를 받은 건설기계소유자는 받은 날부터 며칠 이내에 등록번호표 제작자에게 제작 신청을 하여야 하는가?

① 3일
② 10일
③ 20일
④ 30일

등록번호표 제작 등

• 등록번호표 제작 등의 통지서 또는 명령서를 받은 건설기계 소유자는 그 받은 날부터 3일 이내에 등록번호표제작자에게 그 통지서 또는 명령서를 제출하고 등록번호표제작등을 신청하여야 한다.

• 등록번호표제작자는 등록번호표제작등의 신청을 받은 때에는 7일 이내에 등록번호표제작등을 하여야 하며, 등록번호표제작등통지(명령)서는 이를 3년간 보존하여야 한다.

37. 유압모터의 특징을 설명한 것으로 틀린 것은?

① 관성력이 크다.
② 구조가 간단하다.
③ 무단변속이 가능하다.
④ 자동 원격조작이 가능하다.

유압모터는 관성력이 작으며, 소음이 적다.

38. 체크밸브를 나타낸 것은?

①  ②
③   ④

① 체크 밸브 ④ 오일탱크

39. 유압회로 내의 밸브를 갑자기 닫았을 때, 오일의 속도 에너지가 압력에너지로 변하면서 일시적으로 큰 압력증가가 생기는 현상을 무엇이라 하는가?

① 캐비테이션(cavitation) 현상
② 서지(surge) 현상
③ 채터링(chattering) 현상
④ 에어레이션(aeration) 현상

용어 설명

• 캐비테이션: 유압이 진공에 가까워짐으로서 기포가 생기며 이로 인해 국부적인 고압이나 소음이 발생하는 현상

• 채터링: 릴리프 밸브 등에서 밸브 시트를 때려 비교적 높은 소리를 내는 일종의 자력진동현상

• 에어레이션: 공기가 미세한 기포의 형태로 액체 내에 존재하는 상태

40. 유압으로 작동되는 작업 장치에서 작업 중 힘이 떨어질 때의 원인과 가장 밀접한 밸브는?

① 메인 릴리프 밸브
② 체크(Check) 밸브
③ 방향 전환 밸브
④ 메이크어 밸브

압력 제어 밸브는 일의 크기를 조절해 주므로 메인 릴리프 밸브에 이상이 있다고 볼 수 있다.

41. 유압회로에서 유량제어를 통하여 작업속도를 조절하는 방식에 속하지 않는 것은?

① 미터 인(meter-in) 방식
② 미터 아웃(meter-out) 방식
③ 블리드 오프(bleed-off) 방식
④ 블리드 온(bleed-on) 방식

속도제어회로: 미터 인 회로, 미터 아웃 회로, 블리드 오프 회로

42. 유압유의 점도가 지나치게 높았을 때 나타나는 현상이 아닌 것은?

① 오일 누설이 증가한다.
② 유동저항이 커져 압력손실이 증가한다.

151

③ 동력손실이 증가하여 기계효율이 감소한다.

④ 내부마찰이 증가하고 압력이 상승한다.

오일 누설의 증가는 유압유의 점도가 낮았을 때 나타날 수 있다.

43. 유압장치에 사용되는 펌프가 아닌 것은?

① 기어 펌프

② 원심 펌프

③ 베인 펌프

④ 플런저 펌프

원심 펌프는 기어 펌프와 함께 냉각기기에서 물 펌프에 사용된다.

44. 유압펌프 내의 내부 누설은 무엇에 반비례하여 증가하는가?

① 작동유의 오염

② 작동유의 점도

③ 작동유의 압력

④ 작동유의 온도

작동유의 점도가 낮을 때

• 내부 누설이 증가한다.

• 펌프 효율이 떨어진다.

• 회로 압력이 떨어진다.

45. 유압장치에서 금속가루 또는 불순물을 제거하기 위해 사용되는 부품으로 짝지어진 것은?

① 여과기와 어큐뮬레이터

② 스크레이퍼와 필터

③ 필터와 스트레이너

④ 어큐뮬레이터와 스트레이너

여과기능은 필터와 스트레이너가 담당한다.

46. 유압펌프에서 발생한 유압을 저장하고 맥동을 제거시키는 것은?

① 어큐뮬레이터

② 언로더 밸브

③ 릴리프 밸브

④ 스트레이너

축압기(어큐뮬레이터)는 유압 에너지의 저장, 충격흡수 등에 이용된다.

47. 중량물 운반 시 안전사항으로 틀린 것은?

① 크레인은 규정용량을 초과하지 않는다.

② 화물을 운반할 경우에는 운전반경 내를 확인한다.

③ 무거운 물건을 상승시킨 채 오랫동안 방치하지 않는다.

④ 흔들리는 화물은 사람이 승차하여 붙잡도록 한다.

중량물 운반 시 화물은 움직이지 않도록 결속하여야 하며, 이동 중 화물이 흔들릴 경우 차량을 정지시키고 재결속해야 한다.

48. 수공구 사용 시 유의사항으로 맞지 않는 것은?

① 무리한 공구 취급을 금한다.

② 토크렌치는 볼트를 풀 때 사용한다.

③ 수공구는 사용법을 숙지하여 사용한다.

④ 공구를 사용하고 나면 일정한 장소에 관리 보관한다.

토크렌치는 볼트너트의 조임 토크를 측정하기 위한 공구로 오른손은 렌치를 돌리고, 왼

49. 작업장의 사다리식 통로를 설치하는 관련법상 틀린 것은?

① 견고한 구조로 할 것

② 발판의 간격은 일정하게 할 것

③ 사다리가 넘어지거나 미끄러지는 것을 방지하기 위한 조치를 할 것

④ 사다리식 통로의 길이가 10m 이상인 때에는 접이식으로 설치할 것

사다리식 통로의 구조

• 견고한 구조로 할 것

• 심한 손상·부식 등이 없는 재료를 사용할 것

• 발판의 간격은 일정하게 할 것

• 발판과 벽과의 사이는 15cm 이상의 간격을 유지할 것

• 폭은 30cm 이상으로 할 것

• 사다리가 넘어지거나 미끄러지는 것을 방지하기 위한 조치를 할 것

• 사다리의 상단은 걸쳐놓은 지점으로부터 60cm 이상 올라가도록 할 것

• 사다리식 통로의 길이가 10m 이상인 경우에는 5m 이내마다 계단참을 설치할 것

• 사다리식 통로의 기울기는 75° 이하로 할 것. 다만, 고정식 사다리식 통로의 기울기는 90° 이하로 하고, 그 높이가 7m 이상인 경우에는 바닥으로부터 높이가 2.5m 되는 지점부터 등받이울을 설치할 것

• 접이식 사다리 기둥은 사용 시 접혀지거나 펼쳐지지 않도록 철물 등을 사용하여 견고하게 조치할 것

50. 작업을 위한 공구관리의 요건으로 가장 거리가 먼 것은?

① 공구별로 장소를 지정하여 보관 할 것

② 공구는 항상 최소 보유량 이하로 유지할 것

③ 공구 사용 점검 후 파손된 공구는 교환할 것

④ 사용한 공구는 항상 깨끗이 한 후 보관할 것

공구는 적정 보유량을 확보하여야 한다.

51. 가스 용접 시 사용되는 산소용 호스는 어떤 색인가?

① 적색

② 황색

③ 녹색

④ 청색

산소용기는 녹색으로만 사용하지만 호스는 아세틸렌과의 혼용을 방지하기 위하여 녹색이나 검은색을 사용한다.

52. 벨트에 대한 안전사항으로 틀린 것은?

① 벨트의 이음쇠는 돌기가 없는 구조로 한다.

② 벨트를 걸 때나 벗길 때에는 기계를 정지한 상태에서 실시한다.

③ 벨트가 풀리에 감겨 돌아가는 부분은 커버나 덮개 를 설치한다.

④ 바닥면으로부터 2m 이내에 있는 벨트는 덮개를 제거한다.

53. 공장 내 작업 안전수칙으로 옳은 것은?

① 기름걸레나 인화물질은 철재 상자에 보관한다.

② 공구나 부속품을 닦을 때에는 휘발유를 사용한다.

③ 차가 잭에 의해 올려져 있을 때는 직원 외에는 차내 출입을 삼가 한다.

④ 높은 곳에서 작업 시 훅을 놓치지 않게 잘 잡고, 체인 블록을 이용한다.

기름걸레나 인화물질을 나무 상자에 보관하는 경우 자연발화에 따른 화재의 우려가 있으므로 철재 상자에 보관하여야 한다.

54. 산업안전보건법령상 안전 · 보건표지에서 색채와 용도가 틀리게 짝지어진 것은?

① 파란색 : 지시

② 녹색 : 안내

③ 노란색 : 위험

④ 빨간색 : 금지, 경고

노란색은 경고의 용도로 화학물질 취급장소에서의 유해 · 위험 경고 이외의 위험 경고, 주의 표지 또는 기계방호물에 사용된다.

55. 소화방식의 종류 중 주도니 작용이 질식소화에 해당하는 것은?

① 강화액

② 호스방수

③ 에어-폼

④ 스프링클러

질식소화는 연소에 필요한 산소의 공급을 막는 소화방법으로 에어-폼이 질식소화에 해당된다.

56. 소화설비 선택 시 고려하여야 할 사항이 아닌 것은?

① 작업의 성질

② 작업자의 성격

③ 화재의 설징

④ 작업장의 환경

작업자의 성격은 소화설비 선택과 관련이 없다.

57. 다음 그림에서 A는 배전선로에서 전압을 변환하는 기기이다. A의 명칭으로 옳은 것은?

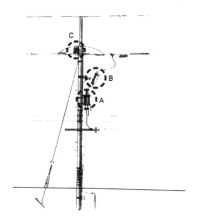

① 현수애자

② 컷아웃스위치(COS)

③ 아킹혼(Arcing Horn)

④ 주상변압기(P.Tr)

교류 배전선의 고압을 저압으로 낮추기 위해 전주 위에 설치되는 변압기를 주상변압기라 하며, 그림의 경우 A가 주상변압기, B는 컷아웃스위치이다.

58. 지게차의 리프트 체인에 주유하는 오일로 맞는 것은?

① 자동변속기 오일로 주유한다.

② 작동유로 주유한다.

③ 엔진오일로 주유한다.

④ 솔벤트로 주유한다.

리프트 체인의 주유는 엔진오일로 한다.

59. 지게차의 주차 제동장치 체결 및 주차 시 안전조치에 대한 설명으로 틀린 것은?

① 지게차의 운적석을 떠나는 경우 브레이크를 완전하게 건다.

② 주차 시 열쇠는 빼두고 지게차의 움직임을 방지하기 위해 굄목으로 고정시킨다.

③ 보행자의 안전을 위해 포크는 최대한 올린 상태에서 주차한다.

④ 경사지에 임시주차 시 차량의 우발적인 움직임을 방지하기 위하여 바퀴에 굄목을 받친다.

보행자의 안전을 위해서는 마스트를 앞으로 기울게 하고, 포크 끝이 지면에 닿게 주차한다.

60. 지게차의 체인장력 조정법이 아닌 것은?

① 좌우체인 동시에 평행한가를 확인한다.

② 포크를 지상에서 10~15cm 올린 후 확인한다.

③ 조정 후 로크 너트를 록크시키지 않는다.

④ 손으로 체인을 눌러보아 양쪽이 다르면 조정너트로 조정한다.

로크 너트는 지게차의 체인 고정용 너트 풀림방지장치로 체인 조정 후 고정시켜야 한다.

1	2	3	4	5	6	7	8	9	10
④	②	①	④	①	④	③	③	④	①
11	12	13	14	15	16	17	18	19	20
①	①	③	④	④	①	③	④	②	①
21	22	23	24	25	26	27	28	29	30
④	①	①	④	②	②	②	②	④	④
31	32	33	34	35	36	37	38	39	40
③	①	②	①	①	①	①	①	①	①
41	42	43	44	45	46	47	48	49	50
④	①	②	②	③	①	④	②	④	②
51	52	53	54	55	56	57	58	59	60
③	④	①	③	③	②	④	③	③	③

1. 크랭크축 베어링의 바깥둘레와 하우징 둘레와의 차이인 크러시를 두는 이유는?
   ① 안쪽으로 찌그러지는 것을 방지한다.
   ② 조립할 때 캡에 베어링이 끼워져 있도록 한다.
   ③ 조립할 때 베어링이 제자리에 밀착되도록 한다.
   ④ 볼트로 압착시켜 베어링 면의 열전도율을 높여준다.

베어링 크러시는 크랭크 축과 함께 회전하는 것을 방지하고 볼트로 압착시켜 베어링 면의 열전도율을 높이기 위한 것이다.

2. 다음 중 연소실과 연소의 구비조건이 아닌 것은?
   ① 분사된 연료를 가능한 한 긴 시간 동안 완전연소시킬 것
   ② 평균유효압력이 높을 것
   ③ 고속회전에서의 연소상태가 좋을 것
   ④ 노크 발생이 적을 것

연소실의 구비조건

• 분사된 연료를 가능한 한 단시간에 완전연소 시킬 것
• 평균유효압력이 높을 것
• 고속회전에서 연소상태가 좋을 것
• 노크 발생이 적을 것
• 연료소비율이 작을 것
• 시동이 용이할 것

3. 엔진오일량 점검에서 오일게이지에 상한선(Full)과 하한성(Low)표시가 되어 있을 때, 가장 적합한 것은?
   ① Low 표시에 있어야 한다.
   ② Low와 Full표시 사이에서 Low에 가까이 있으면 좋다.
   ③ Low와 Full 표시 사이에서 Full에 가까이 있으면 좋다.
   ④ Full 표시 이상이 되어야 한다.

엔진오일은 기관정지 상태에서 오일게이지의 Full표시나 Full표시 가까이 있으면 정상이다.

4. 디젤기관의 감압장치 설명으로 맞는 것은?
   ① 크랭킹을 원활히 해준다.
   ② 냉각팬을 원활히 회전시킨다.
   ③ 흡·배기 효율을 높인다.
   ④ 엔진 압축압력을 높인다.

디젤기관의 감압장치(데콤프)는 흡기 또는 배기밸브를 열어 실린더 내의 압력을 감소시킴으로써 크랭킹을 원활하게 한다.

5. 디젤기관의 특성으로 가장 거리가 먼 것은?
   ① 연료소비율이 적고 열효율이 높다.
   ② 예열플러그가 필요 없다.
   ③ 연료의 인화점이 높아서 화재의 위험성이 적다.
   ④ 전기 점화장치가 없어 고장율이 적다.

고압으로 연료를 뿜어내고 그 압력을 이용해 스스로 불이 붙는 압축착화 방식을 사용하는 디젤 기관의 예열플러그는 압력을 고온으로 예열해줘 시동이 걸리는 것을 도와

주는 역할을 한다.

6. 기관에서 연료를 압축하여 분사순서에 맞게 노즐로 압송 시키는 장치는?
   ① 연료분사 펌프
   ② 연료공급 펌프
   ③ 프라이밍 펌프
   ④ 유압 펌프

연료탱크 내의 연료는 공급펌프가 여과기를 거쳐 분사펌프의 저압부분으로 공급하는 일을 하며, 분사펌프가 고압으로 하여 노즐로 보낸다.

7. 커먼레일 디젤기관의 공기유량센서(AFS)로 많이 사용되는 방식은?
   ① 칼만 와류 방식
   ② 열막 방식
   ③ 베인 방식
   ④ 피토관 방식

AFS(Air Flow Sensor)는 기본 연료분사량을 계산하기 위해 실린더 내로 공급되는 흡입공기량을 계측하는 것으로 커먼레일디젤기관에서는 열막 방식을 사용한다.

8. 디젤기관 연소과정에서 착화 늦음 원인과 가장 거리가 먼 것은?
   ① 연료의 미립도
   ② 연료의 압력
   ③ 연료의 착화성
   ④ 공기의 와류 상태

착화 지연은 연료 자체의 착화성, 실린더의 온도와 압력, 연료의 미립도, 분사상태 및 공기의 와류 등이 원인이다.

9. 건설기계 기관에서 부동액으로 사용할 수 없는 것은?
   ① 메탄
   ② 알코올
   ③ 에틸렌글리콜
   ④ 글리세린

건설기계 기관의 부동액으로는 메탄올(알콜), 에틸렌글리콜, 글리세린 등이 있다. 참고로 메탄은 가연성 기체이다.

10. 다음 중 기관에서 팬벨트 장력 점검 방법으로 맞는 것은?
    ① 벨트길이 측정게이지로 측정 점검
    ② 정지된 상태에서 벨트의 중심을 엄지손가락으로 눌러서 점검
    ③ 엔진을 가동한 후 텐셔너를 이용하여 점검
    ④ 발전기의 고정 볼트를 느슨하게 하여 점검

팬벨트 장력은 정지된 상태에서 발전기 풀리와 물 펌프 사이에서 벨트의 중심을 엄지손가락으로 눌러서 점검하며, 10kgf의 힘으로 눌렀을 때 13~20mm정도의 헐거운 상태가 적당하다.

11. 엔진의 윤활방식 중 오일펌프로 급유하는 방식은?
    ① 비산식
    ② 압송식
    ③ 분사식
    ④ 비산분무식

엔진의 윤활방식

• 비산식: 오일펌프가 없고 오일디퍼가 오일을 퍼올려서 뿌려준다.

• 압송식: 오일펌프로 각 윤활 부분에 공급하는 것으로 가장 많이 사용된다.

• 비산 압송식: 비산식과 압송식을 함께 사용한다.

12. 연료 분사노즐 테스터기로 노즐을 시험할 때 검사하지 않는 것은?
    ① 연료 분포 상태
    ② 연료 분사 시간
    ③ 연료 후적 유무
    ④ 연료 분사 개시 압력

분사노즐 테스터기 검사: 연료 분포 상태(분사 각도), 연료 후적, 연료 분사 개시 압력

13. 축전기를 교환 및 장착할 때 연결 순서로 맞는 것은?
    ① (+)나 (-)선 중 편리한 것부터 연결하면 된다.
    ② 축전지의 (-)선을 먼저 부착하고, (+)선을 나중에 부착한다.
    ③ 축전지의 (+), (-)선을 동시에 부착한다.
    ④ 축전지의 (+)선을 먼저 부착하고, (-)선을 나중에 부착한다.

축전지를 교환, 장착할 때는 (+)선을 먼저 부착하고, (-)선을 나중에 부착한다. 일반 납산 축전지의 경우 보관, 관리할 경우 15일마다 정기적으로 보충 충전하는 것이 좋다.

14. 전류의 3대 작용에 해당하지 않는 것은?
    ① 충전작용
    ② 발열작용
    ③ 화학작용
    ④ 자기작용

전류의 3대 작용: 발열작용, 화학작용, 자기작용

15. 교류(AC) 발전기의 장점이 아닌 것은?
    ① 소형 경량이다.
    ② 저속 시 충전 특성이 양호하다.
    ③ 정류자를 두지 않아 풀리비를 작게 할 수 있다.
    ④ 반도체 정류기를 사용하므로 전기적 용량이 크다.

교류(AC)발전기는 풀리비를 크게(회전을 빠르게) 할 수 있다.

16. 건설기계에 사용되는 전기장치 중 플레밍의 왼손법칙이 적용된 부품은?
    ① 발전기
    ② 점화코일
    ③ 릴레이
    ④ 시동전동기

플레밍의 왼손법칙은 전동기, 전압기, 전류계에 적용되며, 오른손 법칙은 발전기에 적용된다.

17. 기동 전동기의 시험과 관계없는 것은?
    ① 부하 시험
    ② 무부하 시험
    ③ 관성 시험
    ④ 저항 시험

기동 전동기의 시험 항목에는 회전력(부하) 시험, 무부하 시험, 저항 시험 등이 있다.

18. 교류 발전기에서 회전체에 해당하는 것은?
    ① 스테이터
    ② 브러시
    ③ 엔드프레임
    ④ 로터

로터는 직류 발전기의 계자 코일에 해당하는 것으로 팬 벨트에 의해서 엔진 동력으로 회전하며 브러시를 통해 들어온 전류에 의해철심이 N극과 S극의 자석을 띤다.

19. 타이어식 건설장비에서 추진축의 스플라인부가 마모되면 어떤 현상이 발생하는가?
    ① 차동기어의 물림이 불량하다.
    ② 클러치 페달의 유격이 크다.
    ③ 가속 시 미끄럼 현상이 발생한다.
    ④ 주행 중 소음이 나고 차체에 진동이 있다.

추진축의 스플라인부가 마모되어 유격이 과대하면 주행 중 소음이 나고 차체에 진동이 발생한다.

20. 지게차의 하중을 지지해 주는 것은?
    ① 마스터 실린더
    ② 구동 차축
    ③ 차동 장치
    ④ 최종 구동장치

21. [보기]의 내용은 지게차의 어느 부위를 설명한 것인가?

[보기]
a. 마스트와 프레임 사이에 설치되고, 2개의 복동식 유압실린더이다.
b. 마스트를 앞, 뒤로 경사 시키는데 쓰인다.
c. 레버를 당기면 마스트가 뒤로, 밀면 앞으로 기울어진다.

    ① 틸트 실린더
    ② 마스트 실린더
    ③ 슬라이딩 실린더
    ④ 리프트 실린더

틸트 실린더는 마스트를 전·후로 경사시킬 때 사용되는 장치로 2개의 복동식 유압실린더로 되어있다.

22. 깨지기 쉬운 화물이나 불안전한 화물의 낙하 방지를 위하여 포크 상단에 상하로 작동하는 압력판의 작업장치는?
    ① 하이 마스트
    ② 3단 마스트
    ③ 로드스태빌라이저
    ④ 사이드 쉬프터

23. 타이어식 건설기계의 동력전달장치에서 추진축의 밸런스 웨이트에 대한 설명으로 맞는 것은?
   ① 추진축의 비틀림을 방지한다.
   ② 추진축의 회전수를 높인다.
   ③ 변속 조작시 변속을 용이하게 한다.
   ④ 추진축의 회전시 진동을 방지한다.

밸런스 웨이트: 타이어와 휠에 무게의 불균형이 있으면 바퀴가 돌아갈 때 원심력으로 회전축이 흔들리는데 이와 같은 불균형을 바로잡기 위해 휠에 부착하는 평형 장치를 말한다.

24. 포크를 상하 각도로 이동시켜 원목, 전주, 파이프 등 원통형 하물을 운반하고자 하는데 적합한 장치는?
   ① 사이드 시프트
   ② 로드 스태빌라이저
   ③ 로데이팅 포크
   ④ 힌지드 포크

힌지드 포크는 포크의 힌지드 부분이 상하로 움직여서 원목 및 파이프 등의 적재작업에 적합하다.

25. 동력조향장치의 장점으로 적합하지 않는 것은?
   ① 작은 조작력으로 조향 조작을 할 수 있다.
   ② 조향 기어비는 조작력에 관계없이 선정할 수 있다.
   ③ 굴곡 노면에서의 충격을 흡수하여 조향핸들에 전달되는 것을 방지한다.
   ④ 조작이 미숙하면 엔진이 자동으로 정지된다.

동력조향장치의 장점

• 조향조작력이 작아도 된다.

• 조향조작력에 관계없이 조향 기어비를 선정할 수 있다.

• 노면으로부터의 충격 및 진동을 흡수한다.

• 앞바퀴의 시미현상을 방지한다.

• 조향조작이 경쾌하고 신속하다.

• 유압계통에 고장이 있어도 조향조작을 할 수 있다.

26. 지게차 작업장치의 종류에 속하지 않는 것은?
   ① 하이 마스트
   ② 리퍼
   ③ 사이드 클램프
   ④ 힌지 버킷

리퍼(ripper)는 단단한 흙이나 연암(軟巖)을 파쇄할 목적으로 사용되는 것으로 불도저 등에서 사용되는 작업장치이다.

27. 건설기계관리법령상 건설기계의 소유자에게 건설기계등록증을 교부할 수 없는 단체장은?
   ① 전주시장
   ② 강원도지사
   ③ 대전광역시장
   ④ 세종특별자치시장

건설기계 등록증을 발부할 수 있는 단체장은 특별시장, 광역시장, 도지사 또는 특별자치도지사이다.

28. 건설기계관리법령상 롤러운전 건설기계조종사 면허로 조종할 수 없는 건설기계는?
   ① 골재 살포기
   ② 콘크리트 살포기
   ③ 콘크리트 피니셔
   ④ 아스팔트 믹싱플랜트

롤러면허로 조종할 수 있는 건설기계: 롤러, 모터그레이더, 스크레이퍼, 아스팔트피니셔, 콘크리트피니셔, 콘크리트살포기 및 골재살포기

29. 도로교통법령상 운전자의 준수사항이 아닌 것은?
   ① 출석지시서를 받은 때에는 운전하지 아니 할 것
   ② 자동차의 운전 중에 휴대용 전화를 사용하지 않을것
   ③ 자동차의 화물 적재함에 사람을 태우고 운행하지 말 것
   ④ 물이 고인 곳을 운행할 때에는 고인 물을 튀게 하여 다른 사람에게 피해를 주는 일이 없도록 할 것

출석지시서와 운전 가능 여부는 아무런 관련이 없다.

30. 도로교통법령상 보도와 차도가 구분된 도로에 중앙선이 설치되어 있는 경우 차마의 통행방법으로 옳은 것은?(단, 도로의 파손 등 특별한 사유는 없다.)
   ① 중앙선 좌측
   ② 중앙선 우측
   ③ 보도
   ④ 보도의 좌측

운전자는 도로(보도와 차도가 구분된 도로에서는 차도)의 중앙(중앙선이 설치되어 있는 경우에는 그 중앙선)우측 부분을 통행하여야 한다.

31. 도로교통법령상 도로에서 교통사고로 인하여 사람을 사상한 때, 운전자의 조치로 가장 적합한 것은?
   ① 경찰관을 찾아 신고하는 것이 가장 우선 행위이다.
   ② 경찰서에 출두하여 신고한 다음 사상자를 구호한다.
   ③ 중대한 업무를 수행하는 중인 경우에는 후조치를 할 수 있다.
   ④ 즉시 정차하여 사상자를 구호하는 등 필요한 조치를 한다.

차의 운전 등 교통으로 인하여 사람을 사상하거나 물건을 손괴한 경우에는 그 차의 운전자나 그 밖의 승무원은 즉시 정차하여 사상자를 구호하는 등 필요한 조치를 하여야 한다.

32. 건설기계관리법령상 건설기계조종사 면허의 취소사유가 아닌 것은?
   ① 건설기계의 조종 중 고의로 3명에게 경상을 입힌 경우
   ② 건설기계의 조종 중 고의로 중상의 인명 피해를 입힌 경우
   ③ 등록이 말소된 건설기계를 조종한 경우
   ④ 부정한 방법으로 건설기계조종사 면허를 받은 경우

등록되지 않은 건설기계 또는 등록이 말소된 건설기계를 사용하거나 운행한 사람은 2년 이하의 징역 또는 2천만원 이하의 벌금에 처한다.

33. 건설기계관리법령상 건설기계의 소유자가 건설기계를 도로나 타인의 토지에 계속 버려두어 방치한 자에 대해 적용하는 벌칙은?
   ① 1000만원 이하의 벌금
   ② 2000만원 이하의 벌금

③ 1년 이하의 징역 또는 1천만원 이하의 벌금
④ 2년 이하의 징역 또는 2천만원 이하의 벌금

1년 이하의 징역 또는 1천만원 이하의 벌금

• 거짓이나 그 밖의 부정한 방법으로 건설기계 등록을 한 자
• 건설기계의 등록번호를 지워 없애거나 그 식별을 곤란하게 한 자
• 법에서 정한 건설기계의 구조변경검사 또는 수시검사를 받지 아니한 자
• 건설기계의 정비명령을 이행하지 아니한 자
• 형식승인, 형식변경승인 또는 확인검사를 받지 아니하고 건설기계의 제작등을 한 자
• 제작등을 한 건설기계의 사후관리에 관한 명령을 이행하지 아니한 자
• 내구연한을 초과한 건설기계 또는 건설기계 장치 및 부품을 운행하거나 사용한 자
• 내구연한을 초과한 건설기계 또는 건설기계 장치 및 부품의 운행 또는 사용을 알고도 말리지 아니하거나 운행 또는 사용을 지시한 고용주
• 부품인증을 받지 아니한 건설기계 장치 및 부품을 사용한 자
• 부품인증을 받지 아니한 건설기계 장치 및 부품을 건설기계에 사용하는 것을 알고도 말리지 아니하거나 사용을 지시한 고용주
• 매매용 건설기계의 운행금지 등의 의무를 위반하여 매매용 건설기계를 운행하거나 사용한 자
• 폐기인수 사실을 증명하는 서류의 발급을 거부하거나 거짓으로 발급한 자
• 폐기요청을 받은 건설기계를 폐기하지 아니하거나 등록번호표를 폐기하지 아니한 자
• 건설기계조종사면허를 받지 아니하고 건설기계를 조종한 자
• 건설기계조종사면허를 거짓이나 그 밖의 부정한 방법으로 받은 자
• 소형 건설기계의 조종에 관한 교육과정의 이수에 관한 증빙서류를 거짓으로 발급한 자
• 술에 취하거나 마약 등 약물을 투여한 상태에서 건설기계를 조종한 자와 그러한 자가 건설기계를 조종하는 것을 알고도 말리지 아니하거나 건설기계를 조종하도록 지시한 고용주
• 건설기계조종사면허가 취소되거나 건설기계조종사면허의 효력정지처분을 받은 후에도 건설기계를 계속하여 조종한 자
• 건설기계를 도로나 타인의 토지에 버려둔 자

34. 건설기계관리법령상 건설기계의 등록말소 사유에 해당하지 않은 것은?
① 건설기계를 도난당한 경우
② 건설기계를 변경한 목적으로 해체한 경우
③ 건설기계를 교육·연구 목적으로 사용한 경우
④ 건설기계의 차대가 등록시의 차대와 다른 경우

등록의 말소 사유

• 거짓이나 그 밖의 부정한 방법으로 등록을 한 경우
• 건설기계가 천재지변 또는 이에 준하는 사고 등으로 사용할 수 없게 되거나 멸실된 경우
• 건설기계의 차대(車臺)가 등록시의 차대와 다른 경우
• 건설기계가 건설기계안전기준에 적합하지 아니하게 된 경우
• 최고(催告)를 받고 지정된 기한까지 정기검사를 받지 아니한 경우
• 건설기계를 수출하는 경우
• 건설기계를 도난당한 경우
• 건설기계를 폐기한 경우
• 구조적 제작 결함 등으로 건설기계를 제작자 또는 판매자에게 반품한 때

• 건설기계를 교육·연구 목적으로 사용하는 경우

35. 건설기계관리법령상 건설기계의 정기검사 유효기간이 잘못된 것은?
① 덤프트럭: 1년
② 타워크레인: 2년
③ 아스팔트살포기: 1년
④ 지게차 1톤 이상: 3년

정기검사 유효기간

• 1년: 굴삭기(타이어식), 덤프트럭, 기중기(타이어식, 트럭적재식), 콘크리트 믹서트럭, 콘크리트펌프(트럭적재식), 아스팔트살포기
• 2년: 지게차(1톤 이상), 로더(타이어식), 모터그레이더, 천공기, 타워크레인

36. 도로교통법령상 총중량 2000kg 미만인 자동차를 총중량이 그의 3배 이상인 자동차로 견인할 때의 속도는?(단, 견인하는 차량이 견인자동차가 아닌 경우이다.)
① 매시 30km 이내
② 매시 50km 이내
③ 매시 80km 이내
④ 매시 100km 이내

자동차를 견인할 때의 속도

• 총중량 2000kg미만인 자동차를 총중량이 그의 3배 이상인 자동차로 견인하는 경우: 매시 30km 이내
• 위의 경우가 아닌 경우 및 이륜자동차가 견인하는 경우: 매시 25km 이내

37. 공동(cavitation)현상이 발생 하였을 때의 영향 중 거리가 가장 먼 것은?
① 체적 효율이 감소한다.
② 고압 부분의 기포가 과포화 상태로 된다.
③ 최고압력이 발생하여 급격한 압력파가 일어난다.
④ 유압장치 내부에 국부적인 고압이 발생하여 소음과 진동이 발생된다.

공동현상이 발생하면 저압 부분의 기포가 과포화 상태로 된다.

38. 유압펌프에서 소음이 발생할 수 있는 원인으로 거리가 가장 먼 것은?
① 오일의 양이 적을 때
② 유압펌프의 회전속도가 느릴 때
③ 오일속에 공기가 들어 있을 때
④ 오일의 점도가 너무 높을 때

소음이 발생하는 이유는 오일점도가 너무 높아 부하를 받거나, 흡입시 공기가 들어가거나, 유량이 부족할 때 등이다.

39. 유압 실린더 중 피스톤의 양쪽에 유압유를 교대로 공급하여 양방향의 운동을 유압으로 작동시키는 형식은?
① 단동식
② 복동식
③ 다동식
④ 편동식

유압 실린더의 한 쪽에 압력이 가해지는 것은 단동식이며, 양쪽으로 가해지는 것은 복

동식이다.

40. 유압장치에서 가변용량형 유압펌프의 기호는?

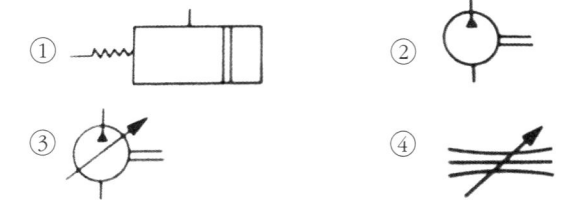

① 정용량형 유압펌프, ③ 가변용량형 유압펌프

41. 유압장치의 특징 중 거리가 가장 먼 것은?
    ① 진동이 적고 작동이 원활하다.
    ② 고장 원인의 발견이 어렵고 구조가 복잡하다.
    ③ 에너지의 저장이 불가능하다.
    ④ 동력의 분배와 집중이 쉽다.

유압장치는 에너지의 저장이 가능하며, 이를 담당하는 것은 축압기(어큐뮬레이터)이다.

42. 건설기계 유압장치의 작동유 탱크의 구비조건 중 거리가 가장 먼 것은?
    ① 배유구(드레인 플러그)와 유면계를 두어야 한다.
    ② 흡입관과 복귀관 사이에 격판(차폐 장치, 격리판)을 두어야 한다.
    ③ 유면을 흡입 라인 아래까지 항상 유지할 수 있어야 한다.
    ④ 흡입 작동유 여과를 위한 스트레이너를 두어야 한다.

유압 작동유 탱크의 구비조건

• 탱크의 용적은 복귀하는 작동유의 열을 충분히 냉각시킬 수 있어야 한다.

• 이물질이 들어가지 않도록 밀폐되어 있어야 하며, 여과망을 두어 불순물이 유입되지 않도록 하여야 한다.

• 흡입 작동유 여과를 위한 스트레이너와 유량을 알 수 있도 유량계가 있어야 한다.

• 복귀관과 흡입관 쪽 사이에는 배플(격리판)을 두어야 한다.

43. 지게차의 리프트 실린더 작동회로에 사용되는 플로우 레귤레이터(슬로우 리턴 밸브)의 역할은?
    ① 포크의 하강속도를 조절하여 포크가 천천히 내려오도록 한다.
    ② 포크 상승 시 작동유의 압력을 높여준다.
    ③ 짐을 하강시킬 때 신속하게 내려오도록 한다.
    ④ 포크가 상승하다가 리프트 실린더 중간에서 정지시 실린더 내부누유를 방지한다.

지게차의 리프트 실린더 작동회로에 사용되는 플로우 레귤레이터(슬로우 리턴)밸브는 지게차에서 짐을 하강할 때 하강 속도를 늦추는 밸브이다.

44. 유압모터의 특징 중 거리가 가장 먼 것은?
    ① 무단 변속이 가능하다.
    ② 속도나 방향의 제어가 용이하다.
    ③ 작동유의 점도변화에 의하여 유압모터의 사용에 제약이 있다.
    ④ 작동유가 인화되기 어렵다.

유압 작동유에는 석유계와 난연성이 있으며, 그 중 석유계는 윤활성과 방청성이 우수하여 일반 유압유로 많이 사용한다.

45. 유압회로 내의 압력이 설정압력에 도달하면 펌프에서 토출된 오일의 일부 또는 전량을 직접 탱크로 돌려보내 회로의 압력을 설정값으로 유지하는 밸브는?
    ① 시퀀스 밸브
    ② 릴리프 밸브
    ③ 언로더 밸프
    ④ 체크 밸브

밸브의 기능

• 시퀀스 밸브: 2개 이상의 분기 회로에서 유압회로의 압력에 의해 작동순서 제어

• 릴리프 밸브: 압력을 일정하게 유지하거나 조정함으로써 과부하 방지

• 언로더 밸브: 유압회로의 압력이 설정압력에 이르면 펌프로부터 전유량을 직접 탱크로 리턴시켜 펌프를 무부하

• 체크 밸브: 작동유의 흐름을 한쪽 방향으로만 흐르도록 하고 역류를 방지

46. 유압회로 내의 이물질, 열화된 오일 및 슬러지 등을 회로 밖으로 배출시켜 회로를 깨끗하게 하는 것을 무엇이라 하는가?
    ① 푸싱(pushing)
    ② 리듀싱(reducing)
    ③ 언로딩(unloading)
    ④ 플래싱(flashing)

플래싱은 유압회로 내 이물질을 제거하며 오염물을 밖으로 배출, 회로를 깨끗하게 하는 것이다.

47. 내부가 보이지 않는 병 속에 들어있는 약품을 냄새로 알아보고자 할 때 안전상 가장 적합한 방법은?
    ① 종이로 적셔서 알아본다.
    ② 손바람을 이용하여 확인한다.
    ③ 내용물을 조금 쏟아서 확인한다.
    ④ 숟가락으로 약간 떠내어 냄새를 직접 맡아본다.

48. 다음 중 올바른 보호구 선택 방법으로 가장 적합하지 않은 것은?
    ① 잘 맞는지 확인하여야 한다.
    ② 사용목적에 적합하여야 한다.
    ③ 사용방법이 간편하고 손질이 쉬워야 한다.
    ④ 품질보다는 식별가능 여부를 우선해야 한다.

보호구는 품질기준에 적합한 것만을 사용해야 한다.

49. 풀리에 벨트를 걸거나 벗길 때 안전하게 하기 위한 작동상태는?
    ① 중속인 상태
    ② 역회전 상태
    ③ 정지한 상태
    ④ 고속인 상태

풀리에 벨트를 걸거나 벗길때는 정지 상태에서 작업한다.

50. 다음 중 수공구인 렌치를 사용할 때 지켜야 할 안전 사항으로 옳은 것은?
    ① 볼트를 풀 때는 지렛대 원리를 이용하여, 렌치를 밀어서 힘이 받도록 한다.
    ② 볼트를 조일 때는 렌치를 해머로 쳐서 조이면 강하게 조일 수 있다.
    ③ 렌치작업 시 큰 힘을 조일 경우 연장대를 끼워서 작업한다.
    ④ 볼트를 풀 때는 렌치 손잡이를 당길 때 힘을 받도록 한다.

51. 일반적인 재해 조사방법으로 적절하지 않은 것은?
    ① 현장의 물리적 흔적을 수집한다.
    ② 재해 조사는 사고 종결 후에 실시한다.
    ③ 재해 현장은 사진 등으로 촬영하여 보관하고 기록 한다.
    ④ 목격자, 현장 책임자 등 많은 사람들에게 사고시의 상황을 듣는다.

재해조사는 같은 유형의 재해를 반복하지 않도록 재해의 원인이 되었던 불안전한 상태와 불안전한 행동을 발견하고, 이것을 다시 분석 검토해서 적절한 방지대책을 수립하기 위한 것으로 재해발생 직후에 실시하여야 한다.

52. 교류아크용접기의 감전방지용 방호장치에 해당하는 것은?
    ① 2차 권선장치
    ② 자동전격 방지기
    ③ 전류조절장치
    ④ 전자계전기

자동전격방지는 교류아크용접기에 장착하는 감전방지용 안전장치이다.

53. 산업재해 발생원인 중 직접원인에 해당하는 것은?
    ① 유전적 요소
    ② 사회적 환경
    ③ 불안전한 행동
    ④ 인간의 결함

직접원인: 불안전한 행동 및 상태

54. 다음 중 자연발화성 및 금수성물질이 아닌 것은?
    ① 탄소
    ② 나트륨
    ③ 칼륨
    ④ 알킬알루미늄

자연발화성 및 금수성물질은 제3류 위험물로 고체 또는 액체로서 공기 중에서 발화의 위험성이 있거나 물과 접촉하여 발화하거나 가연성 가스를 발생시킬 수 있는 위험성이 있는 물질로 칼륨, 나트륨, 알킬알루미늄, 황린, 알킬리튬 등이 이에 해당된다.

55. 다음 중 납산 배터리 액체를 취급하는데 가장 적합한 것은?
    ① 고무로 만든 옷
    ② 가죽으로 만든 옷
    ③ 무명으로 만든 옷
    ④ 화학섬유로 만든 옷

56. 산업안전보건법령상 안전·보건표지의 분류 명칭이 아닌 것은?
    ① 금지표지
    ② 경고표지
    ③ 통제표지
    ④ 안내표지

안전·보건표지의 종류: 금지표지, 경고표지, 지시표지, 안내표지

57. 지게차가 커브를 돌 대 장비의 회전을 원활히 하기 위한 장치로 맞는 것은?
    ① 유니버셜 조인트
    ② 차동장치
    ③ 최종감속기어
    ④ 변속기

휠형 건설기계의 회전을 원활하게 하는 장치는 차동장치이다.

58. 지게차의 유압식 브레이크와 브레이크 페달은 어떤 원리를 이용한 것인가?
    ① 지렛대 원리, 애커먼 장토식 원리
    ② 파스칼 원리, 지렛대 원리
    ③ 랙크 피니언 원리, 에커먼 장토식 원리
    ④ 랙크 피니언원리, 파스칼 원리

유압식 브레이크는 파스칼의 원리를 이용하며, 브레이크 페달 지렛대 원리를 이용한다.

59. 건설기계장비로 22.9kV 배전선로에 근접하여 작업할 때 가장 적절한 것은?
    ① 전력선에 장비가 접촉되는 사고발생시 시설물관리자에게 연락한다.
    ② 콘크리크 전주의 전력선은 모두 저압선이므로 접촉해도 안전하다.
    ③ 작업 중 전력선과 접촉시 단선만 되지 않으면 안전하다.
    ④ 작업 중에 전력선이 단선 되면 동선으로 접속 한다.

60. 지게차의 작업용도에 의한 분류 중 틀린 것은?
    ① 사이드 쉬프터
    ② 하이 마스트
    ③ 3단 시프트
    ④ 프리 리프트 마스트

3단 마스트형은 마스트가 3단으로 늘어나 출입구가 제한되어 있거나 높은 장소에 짐을 높이 쌓는데 유용한 지게차이다.

1	2	3	4	5	6	7	8	9	10
④	①	③	①	②	①	②	②	①	②
11	12	13	14	15	16	17	18	19	20
②	②	④	①	③	④	③	④	④	②
21	22	23	24	25	26	27	28	29	30
①	③	④	④	④	②	①	④	①	③
31	32	33	34	35	36	37	38	39	40
④	③	③	②	④	①	②	②	②	③
41	42	43	44	45	46	47	48	49	50
③	③	④	④	②	④	②	④	③	④
51	52	53	54	55	56	57	58	59	60
②	②	③	①	①	③	②	②	①	③

최근 기출문제 7

1. 다음 중 윤활유의 기능으로 모두 옳은 것은?
   ① 마찰감소, 스러스트작용, 밀봉작용, 냉각작용
   ② 마멸방지, 수분흡수, 밀봉작용, 마찰증대
   ③ 마찰감소, 마멸방지, 밀봉작용, 냉각작용
   ④ 마찰증대, 냉각작용, 스러스트작용, 응력분산

윤활유의 기능: 감마(마찰감소), 냉각, 세척, 밀봉, 부식방지, 소음완화, 응력분산

2. 열에너지를 기계적 에너지로 변환시켜 주는 장치는?
   ① 펌프   ② 모터
   ③ 엔진   ④ 밸브

엔진은 열에너지를 기계적 에너지로 바꾸는 장치로, 기계적인 동력을 발생시키기 위해
연료를 연소시킨다.

3. 디젤기관에서 압축압력이 저하되는 가장 큰 원인은?
   ① 냉각수 부족
   ② 엔진오일 과다
   ③ 기어오일의 열화
   ④ 피스톤 링의 마모

실린더 벽이 마모되거나 피스톤 링이 마모되면 압축압력이 저하되어 블로바이 현상이
나 오일의 희석, 피스톤 슬랩 현상이 일어난다.

4. 노킹이 발생되었을 때 디젤기관에 미치는 영향이 아닌 것은?
   ① 배기가스의 온도가 상승한다.
   ② 연소실 온도가 상승한다.
   ③ 엔진에 손상이 발생할 수 있다.
   ④ 출력이 저하된다.

노킹이 발생하면 화염속도가 빨라져 연소실 온도가 상승하고, 불완전연소가 일어나 배
기가스 온도는 낮아진다.

5. 수온조절기의 종류가 아닌 것은?
   ① 벨로즈 형식
   ② 펠릿 형식
   ③ 바이메탈 형식
   ④ 마몬 형식

수온조절기에는 바이메탈형, 벨로즈형, 펠릿형 등이 있으며, 현재는 펠릿형 이외에는 사
용하지 않고 있다. 펠릿형은 수온이 규정 온도까지 높아지면 펠릿안의 왁스가 팽창하
여 밸브가 열리는 방식이다.

6. 디젤엔진의 연소실에는 연료가 어떤 상태로 공급되는가?
   ① 기화기와 같은 기구를 사용하여 연료를 공급한다.
   ② 노즐로 연료를 안개와 같이 분사한다.
   ③ 가솔린 엔진과 동일한 연료 공급펌프로 공급한다.
   ④ 액체 상태로 공급한다.

디젤 엔진은 공기만을 압축하므로 노즐에서 연료를 안개 상태로 하여 연소실에 분사
한다.

7. 디젤기관에서 발생하는 진동의 원인이 아닌 것은?
   ① 프로펠러 샤프트의 불균형
   ② 분사시기의 불균형
   ③ 분사량의 불균형
   ④ 분사압력의 불균형

기관의 진동은 분사상태에 영향을 받는다. 참고로 프로펠러 샤프트의 불균형은 추진축
이 진동하게 되는 원인이 된다.

8. 2행정 디젤기관의 소기방식에 속하지 않는 것은?
   ① 루프 소기식
   ② 횡단 소기식
   ③ 복류 소기식
   ④ 단류 소기식

2행정 디젤기관의 소기방식: 횡단 소기식, 루프(반전) 소기식, 단류 소기식

9. 크랭크축의 비틀림 진동에 대한 설명 중 틀린 것은?
   ① 각 실린더의 회전력 변동이 클수록 커진다.
   ② 크랭크축이 길수록 커진다.
   ③ 강성이 클수록 커진다.
   ④ 회전부분의 질량이 클수록 커진다.

크랭크축의 비틀림 진동은 각 실린더의 크랭크 회전력이 클수록, 회전부분의 질량이 클
수록, 크랭크 축이 길수록, 강성이 작을수록 커진다.

10. 건설기계 운전 작업 중 온도 게이지가 "H"위치에 근접되어 있다.
    운전자가 취해야 할 조치로 가장 알맞은 것은?
    ① 작업을 계속해도 무방하다.
    ② 잠시 작업을 중단하고 휴식을 취한 후 다시 작업한다.
    ③ 윤활유를 즉시 보충하고 계속 작업한다.
    ④ 작업을 중단하고 냉각수 계통을 점검한다.

온도 게이지가 "H"위치에 근접한 경우 작업을 중단하고 냉각수 계통을 점검하여야 한다.

11. 압력식 라디에이터 캡에 대한 설명으로 옳은 것은?
    ① 냉각장치 내부압력이 규정보다 낮을 때 공기밸브는 열린다.
    ② 냉각장치 내부압력이 규정보다 높을 때 진공밸브는 열린다.
    ③ 냉각장치 내부압력이 부압이 되면 진공밸브는 열린다.
    ④ 냉각장치 내부압력이 부압이 되면 공기밸브는 열린다.

라디에이터의 압력밸브는 냉각수 비등 점을 올려주는 작용을 하고, 진공밸브는 부압상
태에서 열려 내부를 대기압과 같게 한다.

12. 4행정 사이클 기관에 주로 사용되고 있는 오일펌프는?
    ① 원심식과 플런저식
    ② 기어식과 플런저식
    ③ 로터리식과 기어식
    ④ 로터리식과 나사식

4행정 사이클 기관에 주로 사용되는 오일펌프는 로터리식과 기어식이다.

13. 전기자 철심을 두께 0.35~1.0mm의 얇은 철판을 각각 절연하여 겹쳐 만든 주된 이유는?
    ① 열 발산을 방지하기 위해
    ② 코일의 발열 방지를 위해
    ③ 맴돌이 전류를 감소시키기 위해
    ④ 자력선의 통과를 차단시키기 위해

전기차 철심(core)은 자력선을 잘 통과시키고 맴돌이 전류를 감소시키기 위해 두께 0.35~1.0mm의 얇은 철판을 각각 절연하여 겹쳐 만든다.

14. 납산축전기의 전해액을 만들 때 올바른 방법은?
    ① 황산에 물을 조금씩 부으면서 유리 막대로 젓는다.
    ② 황산과 물을 1:1의 비율로 동시에 붓고 잘 젓는다.
    ③ 증류수에 황산을 조금씩 부으면서 잘 젓는다.
    ④ 축전지에 필요한 양의 황산을 직접 붓는다.

전해액을 만들 때는 증류수에 황산을 조금씩 부어 섞어준다. 이와 반대로 황산에 증류수를 넣으면 열로 인한 폭발 위험성이 있다.

15. 전조등의 구성품으로 틀린 것은?
    ① 전구   ② 렌즈
    ③ 반사경   ④ 플래셔 유닛

플래셔 유닛은 방향지시등의 구성품으로 전자열선식, 축전기식, 수은식, 바이메탈식 등이 있다.

16. 다음 회로에서 퓨즈에는 몇 A가 흐르는가?

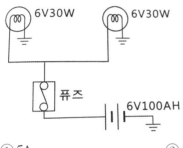

    ① 5A   ② 10A
    ③ 50A   ④ 100A

전류 $= \dfrac{전력}{전압} = \dfrac{30W + 30W}{6V} = 10A$

17. 일반적인 축전지 터미널의 식별법으로 적합하지 않은 것은?
    ① (+), (−)의 표시로 구분한다.
    ② 터미널의 요철로 구분한다.
    ③ 굵고 가는 것으로 구분한다.
    ④ 적색과 흑색 등 색으로 구분한다.

축전지 터미널의 식별
• 양극: (+)또는 (P), 적색, 직경이 굵음
• 음극: (−)또는 (N), 흑색, 직경이 얇음

18. 교류 발전기에서 높은 전압으로부터 다이오드를 보호하는 구성품은 어느 것인가?
    ① 콘덴서
    ② 필드코일
    ③ 정류기
    ④ 로터

교류(AC) 발전기에서 높은 전압으로부터 다이오드를 보호하는 것은 콘덴서이다.

19. 수동식 변속기가 장착된 건설기계에서 기어의 이상 음이 발생하는 이유가 아닌 것은?
    ① 기어 백래시가 과다
    ② 변속기의 오일부족
    ③ 변속기 베어링의 마모
    ④ 워엄과 워엄기어의 마모

20. 지게차의 앞바퀴는 어디에 설치되는가?
    ① 섀크 핀에 설치된다.
    ② 직접 프레임에 설치된다.
    ③ 너클 암에 설치된다.
    ④ 등속이음에 설치된다.

지게차의 앞바퀴는 직접 프레임에 설치된다.

21. 변속기의 필요성과 관계가 없는 것은?
    ① 시동 시 장비를 무부하 상태로 한다.
    ② 기관의 회전력을 증대시킨다.
    ③ 장비의 후진시 필요로 한다.
    ④ 환향을 빠르게 한다.

변속기의 필요성
• 엔진을 무부하 상태로 유지하기 위해
• 엔진의 회전력(토크) 증대를 위해
• 주행속도를 증감속하게 하기 위해
• 후진이 가능하게 하기 위해

22. 지게차의 동력전달순서로 맞는 것은?
    ① 엔진 → 변속기 → 토크컨버터 → 종감속 기어 및 차동장치 → 최종감속기 → 앞구동축 → 차륜
    ② 엔진 → 변속기 → 토크컨버터 → 종감속기어 및 차동장치 → 앞구동축 → 최종감속기 → 차륜
    ③ 엔진 → 토크컨버터 → 변속기 → 앞구동축 → 종감속기어 및 차동장치 → 최종감속기 → 차륜
    ④ 엔진 → 토크컨버터 → 변속기 → 종감속기어 및 차동장치 → 앞구동축 → 최종감속기 → 차륜

지게차의 동력전달장치 중 토크컨버터의 동력전달순서이다.

23. 지게차 리프트 레버의 작동에 대한 설명으로 틀린 것은?
    ① 리프트 레버를 뒤로 당기면 포크가 상승한다.
    ② 리프트 레버를 앞으로 밀면 포크가 하강한다.
    ③ 포크 상승 시에는 가속페달을 밟는다.
    ④ 포크 하강 시에는 가속페달을 밟는다.

리프트 실린더는 단동 실린더로 포크 상승 시 에는 가속 페달을 밟고, 하강 시에는 가속 페달을 밟지 않는다.

24. 장애물이 없는 일반적인 장소에서 지게차로 화물을 운반할 때 가장 적합한 포크의 높이는?
    ① 가능한 포크를 높이 유지한다.
    ② 지면과 가볍게 접촉할 정도의 높이를 유지한다.
    ③ 지면으로부터 70~80cm 정도 높이를 유지한다.
    ④ 지면으로부터 20~30cm 정도 높이를 유지한다.

지게차로 화물을 운반할 때 포크는 지면으로부터 20~30cm 정도 높이를 유지한다.

25. 지게차의 뒤쪽에 설치되어 차체가 앞쪽으로 쏠리는 것을 방지하는 것은?
　　① 엔진
　　② 클러치
　　③ 변속기
　　④ 카운터 웨이트

카운터 웨이트는 지게차 뒤쪽에 설치하며 화물을 적재 하였을 때 앞쪽으로 쏠리는 것을 방지하며 평형추라고도 한다.

26. 대형 지게차의 마스트를 기울일 때 갑자기 시동이 정지되면 어떤 밸브가 작동하여 그 상태를 유지하는가?
　　① 틸트록 밸브
　　② 스로틀 밸브
　　③ 리프트 밸브
　　④ 틸틀 밸브

엔진이 정지되었을 때 틸트 록 밸브 스프링에 의하여 틸틀 록 밸브가 유압회로를 차단하여 틸트 레버를 밀어도 마스트가 경사되지 않도록 한다.

27. 건설기계의 출장검사가 허용되는 경우가 아닌 것은?
　　① 도서지역에 있는 건설기계
　　② 너비가 2.0미터를 초과하는 건설기계
　　③ 최고속도가 시간당 35킬로미터 미만인 건설기계
　　④ 자체중량이 40톤을 초과하거나 축중이 10톤을 초과하는 건설기계

출장검사가 허용되는 경우
• 도서지역에 있는 경우
• 자체중량이 40톤을 초과하거나 축중이 10톤을 초과하는 경우
• 너비가 2.5m를 초과하는 경우
• 최고속도가 시간당 35km 미만인 경우

28. 밤에 도로에서 차를 운행하는 경우 등의 등화로 틀린 것은?
　　① 견인되는 차: 미등 · 차폭등 및 번호등
　　② 원동기장치자전거: 전조등 및 미등
　　③ 자동차: 자동차안전기준에서 정하는 전조등, 차폭 등, 미등
　　④ 자동차등 외의 모든 차: 지방경찰청장이 정하여 고시하는 등화

야간에 켜야하는 등화
• 자동차: 전조등, 차폭등, 미등, 번호등, 실내조명등(실내조명등은 승합자동차와 여객자동차 용에 한함)
• 원동기장치자전거: 전조등 및 미등
• 견인되는 차: 미등, 차폭등 및 번호등

29. 술에 취한 상태의 기준은 혈중알콜농도가 최소 몇 퍼센트 이상인 경우인가?
　　① 0.25
　　② 0.03
　　③ 0.05
　　④ 0.08

술에 취한 상태의 혈중알코올농도는 0.03% 이상 0.08%미만, 술에 만취된 상태는 0.08% 이상이다.

30. 자동차 1종 대형 운전면허로 건설기계를 운전할 수 없는 것은?
　　① 덤프트럭
　　② 노상안정기
　　③ 트럭적재식천공기
　　④ 트레일러

트레일러와 레커는 제1종 특수면허를 취득하여야 한다.

31. 건설기계관리법령상 정기검사 유효기간이 3년인 건설기계는?
　　① 덤프트럭
　　② 콘크리트믹서트럭
　　③ 트럭적재식 콘크리트 펌프
　　④ 무한궤도식 굴삭기

정기검사 유효기간
• 1년: 굴삭기(타이어식), 덤프트럭, 기중기(타이어식, 트럭적재식), 콘크리트 믹서트럭, 콘크리트펌프(트럭적재식), 아스팔트살포기
• 2년: 지게차(1톤이상), 로더(타이어식), 모터그레이더, 천공기, 타워크레인

32. 건설기계의 연료 주입구는 배기관의 끝으로부터 얼마 이상 떨어져 설치하여야 하는가?
　　① 5cm
　　② 10cm
　　③ 30cm
　　④ 50cm

건설기계의 연료탱크, 주입구 및 가스배출구
• 연료탱크, 연료펌프, 연료배관 및 각종 이음장치에서 연료가 새지 아니할 것
• 연료 주입구 부근에는 사용하는 연료의 종류를 표시하여야 하며, 연료 등의 용제에 의하여 쉽게 지워지지 아니할 것
• 노출된 전기단자 및 전기개폐기로부터 20cm 이상 이어져 있을 것(연료탱크는 제외)
• 연료 주입구는 배기관의 끝으로부터 30cm 이상 떨어져 있을 것
• 연료탱크는 벽 또는 보호판 등으로 조종석과 분리되는 구조일 것
• 연료탱크는 건설기계 차체에 견고하게 고정되어 있을 것
• 경유를 연료료 사용하는 건설기계의 조속기는 연료의 분사량을 조작할 수 없도록 봉인되어 있을 것

33. 건설기계조종사의 면허취소 사유에 해당하는 것은?
　　① 과실로 인하여 1명을 사망하게 하였을 경우
　　② 면허의 효력정지기간 중 건설기계를 조종한 경우
　　③ 과실로 인하여 10명에게 경상을 입힌 경우
　　④ 건설기계로1 1천만원 이상의 재산 피해를 냈을 경우

건설기계조종사의 면허취소
• 거짓이나 그 밖의 부정한 방법으로 건설기계조종사면허를 받은 경우
• 건설기계조종사면허의 효력정지기간 중 건설기계를 조종한 경우
• 면허 취득의 결격사유에 해당하게 된 경우
• 건설기계 조종 중 고의로 사망, 중상, 경상 등을 입힌 경우
• 건설기계 조종 중 과실로 산업안전보건법에 따른 다음의 중대재해가 발생한 경우
　- 사망자가 1명 이상 발생한 재해

- 3개월 이상의 요양이 필요한 부상자가 동시에 2명 이상 발생한 재해

- 부상자 또는 직업성질병자가 동시에 10명 이상 발생한 재해

• 건설기계조종사면허증을 다른 사람에게 빌려 준 경우

• 술에 취한 상태(혈중알코올농도 0.03% 이상 0.08% 미만)에서 건설기계를 조종하다가 사고로 사람을 죽게하거나 다치게 한 경우

• 만취상태(혈중알코올농도 0.08% 이상)에서 건설기계를 조종한 경우

• 2회 이상 술에 취한 상태에서 건설기계를 조종하여 면허효력정지를 받은 사실이 있는 사람이 다시 술에 취한 상태에서 건설기계를 조종한 경우

• 마약, 대마, 향정신성 의약품 및 환각물질을 투여한 상태에서 건설기계를 조종한 경우

• 법에 따른 정기적성검사를 받지 않거나 적성검사에 불합격한 경우

34. 정기점사에 불합격한 건설기계의 정비명력 기간으로 옳은 것은?

① 3개월 이내
② 4개월 이내
③ 5개월 이내
④ 6개월 이내

검사에 불합격된 건설기계에 대하여는 6개월 이내의 기간을 정하여 해당 건설기계의 소유자에게 검사를 완료한 날(검사를 대행하게 한 경우에는 검사결과를 보고받은 날)부터 10일 이내에 정비명령을 하여야 한다.

35. 주행 중 차마의 진로를 변경해서는 안 되는 경우는?

① 교통이 복잡한 도로일 때
② 시속 30km이하의 주행도로인 곳
③ 특별히 진로 변경이 금지된 곳
④ 4차로 도로일 때

안전표지가 설치되어 특별히 진로 변경이 금지된 곳에서는 진로를 변경해서는 안 된다.

36. 시·도지사가 지정한 교육기관에서 당해 건설기계의 조종에 관한 교육과정을 이수한 경우 건설기계조종사 면허를 받은 것으로 보는 소형 건설기계는?

① 5톤 미만의 불도저
② 5톤 미만의 지게차
③ 5톤 미만의 굴삭기
④ 5톤 미만의 타워크레인

교육 과정을 이수한 경우 면허를 받은 것으로 보는 소형 건설기계

• 5톤 미만의 불도저
• 5톤 미만의 로더
• 3톤 미만의 지게차
• 3톤 미만의 굴삭기
• 3톤 미만의 타워크레인
• 공기압축기
• 이동식 콘크리트 펌프
• 쇄석기
• 준설선
• 5톤 미만의 천공기(트럭적재식은 제외)

37. 유압회로에 사용되는 유압밸브의 역할이 아닌 것은?

① 일의 관성을 제어한다.
② 일의 방향을 변환시킨다.
③ 일의 속도를 제어한다.
④ 일의 크기를 조정한다.

유압밸브

• 압력제어 밸브: 일의 크기 조정(릴리프 밸브, 감압밸브, 시퀀스 밸브, 언로더 밸브, 카운터 밸런스 밸브)
• 유량제어 밸브: 일의 속도 제어(스로틀 밸브, 압력보상 유량 제어 밸브 등)
• 방향제어 밸브: 일의 방향을 변환(체크 밸브, 스풀 밸브, 감속 밸브)

38. 유압 작동유의 점도가 지나치게 낮을 때 나타날 수 있는 현상은?

① 출력이 증가한다.
② 압력이 상승한다.
③ 유동저항이 증가한다.
④ 유압 실린더의 속도가 늦어진다.

유압 작동유의 점도가 지나치게 낮을 때 유압 실린더의 속도가 늦어지고, 누유가 발생한다.

39. 유압계통에서 릴리프 밸브의 스프링 장력이 약화될 때 발생될 수 있는 현상은?

① 채터링 현상
② 노킹 현상
③ 블로바이 현상
④ 트램핑 현상

채터링 현상은 릴리프 밸브 등에서 밸브 시트를 때려 비교적 높은 소리를 내는 일종의 자력진동현상을 말하는 것으로 릴리프 밸브의 스프링 장력이 약화될 때 발생될 수 있다.

40. 유압기기의 단점으로 틀린 것은?

① 에너지 손실이 적다.
② 오일은 가연성이므로 화재위험이 있다.
③ 회로구성이 어렵고 누설되는 경우가 있다.
④ 오일은 온도변화에 따라 점도가 변하여 기계의 작동속도가 변한다.

41. 유압 실린더의 종류에 해당하지 않은 것은?

① 복동 실린더 싱글로드형
② 복동 실린더 더블로드형
③ 단동 실린더 배플형
④ 단동 실린더 램형

구조 및 동작방식에 따른 유압 실린더의 종류

• 단동 실린더: 램형, 다이어프램형(비실린더형)
• 복동 실린더: 싱글로드형, 더블로드형

42. 순차 작동밸브라고도 하며, 각 유압 실린더를 일정한 순서로 순차 작동시키고자 할 때 사용하는 것은?

① 릴리프 밸브
② 감압 밸브
③ 시퀀스 밸브
④ 언로더 밸브

유압밸브

- 릴리프 밸브: 유압 펌프와 제어 밸브 사이에 설치되어 회로내의 압력을 규정값으로 유지
- 감압 밸브: 유압회로에서 분기회로의 압력을 주회로의 압력보다 감압
- 시퀀스 밸브: 2개이상의 분기회로에서 유압회로의 압력에 의하여 작동 순서를 제어
- 언로더 밸브: 유압회로의 압력이 설정압력에 이르면 펌프로부터 전유량을 직접 탱크로 리턴시켜 펌프를 무부하

43. 플런저가 구동축의 직각방향으로 설치되어 있는 유압 모터는?
① 캠형 플런저 모터
② 엑시얼형 플런저 모터
③ 블래더형 플런저 모터
④ 레이디얼형 플런저 모터

유압모터
- 엑시얼형 플런저: 구동축의 원둘레 방향에 설치
- 레이디얼형 플런저: 구동축의 직각방향에 설치

44. 유압 · 공기압 도면기호 중 그림이 나타내는 것은?

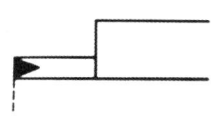

① 유압 파일럿(외부)
② 공기압 파일럿(외부)
③ 유압 파일럿(내부)
④ 공기압 파일럿(내부)

유압 파일럿(외부)

유압 파일럿(내부)

45. 건설기계의 작동유 탱크 역할로 틀린 것은?
① 유온을 적정하게 유지하는 역할을 한다.
② 작동유를 저장한다.
③ 오일 내 이물질의 침전작용을 한다.
④ 유압을 적정하게 유지하는 역할을 한다.

유압을 적정하게 유지하는 것은 릴리프 밸브를 통해 이루어진다.

46. 베인 펌프에 대한 설명으로 틀린 것은?
① 날개로 펌핑동작을 한다.
② 토크(torque)가 안정되어 소음이 작다.
③ 싱글형과 더블형이 있다.
④ 베인 펌프는 1단 고정으로 설계된다.

베인 펌프는 정용량형펌프와 가변용량형펌프로 나뉘며, 정용량형 펌프에는 1단 펌프, 2단 펌프, 이중 펌프, 복합 펌프 등이 있다.

47. 불안전한 조명, 불안전한 환경, 방호장치의 결함으로 인하여 오는 산업재해 요인은?
① 지적 요인
② 물적 요인
③ 신체적 요인
④ 정신적 요인

48. 산업 재해의 통상적인 분류 중 통계적 분류에 대한 설명으로 틀린 것은?
① 사망: 업무로 인해서 목숨을 잃게 되는 경우
② 중경상: 부상으로 인하여 30일 이상의 노동상실을 가져온 상해 정도
③ 경상해: 부상으로 1일 이상 7일 이하의 노동상실을 가져온 상해 정도
④ 무상해 사고: 응급처치 이하의 상처로 작업에 종사하면서 치료를 받는 상해 정도

중경상은 부상으로 인하여 2주 이상의 노동 상실을 가져온 상해 정도를 말한다.

49. 안전표지의 종류 중 안내표지에 속하지 않는 것은?
① 녹십자표지
② 응급구호표지
③ 비상구
④ 출입금지

출입금지는 금지표지에 속한다.

50. 전기화재에 적합하며 화재 때 화점에 분사하는 소화기로 산소를 차단하는 소화기는?
① 포말 소화기
② 이산화탄소 소화기
③ 분말 소화기
④ 증발 소화기

포말 소화기는 유류화재에 적합하지만 이산화탄소 소화기는 유류와 전기화재 모두에 사용되는 소화기이다.

51. 가스누설 검사에 가장 좋고 안전한 것은?
① 아세톤
② 성냥불
③ 순수한 물
④ 비눗물

가스노출 여부 및 위치는 비눗물로 확인 · 점검한다.

52. 기중작업 시 무거운 하중을 들기 전에 반드시 점검해야 할 사항으로 가장 거리가 먼 것은?
① 클러치
② 와이어로프
③ 브레이크
④ 붐의강도

53. 건설기계 작업 시 주의사항으로 틀린 것은?
① 운전석을 떠날 경우에는 기관을 정지시킨다.
② 작업시에는 항상 사람의 접근에 특별히 주의 한다.
③ 주행시는 가능한 한 평탄한 지면으로 주행한다.
④ 후진시는 후진 후 사람 및 장애물 등을 확인 한다.

후진 시는 후진하기 전에 사람 및 장애물 등을 확인해야 한다.

54. 기계의 회전부분(기어, 벨트, 체인)에 덮개를 설치하는 이유는?
   ① 좋은 품질의 제품을 얻기 위하여
   ② 회전부분의 속도를 높이기 위히ㅏ여
   ③ 제품의 제작과정을 숨기기 위하여
   ④ 회전부분과 신체의 접촉을 방지하기 위하여

55. 일반적인 보호구의 구비조건으로 맞지 않는 것은?
   ① 착용이 간편할 것
   ② 햇볕에 잘 열화 될 것
   ③ 재료의 품질이 양호할 것
   ④ 위험 유해 요소에 대한 방호성능이 충분할 것

열화란 재료의 품질이 떨어지는 현상이다.

56. 작업 전 지게차의 워밍업 운전 및 점검 사항으로 틀린 것은?
   ① 틸트 레버를 사용하여 전 행정으로 전후 경사운동 2~3회 실시
   ② 리프트 레버를 사용하여 상승, 하강 운동을 전행정으로 2~3회 실시
   ③ 시동 후 작동유의 유온을 정상 범위 내에 도달하도록 고속으로 전 후진 주행을 2~3회 실시
   ④ 엔진 작동 후 5분간 저속으로 운전 실시

위밍업은 차가운 엔진을 정상범위의 온도에 도달하도록 시동하는 것으로, 차가운 엔진을 고속으로 회전시키거나 부하를 크게 주면 엔진이 손상을 입게된다.

57. 수공구 사용방법으로 옳지 않은 것은?
   ① 좋은 공구를 사용할 것
   ② 해머의 쐐기 유무를 확인할 것
   ③ 스패너는 너트에 잘 맞는 것을 사용할 것
   ④ 해머의 사용면이 넓고 얇아진 것을 사용할 것

58. 지게차가 창고에서 작업 시 안전 사항으로 틀린 것은?
   ① 차폭과 입구폭을 확인한다.
   ② 포크를 올려서 출입을 할 경우 출입구 높이에 주의한다.
   ③ 얼굴을 지게차 밖으로 내밀어 주위환경을 확인하며 출입한다.
   ④ 주변의 안전 상태를 확인하고 출입한다.

59. 지게차 작업 시 안전수칙으로 틀린 것은?
   ① 주차 시에는 포크를 완전히 내려야 한다.
   ② 화물을 적재하고 경사지를 내려갈 때는 우전시야확보를 위해 전진으로 운행해야 한다.
   ③ 포크를 이용하여 사람을 싣거나 들어 올리지 않아야 한다.
   ④ 경사지를 오르거나 내려올 때는 급회전을 금해야 한다.

화물을 적재하고 경사지를 내려갈 때는 반드시 화물을 앞으로 하고 지게차가 후진으로 내려가야 한다.

60. 석탄, 소금 등의 흘러내리기 쉬운 물건 운반에 적합한 작업 장치는?
   ① 스키드 포크
   ② 로에이팅 포크
   ③ 로드 스테빌라이저
   ④ 힌지드 버킷

석탄, 소금 등의 적재 작업에 적합한 작업 장치는 힌지드 버킷이다.

1	2	3	4	5	6	7	8	9	10
③	③	④	①	④	②	①	③	①	④
11	12	13	14	15	16	17	18	19	20
③	③	③	③	④	②	②	①	④	②
21	22	23	24	25	26	27	28	29	30
④	④	④	④	④	①	②	③	②	④
31	32	33	34	35	36	37	38	39	40
④	③	②	④	③	①	①	④	①	①
41	42	43	44	45	46	47	48	49	50
③	③	④	①	④	④	②	②	④	②
51	52	53	54	55	56	57	58	59	60
④	④	④	④	④	②	③	④	③	②	④

1. 건설기계 범위에 해당되지 않는 것은?
① 준설선
② 3톤 지게차
③ 항타 및 항발기
④ 자체 중량 1톤 미만의 굴삭기

건설기계관리법상 건설기계의 범위에 해당하는 굴삭기는 무한궤도 또는 타이어식으로
굴삭장치를 가진 자체중량 1톤 이상인 것을 말한다.

2. 건설기계 조종사 면허를 취소하거나 정지시킬 수 있는 사유에 해당하지 않는 것은?
① 면허증을 타인에게 대여한 때
② 조종 중 과실로 중대한 사고를 일으킨 때
③ 면허를 부정한 방법으로 취득하였음이 밝혀졌을 때
④ 여행을 목적으로 1개월 이상 해외로 출국하였을 때

보기 ①, ②, ③항은 모두 면허 취소에 해당하는 사항이다.

3. 건설기계관리법상 소형건설기계에 포함되지 않는 것은?
① 3톤 미만의 굴삭기
② 5톤 미만의 불도저
③ 천공기
④ 공기압축기

소형건설기계
• 5톤 미만의 불도저
• 5톤 미만의 로더
• 트럭적재식을 제외한 5톤 미만의 천공기
• 3톤 미만의 지게차
• 3톤 미만의 굴삭기
• 3톤 미만의 타워크레인
• 공기압축기
• 이동식 콘크리트펌프
• 쇄석기
• 준설선

4. 시·도지사는 건설기계 등록원부를 건설기계의 등록을 말소한 날부터 몇 년간 보존하여야 하는가?
① 1년
② 3년
③ 5년
④ 10년

시·도지사는 건설기계등록원부를 건설기계의 등록을 말소한날부터 10년간 보존하여야 한다.

5. 정기검사 유효기간이 1년인 건설기계는?
① 타이어식 기중기
② 모터그레이더
③ 타이어식 로더
④ 1톤 이상의 지게차

정기검사 유효기간
• 기중기(타이어식, 트럭적재식): 1년
• 모터그레이더: 2년
• 타이어식 로더: 2년
• 1톤 이상의 지게차: 2년

6. 건설기계조종사 면허증 발급 신청 시 첨부하는 서류와 가장 거리

가 먼 것은?
① 신체검사서
② 국가기술자격수첩
③ 주민등록표 등본
④ 소형건설기계 조종교육 이수증

면허증 발급 신청 시 첨부 서류
• 신체검사서
• 소형건설기계조종교육이수증(소형건설기계조종사면허증을 발급신청하는 경우에 한정한다.)
• 건설기계조종사면허증(건설기계조종사면허를 받은 자가 면허의 종류를 추가하고자 하는 때에 한한다)
• 6개월 이내에 촬영한 탈모상반신 사진 2매

7. 교류 발전기의 유도전류는 어디에서 발생하는가?
① 로터
② 전기자
③ 계자코일
④ 스테이터

교류 발전기에서 로터는 회전체, 스테이터는 고정체로 유도전류가 발생된다.

8. 전류의 3대 작용이 아닌 것은?
① 발열 작용
② 자기 작용
③ 원심 작용
④ 화학 작용

전류의 3대 작용: 발열작용, 화학작용, 자기작용

9. 냉각수에 엔진오일이 혼합되는 원인으로 가장 적합한 것은?
① 물 펌프 마모
② 수온 조절기 파손
③ 방열기 코어 파손
④ 헤드 가스킷 파손

헤드 가스킷은 실린더 블록과 헤드에 설치되어 기밀유지의 역할을 하는 것으로 파손 시 냉각수에 엔진오일이 혼합될 수 있다.

10. 기관에서 폭발행정 말기에 배기가스가 실린더 내의 압력에 의해 배기밸브를 통해 배출 되는 현상은?
① 블로바이(blow by)
② 블로백(blow back)
③ 블로다운(blow down)
④ 블로업(blow up)

용어설명
• 블로다운: 폭발행정 말기에 배기가스가 실린더 내의 압력에 의해 배기밸브를 통해 배출되는 현상
• 블로바이: 압축행정시 피스톤 링과 실린더 사이로 혼합가스가 새는 현상
• 블로백: 압축행정시 밸브 가이드 사이로 혼합가스가 새는 현상

11. 디젤 기관의 연료 여과기에 장착되어 있는 오버플로 밸브의 역할이 아닌 것은?
① 연료 계통의 공기를 배출한다.
② 분사 펌프의 압송 압력을 높인다.
③ 연료압력의 지나친 상승을 방지한다.
④ 연료 공급 펌프의 소음 발생을 방지한다.

오버플로 밸브의 기능
• 회로 내 공기 배출
• 연료 여과기 보호
• 연료 탱크 내 기포 발생 방지

- 분사 펌프의 소음 발생 방지
- 연료 압력의 지나친 상승을 방지

12. 여과기 종류 중 원심력을 이용하여 이물질을 분리시키는 형식은?

① 건식 여과기　　　　　　② 오일 여과기
③ 습식 여과기　　　　　　④ 원심식 여과기

13. 기관의 연료장치에서 희박한 혼합비가 미치는 영향으로 옳은 것은?

① 시동이 쉬워진다.
② 저속 및 공전이 원활하다.
③ 연소속도가 빠르다.
④ 출력(동력)의 감소를 가져온다.

혼합비가 희박하다는 것은 공기의 양이 이론공기량 보다 많은 경우로 희박한 혼합비에서는 출력의 감소가 초래된다.

14. 기동 전동기에서 마그네틱 스위치는?

① 전자석 스위치이다.
② 전류 조절기이다.
③ 전압 조절기이다.
④ 저항 조절기이다.

기동 전동기에서 마그네틱 스위치(솔레노이드 스위치)는 배터리에서 기동 전동기로 흐르는 큰 전류를 단속하는 스위치 작용과 기동 전동기 피니언과 엔진 플라이 휠 링 기어를 맞물리도록 하는 역할을 하며, 전자석 스위치이다.

15. 24V의 동일한 용량의 축전지 2개를 직렬로 접속하면?

① 전류가 증가한다.
② 전압이 높아진다.
③ 저항이 감소한다.
④ 용량이 감소한다.

축전지를 직렬로 접속하면 전압이 상승하고, 병렬로 접속하면 전류가 상승한다.

16. 윤활장치에 사용되고 있는 오일펌프로 적합하지 않은 것은?

① 기어 펌프　　　　　　② 로터리 펌프
③ 베인 펌프　　　　　　④ 나사 펌프

윤활장치에 사용되고 있는 오일펌프는 기어 펌프, 로터리 펌프, 베인 펌프 등이 있으며, 4행정 사이클 기관에 주로 사용되는 오일펌프는 로터리식과 기어식이다.

17. 유압 모터와 연결된 감속기의 오일 수준을 점검할 때의 유의사항으로 틀린 것은?

① 오일이 정상 온도일 때 오일 수준을 점검해야 한다.
② 오일량은 영하(-)의 온도상태에서 가득 채워야 한다.
③ 오일 수준을 점검하기 전에 항상 오일 수준 게이지주변을 깨끗하게 청소한다.
④ 오일량이 너무 적으면 모터 유닛이 올바르게 작동하지 않거나 손상될 수 있으므로 오일량은 항상 정량유지가 필요하다.

18. 유압장치에서 오일의 역류를 방지하기 위한 밸브는?

① 변환 밸브
② 압력조절 밸브
③ 체크 밸브
④ 흡기 밸브

체크 밸브는 유체의 흐름 방향을 한쪽 방향으로만 흐르게 하는 밸브를 말한다.

19. 플런저식 유압펌프의 특징이 아닌 것은?

① 구동축이 회전운동을 한다.
② 플런저가 회전운동을 한다.
③ 가변용량형과 정용량형이 있다.
④ 기어펌프에 비해 최고 압력이 높다.

플런저가 실린더 내를 왕복 운동하여 흡입, 송출한다.

20. 압력 제어밸브의 종류가 아닌 것은?

① 교축 밸브(throttle valve)
② 릴리프 밸브(relief valve)
③ 시퀀스 밸브(sequence valve)
④ 카운터 밸런스 밸브(counter balance valve)

교축 밸브(스로틀 밸브)는 밸브 내의 유로 면적을 외부로부터 바꾸어 줌으로써 오일의 유로에 저항을 부여하는 유량 조정 밸브이다.

21. 각종 압력을 설명한 것으로 틀린 것은?

① 계기압력: 대기압을 기준으로 한 압력
② 절대압력: 완전진공을 기준으로 한 압력
③ 대기압력: 절대압력과 계기압력을 곱한 압력
④ 진공압력: 대기압 이하의 압력, 즉 음(-)의 계기압력

대기압이란 공기의 무게에 의해 생기는 대기의 압력을 말한다. 참고로 계기압력과 대기압력의 합을 절대압력이라 한다.

22. 기체-오일식 어큐뮬레이터에 가장 많이 사용되는 가스는?

① 산소　　　　　　　　② 질소
③ 아세틸렌　　　　　　④ 이산화탄소

23. 가변 용량형 유압펌프의 기호 표시는?

① 　　　②

③ 〰〰　　　　　　④ ▭

① 가변용량형 유압펌프, ② 정용량형 유압펌프, ③ 스프링

24. 기어식 유압펌프에 폐쇄작용이 생기면 어떤 현상이 생길 수 있는가?

① 기름의 토출
② 기포의 발생
③ 기어 진동의 소멸
④ 출력의 증가

25. 유압회로에서 호스의 노화 현상이 아닌 것은?

① 호스의 표면에 갈라짐이 발생한 경우
② 코킹 부분에서 오일이 누유 되는 경우
③ 액추에이터의 작동이 원활하지 않을 경우
④ 정상적인 압력상태에서 호스가 파손될 경우

26. 유압유의 주요 기능이 아닌 것은?

　　① 열을 흡수한다.

　　② 동력을 전달한다.

　　③ 필요한 요소 사이를 밀봉한다.

　　④ 움직이는 기계요소를 마모시킨다.

유압유의 주요 기능

• 동력을 전달한다.

• 움직이는 부분에 대한 효율을 증대시킨다.

• 맞물린 부위의 간극을 밀봉한다.

• 열을 흡수한다.

27. 보기에서 작업자의 올바른 안전 자세로 모두 짝지어진 것은?

　　[보기]
　　a. 자신의 안전과 타인의 안전을 고려한다.
　　b. 작업에 임해서는 아무런 생각 없이 작업한다.
　　c. 작업장 환경 조성을 위해 노력한다.
　　d. 작업 안전 사항을 준수한다.

　　① a, b, c　　　　　② a, c, d

　　③ a, b, d　　　　　④ a, b, c, d

28. 작업장에서 작업복을 착용하는 주된 이유는?

　　① 작업 속도를 높이기 위해서

　　② 작업자의 복장 통일을 위해서

　　③ 작업장의 질서를 확립시키기 위해서

　　④ 재해로부터 작업자의 몸을 보호하기 위해서

작업복을 착용하는 주된 이유는 재해로부터 작업자의 몸을 보호하기 위한 것이 첫 번째이다.

29. 스패너 사용 시 주의사항으로 잘못된 것은?

　　① 스패너의 입이 너트 폭과 맞는 것을 사용한다.

　　② 필요시 두 개를 이어서 사용할 수 있다.

　　③ 스패너를 너트에 정확히 장착하여 사용한다.

　　④ 스패너의 입이 변형된 것은 폐기한다.

스패너에 파이프 등 연장대를 끼우거나, 두 개를 이어서 사용해서는 안 된다.

30. 재해 발생원인 중 직접원인이 아닌 것은?

　　① 기계 배치의 결함　　　　② 교육 훈련 미숙

　　③ 불량 공구 사용　　　　　④ 작업 조명의 불량

직접원인이란 직접적으로 사고를 일으키는 불안전 행동이나 불안전한 기계적 상태를 포함한다. 보기 중 ②항은 간접원인 중 교육적 원인에 속한다.

31. 안전제일에서 가장 먼저 선행되어야 하는 이념으로 맞는 것은?

　　① 재산 보호　　　　　② 생산성 향상

　　③ 신뢰성 향상　　　　④ 인명 보호

안전관리란 재해로부터 인간의 생명과 재산을 보존하기 위한 계획적이고 체계적인 제반 활동을 의미한다.

32. 동력공구 사용 시 주의사항으로 틀린 것은?

　　① 보호구는 사용 안 해도 무방하다.

　　② 에어 그라인더는 회전수에 유의한다.

　　③ 규정 공기압력을 유지한다.

　　④ 압축공기 중의 수분을 제거하여 준다.

보호구는 해당 작업에 적합한 것을 항상 사용해야 한다.

33. 연삭기에서 연삭칩의 비산을 막기 위한 안전 방호 장치는?

　　① 안전 덮개

　　② 광전식 안전 방호장치

　　③ 급정치 장치

　　④ 양수 조작식 방호장치

연삭기의 방호장치는 덮개이다.

34. 점검주기에 따른 안전점검의 종류에 해당되지 않는 것은?

　　① 수시점검　　　　　② 정기점검

　　③ 특별점검　　　　　④ 구조점검

점검주기에 따른 안전점검의 종류에는 수시점검, 정기점검, 특별점검 및 임시점검이 있다.

35. 작업장에서 지킬 안전사항 중 틀린 것은?

　　① 안전모는 반드시 착용한다.

　　② 고압전기, 유해가스 등에 적색 표지판을 부착한다.

　　③ 해머작업을 할 때는 장갑을 착용한다.

　　④ 기계의 주유시는 동력을 차단한다.

해머작업 시에는 미끄러질 위험이 있으므로 착용해서는 안 된다.

36. B급 화재에 대한 설명으로 옳은 것은?

　　① 목재, 섬유류 등의 화재로서 일반적으로 냉각소화를 한다.

　　② 유류 등의 화재로서 일반적으로 질식 효과(공기찬다)로 소화한다.

　　③ 전기기기의 화재로서 일반적으로 전기 절연성을 갖는 소화제로 소화한다.

　　④ 금속나트륨 등의 화재로 일반적으로 건조사를 이용한 질식효과로 소화한다.

화재의 종류

• A급 화재: 일반 가연물 화재

• B급 화재: 유류 화재

• C급 화재: 전기 화재

• D급 화재: 금속 화재

37. 지게차의 주된 구동방식은?

　　① 앞바퀴 구동

　　② 뒷바퀴 구동

　　③ 전후 구동

　　④ 중간 차축 구동

지게차는 앞바퀴 구동식으로 되어 있으며 복잡한 전부장치 때문에 뒷바퀴 조향식으로 되어 있다.

38. 지게차의 구조 중 틀린 것은?

　　① 마스트　　　　　② 밸런스 웨이트

　　③ 틸트 레버　　　　④ 레킹 볼

레킹 볼은 철거할 건물을 부수기 위해 크레인에 매달아 휘두르는 공 모양의 쇳덩이를 말한다.

39. 지게차에서 틸트 레버를 운전자 쪽으로 당기면 마스트는 어떻게 기울어지는가?
① 아래쪽으로
② 앞쪽으로
③ 위쪽으로
④ 뒤쪽으로

틸트 레버를 당기면 마스터가 뒤쪽으로 기울어지고, 밀면 마스트가 앞쪽으로 기울어진다.

40. 화물을 적재하고 주행할 때 포크와 지면의 간경으로 가장 적당한 것은?
① 지면에 밀착
② 20~30cm
③ 50~55cm
④ 80~85cm

화물을 적재하고 주행할 때 포크와 지면과 간격은 20~30 cm가 좋다.

41. 지게차에서 자동차와 같이 스프링을 사용하지 않은 이유를 설명한 것으로 옳은 것은?
① 롤링이 생기면 적하물이 떨어지기 때문이다.
② 현가장치가 있으면 조향이 어렵기 때문이다.
③ 화물에 충격을 주기 위함이다.
④ 앞차축이 구동축이기 때문이다.

42. 지게차로 가파른 경사지에서 적재물을 운반할 때에는 어떤 방법이 좋겠는가?
① 기어의 변속을 중립에 놓고 내려온다.
② 지그재그로 회전하며 내려온다.
③ 기어의 변속을 저속상태로 놓고 후진으로 내려온다.
④ 적재물을 앞으로 하여 천천히 내려온다.

경사지 화물 운반 시 내리막길에서는 후진, 오르막길에서는 전진으로 운행한다.

43. 건설기계 운전 중 주의사항으로 가장 거리가 먼 것은?
① 기관을 필요 이상 공회전 시키지 않는다.
② 급가속 급브레이크는 장비에 악영향을 주므로 피한다.
③ 커브 주행은 커브에 도달하기 전에 속력을 줄이고, 주의하여 주행한다.
④ 주행 중에 이상소음, 냄새 등의 이상을 느낀 경우에는 작업 후에 점검한다.

주행 중 이상이 있는 경우 곧바로 점검하여야 한다.

44. 지게차로 적재작업을 할 때 유의사항으로 틀린 것은?
① 운반하려고 하는 화물 가까이 가면 속도를 줄인다.
② 화물 앞에서는 일단 정지한다.
③ 화물이 무너지거나 파손 등의 위험성 여부를 확인한다.
④ 화물을 높이 들어 올려 아랫부분을 확인하며 천천히 출발한다.

45. 지게차의 일상점검 사항이 아닌 것은?
① 토크 컨버터의 오일 점검
② 타이어 손상 및 공기압 점검
③ 틸트 실린더 오일누유 상태
④ 작동유의 양

46. 지게차 작업 도중에 엔진이 정지 되었을 때 틸트레버를 밀어도 마스트가 경사되지 않도록 하는 것은?
① 체크 밸브
② 스테빌라이저
③ 틸트 록 밸브
④ 벨 크랭크 기구

지게차가 작업 도중 엔진이 정지되면 틸트 록 밸브가 유압회로를 차단하여 틸트 레버를 조작해도 마스트가 경사되지 않는다.

47. 지게차의 리프트 체인에 주유하는 오일로 맞는 것은?
① 자동변속기 오일로 주유한다.
② 작동유로 주유한다.
③ 엔진오일로 주유한다.
④ 솔벤트로 주유한다.

리프트 체인의 주유는 엔진오일로 한다.

48. 지게차의 뒤쪽에 설치되어 차체가 앞쪽으로 쏠리는 것을 방지하는 것은?
① 엔진
② 클러치
③ 변속기
④ 카운터 웨이트

카운터 웨이트는 지게차 뒤쪽에 설치하며 화물을 적재 하였을 때 앞쪽으로 쏠리는 것을 방지하며 평형추라고도 한다.

49. 화물 적재후 지게차의 안전한 운전 방법에 대한 설명으로 맞는 것은?
① 평지에서 주행 시에는 급제동을 하여도 된다.
② 오르막길을 올라갈 때는 마스트를 앞쪽으로 기울인다.
③ 비탈길을 내려 올대는 후진으로 천천히 내려온다.
④ 자동변속기가 장착된 경우 전진으로 주행 중 후진으로 변속 시 브레이크 페달을 밟지 않고 변속한다.

화물 적재 후 경사지를 내려올 때는 후진으로 내려온다.

50. 지게차 운전 조작 시 안전한 사항으로 맞지 않는 것은?
① 마스트를 전방으로 틸트하고 포크를 지면에 내려놓는다.
② 시동 스위치를 OFF 하고 주차 브레이크를 작동시킨다.
③ 주 · 정차 시 지게차에 키를 꽂아둔다.
④ 통로나 비상구에는 주차하지 않는다.

주 · 정차 시키는 지정된 장소에 보관한다.

51. 지게차 작업 전 포크를 올렸다 내렸다 하고, 틸트를 앞뒤로 작동 시키는 목적으로 맞는 것은?
① 유압 실린더 내부의 녹을 제거하기 위함이다.
② 작동유의 온도를 높이기 위함이다.
③ 오일 여과기의 오물을 제거하기 위함이다.
④ 작동유 탱크 내의 공기빼기를 하기 위함이다.

52. 파렛트를 필요로 하지 않느 제품의 포장에 적용되며 화물의 성

질, 형태, 충격 및 보관을 고려하여 철띠 등으로 고정하는 포장은?

① 개방형 포장

② 밀폐형 포장

③ 스키드 포장

④ 번들 포장

53. 지게차 수신호 방법에서 오른팔을 들고 오른손 엄지손가락을 아래쪽으로 반복하여 가리키는 신호로 맞는 것은?

① 화물 이동

② 포크 전경

③ 호크 후경

④ 화불 이동

54. 포크에 360° 회전 가능한 로테이터를 부착하여 기계가공 공장의 칩, 폐기물 처리시 용기에 담긴 화물을 캐리지와 포크가 같이 회전하여 하역하는 작업 장치는?

① 램

② 푸시 풀

③ 사이드 쉬프터

④ 로테이팅 포크

55. 제지 공장에서 롤 형태의 화물을 클램핑 및 회전시켜 운반 및 적재하는 작업장치는?

① 베일 클램프

② 멀티퍼포스 클램프

③ 로테이팅 롤 클램프

④ 드럼 클램프

56. 축전지와 전동기를 동력으로 하는 지게차는?

① 수동지게차

② 유압지게차

③ 전동지게차

④ 엔진지게차

축전지를 동력원으로 하는 지게차는 전동지게차이다.

57. 다음 교통안전 표지에 대한 설명으로 맞는 것은?

① 최고 중량 제한표지

② 차간거리 최저 30m 제한표지

③ 최고 시속 30km 속도 제한표지

④ 최저 시속 30km 속도 제한표지

밑줄이 있으면 최저 속도 제한, 밑줄이 없으면 최고 속도 제한 표지이다.

58. 신호등이 없는 철길건널목 통과방법 중 옳은 것은?

① 차단기가 올라가 있으면 그대로 통과해도 된다.

② 반드시 일시정지를 한 후 안전을 확인하고 통과한다.

③ 신호등이 진행 신호일 경우에도 반드시 일시정지를 하여야 한

다.

④ 일시정지를 하지 않아도 좌우를 살피면서 서행으로 통과하면 된다.

모든 차는 신호등이 없는 철길 건널목을 통과하고자 하는 때에는 그 건널목 앞에서 반드시 일단 정지를 하여 안전함을 확인한 후에 통과하여야 한다.

59. 도로교통법상에서 차마가 도로의 중앙이나 좌측 부분을 통행할 수 있도록 허용한 것은 도로 우측 부분의 폭이 얼마 이하 일 때인가?

① 2미터

② 3미터

③ 5미터

④ 6미터

도로 우측 부분의 폭이 6미터가 되지 아니하는 도로에서 다른 차를 앞지르려는 경우에는 도로의 중앙이나 좌측 부분을 통행 할 수 있다. 단, 도로의 좌측 부분을 확인할 수 없는 경우, 반대 방향의 교통을 방해할 우려가 있는 경우, 안전표지 등으로 앞지르기를 금지하거나 제한하고 있는 경우에는 그러하지 아니하다.

60. 교통사고가 발생하였을 때 운전자가 가장 먼저 취해야 할 조치로 적절한 것은?

① 즉시 보험회사에 신고한다.

② 모범운전자에게 신고한다.

③ 즉시 피해자 가족에게 알린다.

④ 즉시 사상자를 구호하고 경찰에 연락한다.

사상자 구호는 사고 시의 최우선 조치 사항이다.

1	2	3	4	5	6	7	8	9	10
④	④	③	④	①	③	④	③	④	③
11	12	13	14	15	16	17	18	19	20
②	④	④	①	②	④	②	③	②	①
21	22	23	24	25	26	27	28	29	30
③	②	①	②	③	④	②	④	②	②
31	32	33	34	35	36	37	38	39	40
④	①	①	④	③	②	①	④	④	②
41	42	43	44	45	46	47	48	49	50
①	②	④	①	④	①	②	②	④	③
51	52	53	54	55	56	57	58	59	60
②	④	②	④	③	③	④	②	④	④

1. 건설기계관리법상 건설기계를 검사유효기간이 끝난 후에 계속 운행하고자 할 때는 어느 검사를 받아야 하는가?
   ① 신규등록검사
   ② 계속검사
   ③ 수시검사
   ④ 정기검사

건설기계의 검사

- 신규 등록검사: 건설기계를 신규로 등록할 때 실시하는 검사
- 정기검사: 건설공사용 건설기계로서 검사유효기간이 끝난후에 계속하여 운행하려는 경우에 실시하는 검사와 운행차의 정기검사
- 구조변경검사: 건설기계의 주요 구조를 변경하거나 개조한 경우 실시하는 검사
- 수시검사: 성능이 불량하거나 사고가 자주 발생하는 건설기계의 안전성 등을 점검하기 위하여 수시로 실시하는 검사와 건설기계 소유자의 신청을 받아 실시하는 검사

2. 도로교통법상 규정한 운전면허를 받아 조종할 수 있는 건설기계가 아닌 것은?
   ① 타워크레인
   ② 덤프트럭
   ③ 콘크리트펌프
   ④ 콘크리트믹서트럭

덤프트럭, 콘크리트펌프, 콘크리트믹서트럭은 운전면허 중 제1종 대형면허를 취득하면 운전이 가능한 건설기계이다.

3. 건설기계관리법상 정기적성검사 또는 수시적성검사를 받지 아니한 건설기계조종사에 대한 과태료는?
   ① 100만원 이하
   ② 50만원 이하
   ③ 500만원 이하
   ④ 300만원 이하

300만원 이하의 과태료

- 건설기계임대차 등에 관한 계약서를 작성하지 아니한 자
- 건설기계조종사의 정기적성검사 또는 수시적성검사를 받지 아니한 자
- 시설 또는 업무에 관한 보고를 하지 아니하거나 거짓으로 보고한 자
- 소속 공무원의 검사·질문을 거부·방해·기피한 자

4. 보기의 ( )안에 알맞은 것은?

[보기]
건설기계소유자가 부득이한 사유로 검사신청 기간 내에 검사를 받을 수 없는 경우에는 검사연기사유 증명서류를 시·도지사에게 제출하여야 한다.
검사연기를 허가받으면 검사 유효기간은 ( )월 이내로 연장된다.

① 1   ② 2
③ 3   ④ 6

검사의 연기

- 건설기계소유자는 천재지변, 건설기계의 도난, 사고발생, 압류 1월 이상에 걸친 정비 그 밖의 부득이 한 사유로 검사신청기간 내에 검사를 신청할 수 없는 경우에는 검사신청기간 만료일까지 검사연기신청서에 연기사유를 증명할 수 있는 서류를 첨부하여 시·도지사에게 제출하여야 한다.
- 검사연기신청을 받은 시·도지사 또는 검사대행자는 그 신청일부터 5일 이내에 검사연기여부를 결정하여 신청인에게 통지하여야 한다. 이 경우 검사연기 불허통지를 받은자는 검사신청기간 만료일부터 10일 이내에 검사신청을 하여야 한다.
- 검사를 연기하는 경우에는 그 연기기간을 6월 이내로 한다. 이 경우 그 연기기간동안 검사유효기간이 연장된 것으로 본다.

5. 검설기계의 소유자는 건설기계등록사항에 변경이 있는 때에 그 변경이 있은 날부터 며칠 이내에 건설기계등록사항변경신고서를 시·도지사에게 제출하여야 하는가?(단, 상속의 경우를 제외한다.)
   ① 15일
   ② 20일
   ③ 25일
   ④ 30일

건설기계의 소유자는 건설기계등록사항에 변경(주소지 또는 사용본거지가 변경된 경우를 제외)이 있는 때에는 그 변경이 있은 날부터 30일(상속의 경우에는 상속개시일부터 3개월)이내에 건설기계등록사항변경신고서에 필요한 서류를 첨부하여 등록을 한 시·도지사에게 제출하여야 한다. 다만, 전시·사변 기타 이에 준하는 국가비상사태 하에 있어서는 5일 이내에 하여야 한다.

6. 건설기계관리법상 건설기계 운전자의 과실로 경상 6명의 인명 피해를 입혔을 때 처분 기준은?
   ① 면혀효력정지 10일
   ② 면혀효력정지 20일
   ③ 면혀효력정지 30일
   ④ 면혀효력정지 60일

인명피해를 입힌 때의 처분기준

- 사망 1명마다: 면혀효력정지 45일
- 중상 1명마다: 면혀효력정지 15일
- 경상 1명마다: 면혀효력정지 5일

7. 기관의 피스톤이 고착되는 원인으로 틀린 것은?
   ① 냉각수 량이 부족할 때
   ② 기관오일이 부족하였을 때
   ③ 기관이 과열되었을 때
   ④ 압축 압력이 정상일 때

피스톤의 고착 원인

- 냉각수 량이 부족할 때
- 기관오일이 부족하였을 때
- 기관이 과열되었을 때
- 피스톤 간극이 적을 때

8. 기관의 운전 상태를 감시하고 고장진단 할 수 있는 기능은?
   ① 윤활 기능
   ② 제동 기능

③ 조향 기능

④ 자기진단 기능

9. 납축전지 터미널에 녹이 발생했을 때의 조치방법으로 가장 적합한 것은?

① 물걸레로 닦아내고 더 조인다.

② 녹을 닦은 후 고정시키고 소량의 그리스를 상부에 도포한다.

③ (+)와 (-)터미널을 서로 교환한다.

④ 녹슬지 않게 엔진오일을 도포하고 확실히 더 조인다.

납축전지 터미널에 녹이 발생하면 녹을 닦은 후 고정시키고 소량의 그리스를 상부에 도포한다.

10. 기관 윤활유의 구비 조건이 아닌 것은?

① 점도가 적당할 것

② 청정력이 클 것

③ 비중이 적당 할 것

④ 응고점이 높을 것

기관 윤활유는 인화점은 높고, 응고점은 낮은 것이 좋다.

11. 직류직권 전동기에 대한 설명 중 틀린 것은?

① 기동 회전력이 분권 전동기에 비해 크다.

② 부하에 따른 회전 속도의 변화가 크다.

③ 부하를 크게 하면 회전속도가 낮아진다.

④ 부하에 관계없이 회전속도가 일정하다.

전동기의 특성

구분	장점	단점
직권 전동기	기동회전력이 크다.	회전속도의 변화가 크다.
분권 전동기	회전속도의 변화가 없다.	회전력이 비교적 작다.
복권 전동기	직권과 분권의 양쪽 특성을 갖는다.	구조가 복잡하다.

12. 소음기나 배기관 내부에 많은 양의 카본이 부착되면 배압은 어떻게 되는가?

① 낮아진다.

② 저속에는 높아졌다가 고속에는 낮아진다.

③ 높아진다.

④ 영향을 미치지 않는다.

소음기나 배기관 내부에 많은 양의 카본이 부착되면 배압은 높아지고 이에 따라 기관 과열, 기관의 출력 감소, 냉각수 온도 과열이 초래된다.

13. 보기에 나타낸 것은 기관에서 어느 구성품을 형태에 따라 구분한 것인가?

[보기]
직접분사식, 예연소실식, 와류실식, 공기실식

① 연료분사장치

② 연소실

③ 점화장치

④ 동력전달장치

보기는 연소실을 형태에 따라 구분한 것으로 디젤기관은 압축열에 의한 자연착화기관이므로 공기와 연료가 잘 혼합될 수 있는 구조여야 하며, 특히 압축 행정에서 와류를 일어나게 하여 혼합을 돕는 등 여러 가지 구비 조건을 갖추어야 한다.

14. 냉각장치에 사용되는 라디에이터의 구성품이 아닌 것은?

① 냉각수 주입구

② 냉각핀

③ 코어

④ 물재킷

물재킷은 습식라이너의 바깥 둘레를 구성하는 것으로 냉각수와 직접 접촉한다.

15. 충전장치에서 발전기는 어떤 축과 연동되어 구동되는가?

① 크랭크축

② 캠축

③ 추진축

④ 변속기 입력축

직류 발전기는 계자 코일과 철심으로 된 전자석의 N극과 S극 사이에 둥근형의 아마추어 코일을 넣고, 코일A와 B를 정류자의 정류자편 E와F에 접속한 다음 크랭크축 풀리와 팬 벨트로 회전시키면 코일ㄹ A와 B가 함께 회전하는 도체는 자력선을 끊어 전자유도 작용에 의한 전압을 발생시키는 일종의 자려자식이다.

16. 디젤기관에서 인젝터간 연료 분사량이 일정하지 않을 때 나타나는 현상은?

① 연료 분사량에 관계없이 기관은 순조로운 회전을 한다.

② 연료 소비에는 관계가 있으나 기관 회전에는 영향을 미치지 않는다.

③ 연소 폭발음의 차이가 있으며 기관은 부조를 하게된다.

④ 출력은 향상되나 기관은 부조를 하게 된다.

인젝터에서 각 실린더 별로 분사량이 달리하여 분사하면 폭발상태가 달라지므로 부조 상태가 된다.

17. 유압펌프에서 발생된 유체에너지를 이용하여 직선운동이나 회전운동을 하는 유압기기는?

① 오일 쿨러

② 제어 밸브

③ 액추에이터

④ 어큐뮬레이터

액추에이터(actuator)는 유압의 에너지를 기계적 에너지로 변화시키는 장치로 유압의 에너지에 의해서 직선 왕복 운동을 하는 유압 실린더와 유압의 에너지에 의해서 회전 운동을 하는 유압모터가 있다.

18. 유압장치에서 방향제어 밸브에 해당하는 것은?

① 셔틀 밸브

② 릴리프 밸브

③ 시퀀스 밸브

④ 언로더 밸브

유압밸스

• 압력제어 밸브: 일의 크기 조정(릴리프 밸브, 감압 밸브, 시퀀스 밸브, 언로더 밸브, 카운터 밸런스 밸브 등)

• 유량제어 밸브: 일의 속도 제어(스로틀 밸브, 압력보상 유량 제어 밸브 등)

• 방향제어 밸브: 일의 방향을 변환(체크 밸브, 스풀 밸브, 감속 밸브, 셔틀 밸브 등)

19. 압력제어 밸브의 종류가 아닌 것은?

① 언로더 밸브

② 스로틀 밸브

③ 시퀀스 밸브

④ 릴리프 밸브

문제 18번 해설 참조

20. 유압유의 점검사항과 관계없는 것은?

① 점도

② 마멸성

③ 소포성

④ 윤활성

유압유의 점검사항: 점도, 소포성, 윤활성

21. 그림의 유압 기호는 무엇을 표시하는가?

① 유압 실린더

② 어큐뮬레이터

③ 오일 탱크

④ 유압실린더 로드

그림의 유압 기호는 어큐뮬레이터(축압기)이며, 축압기는 유압 에너지의 저장, 충격흡수 등에 이용된다.

22. 그림과 같이 2개의 기어와 케이싱으로 구성되어 오일을 토출하는 펌프는?

① 내접 기어 펌프

② 외접 기어 펌프

③ 스크루 기어 펌프

④ 트로코이드 기어 펌프

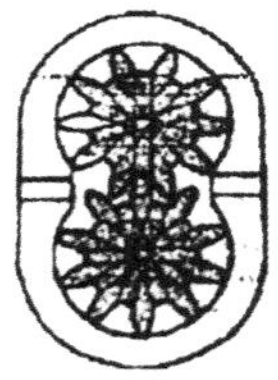

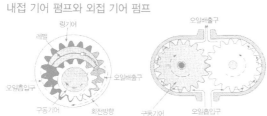

내접 기어 펌프와 외접 기어 펌프

[내접기어펌프]   [외접기어펌프]

23. 작업 중에 유압펌프로부터 토출유량이 필요하지 않게 되었을 때, 토출유를 저압으로 귀환 시키는 회로는?

① 시퀀스 회로

② 어큐뮬레이터 회로

③ 블리드 오프 회로

④ 언로더 회로

회로의 용어 정의

• 시퀀스 회로: 실린더를 순차적으로 작동시키기 위한 회로

• 어큐뮬레이터 회로: 유압 펌프 토출구 가까이에 어큐뮬레이터를 설치하고 밸브 변환시에 발생하는 서지 압력을 흡수하고 펌프의 순간적인 과부하 방지 및 회로에서의 진동, 소음, 배관의 느슨함에 의해서 발생하는 누유 및 파손 등을 방지하는 회로

• 블리드 오프 회로: 유량조절 밸브를 바이패스 회로에 설치하고 유압 실린더를 송유하는 작동유 이외의 작동유를 탱크로 복귀시키는 회로

24. 유압모터를 선택할 때의 고려사항과 가장 거리가 먼 것은?

① 동력

② 부하

③ 효율

④ 점도

점도는 유압유와 관련이 있는 것으로 유압모터 선택 시 고려사항에는 해당되지 않는다.

25. 유압유에 요구되는 성질이 아닌 것은?

① 산화 안정성이 있을 것

② 윤활성과 방청성이 있을 것

③ 보관 중에 성분의 분리가 있을 것

④ 넓은 온도범위에서 점도변화가 적을 것

유압유의 구비조건

• 넓은 온도 범위에서 점도의 변화가 적을 것

• 점도 지수가 높을 것

• 산화에 대한 안정성이 있을 것

• 윤활성과 방청성이 있을 것

• 착화점이 높을 것

• 적당한 유동성이 있을 것

• 물리적, 화학적인 변화가 없고 비압축성일 것

• 유압장치에 사용되는 재료에 대하여 불활성일 것

26. 유압유에 포함된 불순물을 제거하기 위해서 유압펌프 흡입관에 설치하는 것은?

① 부스터

② 스트레이너

③ 공기청정기

④ 어큐뮬레이터

스트레이너는 유압탱크에 설치되어 유압 펌프로 유압유를 유도하고 유압유 속의 불순물을 여과한다.

27. 수공구 사용 시 안전수칙으로 바르지 못한 것은?

① 톱 작업은 밀 때 절삭되게 작업한다.

② 줄 작업으로 생긴 쇳가루는 브러시로 털어 낸다.

③ 해머작업은 미끄러짐을 방지하기 위해서 반드시 면장갑을 끼고 작업한다.

④ 조정 렌치는 조정조가 있는 부분에 힘을 받지 않게하여 사용한다.

해머작업 시 장갑을 끼면 미끄러지기 쉬워 위험하다.

28. 화재 발생 시 초기 진화를 위해 소화기를 사용하고자 할 때, 다음 보기에서 소화기 사용방법에 따른 순서로 맞는 것은?

[보기]
a. 안전핀을 뽑는다.
b. 안전핀 걸림 장치를 제거한다.
c. 손잡이를 움켜잡아 분사한다.
d. 노즐을 불이 있는 곳으로 향하게 한다.

① a → b → c → d

② c → a → b → d

③ d → b → c → a

④ b → a → d → c

29. 크레인으로 인양 시 물체의 중심을 측정하여 인양하여야 한다. 다음 중 잘못된 것은?

① 형상이 복잡한 물체의 무게 중심을 확인한다.

② 인양 물체를 서서히 올려 지상 약 30cm 지점에서 정지하여 확인한다.

③ 인양 물체의 중심이 높으면 물체가 기울 수 있다.

④ 와이어로프나 매달기용 체인이 벗겨질 우려가 있으면 되도록 높이 인양한다.

인양 물체의 중심이 높으면 물체가 기울거나 와이어로프나 매달기용 체인이 벗겨질 우려가 있으므로 중심은 될 수 있는 한 낮게 하여 매달도록 하여야 한다.

30. 작업 중 기계에 손이 끼어 들어가는 안전사고가 발생했을 경우 우선적으로 해야 할 것은?

① 신고부터 한다.

② 응급처치를 한다.

③ 기계의 전원을 끈다.

④ 신경 쓰지 않고 계속 작업한다.

먼저 기계의 전원을 꺼서 정지시키고 응급처치를 한다.

31. 렌치의 사용이 적합하지 않는 것은?

① 둥근 파이프를 죌 때 파이프 렌치를 사용하였다.

② 렌치는 적당한 힘으로 볼트, 너트를 죄고 풀어야 한다.

③ 오픈 렌치로 파이프 피팅 작업에 사용하였다.

④ 토크 렌치의 용도는 큰 토크를 요할 때만 사용한다.

토크 렌치는 볼트, 너트, 스크루 등을 규정된 값으로 조일 때 사용하는 정밀 측정 공구로 다수의 볼트에 토크를 주어 나사산의 파손이나 탈락을 방지하는 용도로 사용한다.

32. 감전되거나 전기화상을 입을 위험이 있는 곳에서 작업시 작업자가 착용해야 할 것은?

① 구명구

② 보호구

③ 구명조끼

④ 비상벨

33. 다음 중 안전의 제일 이념에 해당하는 것은?

① 품질 향상

② 재산 보호

③ 인간 존중

④ 생산성 향상

안전관리란 재해로부터 인간의 생명과 재산을 보존하기 위한 계획적이고 체계적인 제반 활동을 의미한다.

34. 안전관리상 장갑을 끼고 작업할 경우 위험할 수 있는 것은?

① 드릴 작업

② 줄 작업

③ 용접 작업

④ 판금 작업

드릴 작업 시 장갑을 끼면 손이 말려들 위험이 있다.

35. 위험기계·기구에 설치하는 방호장치가 아닌 것은?

① 하중측정장치

② 급정지장치

③ 역화방지장치

④ 자동전격방지장치

하중측정장치는 하중을 측정하는 장ㅇ치로 방호장치와는 거리가 멀다.

36. 전기 감전위험이 생기는 경우로 가장 거리가 먼 것은?

① 몸에 땀이 배어 있을 때

② 옷이 비에 젖어 있을 때

③ 앞치마를 하지 않았을 때

④ 발밑에 물이 있을 때

물 및 습기 등은 도전성이 높은 액체로 습윤 장소에서는 감전의 위험이 커진다.

37. 지게차의 하중을 지지해 주는 것은?

① 마스터 실린더

② 구동 차축

③ 차동 장치

④ 최종 구동장치

38. 지게차의 리프트 실린더의 역할은?

① 마스터를 틸트시킨다.

② 마스터를 이동시킨다.

③ 포크를 상승, 하강시킨다.

④ 포크를 앞뒤로 기울게 한다.

리프트 실린더는 레버를 당기면 유압유가 실린더의 아래쪽으로 유입되어 피스톤을 밀어 포크가 상승되는 단동 실린더이다. 또한, 레버를 밀면 화물의 중량 또는 포크의 자중에 의해 실린더에 유입된 유압유가 유압 탱크로 리턴되어 포크는 하강한다.

39. 지게차의 조종레버의 설명으로 틀린 것은?

① 로우어링(lowering)

② 덤핑(dumping)

③ 리프팅(lifting)

④ 틸팅(tilting)

• 로우어링(lowering): 포크 하강

• 리프팅(lifting): 포크 상승

• 틸팅(tilting): 마스트 기울림

40. 지게차를 주차할 때 취급사항으로 틀린 것은?

① 포크를 지면에 완전히 내린다.

② 기관을 정지한 후 주차 브레이크를 작동시킨다.

③ 시동을 끈 후 시동스위치의 키는 그대로 둔다.

④ 포크의 선단이 지면에 닿도록 마스트를 전방으로 적절히 경사시킨다.

시동을 끈 후 시동스위치의 키는 빼내서 보관한다.

41. 지게차의 체인장력 조정법으로 틀린 것은?

① 좌우체인이 동시에 평행한가를 확인한다.

② 포크를 지상에 조금 올린 후 조정한다.

③ 손으로 체인을 눌러보아 양쪽이 다르면 조정너트로 조정한다.

④ 조정 후 로크 너트를 풀어둔다.

체인의 장력 조정 후에는 로크 너트를 로크시켜야 한다.

42. 지게차의 작업장치로 틀린 것은?

① 마스트

② 자이언트 리퍼

③ 캐리어
④ 드럼 클램프

리퍼(ripper)는 도저 등에 설치되는 파쇄용 작업 장치에 해당된다.

43. 건설기계의 안전 수칙에 대한 설명으로 틀린 것은?
① 버켓이나 하주을 달아 올린 채로 브레이크를 걸어두어서는 안 된다.
② 운전석을 떠날 때에는 기관을 정지시켜야 한다.
③ 장비를 다른 곳으로 이동할 때에는 반드시 선회 브레이크를 풀어 놓고 장비로부터 내려와야 한다.
④ 무거운 하중은 5~10cm 들어 올려 브레이크나 기계의 안전을 확인한 후 작업에 임하도록 한다.

44. 평탄한 노면에서의 지게차 운전 하역 시 올바른 방법이 아닌 것은?
① 파렛트에 실은 짐이 안정되고 확실하게 실려 있는가를 확인한다.
② 포크는 상황에 따라 안전한 위치로 이동한다.
③ 불안정한 적재의 경우에는 빠르게 작업을 진행시킨다.
④ 파렛트를 사용하지 않고 밧줄로 짐을 걸어 올릴 때에는 포크에 잘 맞는 고리를 사용한다.

45. 지게차의 인칭 조절 기구에 대한 설명으로 맞는 것은?
① 변속기 내부에 있다.
② 브레이크에 있다.
③ 디셀레이터 페달이다.
④ 작업장치의 유압상승을 방지한다.

인칭 조절 기구는 변속기 내부에 있다.

46. 지게차 작업 중 포크를 하강시키는 방법으로 맞는 것은?
① 가속 페달을 밟고 리프트 레버를 뒤로 당긴다.
② 가속 페달을 밟고 리프트 레버를 앞으로 민다.
③ 가속 페달을 밟지 않고 리프트 레버를 뒤로 당긴다.
④ 가속 페달을 밟지 않고 리프트 레버를 앞으로 민다.

47. 깨지기 쉬운 화물이나 불안전한 화물의 낙하 방지를 위하여 포크 상단에 상하로 작동하는 압력판의 작업장치는?
① 하이 마스트
② 3단 마스트
③ 로드스태빌라이저
④ 사이드 쉬프터

48. 지게차의 각종장치를 조작하는 설명으로 틀린 것은?
① 전 · 후진 레버를 뒤로 당기면 전진이 된다.
② 틸트 레버를 뒤로 당기면 마스트는 뒤로 기운다.
③ 리프트 레버를 앞으로 밀면 포크가 하강한다.
④ 리프트 레버를 뒤로 당기면 포크가 상승한다.

전 · 후진 레버를 앞으로 밀면 전진이 되고, 뒤로 당기면 후진이 된다.

49. 지게차 작업 시 화물 취급 방법으로 맞지 않는 것은?
① 포크가 파렛트 속에 정확히 들어가도록 조작한다.

② 화물 적재 후 경사지 주행시에는 화물이 언덕 위쪽으로 향하도록 한다.
③ 포크 높이는 지면에서 60cm 이상 올리고 주행한다.
④ 화물 운반 시 마스트느 뒤로 4° 정도 경사시킨다.

화물 이동 시 포크의 높이는 지면으로부터 20~30cm 들고 이동한다.

50. 지게차 포크를 적하물에 따라 간격을 늘리고 줄이는데 사용되는 것은?
① 틸트 실린더 고정 핀
② 마스트 고정 핀
③ 리프트 실린더 고정 핀
④ 핑거보드 고정 핀

지게차 포크 가녁 조절 시 수동은 핑거보드 고정편 으로, 자동은 포크 포지셔너 레버로 한다.

51. 지게차 작동유의 양을 점검하는 방법으로 맞는 것은?
① 포크를 지면에 밀착 시킨 후 작동유의 양을 점검한다.
② 포크를 1/2정도 올린 후 작동유의 양을 점검한다.
③ 포크는 2/3 정도 올린 후 작동유의 양을 점검 한다.
④ 포크를 최대로 올린 후 작동유의 양을 점검한다.

작동유 량 점검은 포크를 지면에 밀착 시킨 후 작동유 레벨게이지를 뽑았을 때 게이지의 상한선과 하한선의 중간에 오일이 묻어있으면 정상이다.

52. 지면이 고르지 않은 야외 벌목장이나 야적장 등의 험준한 지역에서 사용되는 지게차는?
① 방폭형 지게차
② 사이드형 지게차
③ 험지형 지게차
④ 협 통로형 지게차

험지형 지게차는 사륜구동 지게차로 기존 지게차로는 작업이 불가능 했던 눈길, 모래, 자갈 alac 진흙 등의 험준한 지형에서 적재 작업이 가능하다.

53. 지게차의 작업 장치로 단조공장의 단조용 소재를 좌우의 암으로 클램핑과 회전하여 빼내거나 투입하는 작업장치는?
① 램
② 잉고트 클램프
③ 사이드 쉬프터
④ 힌지드 포크

단조 공장에서 단조용 소재를 빼내거나 투입 시 작업하는 장치는 잉고트 클램프이다.

54. 좁은 공간에서 랙에 화물을 적재 하거나, 화물 트럭의 한쪽 방향에서 화물 상하자 작업 시 캐리지와 포크가 전방으로 뻗어나가는 작업 장치는?
① 로드 익스텐더
② 베일 클램프
③ 로드스태빌라이저
④ 사이드 쉬프터

55. 지게차 주행 시 주의하여야 할 사항들 중 틀린 것은?
① 짐을 싣고 주행할 때는 절대로 속도를 내서는 안된다.

② 노면의 상태에 충분한 주의를 하여야 한다.

③ 포크의 끝을 밖으로 경사지게 한다.

④ 적하 장치에 사람을 태워서는 안 된다.

짐을 싣고 주행 시 포크의 끝을 뒤로 4° 정도 기울여야 한다.

56. 석탄, 소금, 비료 모래 등 흘러내리기 쉬운 화물을 운반하는데 적합한 것은?

① 스키드 포크

② 로테이팅 포크

③ 로드 스테빌라이저

④ 힌지드 버킷

지게차의 작업장치 중 힌지드 버킷은 힌지드 포크에 버킷을 끼워 흘러내리기 쉬운 화물을 운반하는데 적합하다.

57. 도로교통법상 4차로 이상 고속도로에서 건설기계의 최저속도는?

① 30km/h

② 40km/h

③ 50km/h

④ 60km/h

건설기계의 속도 규정

도로구분		최고속도	최저속도
편도1차로		80km/h	50km/h
편도2차로이상	모든 고속도로	80km/h	50km/h
	지정·고시한 노선 또는 구간	90km/h	50km/h

58. 도로교통법상 술에 취한 상태의 기준으로 옳은 것은?

① 혈중알코올농도 0.1 % 이상

② 혈중알코올농도 0.08 % 이상

③ 혈중알코올농도 0.03 % 이상

④ 혈중알코올농도 0.05 % 이상

• 술에 취한 상태: 0.03% 이상 0.08% 미만

• 술에 만취된 상태: 0.08% 이상

59. 도로교통법상 교통안전시설이나 교통정리원의 신호가 서로 다른 경우에 우선시 되어야 하는 지시는?

① 신호등의 신호

② 안전표시의 지시

③ 경찰공무원의 수신호

④ 경비업체 관계자의 수신호

도로를 통행하는 보행자와 모든 차마의 운전자는 교통안전시설이 표시하는 신호 또는 지시와 교통정리를 하는 국가경찰공무원·자치경찰공무원 또는 경찰보조자의 신호 또는 지시가 서로 다른 경우에는 경찰공무원등의 신호 또는 지시에 따라야 한다.

60. 도로교통법상 주차금지의 장소로 틀린 것은?

① 터널 안 및 다리 위

② 화재경보기로부터 5미터 이내인 곳

③ 소방용 기계·기구가 설치된 5미터 이내인 곳

④ 소방용 방화 물통이 있는 5미터 이내인 곳

화재경보기로부터 3미터 이내인 곳에서의 주차가 금지된다.

1	2	3	4	5	6	7	8	9	10
④	①	④	④	④	③	④	③	②	④
11	12	13	14	15	16	17	18	19	20
④	③	②	④	①	③	③	①	②	②
21	22	23	24	25	26	27	28	29	30
②	②	④	④	③	②	③	④	④	③
31	32	33	34	35	36	37	38	39	40
④	②	③	①	①	③	②	③	②	③
41	42	43	44	45	46	47	48	49	50
④	②	③	③	①	④	③	①	③	④
51	52	53	54	55	56	57	58	59	60
①	③	②	①	③	④	③	③	④	②

1. 건설기계 운전자가 조종 중 고의로 인명피해를 입히는 사고를 일으켰을 때 면허처분 기준은?
   ① 면허취소
   ② 면허효력 정지 30일
   ③ 면허효력 정지 20일
   ④ 면허효력 정지 10일

건설기계조종사의 면허 취소사유

• 거짓이나 그 밖의 부정한 방법으로 건설기계조종사면허를 받은 경우

• 건설기계조종사면허의 효력정지기간 중 건설기계를 조종한 경우

• 건설기계 조종 중 고의로 인명피해(사망·중상·경상 등)를 입힌 경우

• 건설기계 조종 중 과실로 산업안전보건법에 따른 다음의 중대재해가 발생한 경우

  - 사망자가 1명 이상 발생한 재해

  - 3개월 이상의 요양이 필요한 부상자가 동시에 2명 이상 발생한 재해

  - 부상자 또는 직업성질병자자가 동시에 10명 이상 발생한 재해

2. 건설기계 등록번호표의 표시내용이 아닌 것은?
   ① 기종
   ② 등록 번호
   ③ 등록 관청
   ④ 장비 연식

건설기계등록번호표에는 등록관청·용도·기종 및 등록번호를 표시하여야 하며, 압형으로 제작한다.

3. 건설기계의 구조 변경 가능 범위에 속하지 않는 것은?
   ① 수상작업용 건설기계 선체의 형식변경
   ② 적재함의 용량 증가를 위한 변경
   ③ 건설기계의 길이, 너비, 높이 변경
   ④ 조종장치의 형식 변경

구조의 변경 및 개조의 범위

• 원동기·동력전달장치·제동장치·주행장치·유압장치 조종장치·조향장치·작업장치의 형식변경. 다만, 가공작업을 수반하지 아니하고 작업장치를 선택부착하는 경우에는 작업장치의 형식변경으로 보지 아니한다.

• 건설기계의 길이·너비·높이 등의 변경

• 수상작업용 건설기계의 선체의 형식변경

※다만, 건설기계의 기종변경, 육상작업용 건설기계규격의 증가 또는 적재함의 용량증가를 위한 구조변경은 이를 할 수 없다.

4. 특별표지판 부착 대상인 대형 건설기계가 아닌 것은?
   ① 길이가 15m인 건설기계
   ② 너비가 2.8m인 건설기계
   ③ 높이가 6m인 건설기계
   ④ 총중량 45톤인 건설기계

특별표지판 부착대상 대형 건설기계

• 길이가 16.7m를 초과하는 건설기계

• 너비가 2.5m를 초과하는 건설기계

• 높이가 4.0m를 초과하는 건설기계

• 최소회전반경이 12m를 초과하는 건설기계

• 총 중량이 40톤을 초과하는 건설기계

• 총 중량 상태에서 축하중이 10톤을 초과하는 건설기계

5. 성능이 불량하거나 사고가 자주 발생하는 건설기계의 안전성 등을 점검하기 위하여 실시하는검사는?
   ① 예비검사
   ② 구조변경검사
   ③ 수시검사
   ④ 정기검사

건설기계의 검사

• 신규 등록검사 : 건설기계를 신규로 등록할 때 실시하는 검사

• 정기검사 : 건설공사용 건설기계로서 검사유효기간이 끝난 후에 계속하여 운행하려는 경우에 실시하는 검사와 운   행차의 정기검사

• 구조변경검사 : 건설기계의 주요 구조를 변경하거나 개조한 경우 실시하는 검사

• 수시검사 : 성능이 불량하거나 사고가 자주 발생하는 건설기계의 안전성 등을 점검하기 위하여 수시로 실시하는 검사와 건설기계 소유자의 신청을 받아 실시하는 검사

6. 건설기계의 등록 전에 임시운행 사유에 해당되지 않는 것은?
   ① 장비 구입 전 이상유무를 확인을 위해 1일간 예비운행을 하는 경우
   ② 등록신청을 하기 위하여 건설기계를 등록지로 운행하는 경우
   ③ 수출을 하기 위하여 건설기계를 선적지로 운행하는 경우
   ④ 신개발 건설기계를 시험·연구의 목적으로 운행하는 경우

임시운행 사유

• 등록신청을 하기 위하여 건설기계를 등록지로 운행하는 경우

• 신규등록검사 및 확인검사를 받기 위하여 건설기계를 검사 장소로 운행하는 경우

• 수출을 하기 위하여 건설기계를 선적지로 운행하는 경우

• 신개발 건설기계를 시험·연구의 목적으로 운행하는 경우

• 판매 또는 전시를 위하여 건설기계를 일시적으로 운행하는 경우

7. 디젤기관의 예열 장치에서 코일형 예열 플러그와 비교한 실드형 예열 플러그의 설명 중 틀린 것은?
   ① 발열량이 크고 열용량도 크다.
   ② 예열 플러그들 사이의 회로는 병렬로 결선되어 있다.
   ③ 기계적 강도 및 가스에 의한 부식에 약하다.
   ④ 예열 플러그 하나가 단선되어도 나머지는 작동된다.

코일형 예열 플러그는 히트 코일이 노출되어 있어 적열상태는좋으나 가스 부식에 약하며 배선은 직렬로 되어있다.

8. 디젤기관의 연소실중 연료 소비율이 낮으며 연소 압력이 가장 높은 연소실 형식은?
   ① 예연소실식
   ② 와류실식
   ③ 직접분사실식

④ 공기실식

직접분사실식은 연소실이 피스톤 헤드나 실린더 헤드에 있어 이곳에서 연료를 분사하는 방식으로 연료 소비율이 낮고 열효율이 높고 시동이 쉽다.

9. 기동 전동기 구성품 중 자력선을 형성하는 것은?
① 전기자
② 계자 코일
③ 슬립링
④ 브러시

기동 전동기는 축전지의 전류가 브러시, 정류자, 전기자 코일을 통해 계자 코일을 통과하므로 계자 철심에는 강력한 자력선이 생기게 되므로 전자력의 방향이 정해지고 전기자는 회전하게 된다.

10. 라디에이터(Radiator)에 대한 설명으로 틀린 것은?
① 라디에이터의 재료 대부분은 알루미늄 합금이 사용된다.
② 단위 면적당 방열량이 커야한다.
③ 냉각 효율을 높이기 위해 방열핀이 설치된다.
④ 공기 흐름 저항이 커야 냉각 효율이 높다.

라디에이터의 구비 조건 중 하나는 공기 흐름 저항이 적어야 한다는 점이다. 이는 공기 흐름 저항이 적어야 냉각 효율이 높기 때문이다.

11. 커먼레일 디젤기관의 연료장치 시스템에서 출력요소는?
① 공기 유량 센서
② 인젝터
③ 엔진 ECU
④ 브레이크 스위치

커먼레일 연료 분사장치는 분사펌프를 사용하지 않고 연료를 1,350bar 정도로 압축하여 인젝터를 사용하여 연소실 내에 직접 분사하는 전자제어식 디젤기관이다. 따라서 출력요소는 고압의 연료를 연소실에 미립자 형태로 분사하는 인젝터가 된다.

12. 디젤기관 연료여과기에 설치된 오버플로 밸브(overflow valve)의 기능이 아닌 것은?
① 여과기 각 부분 보호
② 연료공급펌프 소음발생 억제
③ 운전 중 공기 배출 작동
④ 인젝터의 연료분사시기 제어

오버플로 밸브의 기능
• 회로 내 공기 배출
• 연료 여과기 보호
• 연료 탱크 내 기포 발생 방지
• 분사 펌프의 소음 발생 방지

13. 4행정 기관에서 1 사이클을 완료할 때 크랭크축은 몇 회전 하는가?
① 1회전
② 2회전
③ 3회전
④ 4회전

4행정 기관에서는 크랭크축 2회전에 모든 실린더가 1회씩 폭발한다.

14. 엔진오일이 연소실로 올라오는 주된 이유는?
① 피스톤 링 마모
② 피스톤 핀 마모
③ 커넥팅로드 마모
④ 크랭크 축 마모

피스톤링이 마모되면 실린더벽에 뿌려진 오일을 긁어내리지 못하며 연소실로 오일이 올라가 연소된다.

15. 교류발전기의 다이오드가 하는 역할은?
① 전류를 조정하고, 교류를 정류한다.
② 전압을 조정하고, 교류를 정류한다.
③ 교류를 정류하고, 역류를 방지한다.
④ 여자전류를 조정하고, 역류를 방지한다.

교류발전기에 설치된 다이오드는 스테이터에서 발생된 교류 전류를 직류로 정류하고 배터리의 전류가 발전기로 역류되는 것을 방지한다.

16. 축전지의 전해액으로 알맞은것은?
① 순수한 물
② 과산화납
③ 해면상납
④ 묽은 황산

납산축전지의 전해액은 묽은 황산이다.

17. 다음 유압기호가 나타내는 것은?
① 릴리프 밸브
② 감압 밸브
③ 순차 밸브
④ 무부하 밸브

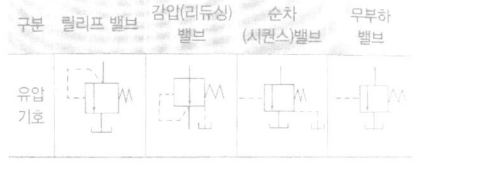

구분	릴리프 밸브	감압(리듀싱)밸브	순차(시퀀스)밸브	무부하 밸브
유압기호				

18. 유압장치에서 방향제어밸브에 대한 설명으로 틀린 것은?
① 유체의 흐름방향을 변환한다.
② 액추에이터의 속도를 제어한다.
③ 유체의 흐름 방향을 한쪽으로 허용한다.
④ 유압실린더나 유압모터의 작동 방향을 바꾸는데 사용한다.

속도를 제어하는 것은 유량제어밸브의 역할이다.

19. 유압장치에서 작동 및 움직임이 있는 곳의 연결관으로 적합한 것은?
① 플렉시블 호스
② 구리 파이프
③ 강 파이프
④ PVC 호스

유압식 조작기구의 브레이크 파이프 및 호스는 방청 처리된 3~8mm 강파이프 사용하며, 요동이 심한 곳은 플렉시블 호스를 사용한다.

20. 유압계통에 사용되는 오일의 점도가 너무 낮을 경우 나타날 수 있는 현상이 아닌 것은?
    ① 시동 저항 증가
    ② 펌프 효율 저하
    ③ 오일 누설 증가
    ④ 유압회로 내 압력 저하

오일점도가 낮을 경우 나타나는 현상
• 펌프 효율 저하
• 액추에이터의 효율 저하
• 회로 내의 누유
• 유압 저하
• 유압장치 각 부의 누유

21. 유일펌프가 작동 중 소음이 발생할 때의 원인으로 틀린 것은?
    ① 펌프축의 편심 오차가 크다.
    ② 펌프 흡입관 접합부로부터 공기가 유입된다.
    ③ 릴리프 밸브 출구에서 오일이 배출되고 있다.
    ④ 스트레이너가 막혀 흡입용량이 너무 작아졌다.

22. 유압장치에서 사용되는 오일 실(seal)의 종류 중류 중 O-링이 갖추어야 할 조건은?
    ① 체결력이 작을 것
    ② 압축변형이 적을 것
    ③ 작동 시 마모가 클 것
    ④ 오일의 입·출입이 가능할것

O-링은 오일 실(seal)의 한 종류로 내열성, 내탄성, 내구성, 내마모성 등이 좋아야 한다.

23. 건설기계의 유압장치를 가장 적절히 표현한 것은?
    ① 오일을 이용하여 전기를 생산하는 것
    ② 기체를 액체로 전환시키기 위해 압축하는 것
    ③ 오일의 연소에너지를 통해 동력을 생산하는 것
    ④ 오일의 유체에너지를 이용하여 기계적인 일을 하는 것

유압 액추에이터는 유압을 기계적 에너지로 바꾸는 것으로 유압 모터와 실린더를 말한다.

24. 자체중량에 의한 자유낙하 등을 방지하기 위하여 회로에 배압을 유지하는 밸브는?
    ① 감압 밸브
    ② 체크 밸브
    ③ 릴리프 밸브
    ④ 카운터 밸러스 밸브

카운터 밸런스 밸브(counter balance valve)는 유압 실린더 등이 자유 낙하되는 것을 방지하기 위하여 배압을 유지시키는 역할을 한다.

25. 제동 유압장치의 작동원리는 어느 이론에 바탕을 둔것인가?
    ① 열역한 제1법칙
    ② 보일의 법칙
    ③ 파스칼의 원리
    ④ 가속도 법칙

모든유압의 원리는 파스칼의 원리를 응용한 것이다.

26. 유압 모터의 종류에 포함되지 않는 것은?
    ① 기어형
    ② 베인형
    ③ 플런저형
    ④ 터빈형

유압 모터는 기어형, 베인형, 액시얼 플런저형, 레이디얼 플런저형, 멀티 스트로크형이 있다.

27. 밀폐된 공간에서 엔진을 가동할 때 가장 주의해야할 사항은?
    ① 소음으로 인한 추락
    ② 배출가스 중독
    ③ 진동으로 인한 직업병
    ④ 작업 시간

엔진 가동시 배출가스는 밀폐된 공간에서 인체에 치명적인 영향을 끼칠 수 있다. 참고로 디젤기관에서 규제하는 배출가스는 매연이다.

28. 해머 작업 시 틀린 것은?
    ① 장갑을 끼지 않는다.
    ② 작업에 알맞은 무게의 해머를 사용한다.
    ③ 해머는 처음부터 힘차게 때린다.
    ④ 자루가 단단한 것을 사용한다.

해머 작업 시에는 작게 시작하여 차차 큰 행정으로 작업하는 것이 좋다.

29. 크레인으로 무거운 물건을 위로 달아 올릴 때 주의할점이 아닌 것은?
    ① 달아 올릴 화물의 무게를 파악하여 제한하중이하에서 작업한다.
    ② 매달린 화물이 불안전하다고 생각될 때는 작업을 중지한다.
    ③ 신호의 규정이 없으므로 작업자가 적절히 한다.
    ④ 신호자의 신호에 따라 작업한다.

30. 전기 기기에 의한 감전 사고를 막기 위하여 필요한 설비로 가장 중요한 것은?
    ① 접지 설비
    ② 방폭등 설비
    ③ 고압계 설비
    ④ 대지 전위 상승 설비

접지설비란 외부 낙뢰 또는 전기설비 지락 사고로부터 접지전위와 접촉전압의 상승을 허용치 이내로 억제하여 인체를 보호하기 위한 설비를 말한다.

31. 진동 장애의 예방대책이 아닌 것은?
    ① 실외작업을 한다.
    ② 저진동 공구를 사용한다.
    ③ 진동업무를 자동화 한다.
    ④ 방진장갑과 귀마개를 착용 한다.

진동 장애 예방대책
• 충격 완충장치 설치
• 진동 흡수 장갑 착용
• 진동 경감 공구의 설계 등

32. 벨트를 교체 할 때 기관의 상태는?

　　① 고속상태

　　② 중속상태

　　③ 저속상태

　　④ 정지상태

벨트를 걸 때나 교체할 때는 엔진을 정지한 후에 작업해야한다.

33. 다음 중 드라이버 사용방법으로 틀린 것은?

　　① 날 끝 홈의 폭과 깊이가 같은 것을 사용한다.

　　② 전기 작업 시 자루는 모두 금속으로 되어 있는 것을 사용한다.

　　③ 날 끝이 수평이어야 하며 둥글거나 빠진 것은 사용하지 않는다.

　　④ 작은 공작물이라도 한손으로 잡지 않고 바이스 등으로 고정하고 사용한다.

전기 작업 시 자루가 모두 금속으로 되어 있는 경우 감전의 위험이 있다. 따라서, 자루는 절연체로 되어 있는 것을 사용해야 한다.

34. 화재 및 폭발의 우려가 있는 가스발생장치 작업장에서 지켜야 할 사항으로 맞지 않는 것은?

　　① 불연성 재료 사용금지

　　② 화기 사용금지

　　③ 인화성 물질 사용금지

　　④ 점화원이 될 수 있는 기계 사용금지

불연성 재료는 불에 타지 않는 재료를 말하며, 불연재료, 준불연재료, 난연재료를 모두 포함한다.

35. 소화 작업의 기본요소가 아닌 것은?

　　① 가연물질을 제가하면 된다.

　　② 산소를 차단하면 된다.

　　③ 점화원을 제거시키면 된다.

　　④ 연료를 기화시키면 된다.

연소는 3요소인 가연물, 산소공급원, 점화원이 반드시 구비되어야 일어나며, 이 중 하나라도 구비되지 않으면 연소는 일어나지 않는다.

36. 유류 화재 시 소화방법으로 부적절한 것은?

　　① 모래를 뿌린다.

　　② 다량의 물을 부어 끈다.

　　③ ABC소화기를 사용한다.

　　④ B급 화재 소화기를 사용한다.

유류 화재는 B급화재에 해당되며 탄산가스 소화기, 이산화탄소 소화기 등의 질식소화를 통해 불길을 잡아야 한다.

37. 지게차의 앞바퀴는 어디에 설치되는가?

　　① 섀크 핀에 설치된다.

　　② 직접 프레임에 설치된다.

　　③ 너클 암에 설치된다.

　　④ 등속이음에 설치된다.

지게차의 앞바퀴는 직접 프레임에 설치된다.

38. 지게차에서 틸트 실린더의 역할은?

　　① 포크의 상 · 하 이동

　　② 차체 수평 유지

　　③ 마스트 앞 · 뒤 경사각 유지

　　④ 차체 좌 · 우회전

지게차에서 틸트 실린더의 역할은 마스트 앞 · 뒤 경사각 유지이다.

39. 지게차에서 주행 중 핸들이 떨리는 우너인으로 틀린 것은?

　　① 노면에 요철이 있을 때

　　② 포크가 휘었을 때

　　③ 휠이 휘었을 때

　　④ 타이어 밸런스가 맞지 않았을 때

40. 지게차의 스프링 장치에 대한 설명으로 맞는 것은?

　　① 텐덤 드라이브 장치이다.

　　② 코일스프링 장치이다.

　　③ 판스프링 장치이다.

　　④ 스프링 장치가 없다.

지게차에서는 롤링이 생기면 적하물이 떨어지기 때문에 스프링을 사용하지 않는다.

41. 지게차 체인장력 조정법이 아닌 것은?

　　① 조정후 로크 너트를 로크시키지 않는다.

　　② 좌우 체인이 동시에 평행한가를 확인한다.

　　③ 포크를 지상에서 10~15cm 올린 후 조정한다.

　　④ 손으로 체인을 눌러보아 양쪽이 다름녀 조정너트로 조정한다.

42. 지게차를 경사면에서 운전할 때 안전운전 측면에서 짐의 방향으로 가장 적절한 것은?

　　① 짐이 언덕 위쪽으로 가도록 한다.

　　② 짐이 언덕 아래쪽으로 가도록 한다.

　　③ 운전에 편리하도록 짐의 방향을 정한다.

　　④ 짐의 크기에 따라 방향이 정해진다.

43. 지게차의 작업방법을 설명한 것으로 맞는 것은?

　　① 화물을 싣고 평지에서 주행할 때에는 브레이크를 급격히 밟아도 된다.

　　② 비탈길을 오르내릴 때에는 마스트를 전면으로 기울인 상태에서 전지 운행한다.

　　③ 유체식 클러치는 전진이 진행 중 브레이크를 밟지않고, 후진을 시켜도 된다.

　　④ 짐을 싣고, 비탈길을 내려올 때에는 후진하여 천천히 내려온다.

44. 축거가 1.2m인 지게차에서 핸들을 꺾었을 때 외측바퀴 조항각이 70°, 내측바퀴 조항각이 45°였다.최소회전반경은몇m인가(단, sin45°=0.707, sin70°=0.94이다.)?

　　① 1.02

　　② 1.19

　　③ 1.28

　　④ 1.75

최소회전반경 = $\dfrac{축거(L)}{외측바퀴조향각(\sin\theta)}$ + 킹핀과의 거리이며,

문제의 경우 킹핀과의 거리는 주어지지 않았으므로,

최소회전반경 = $\dfrac{1.2}{0.94}$ ≒ 1.28이다.

45. 지게차 작업 시 지게차를 화물에 천천히 접근시키거나 신속한 유압 작동으로 화물 적재 작업에 사용하는 것은?

① 인칭 페달   ② 가속페달

③ 브레이크 페달   ④ 디셀레이터 페달

적재 작업시 지게차를 화물에 천천히 접근 시키는 것은 인칭페달이다.

46. 지게차의 좌우 포크 높이가 틀릴 경우 조정하는 방법으로 맞는 것은?

① 리프트 밸브로 조정한다.

② 리프트 체인의 길이로 조정한다.

③ 틸트 레버로 조정한다.

④ 틸트 실린더로 조정한다.

지게차의 좌우 체인의 높이가 틀리면 리프트 체인의 길이로 조정한다.

47. 지게차 리프트 레버의 작동에 대한 설명으로 틀린 것은?

① 리프트 레버를 뒤로 당기면 포크가 상승한다.

② 리프트 레버를 앞으로 밀면 포크가 하강한다.

③ 포크 상승시 에는 가속페달을 밟는다.

④ 포크 하강시 에는 가속페달을 밟는다.

리프트 실린더는 단동 실린더로 포크 상승 시 에는 가속 페달을 밟고, 하강 시에는 가속 페달을 밟지 않는다.

48. 지게차 적재 작업 시 준수할 사항으로 틀린 것은?

① 화물 앞에서 일단 정지한다.

② 화물 근처에 접근 시 가속 페달을 밟는다.

③ 파레트에 실려 있는 화물의 안전한 적재 여부를 확인한다.

④ 지게차를 화물 쪽으로 향하게 하고 포크가 파렛트를 찌르지 않도록 주의한다.

적재할 화물 접근 시에는 가속 페달을 밟지 않는다.

49. 지게차로 화물을 적재하는 방법으로 맞지않는 것은?

① 운반하려는 화물에 접근 시 주행속도를 줄인다.

② 운반하려는 화물 앞에서 일단 정지한다.

③ 포크 삽입 위치를 확인 후 포크를 천천히 넣는다.

④ 포크가 파렛트를 긁거나 비비면서 들어가도록 한다.

파렛트에 포크 삽입 시 파렛트를 긁거나 비비면서 들어가지 않도록한다.

50. 지게차 포크의 간격은 파렛트 폭의 어느 정도로 하는 것이 가장 적당한가?

① 파렛트 폭의 1/2~1/3

② 파렛트 폭의 1/3~2/3

③ 파렛트 폭의 1/2~2/4

④ 파렛트 폭의 1/2~3/4

지게차 포크의 간격은 파렛트 폭의 1/2~3/4이 적당하다.

51. 파렛트 위에 장척화물을 적재하고 철띠 또는 PP밴드로 고정하는 포장은?

① 개방형 포장

② 밀폐형 포장

③ 스키드 포장

④ 번들 포장

파렛트 위에 장척화물 적재 후 철 띠 또는 PP밴드로 고정하는 포장을 스키드 포장이라고 한다.

52. 지게차의 수신호 방법에서 오른팔을 들고 오른손 중지 손가락으로 원을 그리는 신호로 맞는 것은?

① 호출

② 포크 상승

③ 포크 하강

④ 화물 이동

53. 포크를 좌우로 이동 시켜 창고, 컨테이너 안 등의 제한된 공간에서 중앙에서 벗어나는 파렛트의 화물을 적재하는 작업 장치는?

① 램

② 사이드 쉬프터

③ 힌지드 포크

④ 로테이팅 포크

54. 지게차의 포크 넓이 자동 조절장치로 레버를 조작하여 포크 넓이를 조정하는 작업장치는?

① 힌지드 포크

② 사이드 쉬프터

③ 로테이링 포크

④ 포크 포지셔너

지게차 포크 간격을 자동으로 조절하는 장치는 포크 포지셔너이다.

55. 토크컨버터가 장착된 지게차의 출발 방법은?

① 저·고속 레버를 저속위치로 하고 클러치 페달을 밟는다.

② 클러치 페달을 조작할 필요 없이 가속 페달을 서서히 밟는다.

③ 저·고속 레버를 저속위치로 하고 브레이크 페달을 밟는다.

④ 클러치 페달에서 서서히 발을 떼면서 가속 페달을 서서히 밟는다.

56. 지게차의 작업 용도에 의한 분류 중 틀린 것은?

① 사이드 시프트

② 하이 마스트

③ 3단 시프트

④ 프리 리프트 마스트

3단 마스트형은 마스트가 3단으로 늘어나 출입구가 제한되어있거나 높은 장소에 짐을 쌓는데 유용한 지게차이다.

57. 도로교통법상 모든 차의 운전자가 서행하여야 하는 장소에 해당하지 않는 것은?

① 도로가 구부러진 부근

② 비탈길의 고개 마루 부근

③ 편도 2차로 이상의 다리 위

④ 가파른 비탈길의 내리막

서행해야 하는 장소

• 교통정리를 하고 있지 아니하는 교차로

• 도로가 구부러진 부근

• 비탈길의 고갯마루 부근

• 가파른 비탈길의 내리막

• 지방경찰청장이 도로에서의 위험을 방지하고 교통의 안전과 원활한 소통을 확보하기 위하여 필요하다고 인정하여 안전표지로 지정한 곳

58. 승차 또는 적재의 방법과 제한에서 운행상의 안전 기준을 넘어서 승차 및 적재가 가능한 경우는?

① 도착지를 관할하는 경찰서장의 허가를 받은 때

② 출발지를 관할하는 경찰서장의 허가를 받은 때

③ 관할 시 · 군수의 허가를 받은 때

④ 동 · 읍 · 면장의 허가를 받은 때

출발지를 관할하는 경찰서장의 허가를 받은 때에는 운행상의 안전 기준을 넘어서 승차 및 적재가 가능하며, 이 경우 특별표지판을 부착하고 운행하여야 한다.

59. 도로교통법상에서 정의된 긴급자동차가 아닌 것은?

① 응급 전신 · 전화 수리공사에 사용되는 자동차

② 긴급한 경찰업무수행에 사용되는 자동차

③ 위독환자의 수혈을 위한 혈액 운송 차량

④ 학생운송 전용버스

도로교통법상 "긴급자동차"란 소방차,구급차,혈액 공급차량 및 응급 전신 · 전화 수리공사에 사용되는 자동차 등과 같은 자동차로서 그 본래의 긴급한 용도로 사용되고 있는 자동차를 말한다.

60. 그림의 교통안전 표지는?

① 좌 · 우회전 표지

② 좌 · 우회전 금지표지

③ 양측방 일방 통행표지

④ 양측방 통행 금지표지

1	2	3	4	5	6	7	8	9	10
④	①	④	④	④	③	④	③	②	④
11	12	13	14	15	16	17	18	19	20
④	③	②	④	①	③	③	①	②	②
21	22	23	24	25	26	27	28	29	30
②	②	④	④	③	②	③	④	④	③
31	32	33	34	35	36	37	38	39	40
④	②	③	①	①	③	②	③	②	③
41	42	43	44	45	46	47	48	49	50
④	②	③	③	①	④	③	①	③	④
51	52	53	54	55	56	57	58	59	60
①	③	②	①	③	④	③	③	④	②

지게차운전기능사
필기모의고사

1. 화재 발생 시 연소 조건이 아닌 것은?
   ① 점화원
   ② 산소(공기)
   ③ 발화시기
   ④ 가연성 물질

2. 지게차 주행 시 포크의 높이로 가장 적절한 것은?
   ① 지면으로부터 60~70cm 정도 높인다.
   ② 지면으로부터 90cm 정도 높인다.
   ③ 지면으로부터 20~30cm 정도 높인다.
   ④ 최대한 높이를 올리는 것이 좋다.

3. 유압기기 속에 혼입되어 있는 불순물을 제거하기 위해 사용되는 것은?
   ① 패킹
   ② 릴리프 밸브
   ③ 배수기
   ④ 스트레이너

4. 화재의 분류 기준으로 틀린 것은?
   ① A급 화재: 고체 연료성 화재
   ② D급 화재: 금속 화재
   ③ B급 화재: 액상 또는 기체상의 연료성 화재
   ④ C급 화재: 가스화재

5. 유압 모터의 일반적인 특징으로 가장 적절한 것은?
   ① 넓은 범위의 무단 변속이 용이하다.
   ② 직선운동 시 속도 조절이 용이하다.
   ③ 각도에 제한 없이 왕복 각운동을 한다.
   ④ 운동량을 자동으로 직선 조작할 수 있다.

6. 건설기계의 범위에 속하지 않는 것은?
   ① 공기 토출량이 매분 당 2.83세제곱미터 이상의 이동식인 공기 압축기
   ② 노상 안전장치를 가진 자주식인 노상 안정기
   ③ 정지장치를 가진 자주식인 모터 그레이더
   ④ 전동식 솔리드 타이어를 부착한 것 중 도로가 아닌 장소에서만 운행하는 지게차

7. 「도로교통법」에 의한 통고처분의 수령을 거부하거나 범칙금을 기간안에 납부하지 못한 자는 어떻게 처리되는가?
   ① 면허증이 취소된다.
   ② 즉결 심판에 회부된다.
   ③ 연기 신청을 한다.
   ④ 면허의 효력이 정지된다.

8. 건설기계에 사용되는 12볼트(V) 80암페어(A) 축전기 2개를 직렬 연결하면 전압과 전류는?
   ① 24볼트(V) 160암페어(A)가 된다.
   ② 12볼트(V) 160암페어(A)가 된다.
   ③ 24볼트(V) 80암페어(A)가 된다.
   ④ 12볼트(V) 80암페어(A)가 된다.

9. 작업 시 일반적인 안전에 대한 설명으로 틀린 것은?
   ① 회전되는 물체에 손을 대지 않는다.
   ② 장비는 취급자가 아니어도 사용한다.
   ③ 장비는 사용 전에 점검한다.
   ④ 장비 사용법은 사전에 숙지한다.

10. 사용 중인 작동유의 수분 함유 여부를 현장에서 판정하는 것으로 가장 적합한 방법은?
    ① 오일을 가열한 철판 위에 떨어뜨려 본다.
    ② 오일의 냄새를 맡아본다.
    ③ 오일을 시험관에 담아서 침전물을 확인한다.
    ④ 여과지에 약간(3~4방울)의 오일을 떨어뜨려 본다.

11. 유압유의 유체에너지(압력, 속도)를 기계적인 일로 변환시키는 유압장치는?
    ① 유압 펌프
    ② 유압 액추에이터
    ③ 어큐뮬레이터
    ④ 유압 밸브

12. 디젤기관의 배출물로 규제 대상은?
    ① 일산화탄소   ② 매연
    ③ 탄화수소   ④ 공기과잉율(λ)

13. 고속도로 통행이 허용되지 않는 건설기계는?
    ① 콘크리트 믹서 트럭
    ② 덤프 트럭
    ③ 지게차
    ④ 기중기(트럭 적재식)

14. 건설기계의 출장 검사가 허용되는 경우가 아닌 것은?
    ① 너비가 2.5m 미만 건설기계
    ② 최고 속도가 35km/h 미만인 건설기계
    ③ 도서 지역에 있는 건설기계
    ④ 자체 중량이 40톤을 초과하거나 축중이 10톤을 초과하는 건설기계

15. 정기 검사 신청을 받은 검사 대행자는 며칠 이내에 검사 일시 및 장소를 신청인에게 통지하여야 하는가?
    ① 3일   ② 20일
    ③ 15일   ④ 5일

16. 클러치의 구비 조건으로 틀린 것은?
　① 단속 작용이 확실하며 조작이 쉬워야 한다.
　② 회전 부분의 평형이 좋아야 한다.
　③ 방열이 잘되고 과열되지 않아야 한다.
　④ 회전 부분의 관성력이 커야 한다.

17. 건설기계 운전 및 작업 시 안전 사항으로 맞는 것은?
　① 작업의 속도를 높이기 위해 레버 조작을 빨리 한다.
　② 건설기계 승·하차 시에는 건설기계에 장착된 손잡이 및 발판을 사용한다.
　③ 건설기계의 무게는 무시해도 된다.
　④ 작업 도구나 적재물이 장애물에 걸려도 동력에 무리가 없으므로 그냥 작업한다.

18. 엔진의 부하에 따라 연료 분사량을 가마하여 최고 회전 속도를 제어하는 장치는?
　① 플런저와 노즐 펌프
　② 토크 컨버터
　③ 래크와 피니언
　④ 거버너

19. 유압 회로에서 어떤 부분 회로의 압력을 주회로의 압력보다 저압으로 해서 사용하고자 할 때 사용하는 밸브는?
　① 릴리프 밸브
　② 리듀싱 밸브
　③ 카운터 밸런스 밸브
　④ 체크 밸브

20. 베인 펌프의 일반적인 특징이 아닌 것은?
　① 대용량, 고속 가변형에 적합하지만 수명이 짧다.
　② 맥동과 소음이 적다.
　③ 간단하고 성능이 좋다.
　④ 소형, 경량이다.

21. 4행정 사이클 기관에서 주로 사용되고 있는 오일 펌프는?
　① 로터리 펌프와 기어 펌프
　② 로터리 펌프와 나사 펌프
　③ 기어 펌프와 포막 펌프
　④ 원심 펌프와 플런저 펌프

22. 기계의 회전 부분(기어, 벨트, 체인)에 덮개를 설치하는 이유는?
　① 좋은 품질의 제품을 얻기 위하여
　② 회전 부분과 신체의 접촉을 방지하기 위하여
　③ 회전 부분의 속도를 높이기 위하여
　④ 제품의 제작 과정을 숨기기 위하여

23. 기관 냉각장치에서 비등점을 높이는 기능을 하는 것은?
　① 물재킷
　② 라디에이터
　③ 압력식 캡
　④ 물 펌프

24. 작동유가 넓은 온도 범위에서 사용되기 위한 조건으로 옳은 것은?
　① 산화 작용이 양호해야 한다.
　② 점도 지수가 높아야 한다.
　③ 유성이 커야 한다.
　④ 소포성이 좋아야 한다.

25. 배기터빈 과급기에서 터빈 축 베어링의 윤활 방법으로 옳은 것은?
　① 기관 오일을 급유
　② 오일리스 베어링 사용
　③ 그리스로 윤활
　④ 기어 오일을 급유

26. 가스 용접기에서 아세틸렌 용접장치의 방호장치는?
　① 자동전격 방지기
　② 안전기
　③ 제동장치
　④ 덮개

27. 공구 사용 시 주의해야 할 사항으로 틀린 것은?
　① 강한 충격을 가하지 않을 것
　② 손이나 공구에 기름을 바른 다음에 작업할 것
　③ 주위 환경에 주의해서 작업할 것
　④ 해머작업 시 보호 안경을 쓸 것

28. 건설기계 관리법에서 건설기계 조종사 면허의 취소 처분기준이 아닌 것은?
　① 건설기계 조종 중 고의로 1명에게 경상을 입힌 때
　② 거짓 그 밖의 부정한 방법으로 건설기계 조종사 면허를 받은 때
　③ 건설기계 조종 중 고의 또는 과실로 가스 공급시설의 기능에 장애를 입혀 가스공급을 방해한 자
　④ 건설기계 조종사 면허의 효력정지 기간 중 건설기계를 조종한 때

29. 지게차 포크에 화물을 싣고 창고나 공장을 출입할 때의 주의 사항 중 틀린 것은?
　① 팔이나 몸을 차체 밖으로 내밀지 않는다.
　② 차폭이나 출입구의 폭은 확인할 필요가 없다.
　③ 주위 장애물 상태를 확인 후 이상이 없을 때 출입한다.
　④ 화물일 출입구 높이에 닿지 않도록 주의한다.

30. 지게차 작업 시 안전 수칙으로 틀린 것은?
　① 주차 시에는 포크를 완전히 지면에 내려야 한다.
　② 화물을 적재하고 경사지를 내려갈 때는 운전 시야 확보를 위해 전진으로 운행해야 한다.
　③ 포크를 이용하여 사람을 싣거나 들어 올리지 않아야 한다.
　④ 경사지를 오르거나 내려올 때는 급회전을 금해야한다.

31. 추진축의 각도 변화를 가능하게 하는 이음은?
　① 요크 이음

② 자재 이음

③ 플랜지 이음

④ 슬립 이음

32. 방향 지시등 스위치 작동 시 한쪽은 정상이고, 다른 한쪽은 점멸 작용이 정상과 다르게(빠르게, 느리게, 작동 불량) 작용할 때, 고장 원인으로 가장 거리가 먼 것은?

① 플래셔 유닛이 고장났을 때

② 한쪽 전구 소켓에 녹이 발생하여 전압 강하가 있을 때

③ 전구 1개가 단선되었을 때

④ 한쪽 램프 교체 시 규정 용량의 전구를 사용하지 않았을 때

33. 건설기계 조종 중에 과실로 1명에게 중상을 입힌 때 건설기계를 조종한 자에 대한 면허의 처분 기준은?

① 면허 효력 정지 60일

② 면허 효력 정지 15일

③ 면허 효력 정지 30일

④ 면허 취소

34. 그림과 같은 교통안전표지의 뜻은?

① 좌합류 도로가 있음을 알리는 것

② 좌로 굽은 도로가 있음을 알리는 것

③ 우합류 도로가 있음을 알리는 것

④ 철길 건널목이 있음을 알리는 것

35. 지게차를 운전할 때 유의 사항으로 틀린 것은?

① 주행을 할 때에는 포크를 가능한 낮게 내려 주행한다.

② 적재물이 높아 전방 시야가 가릴 때에는 후진하여 운전한다.

③ 포크 간격은 화물에 맞게 수시로 조정한다.

④ 후방 시야 확보를 위해 뒤쪽에 사람을 탑승시켜야 한다.

36. 지게차를 운행할 때의 주의 사항으로 틀린 것은?

① 급유 중은 물론 운전 중에도 화기를 가까이 하지 않는다.

② 적재 시 급제동을 하지 않는다.

③ 내리막길에서는 브레이크 페달을 밟으면서 서서히 주행한다.

④ 적재 시에는 최고 속도로 주행한다.

37. 「건설기계관리법」상의 건설기계사업에 해당하지 않는 것은?

① 건설기계매매업

② 건설기계폐기업

③ 건설기계정비업

④ 건설기계제작업

38. 지게차 하역작업 시 안전한 방법이 아닌 것은?

① 무너질 위험이 있는 경우 화물 위에 사람이 올라간다.

② 가벼운 것은 위로, 무거운 것은 밑으로 적재한다.

③ 굴러갈 위험이 있는 물체는 고임목으로 고인다.

④ 허용 적재 하중을 초과하는 화물의 적재는 금한다.

39. 지게차의 좌우 포크 높이가 다를 경우에 조정하는 부위는?

① 리프트 밸브로 조정한다.

② 리프트 체인의 길이로 조정한다.

③ 틸트 레버로 조정한다.

④ 틸트 실린더로 조정한다.

40. 「도로교통법」에서 정하는 주차 금지 장소가 아닌 곳은?

① 소방용 방화물통으로부터 5m 이내인 곳

② 전신주로부터 20m 이내인 곳

③ 화재 경보기로부터 3m 이내인 곳

④ 터널 안 및 다리 위

41. 지게차의 충전장치에서 주로 사용하고 있는 발전기는?

① 직류 발전기

② 3상 교류 발전기

③ 와전류 발전기

④ 단상 교류 발전기

42. 지게차의 리프트 실린더(Lift cylinder) 작동회로에서 플로 프로텍터(벨로시티 퓨즈)를 사용하는 주된 목적은?

① 컨트롤 밸브와 리프터 실린더 사이에서 배관 파손시 적재물 급강하를 방지한다.

② 포크의 정상 하강 시 천천히 내려올 수 있게 한다.

③ 짐을 하강할 때 신속하게 내려올 수 있도록 작용한다.

④ 리프트 실린더 회로에서 포크 상승 중 중간 정지시 내부 누유를 방지한다.

43. 지게차의 포크를 상승시키는 역할을 하는 장치는?

① 틸트 실린더

② 리프트 실린더

③ 볼 실린더

④ 조향 실린더

44. 지게차의 틸트 레버를 운전석에서 운전자 몸 쪽으로 당기면 마스트는 어떻게 기울어지는가?

① 운전자의 몸쪽에서 멀어지는 방향으로 기운다.

② 지면 방향 아래쪽으로 내려온다.

③ 운전자의 몸쪽 방향으로 기운다.

④ 지면에서 위쪽으로 올라간다.

45. 구급처치 중에서 환자의 상태를 확인하는 사항과 거리가 먼 것은?

① 의식　　　　　　　　　② 격리

③ 상처　　　　　　　　　④ 출혈

46. 배터리의 자기방전 원인에 대한 설명으로 틀린 것은?

① 전해액 중에 불순물이 혼입되어 있다.

② 배터리 케이스의 표면에서는 전기 누설이 없다.

③ 이탈된 작용물질이 극판의 아랫 부분에 퇴적되어있다.

④ 배터리의 구조상 부득이하다.

47. 자연적 재해가 아닌 것은?
　① 방화
　② 홍수
　③ 태풍
　④ 지진

48. 벨트를 풀리(Pulley)에 장착 시 작업 방법에 대한 설명으로 옳은 것은?
　① 중속으로 회전시키면서 건다.
　② 회전을 중지시킨 후 건다.
　③ 저속으로 회전시키면서 건다.
　④ 고속으로 회전시키면서 건다.

49. 지게차로 가파른 경사지에서 화물을 운반할 때에는 어떤 방법이 좋겠는가?
　① 화물을 앞으로 하여 천천히 내려온다.
　② 기어의 변속을 중립에 놓고 내려온다.
　③ 기어의 변속을 저속 상태로 놓고 후진으로 내려온다.
　④ 지그재그로 회전하며 내려온다.

50. 지게차로 적재작업을 할 때 유의사항으로 틀린 것은?
　① 운반하려고 하는 화물가까이 가면 속도를 줄인다.
　② 화물 앞에서 일단 정지한다.
　③ 화물이 무너지거나 파손 등의 위험성 여부를 확인한다.
　④ 화물을 높이 들어 올려 아랫부분을 확인하며 천천히 출발한다.

51. 유압 실린더의 종류에 해당하지 않은 것은?
　① 복동 실린더 더블 로드형
　② 복동 실린더 싱글 로드형
　③ 단동 실린더 램형
　④ 단동 실린더 배플형

52. 지게차로 길고 급한 경사 길을 운전할 때 반 브레이크를 오래 사용하면 어떤 현상이 생기는가?
　① 라이닝은 페이드, 파이스는 스팀 록
　② 파이프는 중기 폐쇄, 라이닝은 스팀 록
　③ 라이닝은 페이드, 파이프는 베이퍼 록
　④ 파이프는 스팀 록, 라이닝은 베이퍼 록

53. 지게차의 일반적인 조향방식은?
　① 전륜 조향방식이다.
　② 후륜 조향방식이다.
　③ 허리꺾기 조향방식이다.
　④ 작업조건에 따라 바꿀 수 있다.

54. 축전기와 전동기를 동력원으로 하는 지게차는?
　① 전동 지게차
　② 유압 지게차
　③ 엔진 지게차
　④ 수동 지게차

55. 그림에서 체크 밸브를 나타낸 것은?

56. 유압 회로에서 속도 제어 회로에 속하지 않는 것은?
　① 시퀀스 회로
　② 미터 인 회로
　③ 블리드 오프 회로
　④ 미터 아웃 회로

57. 디젤기관의 연소실 중 연료 소비율이 낮으며 연소 압력이 가장 높은 연소실 형식은?
　① 예연소실식
　② 공기실식
　③ 직접분사실식
　④ 와류실식

58. 지게차 운전 종료 후 점검 사항과 가장 거리가 먼 것은?
　① 각종 게이지
　② 타이어의 손상 여부
　③ 연료 보유량
　④ 오일누설 부위

59. 지게차의 운전을 종료했을 때 취해야 할 안전 사항이 아닌 것은?
　① 각종 레버는 중립에 둔다.
　② 연료를 빼낸다.
　③ 주차 브레이크를 작동시킨다.
　④ 전원 스위치를 차단시킨다.

60. 지게차가 자동차와 다르게 현가스프링을 사용하지 않는 이유를 설명한 것으로 옳은 것은?
　① 롤링이 생기면 적하물이 떨어질 수 있기 때문에
　② 현가장치가 있으면 조향이 어렵기 때문에
　③ 화물에 충격을 줄여주기 위해
　④ 앞차축이 구동축이기 때문에

1. 연소장치에서 혼합비가 희박할 때 기관에 미치는 영향은?
   ① 저속 및 공회전이 원활해진다.
   ② 시동이 쉬워진다.
   ③ 출력(동력)이 감소한다.
   ④ 연소 속도가 빨라진다.

2. 지게차를 주차하고자 할 때 포크는 어떤 상태로 하면 안전한가?
   ① 앞으로 3° 정도 경사지에 주차하고 마스트 전경각을 최대로 포크는 지면에 접하도록 내려놓는다.
   ② 평지에 주차하고 포크는 녹이 발생하는 것을 방지하기 위하여 10cm 정도 들어 놓는다.
   ③ 평지에 주차하면 포크의 위치는 상관없다.
   ④ 평지에 주차하고 포크는 지면에 접하도록 내려놓는다.

3. 벨트 전동장치에 내제된 위험적 요소로 의미가 다른 것은?
   ① 트랩(Trap)
   ② 충격(Impact)
   ③ 접촉(Contact)
   ④ 말림(Etanglement)

4. 지게차 포크에 화물을 싣고 창고나 공장을 출입할 때의 주의 사항 중 틀린 것은?
   ① 팔이나 몸을 차체 밖으로 내밀지 않는다.
   ② 차폭이나 출입구의 폭은 확인할 필요가 없다.
   ③ 주위 장애물 상태를 확인 후 이상이 없을 때 출입한다.
   ④ 화물이 출입구 높이에 닿지 않도록 주의한다.

5. 건설기계의 제동장치에 대한 정기 검사를 면제 받고자 하는 경우 첨부하여야 할 서류는?
   ① 건설기계 매매업 신고서
   ② 건설기계 제원표
   ③ 건설기계 폐기업 신고서
   ④ 건설기계 제동장치 정비확인서

6. 지게차를 경사면에서 운전할 때 화물의 방향은?
   ① 화물이 언덕 위쪽으로 가도록 한다.
   ② 화물이 언덕 아래쪽으로 가도록 한다.
   ③ 운전에 편리하도록 화물의 방향을 정한다.
   ④ 화물의 크기에 따라 방향이 정해진다.

7. 유압장치에 사용되는 유압기기에 대한 설명으로 틀린 것은?
   ① 유압 모터: 무한 회전운동
   ② 실린더: 직선운동
   ③ 축압기: 외부의 유압유 누출 방지
   ④ 유압 펌프: 유압유의 압송

8. 기관 오일이 전달되지 않는 곳은?
   ① 피스톤 링
   ② 피스톤
   ③ 플라이 휠
   ④ 피스톤 로드

9. 커먼 레일 연료 분사장치의 저압부에 속하지 않는 것은?
   ① 커먼 레일
   ② 연료 스트레이너
   ③ 1차 연료 공급 펌프
   ④ 연료 펌프

10. 지게차의 전조등 성능을 유지하기 위하여 가장 좋은 방법은?
    ① 단선으로 한다.
    ② 복선식으로 한다.
    ③ 축전지와 직결시킨다.
    ④ 굵은 선으로 갈아 끼운다.

11. 기관 과열의 주요 원인이 아닌 것은?
    ① 라디에이터 코어의 막힘
    ② 냉각장치 내부의 물때 과다
    ③ 냉각수의 부족
    ④ 엔진 오일량 과다

12. 「도로교통법」상 건설기계를 운전하여 도로를 주행할 때 서행에 대한 정의로 옳은 것은?
    ① 매시 60km 미만의 속도로 주행하는 것을 말한다.
    ② 운전자가 차를 즉시 정지시킬 수 있는 느린 속도로 진행하는 것을 말한다.
    ③ 정지거리 2m 이내에서 정지할 수 있는 경우를 말한다.
    ④ 매시 20km 이내로 주행하는 것을 말한다.

13. 기동 전동기의 전기자 축으로부터 피니언으로는 동력이 전달되나 피니언으로부터 전기자 축으로는 동력이 전달되지 않도록 해 주는 장치는?
    ① 오버 헤드 가드
    ② 솔레노이드 스위치
    ③ 시프트 칼라
    ④ 오버 러닝 클러치

14. 특별표지판을 부착하여야 할 건설기계의 범위에 해당되지 않는 것은?
    ① 높이가 5m인 건설기계
    ② 총중량이 45톤인 건설기계
    ③ 최소 회전 반경이 13m 인 건설기계
    ④ 길이가 16m 인 건설기계

15. 전해액 충전 시 20°C 일 때 비중으로 틀린 것은?
    ① 25% 충전: 1.150~1.170
    ② 50% 충전: 1.190~1.210
    ③ 75% 충전: 1.220~1.260
    ④ 완전 충전: 1.260~1.280

16. 「건설기계관리법」상 건설기계의 소유자는 건설기계를 취득한 날부터 얼마 이내에 건설기계 등록신청을 해야 하는가?
    ① 2개월 이내
    ② 3개월 이내
    ③ 6개월 이내
    ④ 1년 이내

17. 「도로교통법」상 안전표지가 아닌 것은?
    ① 주의표지
    ② 규제표지
    ③ 안심표지
    ④ 보조표지

18. 건설기계의 전기회로의 보호 장치로 맞는 것은?
    ① 안전 밸브
    ② 퓨저블 링크
    ③ 캠버
    ④ 턴 시그널 램프

19. 주차·정차가 금지되어 있지 않은 장소는?
    ① 교차로
    ② 건널목
    ③ 횡단보도
    ④ 경사로의 정상 부근

20. 기관 오일량이 초기 점검 시 보다 증가하였다면 가장 적합한 원인은?
    ① 실린더의 마모
    ② 오일의 연소
    ③ 오일 점도의 변화
    ④ 냉각수의 유입

21. 정차 및 주차 금지 장소에 해당되는 곳은?
    ① 교차로 가장자리로부터 15미터 지점
    ② 도로 모퉁이로부터 5미터 이내의 지점
    ③ 버스정류장 표시판으로부터 10미터 이상의 지점
    ④ 건널목 가장자리 또는 횡단보도로부터 10미터 이상의 지점

22. 유압 회로에서 유량 제어를 통하여 작업 속도를 조절하는 방식에 속하지 않는 것은?
    ① 미터 인(Meter in) 방식
    ② 미터 아웃(Meter out) 방식
    ③ 블리드 오프(Bleed off) 방식
    ④ 블리드 온(Bleed on) 방식

23. 시·도지사는 등록을 말소하고자 할 때에는 미리 그 뜻을 건설기계 소유자 및 이해관계자에게 통지하여야 하며 통지 후 얼마가 경과한 후가 아니면 이를 말소할 수 없는가?
    ① 1년   ② 6개월
    ③ 3개월   ④ 1개월

24. 유압 탱크의 구성품이 아닌 것은?
    ① 유면계   ② 배플
    ③ 피스톤 로드   ④ 주입구 캡

25. 과급기 케이스 내부에 설치되며, 공기의 속도에너지를 압력에너지로 바꾸는 장치는?
    ① 임펠러   ② 디퓨저
    ③ 터빈   ④ 디플렉터

26. 「도로교통법」상 술에 취한 상태의 기준은?
    ① 혈중 알코올 농도 0.03% 이상
    ② 혈중 알코올 농도 0.10% 이상
    ③ 혈중 알코올 농도 0.15% 이상
    ④ 혈중 알코올 농도 0.20% 이상

27. 유압 모터의 가장 큰 장점은?
    ① 직접적으로 회전력을 얻는다.
    ② 무단 변속이 가능하다.
    ③ 압력 조정이 용이하다.
    ④ 오일 누출 방지가 용이하다.

28. 그림의 회로 기호의 의미로 옳은 것은?

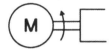

    ① 회전형 솔레노이드
    ② 복동형 액추에이터
    ③ 단동형 액추에이터
    ④ 회전형 전기 액추에이터

29. 지게차의 마스트를 기울일 때 갑자기 시동이 정지되면 어떤 밸브가 작동하여 그 상태를 유지하는가?
    ① 틸트 록 밸브
    ② 스로틀 밸브
    ③ 리프트 밸브
    ④ 틸트 밸브

30. 다음 중 양중기가 아닌 것은?
    ① 기중기   ② 지게차
    ③ 리프트   ④ 곤돌라

31. 액추에이터의 운동 속도를 조정하기 위하여 사용되는 밸브는?
    ① 압력 제어 밸브
    ② 온도 제어 밸브
    ③ 유량 제어 밸브
    ④ 방향 제어 밸브

32. 작업 장치를 갖춘 건설기계의 작업 전 점검사항이다. 틀린 것은?
   ① 제동장치 및 조종장치 기능의 이상 유무
   ② 하역 장치 및 유압장치 기능의 이상 유무
   ③ 유압장치의 과열 이상 유무
   ④ 전조등, 후미등, 방향지시등 및 경보장치의 이상 유무

33. 지게차의 화물 운반 방법 중 틀린 것은?
   ① 운반 중 마스트를 뒤로 4° 가량 경사시킨다.
   ② 경사지에서 화물을 운반할 때 내리막에서는 후진으로, 오르막에서는 전진으로 운행한다.
   ③ 운전 중 포크를 지면에서 20~30cm 정도 유지한다.
   ④ 화물을 적재하고 운반할 때에는 항상 후진으로 운행한다.

34. 기계시설 안전 사항으로 적합하지 않은 것은?
   ① 회전 부분(기어, 벨트, 체인) 등은 위험하므로 반드시 커버를 씌워둔다.
   ② 발전기, 용접기, 엔진 등 장비는 한 곳에 모아서 배치한다.
   ③ 작업장의 통로는 근로자가 안전하게 다닐 수 있도록 정리정돈한다.
   ④ 작업장의 바닥은 보행에 지장을 주지 않도록 청결하게 유지한다.

35. 체크 밸브가 내장되는 밸브로써 유압 회로의 한 방향의 흐름에 대해서는 설정된 배압을 생기게 하고 다른 방향의 흐름은 자유롭게 흐르도록 한 밸브는?
   ① 셔틀 밸브
   ② 언로드 밸브
   ③ 카운터 밸런스 밸브
   ④ 교축 밸브

36. 지게차로 화물을 운반할 때 포크의 높이는 얼마 정도가 안전하고 적합한가?
   ① 높이 관계없이 편리하게 한다.
   ② 지면으로부터 20~30cm 정도 높이를 유지한다.
   ③ 지면으로부터 60~80cm 정도 높이를 유지한다.
   ④ 지면으로부터 100cm 이상 높이를 유지한다.

37. 연삭작업 시 주의 사항으로 틀린 것은?
   ① 숫돌 측면을 사용하지 않는다.
   ② 반드시 보안경을 쓰고 작업한다.
   ③ 연삭작업은 숫돌차의 저면에 서서 작업한다.
   ④ 연삭숫돌에 일감을 세게 눌러 작업하지 않는다.

38. 지게차에 대한 설명으로 틀린 것은?
   ① 화물에 싣기 위해 마스트를 약간 전경시키고 포크를 끼워 물건을 싣는다.
   ② 틸트 레버는 앞으로 밀면 마스트가 앞으로 기울고 따라서 포크가 앞으로 기운다.
   ③ 포크를 상승시킬 때는 리프트 레버를 뒤쪽으로, 하강시킬 때는 앞쪽으로 민다.
   ④ 목적지에 도착 후 화물을 내리기 위해 틸트 실린더를 후경시켜 전진한다.

39. 유압 펌프의 종류가 아닌 것은?
   ① 기어 펌프
   ② 베인 펌프
   ③ 플런저 펌프
   ④ 진공 펌프

40. 작업점에서 직접 사람이 접촉하여 말려들거나 다칠 위험이 있는 장소를 덮어씌우는 방호자치는?
   ① 격리형 방호장치
   ② 위치 제한형 방호장치
   ③ 포집형 방호장치
   ④ 접근 거부형 방호장치

41. 지게차에서 지켜야 할 안전 수칙으로 틀린 것은?
   ① 후진 시는 반드시 뒤를 살필 것
   ② 전진에서 후진 변속 시는 지게차가 정지된 상태에서 행할 것
   ③ 주·정차 시는 반드시 주차 브레이크를 작동시킬 것
   ④ 이동 시는 포크를 반드시 지상에서 높이 들고 이동할 것

42. 산업안전보건에서 안전표지의 종류가 아닌 것은?
   ① 경고표지
   ② 지시표지
   ③ 금지표지
   ④ 위험표지

43. 평탄한 노면에서의 지게차를 운전하여 하역작업을 하는 방법으로 옳지 않은 것은?
   ① 파렛트에 실은 화물이 안전되고 확실하게 실려 있는지를 확인한다.
   ② 포크를 삽입하고자 하는 곳과 평행하게 한다.
   ③ 불안정한 적재의 경우에는 빠르게 작업을 진행시킨다.
   ④ 화물 앞에서 정지한 후 마스트가 수직이 되도록 기울여야 한다.

44. 기계에 사용되는 방호덮개 장치의 구비 조건으로 틀린 것은?
   ① 마모나 외부로부터 충격에 쉽게 손상되지 않을 것
   ② 작업자가 임의로 제거 후 사용할 수 있을 것
   ③ 검사나 급유·조정 등 정비가 용이할 것
   ④ 최소의 손질로 장시간 사용할 수 있을 것

45. 지게차에 대한 설명으로 틀린 것은?
   ① 연료 탱크에 연료가 비어 있으면 연료 게이지는 "E"를 가리킨다.
   ② 오일 압력 경고등은 시동 후 워밍업되기 전에 점등되어야 한다.
   ③ 히터 시그널은 연소실 글로 플러그의 가열 상태를 표시한다.
   ④ 암페어 미터의 지침은 방전되면 (-)쪽을 가리킨다.

46. 안전·보건표지의 종류와 형태에서 그림의 안전표지판이 나타내는 것은?

   ① 사용 금지
   ② 탑승 금지
   ③ 보행 금지
   ④ 물체 이동 금지

47. 지게차 화물 취급 작업 시 준수하여야 할 사항으로 틀린 것은?
    ① 화물 앞에서 일단 정지해야 한다.
    ② 화물의 근처에 왔을 때에는 가속 페달을 살짝 밟는다.
    ③ 파렛트에 실려 있는 물체의 안전한 적재 여부를 확인한다.
    ④ 지게차를 화물 쪽으로 반듯하게 향하고 포크가 파렛트를 마찰하지 않도록 주의한다.

48. 긴 내리막을 내려갈 때 베이퍼 록을 방지하기 위한 좋은 운전 방법은?
    ① 변속 레버를 중립으로 놓고 브레이크 페달을 밟고 내려간다.
    ② 클러치를 끊고 브레이크 페달을 밟고 속도를 조절하며 내려간다.
    ③ 시동을 끄고 브레이크 페달을 밟고 내려간다.
    ④ 엔진 브레이크를 사용한다.

49. 지게차의 작업장치 중 석탄, 소금, 비료, 모래 등 비교적 흘러내리기 쉬운 화물 운반에 이용되는 장치는?
    ① 블록 클램프(Block clamp)
    ② 사이드 시프트(Side shift)
    ③ 로테이팅 포크(Rotating fork)
    ④ 힌지드 버킷(Hinged bucket)

50. 건설기계에서 변속기의 구비 조건으로 가장 적합한 것은?
    ① 대형이고, 고장이 없어야 한다.
    ② 조작이 쉬우므로 신속할 필요는 없다.
    ③ 연속적 변속에는 단계가 있어야 한다.
    ④ 전달 효율이 좋아야 한다.

51. 지게차 작업장치의 종류에 속하지 않는 것은?
    ① 하이 마스트
    ② 리퍼
    ③ 사이드 클램프
    ④ 힌지드 버킷

52. 작업장에서 화물 운반 시 빈차와 짐차, 사람이 있다. 이때 통행의 우선순위는?
    ① 사람→짐차→빈차
    ② 빈차→짐차→사람
    ③ 사람→빈차→짐차
    ④ 짐차→빈차→사람

53. 작업 전 지게차의 워밍업 운전 및 점검 사항으로 틀린 것은?
    ① 시동 후 작동유의 유온을 정상 범위 내에 도달하도록 고속으로 전·후진 주행을 2~3회 실시
    ② 엔진 시동 후 5분간 저속 운전 실시
    ③ 틸트 레버를 사용하여 전 행정으로 전후 경사운동 2~2회 실시
    ④ 리프트 레버를 사용하여 상승, 하강운동을 전 행정으로 2~3회 실시

54. 금속 사이의 마찰을 방지하기 위한 방안으로 마찰계수를 저하시키기 위하여 사용되는 첨가제는?
    ① 방청제
    ② 유성 향상제
    ③ 점도 지수 향상제
    ④ 유동점 강하제

55. 지게차 운행 사항으로 틀린 것은?
    ① 틸트는 적재물이 백 레스트에 완전히 닿도록 한 후 운행한다.
    ② 주행 중 노면 상태에 주의하고 노면이 고르지 않은 곳에서는 천천히 운행한다.
    ③ 내리막길에서 급회전을 삼간다.
    ④ 지게차의 중량 제한은 필요에 따라 무시해도 된다.

56. 건설기계관리법령상 건설기계를 검사 유효 기간이 끝난 후에 계속 운행하고자 할 때는 어느 검사를 받아야 하는가?
    ① 신규 등록 검사
    ② 계속 검사
    ③ 수시 검사
    ④ 정기 검사

57. 지게차의 포크를 내리는 역할을 하는 부품은?
    ① 틸트 실린더
    ② 리프트 실린더
    ③ 볼 실린더
    ④ 조향 실린더

58. 유성 기어 장치의 주요 부품으로 옳은 것은?
    ① 유성 기어, 베벨 기어, 선 기어
    ② 선 기어, 클러치 기어, 헬리컬 기어
    ③ 유성기어, 베벨 기어, 클러치 기어
    ④ 선 기어, 유성 기어, 링 기어, 유성 기어 캐리어

59. 지게차의 구성 부품이 아닌 것은?
    ① 마스트
    ② 밸런스 웨이트
    ③ 틸트 실린더
    ④ 블레이드

60. 유압이 진공에 가까워짐으로서 기포가 생기면 이로 인해 국부적인 고압이나 소음이 발생하는 현상은?
    ① 캐비테이션 현상
    ② 시효 경화 현상
    ③ 맥동 현상
    ④ 오리피스 현상

1. 건설기계 등록 말소신청 시 구비 서류에 해당되는 것은?
   ① 수입면장
   ② 주민등록등본
   ③ 제작증명서
   ④ 건설기계 등록증

2. 지게차 작업장치의 종류에 속하지 않는 것은?
   ① 하이 마스트
   ② 리퍼
   ③ 사이드 클램프
   ④ 힌지드 버킷

3. 재해조사 목적을 가장 옳게 설명한 것은?
   ① 재해를 발생케 한 자의 책임을 추궁하기 위하여
   ② 재해발생에 대한 통계를 작성하기 위하여
   ③ 작업능률 향상과 근로기강 확립을 위하여
   ④ 적절한 예방대책을 수립하기 위하여

4. 폭발행정 끝부분에서 실린더 내의 압력에 의해 배기가스가 배기 밸브를 통해 배출되는 현상은?
   ① 블로 백(Blow back)
   ② 블로 바이(Blow by)
   ③ 블로 업(Blow up)
   ④ 블로 다운(Blow down)

5. 크랭크축의 비틀림 진동에 대한 설명 중 틀린 것은?
   ① 각 실린더의 회전력 변동이 클수록 크다.
   ② 크랭크축이 길수록 길다.
   ③ 회전 부분의 질량이 클수록 커진다.
   ④ 강성이 클수록 크다.

6. 2행정 사이클 기관에만 해당하는 과정(행정)은?
   ① 소기
   ② 흡입
   ③ 동력
   ④ 압축

7. 지게차의 충전장치에서는 어떤 발전기를 가장 많이 사용하는가?
   ① 3상 교류 발전기
   ② 직류 발전기
   ③ 단상 교류 발전기
   ④ 와전류 발전기

8. 디젤엔진에서 연료를 고압으로 연소실에 분사하는 것은?
   ① 프라이밍 펌프
   ② 분사노즐
   ③ 인젝션 펌프
   ④ 조속기

9. 기동전동기의 기능으로 틀린 것은?
   ① 기관을 구동시킬 때 사용한다.
   ② 플라이 휠의 링 기어에 기동전동기 피니언을 맞물려 크랭크축을 회전시킨다.
   ③ 축전지와 각부 전장품에 전기를 공급한다.
   ④ 기관의 시동이 완료되면 피니언을 링 기어로부터 분리시킨다.

10. 디젤기관에 사용하는 에어클리너가 막혔을 때 발생하는 현상은?
    ① 배기색은 흰색이며, 출력을 증가한다.
    ② 배기색은 검은색이며, 출력은 저하된다.
    ③ 배기색은 흰색이며, 출력은 저하된다.
    ④ 배기색은 무색이며, 출력은 정상이다.

11. 한쪽의 방향 지시등만 점멸이 빠르게 발생하는 원인은?
    ① 한쪽 램프의 단선
    ② 플래셔 유닛 고장
    ③ 전조등 배선 접촉 불량
    ④ 비상등 스위치 고장

12. 4행정 사이클 기관에서 1사이클을 완료할 때 크랭크축은 몇 회전하는가?
    ① 1회전
    ② 2회전
    ③ 3회전
    ④ 4회전

13. 충전 중인 축전지에 화기를 가까이 하면 위험한 이유는?
    ① 수소가스가 폭발성 가스이기 때문에
    ② 산소가스가 폭발성 가스이기 때문에
    ③ 충전기가 폭발될 위험이 있기 때문에
    ④ 전해액이 폭발성 액체이기 때문에

14. 차로가 설치된 도로에서 통행 방법을 위반한 것은?
    ① 두 개의 차로에 걸쳐 운행하였다.
    ② 차로를 따라 통행하였다.
    ③ 택시가 건설기계를 앞지르기 하였다.
    ④ 경찰관의 지시에 따라 중앙 좌측으로 진행하였다.

15. 유압장치에서 비정상 소음이 나는 원인으로 가장 적합한 것은?
    ① 유압장치에 공기가 들어있다.
    ② 유압 펌프의 회전 속도가 적절하다.
    ③ 점도 지수가 높다.
    ④ 무부하 운전 중이다.

16. 축압기(Accumulator)의 사용 목적이 아닌 것은?
    ① 보조 동력원으로 사용
    ② 압력 보상
    ③ 유체의 맥동 감쇠
    ④ 유압 회로 내 압력 제어

17. 철길 건널목 통과 방법으로 틀린 것은?

① 건널목 앞에서 일시정지하여 안전한지 여부를 확인한 후 통과
한다.

② 차단기가 내려지려고 할 때에는 통과하여서는 안된다.

③ 경보기가 울리고 있는 동안에는 통화하여서는 아니된다.

④ 건널목에서 앞차가 서행하면서 통과할 때에는 그 차를 따라
서행한다.

18. 소유가자 신청이나 시·도지사의 직권으로 건설기계의 등록을
말소할 수 있는 경우가 아닌 것은?

① 건설기계를 수출하는 경우

② 건설기계를 도난당한 경우

③ 건설기계 정기 검사에 불합격된 경우

④ 건설기계의 차대가 등록 시의 차대와 다른 경우

19. 지게차의 뒷부분에 설치되어 화물을 실었을 때 앞쪽으로 기울어
지는 것을 방지하기 위하여 설치되어 있는 것은?

① 기관   ② 클러치

③ 변속기   ④ 평형추

20. 건설기계를 등록 전에 일시적으로 운행할 수 있는 경우가 아닌
것은?

① 신규 등록 검사 및 확인 검사를 받기 위하여 건설기계를 검사
장소로 운행하는 경우

② 수출하기 위하여 건설기계를 선적지로 운행하는 경우

③ 건설기계를 대여하고자 하는 경우

④ 등록신청을 위하여 건설기계를 등록지로 운행하는 경우

21. 편도 3차로 도로의 부근에서 적색등화의 신호가 표시되고 있을
때 교통법규 위반에 해당되는 것은?

① 화물 자동차가 좌측 방향 지시등으로 신호하면서 1차로에서
신호 대기

② 승합자동차가 2차로에서 신호 대기

③ 승용차가 2차로에서 신호 대기

④ 택시가 우측 방향 지시등으로 신호하면서 2차로에서 신호 대
기

22. 일반적으로 유압장치에서 릴리프 밸브가 설치되는 위치는?

① 유압 실린더와 오일 여과기 사이

② 유압 펌프와 오일 탱크 사이

③ 유압 펌프와 제어 밸브 사이

④ 오일 여과기와 오일 탱크 사이

23. 특별표지판을 부착하지 않아도 되는 건설기계는?

① 길이가 17m인 건설기계

② 너비가 3m인 건설기계

③ 최소 회전 반경이 13m인 건설기계

④ 높이가 3m인 건설기계

24. 유압장치의 오일 탱크에서 펌프 흡입구의 설치에 대한 설명으
로 틀린 것은?

① 펌프 흡입구는 반드시 탱크 가장 밑면에 설치한다.

② 펌프 흡입구와 탱크로의 귀환구(복귀구) 사이에는 격리판(Baffle
plate)을 설치한다.

③ 펌프 흡입구는 탱크로의 귀환구(복귀구)로부터 될 수 있는 한
멀리 떨어진 위치에 설치한다.

④ 펌프 흡입구에는 스트레이너(오일 여과기)를 설치한다.

25. 건설기계 소유자 또는 점유자가 건설기계를 도로에 계속하여 버
려두거나 정당한 사유 없이 타인의 토지에 버려둔 경우의 처벌
은?

① 1년 이하의 징역 또는 1000만 원 이하의 벌금

② 1년 이하의 징역 또는 400만 원 이하의 벌금

③ 1년 이하의 징역 또는 500만 원 이하의 벌금

④ 1년 이하의 징역 또는 200만 원 이하의 벌금

26. 「도로교통법」상 정차 및 주차의 금지 장소로 틀린 것은?

① 버스정류장 표시판으로부터 20m 이내의 장소

② 건널목의 가장자리

③ 교차로의 가장자리

④ 횡단보도로부터 10m 이내인 곳

27. 현장에서 오일의 오염도 판정 방법 중 가열한 철판 위에 오일
을 떨어뜨리는 방법은 오일의 무엇을 판정하기 위한 방법인가?

① 먼지나 이물질 함유

② 오일의 열화

③ 수분 함유

④ 산성도

28. 교통사고 발생 후 벌점기준으로 틀린 것은?

① 중상 1명마다 30점

② 사망 1명마다 90점

③ 경상 1명마다 5점

④ 부상신고 1명마다 2점

29. 유압 회로에서 작동유의 정상 작동 온도에 해당되는 것은?

① 5~10°C   ② 40~80°C

③ 112~115°C   ④ 125~140°C

30. 기어 모터의 장점에 해당하지 않는 것은?

① 구조가 간단하다.

② 먼지나 이물질에 의한 고장 발생률이 낮다.

③ 토크 변동이 크다.

④ 가혹한 운전 조건에서 비교적 잘 견딘다.

31. 선반작업, 드릴작업, 목공기계작업, 연삭작업, 해머작업 등을 할
때 착용하면 불안전한 보호구는?

① 귀마개

② 방진 안경

③ 장갑

④ 차광 안경

32. 작업장의 정리 · 정돈에 대한 설명으로 틀린 것은?
　① 통로 한쪽에 물건을 보관한다.
　② 사용이 끝난 공구는 즉시 정리한다.
　③ 폐자재는 지정된 장소에 보관한다.
　④ 공구 및 재료는 일정한 장소에 보관한다.

33. 지게차의 마스트를 전경 또는 후경시키는 작용을 하는 것은?
　① 조향 실린더
　② 리프트 실린더
　③ 마스트 실린더
　④ 틸트 실린더

34. 지게차의 리프트 실린더(Lift cylinder) 작동회로에서 플로 프로텍터(벨로시티 퓨즈)를 사용하는 주된 목적은?
　① 컨트롤 밸브와 리프터 실린더 사이에서 배관 파손시 적재물 급강하를 방지한다.
　② 포크의 정상 하강 시 천천히 내려올 수 있게 한다.
　③ 짐을 하강할 때 신속하게 내려올 수 있도록 작용한다.
　④ 리프트 실린더 회로에서 포크 상승 중 중간 정지시 내부 누유를 방지한다.

35. 납산 배터리 액체를 취급하기에 가장 적합한 복장은?
　① 고무로 만든 옷
　② 가죽으로 만든 옷
　③ 무명으로 만든 옷
　④ 화학섬유로 만든 옷

36. 지게차 조종석 계기판에 없는 것은?
　① 연료계
　② 냉각수 온도계
　③ 화물 체적계
　④ 엔진 회전속도(rpm) 게이지

37. 체인이나 벨트, 풀리 등에서 일어나는 사고로 기계의 운동 부분 사이에 신체가 끼는 사고는?
　① 접촉　　　　　② 충격
　③ 얽힘　　　　　④ 협착

38. 작업 시 보안경 착용에 대한 설명으로 틀린 것은?
　① 아크용접을 할 때는 보안경을 착용해야 한다.
　② 절단하거나 깎는 작업을 할 때는 보안경을 착용해서는 안 된다.
　③ 가스용접을 할 때는 보안경을 착용해야 한다.
　④ 특수용접을 할 때는 보안경을 착용해야 한다.

39. 지게차에 화물을 적재하고 주행할 때의 주의 사항으로 틀린 것은?
　① 급한 고갯길을 내려갈 때는 변속 레버를 중립에 두거나 엔진을 끄고 타력으로 내려간다.
　② 포크나 카운터 웨이트 등에 사람을 태우고 주행해서는 안 된다.

　③ 전방 시야가 확보되지 않을 때는 후진으로 진행하면서 경적을 울리며 천천히 주행한다.
　④ 험한 땅, 좁은 통로, 고갯길 등에서는 급발진, 급제동 급선회하지 않는다.

40. V-벨트나 펑 벨트 또는 기어가 회전하면서 접선 방향으로 물리는 장소에 설치되는 방호장치는?
　① 위치 제한형 방호장치
　② 접근 반응형 방호장치
　③ 덮개형 방호장치
　④ 격리형 방호장치

41. 지게차에서 엔진이 정지되었을 대 레버를 밀어도 마스트가 경사되지 않도록 하는 것은?
　① 벨 크랭크 기구
　② 틸트 록 장치
　③ 체크 밸브
　④ 스태빌 라이저

42. 수동 변속기에서 로킹 볼(Locking ball)이 마멸되면 어떻게 되는가?
　① 기어가 이중으로 물린다.
　② 변속 기어의 백 래시 유격이 크게 된다.
　③ 기어가 빠지기 쉽다.
　④ 변속할 때 소리가 난다.

43. 지게차 포크를 하강시키는 방법으로 가장 적합한 것은?
　① 가속 페달을 밟고 리프트 레버를 앞으로 민다.
　② 가속 페달을 밟고 리프트 레버를 뒤로 당긴다.
　③ 가속 페달을 밟지 않고 리프트 레버를 뒤로 당긴다.
　④ 가속 페달을 밟지 않고 리프트 레버를 앞으로 민다.

44. 작업장 화재 발생 시 조치 사항으로 가장 적절하지 않은 것은?
　① 소화기를 사용하여 초기진화를 한다.
　② 주변 작업자에게 알려 대피를 유도한다.
　③ 신속히 화재 신고를 한다.
　④ 작업장의 주변을 청소한다.

45. 지게차의 화물 운반 작업으로 가장 적당한 것은?
　① 댐퍼를 뒤로 3° 정도 경사시켜서 운반한다.
　② 마스트를 뒤로 6° 정도 경사시켜서 운반한다.
　③ 샤퍼를 뒤로 6° 정도 경사시켜서 운반한다.
　④ 바이브레이터를 뒤로 8° 정도 경사시켜서 운반한다.

46. 지게차 주행 시 주의해야 할 사항 중 틀린 것은?
　① 화물을 포크에 싣고 주행할 때는 절대로 속도를 내서는 안 된다.
　② 노면 상태에 따라 충분한 주의를 하여야 한다.
　③ 적하장치에 사람을 태워서는 안 된다.
　④ 포크의 끝은 밖으로 경사지게 한다.

47. 지게차에서 조향 바퀴의 얼라인먼트의 요소와 관계없는 것은?
　① 캠버
　② 부스터
　③ 토인
　④ 캐스터

48. 지게차에 대한 설명으로 틀린 것은?
　① 암페어 미터의 지침은 방전되면 (-)쪽을 가리킨다.
　② 오일 압력 경고등은 시동 후 워밍업되기 전에 점등 되어야 한다.
　③ 연료 탱크에 연료가 비어 있으면 연료게이지는 "E"를 가리킨다.
　④ 히터 시그널은 연소실 글로 플러그의 가열상태를 표시한다.

49. 운전 중 좁은 장소에서 지게차를 방향 전환시킬 때 가장 주의할 점으로 옳은 것은?
　① 뒷바퀴 회전에 주의하여 방향을 전환한다.
　② 포크 높이를 높게 하여 방향을 전환한다.
　③ 앞바퀴 회전에 주의하여 방향을 전환한다.
　④ 포크가 땅에 닿도록 내리고 방향을 전환한다.

50. 지게차의 운전 장치를 조작하는 동작의 설명으로 틀린 것은?
　① 전·후진 레버를 앞으로 밀면 후진이 된다.
　② 틸트 레버를 뒤로 당기면 마스트는 뒤로 기운다.
　③ 리프트 레버를 아푸로 밀면 포크가 내려간다.
　④ 전·후진 레버를 뒤로 당기면 후진이 된다.

51. 그림의 공·유압 기호는 무엇을 표시하는가?

　① 전자·공기압 파일럿
　② 전자·유압 파일럿
　③ 유압 2단 파일럿
　④ 유압 가변 파일럿

52. 유압 펌프에서 회전수가 같을 때 토출 유량이 변하는 펌프는?
　① 가변 용량형 펌프
　② 기어 펌프
　③ 프로펠러 펌프
　④ 정용량형 펌프

53. 지게차 운전 종료 후 점검 사항과 가장 거리가 먼 것은?
　① 각종 게이지
　② 타이어의 손상 여부
　③ 연료 보유량
　④ 오일누설 부위

54. 작업 전 지게차의 워밍업 운전 및 점검 사항으로 틀린 것은?
　① 시동 후 작동유의 유온을 정상 범위 내에 도달하도록 고속으로 전·후진 주행을 2~3회 실시
　② 엔진 시동 후 5분간 저속 운전 실시

　③ 틸트 레버를 사용하여 전 행정으로 전후 경사운동을 2~3회 실시
　④ 리프트 레버를 사용하여 상승 및 하강 운동을 전행정으로 2~3회 실시

55. 유압 회로의 속도 제어 회로와 관계없는 것은?
　① 오픈 센터 회로
　② 블리드 오프 회로
　③ 미터 아웃 회로
　④ 미터 인 회로

56. 지게차 스프링장치에 대한 설명으로 옳은 것은?
　① 탠덤 드라이브장치이다.
　② 코일 스프링장치이다.
　③ 판 스프링장치이다.
　④ 스프링장치가 없다.

57. 지게차 조종 레버가 아닌 것은?
　① 로어링(Lowering)
　② 덤핑(Dumping)
　③ 리프팅(Lifting)
　④ 틸팅(Tilting)

58. 드릴작업 시 주의 사항으로 틀린 것은?
　① 작업이 끝나면 드릴을 척에서 빼놓는다.
　② 칩은 털어낼 때는 칩 털이를 사용한다.
　③ 공작물은 움직이지 않게 고정한다.
　④ 드릴이 움직일 때는 칩을 손으로 치운다.

59. 사고를 일으킬 수 있는 직접적인 재해의 원인은?
　① 경험, 훈련 미숙
　② 안전 의식 부족
　③ 인원 배치 부적당
　④ 위험 장소 접근

60. 지게차의 유압 복동 실린더에 대한 설명 중 틀린 것은?
　① 싱글 로드형이 있다.
　② 더블 로드형이 있다.
　③ 수축은 자중이나 스프링에 의해서 이루어진다.
　④ 피스톤은 양방향으로 유압을 받아 늘어난다.

1. 지게차 운전 시 유의 사항으로 적합하지 않은 것은?
   ① 내리막길에서는 급회전을 하지 않는다.
   ② 화물 적재 후 최고속 주행을 하여 작업 능률을 높인다.
   ③ 운전석에는 운전자 이외는 승차하지 않는다.
   ④ 면허 소지자 이외는 운전하지 못하도록 한다.

2. 지게차로 파렌트의 화물을 이동시킬 때 주의할 점으로 틀린 것은?
   ① 작업 시 클러치 페달을 밟고 작업한다.
   ② 적재 장소에 물건 등이 있는지 살핀다.
   ③ 포크를 파렛트에 평행하게 넣는다.
   ④ 포크를 적당한 높이지 올린다.

3. 엔진 일의 압력이 낮은 원인이 아닌 것은?
   ① 플라이밍 펌프의 파손
   ② 오일 파이프의 파손
   ③ 오일 펌프의 고장
   ④ 오일에 다량의 연료 혼입

4. 자동차 전용도로 정의로 가장 적합한 것은?
   ① 자동차 고속 주행에만 이용되는 도로
   ② 자동차만 다닐 수 있도록 설치된 도로
   ③ 보도와 차도의 구분이 있는 도로
   ④ 보도와 차도의 구분이 없는 도로

5. 건설기계 정기 검사 연기 사유가 아닌 것은?
   ① 건설기계를 도난당했을 때
   ② 건설기계를 건설현장에 투입했을 때
   ③ 건설기계의 사고가 발생했을 때
   ④ 1월 이상에 걸친 정비를 하고 있을 때

6. 지게차 작업 방법 중 틀린 것은?
   ① 경사 길에서 내려올 때에는 후진으로 주행한다.
   ② 주행 방향을 바꿀 때에는 완전 정지 또는 저속에서 행한다.
   ③ 틸트는 적재물이 백 레스트에 완전히 닿도록 하고 운행한다.
   ④ 조향륜이 지면에서 5cm 이하로 떨어졌을 때에는 밸런스 카운터 중량을 높인다.

7. 지게차로 적재작업을 할 때 유의 사항으로 틀린 것은?
   ① 경사 길에서 내려올 때에는 후진으로 주행한다.
   ② 화물 앞에서 일단 정지한다.
   ③ 화물이 무너지거나 파손 등의 위험성 여부를 확인한다.
   ④ 화물을 높이 들어 올려 아랫부분을 확인하며 천천히 출발한다.

8. 축전지의 소비된 전기에너지를 보충하기 위한 충전 방법이 아닌 것은?
   ① 정전류 충전   ② 정전압 충전
   ③ 급속 충전   ④ 초 충전

9. 소음기나 배기관 내부에 많은 양의 카본이 부착되면 배압은 어떻게 되는가?
   ① 저속에서는 높아졌다가 고속에서는 낮아진다.
   ② 높아진다.
   ③ 낮아진다.
   ④ 영향을 미치지 않는다.

10. 배선의 색과 기호에서 파랑색(Blue)의 기호는?
    ① B   ② R
    ③ L   ④ G

11. 건설기계 관리법에서 건설기계 조종사 면허의 취소 처분기준이 아닌 것은?
    ① 건설기계 조종 중 고의로 1명에게 경상을 입힌 때
    ② 거짓 그 밖의 부정한 방법으로 건설기계 조종사 면허를 받은 때
    ③ 건설기계 조종 중 고의 또는 과실로 가스 공급시설의 기능에 장애를 입혀 가스공급을 방해한 자
    ④ 건설기계 조종사 면허의 효력정지 기간 중 건설기계를 조종한 때

12. 냉각장치에서 냉각수가 줄어드는 원인과 정비방법으로 틀린 것은?
    ① 워터 펌프 불량 : 조정
    ② 서머스타트 하우징 불량 : 개스킷 및 하우징 교체
    ③ 히터 혹은 라디에이터 호스 불량 : 수리 및 부품교환
    ④ 라디에이터 캡 불량 : 부품 교환

13. 건설기계를 도난당한 때 등록 말소 사유 확인 서류로 적당한 것은?
    ① 수출신용장
    ② 봉인 및 번호판
    ③ 주민등록 등본
    ④ 경찰서장이 발생한 도난 신고 접수 확인원

14. 정(Chisel) 작업 시 안전 수칙으로 부적합한 것은?
    ① 차광 안경을 착용한다.
    ② 기름을 깨끗이 닦은 후에 사용한다.
    ③ 머리가 벗겨진 것은 사용하지 않는다.
    ④ 담금질한 재료를 정으로 쳐서는 안된다.

15. 일반화재 발생 장소에서 화염이 있는 곳을 대피하기 위한 요령이다. 보기 항에서 맞는 것을 모두 고른 것은?

    [보기]
    a. 머리카락, 얼굴, 발, 손 등을 불과 닿지 않게 한다.
    b. 수건에 a nf을 적셔 코와 입을 막고 탈출한다.
    c. 몸을 낮게 엎드려서 통과한다.
    d. 옷을 물로 적시고 통과한다.

    ① a, c   ② a, b, c, d
    ③ a, b, c   ④ a

16. 디젤기관의 연료 분사 펌프에서 연료 분사량 조정 방법은?
① 컨트롤 슬리브와 피니언의 관계 위치를 변화하여 조정
② 프라이밍 펌프를 조정
③ 플런저 스프링의 장력 조정
④ 리밋 슬리브를 조정

17. 건설기계 조종사면허를 거짓이나 그 밖의 부정한 방법으로 받았거나, 건설기계를 도로나 타인의 토지에 버려두어 방치한 자에 대해 적용하는 벌칙은?
① 1000만 원 이하의 벌금
② 2년 이하의 징역 또는 1000만 원 이하의 벌금
③ 1년 이하의 징역 또는 1000만 원 이하의 벌금
④ 2000만 원 이하의 벌금

18. 엔진이 시동된 다음에는 피니언이 공회전하여 링 기어에 의해 엔진의 회전력이 기동전동기에 전달되지 않도록 하는 장치는?
① 피니언   ② 전기자
③ 오버러닝 클러치   ④ 정류자

19. 작동유가 넓은 온도 범위에서 사용되기 위한 조건으로 옳은 것은?
① 산화 작용이 양호해야 한다.
② 점도 지수가 높아야 한다.
③ 소포성이 좋아야 한다.
④ 유성이 커야 한다.

20. 「도로교통법」에 위반되는 행위는?
① 철길 건널목 바로 전에 일시정지하였다.
② 다리 위에서 앞지르기를 하였다.
③ 주간에 방향을 전환할 때 방향 지시등을 켰다.
④ 야간에 차가 서로 마주보고 진행할 때 전조등의 광도를 감하였다.

21. 디젤기관에서 회전 속도에 다라 연료의 분사 시기를 조절하는 장치는?
① 타이머   ② 과급기
③ 기화기   ④ 조속기

22. 도체 내의 전류의 흐름을 방해하는 성질은?
① 전하   ② 전류
③ 전압   ④ 저항

23. 유압 탱크의 주요 구성 요소가 아닌 것은?
① 유면계   ② 주입구
③ 유압계   ④ 격판(배플)

24. 최고 주행 속도 15km/h 미만의 타이어식 건설기계가 반드시 갖추어야 할 조명장치가 아닌 것은?
① 후부반사기   ② 제동등
③ 전조등   ④ 비상 점멸 표시등

25. 공기청정기의 종류 중 특히 먼지가 많은 지역에 적합한 공기청정기는?
① 건식   ② 유조식
③ 복합식   ④ 습식

26. 주차 및 정차금지 장소는 건널목의 가장자리로부터 몇 미터 이내인 곳인가?
① 50m   ② 10m
③ 30m   ④ 40m

27. 유압장치에서 가변용량형 유압 펌프의 기호는?

28. 자체중량에 의한 자유낙하 등을 방지하기 위하여 회로에 배압을 유지하는 밸브는?
① 카운터 밸런스 밸브
② 체크 밸브
③ 안전 밸브
④ 감압 밸브

29. 건설기계를 운전하여 교차로에서 우회전을 하려고 할 때 가장 적합한 것은?
① 우회전은 신호가 필요 없으며, 보행자를 피하기 위해 빠른 속도로 진행한다.
② 신호를 행하면서 서행으로 주행하여야 하며, 교통신호에 따라 횡단하는 보행자의 통행을 방해하여서는 아니 된다.
③ 우회전은 언제 어느 곳에서나 할 수 있다.
④ 우회전 신호를 행하면서 빠르게 우회전한다.

30. 유압이 진공에 가까워짐으로서 기포가 생기며, 이로 인해 국부적인 고압이나 소음이 발생하는 현상을 무엇이라 하는가?
① 오리피스 현상
② 담금질 현상
③ 캐비테이션 현상
④ 시효 경화 현상

31. 유압 실린더의 종류에 해당하지 않는 것은?
① 복동 실린더 더블 로드형
② 복동 실린더 싱글 로드형
③ 단동 실린더 배플형
④ 단동 실린더 램형

32. 재해 발생 원인 중 직접 원인이 아닌 것은?
① 기계 배치의 결함
② 불량 공구 사용
③ 교육 훈련 미숙
④ 작업 조명의 불량

33. 안전 · 보건표지에서 안내표지의 바탕색은?
　① 백색　　　　　　　　② 적색
　③ 녹색　　　　　　　　④ 흑색

34. 유압 계통에서 오일 누설 시의 점검 사항이 아닌 것은?
　① 유압유의 윤활성
　② 실(Seal)의 마모
　③ 볼트의 이완
　④ 실(Seal)의 파손

35. 유압 펌프에서 사용되는 GPM의 의미는?
　① 계통 내에서 형성되는 압력의 크기
　② 복동 실린더의 치수
　③ 분당 토출하는 작동유의 양
　④ 흐름에 대한 저항

36. 지게차에서 적재 상태의 마스트 경사로 적합한 것은?
　① 뒤로 기울어지도록 한다.
　② 앞으로 기울어지도록 한다.
　③ 진행 좌측으로 기울어지도록 한다.
　④ 진행 우측으로 기울어지도록 한다.

37. 지게차 리프트 실린더의 주된 역할은?
　① 마스터를 틸트시킨다.
　② 마스터를 하강 이동시킨다.
　③ 포크를 상승 · 하강시킨다.
　④ 포크를 앞뒤로 기울게 한다.

38. 장갑을 끼고 작업할 때 가장 위험한 작업은?
　① 건설기계 운전 작업
　② 오일 교환 작업
　③ 해머 작업
　④ 타이어 교환 작업

39. 유압 모터의 장점이 아닌 것은?
　① 관성력이 크며, 소음이 크다.
　② 전동 모터에 비하여 급속 정치가 쉽다.
　③ 광범위한 무단 변속을 얻을 수 있다.
　④ 작동이 신속 · 정확하다.

40. 오일 탱크 내의 오일을 전부 배출시킬 때 사용하는 것은?
　① 드레인 플러그
　② 배플
　③ 어큐뮬레이터
　④ 리턴 라인

41. 보기는 재해 발생 시 조치 요령이다. 조치 순서로 알맞은 것은?

[보기]
ⓐ 운전 정지
ⓑ 관련된 또 다른 재해 방지
ⓒ 피해자 구조
ⓓ 응급처치

① ⓐ→ⓑ→ⓒ→ⓓ
② ⓒ→ⓑ→ⓓ→ⓐ
③ ⓒ→ⓓ→ⓐ→ⓑ
④ ⓐ→ⓒ→ⓓ→ⓑ

42. 안전적인 측면에서 병 속에 들어있는 약품을 냄새로 알아보고자 할 때 가장 좋은 방법은?
　① 내용물을 조금 쏟아서 확인한다.
　② 손바람을 이용하여 확인한다.
　③ 숟가락으로 약간 떠내어 냄새를 직업 맡아본다.
　④ 종이로 적셔서 알아본다.

43. 제동장치의 기능을 설명한 것으로 틀린 것은?
　① 속도를 감속시키거나 정지시키기 위한 장치이다.
　② 독립적으로 작동시킬 수 있는 2계통의 제동장치가 있다.
　③ 급제동 시 노면으로부터 발생되는 충격을 흡수하는 장치이다.
　④ 경사로에서 정지된 상태를 유지할 수 있는 구조이다.

44. 지게차가 자동차와 다르게 현가 스프링을 사용하지 않는 이유를 설명한 것으로 옳은 것은?
　① 롤링이 생기면 적하물이 떨어질 수 있기 때문에
　② 현가장치가 있으면 조향이 어렵기 때문에
　③ 화물에 충격을 줄여주기 위해
　④ 앞차축이 구동축이기 때문에

45. 지게차의 마스트를 전경 또는 후경시키는 작용을 하는 것은?
　① 조향 실린더
　② 리프트 실린더
　③ 마스트 실린더
　④ 틸트 실린더

46. 적색 원형으로 만들어지는 안전표지판은?
　① 경고표시
　② 안내표시
　③ 지시표시
　④ 금지표시

47. 양중기에 해당되지 않는 것은?
　① 곤돌라　　　　　　　　② 크레인
　③ 리프트　　　　　　　　④ 지게차

48. 지게차에 화물을 적재하고 주행할 때의 주의 사항으로 틀린 것은?
　① 급한 고갯길을 내려갈 때는 변속 레버를 중립에 두거나 엔진을 끄고 타력으로 내려간다.
　② 포크나 카운터 웨이트 등에 사람을 태우고 주행해서는 안 된다.
　③ 전방 시야가 확보되지 않을 때는 후진으로 진행하면서 경적을 울리며 천천히 주행한다.
　④ 험한 땅, 좁은 통로, 고갯길 등에서는 급발진, 급제동, 급선회하지 않는다.

49. 납산 배터리 액체를 취급하기에 가장 적합한 복장은?
　　① 고무로 만든 옷
　　② 가죽으로 만든 옷
　　③ 무명으로 만든 옷
　　④ 화학섬유로 만든 옷

50. 지게차의 운전방법으로 틀린 것은?
　　① 화물 운반 시 내리막길은 후진으로 오르막길은 전진으로 주행한다.
　　② 화물 운반 시 포크는 지면에서 20~30cm 가량 띄운다.
　　③ 화물 운반 시 마스트를 뒤로 4° 가량 경사시킨다.
　　④ 화물 운반은 항상 후진으로 주행한다.

51. 클러치 디스크 구조에서 댐퍼 스프링 작용으로 옳은 것은?
　　① 클러치 작용 시 회전력을 증가시킨다.
　　② 클러치 디스크의 마멸로 방지한다.
　　③ 압력판의 마멸을 방지한다.
　　④ 클러치 작용 시 회전 충격을 흡수한다.

52. 지게차에서 리프트 실린더의 상승력이 부족한 원인과 거리가 먼 것은?
　　① 오일 필터의 막힘
　　② 유압 펌프의 불량
　　③ 리프트 실린더에서 유압유 누출
　　④ 틸트 로크 밸브의 밀착 불량

53. 지게차의 포크 양쪽 중 한쪽이 낮아졌을 경우에 해당되는 원인은?
　　① 체인의 늘어짐
　　② 사이드 롤러의 과다한 마모
　　③ 실린더의 마모
　　④ 윤활유 불충분

54. 토크 컨버터에 사용되는 오일의 구비 조건이 아닌 것은?
　　① 착화점이 낮을 것
　　② 비중이 클 것
　　③ 비점이 높을 것
　　④ 점도가 낮을 것

55. 지게차 인칭 조절장치에 대한 설명으로 옳은 것은?
　　① 트랜스미션 내부에 있다.
　　② 브레이크 드럼 내부에 있다.
　　③ 디셀레이터 페달이다.
　　④ 작업장치의 유압 상승을 억제한다.

56. 지게차에서 주행 중 조향 핸들이 떨리는 원인으로 가장 거리가 먼 것은?
　　① 타이어 밸런스가 맞지 않을 때
　　② 휠이 휘었을 때
　　③ 스티어링 기어의 마모가 심할 때
　　④ 포크가 휘었을 때

57. 지게차 작업 시 안전 수칙으로 틀린 것은?
　　① 주차 시에는 포크를 완전히 지면에 내려야 한다.
　　② 화물을 적재하고 경사지를 내려갈 때는 운전 시야 확보를 위해 전진으로 운행해야 한다.
　　③ 포크를 이용하여 사람을 싣거나 들어올리지 않아야 한다.
　　④ 경사지를 오르거나 내려올 때는 급회전을 금해야 한다.

58. 지게차의 화물 운반작업 중 가장 적당한 것은?
　　① 댐퍼를 뒤로 3° 정도 경사시켜서 운반한다.
　　② 마스트를 뒤로 6° 정도 경사시켜서 운반한다.
　　③ 샤퍼를 뒤로 6° 정도 경사시켜서 운반한다.
　　④ 바이브레이터를 뒤로 8° 정도 경사시켜서 운반한다.

59. 지게차에서 지켜야 할 안전 수칙으로 틀린 것은?
　　① 후진 시는 반드시 뒤를 살필 것
　　② 전진에서 후진 변속 시는 지게차가 정지된 상태에서 행할 것
　　③ 주·정차 시는 반드시 주차 브레이크를 작동시킬 것
　　④ 이동 시는 포크를 반드시 지상에서 높이 들고 이동할 것

60. 건설기계의 정기 검사 신청 기간 내에 정기 검사를 받은 경우 정기 검사 유효 기간 시작일을 바르게 설명한 것은?
　　① 유효 기간에 관계없이 검사를 받은 다음날부터
　　② 유효 기간 내에 검사를 받은 것은 유효 기간 만료일부터
　　③ 유효 기간 내에 검사를 받은 것은 종전 검사 유효기간 만료일 다음날부터
　　④ 유효 기간에 관계없이 검사를 받은 날부터

1. 볼트나 너트를 조이고 풀 때의 사항으로 틀린 것은?
   ① 볼트와 너트는 규정 토크로 조인다.
   ② 토크 렌치는 볼트를 풀 때만 사용한다.
   ③ 한 번에 조이지 말고, 2~3회 나누어 조인다.
   ④ 규정된 공구를 사용하여 풀고, 조이도록 한다.

2. 지게차 기관에서 부동액으로 사용될 수 없는 것은?
   ① 그리스   ② 알코올
   ③ 글리세린   ④ 에틸렌글리콜

3. 지게차 운전 종료 후 점검 사항과 가장 거리가 먼 것은?
   ① 각종 게이지
   ② 타이어의 손상 여부
   ③ 연료 보유량
   ④ 기름누설 부위

4. 기관에서 크랭크축의 역할은?
   ① 원활한 직선운동을 하는 장치이다.
   ② 기관의 진동을 줄이는 장치이다.
   ③ 직선운동을 회전운동으로 변환시키는 장치이다.
   ④ 원운동을 직선운동으로 변환시키는 장치이다.

5. 지게차를 작업 용도에 따라 분류할 때 원추형 화물을 조이거나 회전시켜 운반 또는 적재하는데 적합한 것은?
   ① 힌지드 버킷(Hinged bucket)
   ② 힌지드 포크(Hinged fork)
   ③ 로테이팅 클램프(Rotating clamp)
   ④ 로드 스태빌라이저(Road stabilizer)

6. 다음 중 커먼 레일 디젤기관의 공기 유량 센서(AFS)에 대한 설명으로 옳지 않은 것은?
   ① EGR 피드백 제어 기능을 주로 한다.
   ② 열막 방식을 사용한다.
   ③ 연료량 제어 기능을 주로 한다.
   ④ 스모그 제한 부스터 압력 제어용으로 사용한다.

7. 빛을 받으면 전류가 흐르지만 빛이 없으면 전류가 흐르지 않는 전기소자는?
   ① 발광 다이오드
   ② 포토 다이오드
   ③ 제너 다이오드
   ④ PN접합 다이오드

8. 지게차의 리프트 실린더(Lift cylinder) 작동회로에서 플로 프로텍터(벨로시티 퓨즈)를 사용하는 주된 목적은?
   ① 컨트롤 밸브와 리프터 실린더 사이에서 배관 파손시 적재물 급강하를 방지한다.
   ② 포크의 정상 하강 시 천천히 내려올 수 있게 한다.
   ③ 화물을 하강할 때 신속하게 내려올 수 있도록 작용한다.
   ④ 리프트 실린더 회로에서 포크 상승 중 중간 정지시 내부 누유를 방지한다.

9. 6실린더 디젤기관에서 병렬로 연결된 예열 플러그가 있다. 제3번 실린더의 예열 플러그가 단선되면 어떤 현상이 발생되는가?
   ① 전체가 작동이 안 된다.
   ② 제3번 옆에 있는 제2번과 제4번도 작동이 안 된다.
   ③ 축전지 용량의 배가 방전된다.
   ④ 제3번 실린더만 작동이 안 된다.

10. 지게차 포크의 간격은 파렛트 폭의 어느 정도로 하는 것이 가장 적당한가?
    ① 파렛트 폭의 1/3~1/2
    ② 파렛트 폭의 1/3~2/3
    ③ 파렛트 폭의 1/2~2/3
    ④ 파렛트 폭의 1/2~3/4

11. 4행정으로 1사이클을 완성하는 기관에서 각 행정의 순서는?
    ① 흡입 → 동력 → 압축 → 배기
    ② 흡입 → 압축 → 배기 → 동력
    ③ 흡입 → 압축 → 동력 → 배기
    ④ 압축 → 흡입 → 동력 → 배기

12. 지게차에서 화물 취급 방법으로 틀린 것은?
    ① 포크는 화물의 받침대 속에 정확히 들어갈 수 있도록 조작한다.
    ② 운반물을 적재하여 경사지를 주행할 때에는 화물이 언덕 위쪽으로 향하도록 한다.
    ③ 포크를 지면에서 약800mm 정도 올려서 주행해야 한다.
    ④ 운반 중 마스트를 뒤로 약 6° 정도 경사시킨다.

13. 「도로교통법」상 도로에 해당되지 않는 것은?
    ① 「해상도로법」에 의한 항로
    ② 차마의 통행을 위한 도로
    ③ 「유료도로법」에 의한 유료 도로
    ④ 「도로법」에 의한 도로

14. 디젤기관 연료장치의 분사 펌프에서 프라이밍 펌프는 어느 때 사용하는가?
    ① 출력을 증가시키고자 할 때
    ② 연료계통의 공기배출을 할 때
    ③ 연료의 양을 가감할 때
    ④ 연료의 분사압력을 측정할 때

15. 교통사고 발생 후 벌점 사항 중 틀린 것은?
    ① 사망 1명마다 90점

② 경상 1명마다 5점

③ 중상 1명마다 30점

④ 부상신고 1명마다 2점

16. 축전지 터미널의 식별 방법이 아닌 것은?

　① 부호 (+,-)로 식별

　② 굵기로 분별

　③ 문자(P,N)로 분별

　④ 요철로 분별

17. 건설기계 조종 중에 과실로 1명에게 중상을 입힌 때 건설기계를 조종한 자에 대한 면허의 취소 · 정지 처분 기준은?

　① 면허 효력 정지 30일

　② 면허 효력 정지 60일

　③ 면허 취소

　④ 면허 효력 정지 15일

18. 건설기계 조종사가 면허를 반납해야 할 사유가 아닌 것은?

　① 면허가 취소된 때

　② 면허를 신규로 취득한 때

　③ 면허의 효력이 정지된 때

　④ 면허증의 재교부를 받은 후 분실된 면허증을 발견한 때

19. 일시정지 안전표지판이 설치된 횡단보도에서 위반되는 것은?

　① 경찰공무원이 진행 신호를 하여 일시정지 하지 않고 통과하였다.

　② 횡단보도 직전에 일시정지하여 안전을 확인한 후 통과하였다.

　③ 보행자가 보이지 않아 그대로 통과하였다.

　④ 연속적으로 진행 중인 앞 차의 뒤를 따라 진행할때 일시 정지 하였다.

20. 다음 그림의 교통안전표지는 무엇을 의미하는가?

　① 차간거리 최저 50m

　② 차간거리 최고 50m

　③ 최저 속도 제한

　④ 최고 속도 제한

21. 축압기의 종류 중 공기 압축형이 아닌 것은?

　① 스프링 하중방식(Spring loaded type)

　② 피스톤 방식(Piston type)

　③ 다이어프램 방식(Diaphragm type)

　④ 블래더 방식(Bladder type)

22. 4차로 이상 고속도로에서 건설기계의 법정 최고 속도는 시속 몇 km 인가?

　① 50km/h　　　　　② 60km/h

　③ 80km/h　　　　　④ 100km/h

23. 방향 전환 밸브의 조작 방식에서 단동 솔레노이드 기호는?

① 　　　　　②

③ 　　　　　④

24. 밤에 도로에서 차를 운행하는 경우 등의 등화로 틀린 것은?

　① 견인되는 차: 미등, 차폭등 및 번호등

　② 원동기장치자전거: 전조등 및 미등

　③ 자동차: 자동차안전기준에서 정하는 전조등, 차폭등, 미등

　④ 자동차등 외의 모든 차; 지방경찰청장이 정하여 고시하는 등화

25. 유압장치에 사용되는 펌프 형식이 아닌 것은?

　① 베인펌프

　② 플런저 펌프

　③ 분사 펌프

　④ 기어 펌프

26. 정기 검사 대상 건설기계의 정기 검사 신청 기간으로 옳은 것은?

　① 건설기계의 정기 검사 유효기간 만료일 전후 45일 이내에 신청한다.

　② 건설기계의 정기 검사 유효기간 만료일 전 90일 이내에 신청한다.

　③ 건설기계의 정기 검사 유효기간 만료일 전후 30일 이내에 신청한다.

　④ 건설기계의 정기 검사 유효기간 만료일 후 60일 이내에 신청한다.

27. 유압장치에서 방향 제어 밸브에 해당하는 것은?

　① 셔틀 밸브　　　　② 릴리프 밸브

　③ 시퀀스 밸브　　　④ 언로드 밸브

28. 유압 실린더 중 피스톤의 양쪽에 유압유를 교대로 공급하여 양방향의 운동을 유압으로 작동시키는 형식은?

　① 단동식　　　　　② 복동식

　③ 다동식　　　　　④ 편동식

29. 건설기계 운전 시 갑자기 유압이 발생되지 않을 때 점검 내용으로 가장 거리가 먼 것은?

　① 오일 개스킷 파손 여부 점검

　② 유압 실린더의 피스톤 마모 점검

　③ 오일 파이프 및 호스가 파손되었는지 점검

　④ 오일량 점검

30. 유압유에 점도가 서로 다른 2종류의 오일을 혼합하였을 경우에 대한 설명으로 옳은 것은?

　① 오일 첨가제의 좋은 부분만 작동하므로 오히려 더욱 좋다.

　② 점도가 달리지나 사용에는 전혀 지장이 없다.

　③ 혼합은 권장사항이며, 사용에는 전혀 지장이 없다.

　④ 열화 현상을 촉진시킨다.

31. 건설기계 소유자 또는 점유자가 건설기계를 도로에 계속하여 버려두거나 정당한 사유 없이 타인의 토지에 버려둔 경우의 처벌은?
① 1년 이하의 징역 또는 300만 원 이하의 벌금
② 1년 이하의 징역 또는 1000만 원 이하의 벌금
③ 1년 이하의 징역 또는 200만 원 이하의 벌금
④ 1년 이하의 징역 또는 500만 원 이하의 벌금

32. 드릴작업 시 주의 사항으로 틀린 것은?
① 칩을 털어낼 때는 칩 털이를 사용한다.
② 작업이 끝나면 드릴을 척에서 빼놓는다.
③ 드릴이 움직일 대는 칩을 손으로 치운다.
④ 재료는 힘껏 조이든가 정지기구로 고정한다.

33. 유압 펌프가 오일을 토출하지 않을 경우 점검 항목 중 틀린 것은?
① 오일탱크에 오일이 규정량으로 들어 있는지 점검한다.
② 흡입 스트레이너가 막혀 있지 않은지 점검한다.
③ 흡입 관로에서 공기를 빨아들이지 않는지 점검한다.
④ 토출 측 회로에 압력이 너무 낮은지 점검한다.

34. 금속나트륨이나 금속칼륨 화재의 소화재로서 가장 적합한 것은?
① 물
② 건조사
③ 분말 소화기
④ 할론 소화기

35. 지게차의 주된 구동방식은?
① 앞바퀴 구동
② 뒷바퀴 구동
③ 전후 구동
④ 중간차축 구동

36. 외접형 기어 펌프의 폐입 현상에 대한 설명으로 틀린 것은?
① 폐입 현상은 소음과 진동의 원인이 된다.
② 폐입된 부분의 기름은 압축이나 팽창을 받는다.
③ 보통 기어 측면에 접하는 펌프 측판(Side plate)에 릴리프 홈을 만들어 방지한다.
④ 펌프의 압력, 유량, 회전수 등이 주기적으로 변동해서 발생하는 진동 현상이다.

37. 재해 발생 과정에서 하인리히의 연쇄반응 이론의 발생 순서로 맞는 것은?
① 사회적 환경과 신천적 결함 → 개인적 결함 → 불안전한 행동 → 사고 → 재해
② 개인적 결함 → 사회적 환경과 신천적 결함 → 사고 → 불안전한 행동 → 재해
③ 불안전한 행동 → 사회적 환경과 신천적 결함 → 개인적 결함 → 사고 → 재해
④ 사회적 환경과 신천적 결함 → 개인적 결함 → 재해 → 불안전한 행동 → 사고

38. 보기에서 회로 내의 압력을 설정치 이하로 유지하는 밸브로만 짝지어진 것은?

[보기]
ⓐ 릴리프 밸브(Relief valve)
ⓑ 리듀싱 밸브(Reducing valve)
ⓒ 스로틀 밸브(Throttle valve)
ⓓ 언로더 밸브(Unloader valve)

① ⓐ, ⓑ, ⓓ
② ⓑ, ⓒ
③ ⓒ, ⓓ
④ ⓐ, ⓑ, ⓒ

39. 지게차 포크에 화물을 싣고 창고나 공장을 출입할 때의 주의 사항 중 틀린 것은?
① 팔이나 몸을 차체 밖으로 내밀지 않는다.
② 차폭이나 출입구의 폭은 확인할 필요가 없다.
③ 주위 장애물 상태를 확인 후 이상이 없을 때 출입한다.
④ 화물이 출입구 높이에 닿지 않도록 주의한다.

40. 해머작업에 대한 내용으로 잘못된 것은?
① 타격범위에 장애물이 없도록 한다.
② 작업자가 서로 마주보고 두드린다.
③ 녹슨 재료 사용 시 보안경을 사용한다.
④ 작게 시작하여 차차 큰 행정으로 작업하는 것이 좋다.

41. 지게차의 주차 및 정차에 대한 안전 사항으로 틀린 것은?
① 마스트를 전방으로 틸트하고 포크를 바닥에 내려놓는다.
② 키 스위치를 OFF에 놓고 주차 브레이크를 고정시킨다.
③ 주 · 정차 시에는 지게차에 키를 꽂아 놓는다.
④ 통로나 비상구에는 주차하지 않는다.

42. 볼트 · 너트를 조이고 풀 때 가장 적합한 공구는?
① 플라이어
② 드라이버
③ 바이스
④ 육각 소켓 렌치

43. 디젤기관 연소과정에서 착화 지연 원인과 가장 거리가 먼 것은?
① 연료의 미립도
② 연료의 압력
③ 연료의 착화성
④ 공기의 와류 상태

44. 평탄한 노면에서의 지게차를 운전하여 하역작업을 하는 방법으로 옳지 않은 것은?
① 파렛트에 실은 화물이 안정되고 확실하게 실려 있는지를 확인한다.
② 포크를 삽입하고자 하는 곳과 평행하게 한다.
③ 불안정한 적재의 경우에는 빠르게 작업을 진행시킨다.
④ 화물 앞에서 정지한 후 마스트가 수직이 되도록 기울여야 한다.

45. 화재 발생 시 연소 조건이 아닌 것은?
① 점화원　　　　② 산소(공기)
③ 발화시기　　　④ 가연성 물질

46. 지게차의 운전을 종료했을 때 취해야 할 안전 사항이 아닌 것은?
    ① 각종 레버는 중립에 둔다.
    ② 연료를 빼낸다.
    ③ 주차 브레이크를 작동시킨다.
    ④ 전원 스위치를 차단시킨다.

47. 산업안전보건표지의 종류에서 경고표시에 해당되지 않는 것은?
    ① 방독면 착용
    ② 인화성 물질 경고
    ③ 폭발물 경고
    ④ 저온 경고

48. 지게차로 화물을 싣고 경사지에서 주행할 때 안전상 올바른 운전방법은?
    ① 포크를 높이 들고 주행한다.
    ② 내려갈 때에는 저속 후진한다.
    ③ 내려갈 때에는 변속레버를 중립에 놓고 주행한다.
    ④ 내려갈 때에는 엔진 시동을 끄고 타력으로 주행한다.

49. 동력 공구 사용 시 주의 사항으로 틀린 것은?
    ① 보호구는 안 해도 무방하다.
    ② 에어 그라인더는 회전 수에 유의한다.
    ③ 규정된 공기 압력을 유지한다.
    ④ 압축 공기 중의 수분을 제거하여 준다.

50. 드라이브 라인에 슬립 이음을 사용하는 이유는?
    ① 회전력을 직각으로 전달하기 위해
    ② 출발을 원활하게 하기 위해
    ③ 추진축의 길이에 변화를 주기 위해
    ④ 추진축의 각도 변화에 대응하기 위해

51. 지게차 포크에 화물을 적재하고 주행할 때 포크와 지면과의 간격으로 가장 적합한 것은?
    ① 80~85cm
    ② 지면에 밀착
    ③ 50~55cm
    ④ 20~30cm

52. 마스터 실린더를 조립할 때 맨 나중 세척은 어느 것으로 하는 것이 좋은가?
    ① 석유
    ② 브레이크액
    ③ 광유
    ④ 휘발유

53. 작업 용도에 따른 지게차의 종류가 아닌 것은?
    ① 로테이팅 클램프(Rotating clamp)
    ② 곡면 포크(Curved fork)
    ③ 로드 스태빌라이저(Load stabilizer)
    ④ 힌지드 버킷(Hinged bucket)

54. 동력 조향장치의 장점으로 적합하지 않은 것은?
    ① 작은 조작력으로 조향 조작을 할 수 있다.
    ② 조향 기어비는 조작력에 관계없이 선정할 수 있다.
    ③ 굴곡 노면에서의 충격을 흡수하여 조향 핸들에 전달되는 것을 방지한다.
    ④ 조작이 미숙하면 엔진이 자동으로 정지된다.

55. 지게차 조종석 계기판에 없는 것은?
    ① 연료계
    ② 냉각수 온도계
    ③ 화물 체적계
    ④ 엔진 회전속도(rpm)게이지

56. 디젤기관 연료장치에서 연료 필터의 공기를 배출하기 위해 설치되어 있는 것으로 가장 적합한 것은?
    ① 벤트 플러그(Vent plug)
    ② 오버 플로 밸브(Over flow valve)
    ③ 코어 플러그(Core plug)
    ④ 글로 플러그(Glow plug)

57. 지게차의 포크를 내리는 역할을 하는 부품은?
    ① 틸트 실린더
    ② 리프트 실린더
    ③ 볼 실린더
    ④ 조향 실린더

58. 기계 운전 중의 안전에 대한 설명으로 옳은 것은?
    ① 빠른 속도로 작업할 때는 일시적으로 안전장치를 제거한다.
    ② 기계장비의 이상으로 정상 가동이 어려운 상황에서는 중속 회전상태로 작업한다.
    ③ 기계 운전중 이상한 냄새, 소음, 진동이 날 때는 정지하고, 전원을 끈다.
    ④ 작업의 속도 및 효율을 높이기 위해 작업 범위 이외의 기계도 동시에 작동한다.

59. 교류 발전기의 특징이 아닌 것은?
    ① 브러시 수명이 길다.
    ② 실리콘 다이오드로 정류하므로 전기적 용량이 크다.
    ③ 저속에서도 충전 가능한 출력 전압이 발생한다.
    ④ 전류 조정기만 있으면 된다.

60. 지게차의 조향 방법으로 옳은 것은?
    ① 전자 조향
    ② 배력 조향
    ③ 전륜 조향
    ④ 후륜 조향

1. 건설기계 등록번호표의 색칠 기준으로 틀린 것은?
   ① 자가용: 녹색 판에 흰색 문자
   ② 영업용: 주황색 판에 흰색 문자
   ③ 관용: 흰색 판에 검은색 문자
   ④ 수입용: 적색 판에 흰색 문자

2. 산업안전의 중요성에 대한 설명으로 틀린 것은?
   ① 직장의 신뢰도를 높여 준다.
   ② 기업의 투자경비가 많이 소요된다.
   ③ 이직률이 감소된다.
   ④ 근로자의 생명과 건강을 지킬 수 있다.

3. 지게차 운전 시 유의사항으로 적합하지 않은 것은?
   ① 내리막길에서는 급회전을 하지 않는다.
   ② 화물적재 후 최고속 주행을 하여 작업능률을 높인다.
   ③ 운전석에는 운전자 이외는 승차하지 않는다.
   ④ 면허소지자 이외는 운전하지 못하도록 한다.

4. 지게차 스프링 장치에 대한 설명으로 옳은 것은?
   ① 탠덤 드라이브 장치이다.
   ② 코일 스프링 장치이다.
   ③ 판 스프링 장치이다.
   ④ 스프링 장치가 없다.

5. 기관에서 실린더 마모가 가장 큰 부분은?
   ① 실린더 아랫부분
   ② 실린더 윗부분
   ③ 실린더 중간부분
   ④ 실린더 연소실 부분

6. 기관의 피스톤 링에 대한 설명 중 틀린 것은?
   ① 압축 링과 오일 링이 있다.
   ② 기밀유지의 역할을 한다.
   ③ 연료분사를 좋게 한다.
   ④ 열전도 작용을 한다.

7. 변속기에서 기어의 이중 물림을 방지하는 역할을 하는 것은?
   ① 인터록 볼
   ② 로크 핀
   ③ 셀렉터
   ④ 로킹 볼

8. 화재예방 조치로서 적합하지 않은 것은?
   ① 가연성 물질을 인화 장소에 두지 않는다.
   ② 유류 취급 장소에는 방화수를 준비한다.
   ③ 흡연은 정해진 장소에서만 한다.
   ④ 화기는 정해진 장소에서만 취급한다.

9. 유해한 작업환경 요소가 아닌 것은?
   ① 화재나 폭발의 원인이 되는 환경
   ② 신선한 공기가 공급되도록 하는 환풍장치 등의 설비
   ③ 소화기와 호흡기를 통하여 흡수되어 건강장애를 일으키는 물질
   ④ 피부나 눈에 접촉하여 자극을 주는 물질

10. 지게차의 화물운반 작업 중 가장 적당한 것은?
    ① 댐퍼를 뒤로 3° 정도 경사시켜서 운반한다.
    ② 마스트를 뒤로 6° 정도 경사시켜서 운반한다.
    ③ 샤퍼를 뒤로 6° 정도 경사시켜서 운반한다.
    ④ 바이브레이터를 뒤로 8° 정도 경사시켜서 운반한다.

11. 지게차의 적재방법으로 틀린 것은?
    ① 화물을 올릴 때에는 포크를 수평으로 한다.
    ② 적재한 장소에 도달했을 때 천천히 정지한다.
    ③ 포크로 물건을 찌르거나 물건을 끌어서 올리지 않는다.
    ④ 화물이 무거우면 사람이나 중량물로 밸런스 웨이트를 삼는다.

12. 지게차의 운전장치를 조작하는 동작의 설명으로 틀린 것은?
    ① 전 · 후진 레버를 앞으로 밀면 후진이 된다.
    ② 틸트 레버를 뒤로 당기면 마스트는 뒤로 기운다.
    ③ 리프트 레버를 앞으로 밀면 포크가 내려간다.
    ④ 전 · 후진 레버를 뒤로 당기면 후진이 된다.

13. 유압회로에서 메인 유압보다 낮은 압력으로 유압 액추에이터를 동작시키고자 할 때 사용하는 밸브는?
    ① 감압 밸브
    ② 릴리프 밸브
    ③ 시퀀스 밸브
    ④ 카운터 밸런스 밸브

14. 유압장치에서 작동유압 에너지에 의해 연속적으로 회전운동함으로서 기계적인 일을 하는 것은?
    ① 유압 모터
    ② 유압 실린더
    ③ 유압 제어 밸브
    ④ 유압 탱크

15. 건설기계의 등록번호를 부착 또는 봉인하지 아니하거나 등록번호를 새기지 아니한 자에게 부가하는 법규상의 과태료로 옳은 것은?
    ① 30만 원 이하의 과태료
    ② 50만 원 이하의 과태료
    ③ 100만 원 이하의 과태료
    ④ 20만 원 이하의 과태료

16. 오일 여과기의 여과입도가 너무 조밀하였을 대 가장 발생하기 쉬운 현상은?
    ① 오일 누출 현상
    ② 공동 현상
    ③ 맥동 현상
    ④ 블로바이 현상

17. 등화장치 설명 중 내용이 잘못된 것은?
    ① 후진등은 변속기 시프트 레버를 후진 위치로 넣으면 점등된다.
    ② 방향지시등은 방향지시등의 신호가 운전석에서 확인되지 않아도 된다.
    ③ 번호등은 단독으로 점멸되는 회로가 있어서는 안된다.
    ④ 제동등은 브레이크 페달을 밟았을 때 점등된다.

18. 도로교통법상 폭우·폭설·안개 등으로 가시거리가 100m 이내일 때 최고 속도의 감속으로 옳은 것은?
    ① 20%   ② 50%
    ③ 60%   ④ 80%

19. 지게차의 좌우 포크 높이가 다를 경우에 조정하는 부위는?
    ① 리프트 밸브로 조정한다.
    ② 리프트 체인의 길이로 조정한다.
    ③ 틸트 레버로 조정한다.
    ④ 틸트 실린더로 조정한다.

20. 건설기계 소유자가 정비업소에 건설기계 정비를 의뢰한 후 정비업자로부터 정비완료통보를 받고 며칠 이내에 찾아가지 않을 때 보관 관리비용을 지불하는가?
    ① 5일   ② 10일
    ③ 15일   ④ 20일

21. 도로교통법규상 4차로 이상 고속도로에서 건설기계의 최저 속도는?
    ① 30km/h   ② 40km/h
    ③ 50km/h   ④ 60km/h

22. 엔진에서 오일의 온도가 상승되는 원인이 아닌 것은?
    ① 과부하 상태에서 연속작업
    ② 오일 냉각기의 불량
    ③ 오일의 점도가 부적당할 때
    ④ 유량의 과다

23. 지게차의 작업장치 중 석탄, 소금, 비료, 모래 등 비교적 흘러내리기 쉬운 화물 운반에 이용되는 장치는?
    ① 블록 클램프
    ② 사이드 시프트
    ③ 로테이팅 포크
    ④ 힌지드 버킷

24. 지게차의 마스트를 기울일 때 갑자기 시동이 정지되면 어떤 밸브가 작동하여 그 상태를 유지하는가?
    ① 틸트 록 밸브
    ② 스로틀 밸브
    ③ 리프트 밸브
    ④ 틸트 밸브

25. 지게차 포크를 하강시키는 방법으로 가장 적합한 것은?
    ① 가속페달을 밟고 리프트 레버를 앞으로 민다.
    ② 가속페달을 밟고 리프트 레버를 뒤로 당긴다.
    ③ 가속페달을 밟지 않고 리프트 레버를 뒤로 당긴다.
    ④ 가속페달을 밟지 않고 리프트 레버를 앞으로 민다.

26. 유압 펌프의 작동유 유출 여부 점검방법에 해당하지 않는 것은?
    ① 정상작동 온도로 난기운전을 실시하여 점검하는 것이 좋다.
    ② 고정 볼트가 풀린 경우에는 추가 조임을 한다.
    ③ 작동유 유출점검은 운전자가 관심을 가지고 점검하여야 한다.
    ④ 하우징에 균열이 발생되면 패킹을 교환한다.

27. 다음 유압 도면 기호의 명칭은?

    ① 스트레이너
    ② 유압 모터
    ③ 유압 펌프
    ④ 압력계

28. 지게차에서 틸트 실린더의 역할은?
    ① 차체 수평 유지
    ② 포크의 상하 이동
    ③ 마스트 앞·뒤 경사 조정
    ④ 차체 좌우 회전

29. 지게차에서 적재 상태의 마스트 경사로 적합한 것은?
    ① 뒤로 기울어지도록 한다.
    ② 앞으로 기울어지도록 한다.
    ③ 진행 좌측으로 기울어지도록 한다.
    ④ 진행 우측으로 기울어지도록 한다.

30. 횡단보도로부터 몇 m이내에 정차 및 주차를 해서는 안 되는가?
    ① 3m
    ② 5m
    ③ 8m
    ④ 10m

31. 지게차의 조종 레버 명칭이 아닌 것은?
    ① 리프트 레버
    ② 밸브 레버
    ③ 변속 레버
    ④ 틸트 레버

32. 동력전달장치를 다루는 데 필요한 안전수칙으로 틀린 것은?
    ① 커플링은 키 나사가 돌출되지 않도록 사용한다.
    ② 풀리가 회전 중일 때 벨트를 걸지 않도록 한다.
    ③ 벨트의 장력은 정지 중일 대 확인하지 않도록 한다.
    ④ 회전 중인 기어에는 손을 대지 않도록 한다.

33. 운전 중 좁은 장소에서 지게차를 방향 전환시킬 때 가장 주의할 점은?
    ① 뒷바퀴 회전에 주의하여 방향 전환한다.
    ② 포크 높이를 높게 하여 방향 전환한다.
    ③ 앞바퀴 회전에 주의하여 방향 전환한다.
    ④ 포크를 땅에 닿게 내리고 방향 전환한다.

34. 타이어에서 고무로 피복된 코드를 여러 겹으로 겹친 층에 해당되며 타이어 골격을 이루는 부분은
    ① 카커스(Carcass) 부분
    ② 트레드(Tread) 부분
    ③ 숄더(Should) 부분
    ④ 비드(Bead) 부분

35. 축전지 격리판의 구비조건으로 틀린 것은?
    ① 기계적 강도가 있을 것
    ② 다공성이고 전해액에 부식되지 않을 것
    ③ 극판에 좋지 않은 물질을 내뿜지 않을 것
    ④ 전도성이 좋으며 전해액의 확산이 잘 될 것

36. 벨트를 풀리에 걸 때는 어떤 상태에서 걸어야 하는가?
    ① 고속상태
    ② 중속상태
    ③ 저속상태
    ④ 정지상태

37. 안전한 작업을 하기 위하여 작업 복장을 선정할 대의 유의사항으로 가장 거리가 먼 것은?
    ① 화기사용 장소에서 방염성 · 불연성의 것을 사용하도록 한다.
    ② 착용자의 취미 · 기호 등에 중점을 두고 선정한다.
    ③ 작업복은 몸에 맞고 동작이 편하도록 제작한다.
    ④ 상의의 소매나 바짓자락 끝 부분이 안전하고 작업하기 편리하게 잘 처리된 것을 선정한다.

38. 지게차의 하중을 지지하는 것은?
    ① 마스터 실린더
    ② 구동차축
    ③ 차동장치
    ④ 최종구동장치

39. 유압장치에서 릴리프 밸브가 설치되는 위치는?
    ① 유압 펌프와 오일 탱크 사이
    ② 오일 여과기와 오일 탱크 사이
    ③ 유압 펌프와 제어 밸브 사이
    ④ 유압 실린더와 오일 여과기 사이

40. 철길건널목 안에서 차가 고장이 나서 운행할 수 없게 된 경우 운전자의 조치사항이랑 가장 거리가 먼 것은?
    ① 철도공무 중인 직원이나 경찰공무원에게 즉시 알려 차를 이동하기 위한 필요한 조치를 한다.
    ② 차를 즉시 건널목 밖으로 이동시킨다.
    ③ 승객을 하차시켜 즉시 대피시킨다.
    ④ 현장을 그대로 보존하고 경찰관서로 가서 고장신고를 한다.

41. 액추에이터(Actuator)의 작동속도와 가장 관계가 깊은 것은?
    ① 압력
    ② 온도
    ③ 유량
    ④ 점도

42. 줄 작업 시 주의사항으로 틀린 것은?
    ① 줄은 반드시 자루를 끼워서 사용한다.
    ② 줄은 반드시 바이스 등에 올려놓아야 한다.
    ③ 줄은 부러지기 쉬우므로 절대로 두드리거나 충격을 주어서는 안된다.
    ④ 줄은 사용하기 전에 균열 유무를 충분히 점검하여야 한다.

43. 브레이크에서 하이드로 백에 관한 설명으로 틀린 것은?
    ① 대기압과 흡기다기관 부압과의 차이를 이용하였다.
    ② 하이드로 백에 고장이 나면 브레이크가 전혀 작동하지 않는다.
    ③ 외부에 누출이 없는데도 브레이크 작동이 나빠지는 것은 하이드로 백 고장일 수도 있다.
    ④ 하이드로백은 브레이크 계통에 설치되어 있다.

44. 건설기계 형식신고의 대상기계가 아닌 것은?
    ① 불도저
    ② 무한궤도식 굴삭기
    ③ 리프트
    ④ 아스팔트 피니셔

45. 지게차의 주된 구동방식은?
    ① 앞바퀴 구동
    ② 뒷바퀴 구동
    ③ 전후 구동
    ④ 중간차축 구동

46. 건설기계 등록번호표에 대한 설명으로 틀린 것은?
    ① 모든 번호표의 규격은 동일하다.
    ② 재질은 철판 또는 알루미늄 판이 사용된다.
    ③ 굴삭기일 경우 기종별 기호표시는 02로 한다.
    ④ 번호표에 표시되는 문자 및 외곽선은 1.5mm 튀어 나와야 한다.

47. 건설기계에 비치할 가장 적합한 종류의 소화기는?
    ① A급 화재소화기
    ② 포말 B 소화기

③ ABC 소화기

④ 포말 소화기

48. 디젤기관에 과급기를 부착하는 주된 목적은?

① 출력의 증대

② 냉각효율의 증대

③ 배기효율의 증대

④ 윤활성의 증대

49. 지게차의 구성품이 아닌 것은?

① 마스트

② 블레이드

③ 틸트 실린더

④ 밸런스 웨이트

50. 자동차 1종 대형 면허소지자가 조종할 수 없는 건설기계는?

① 지게차

② 콘크리트 펌프

③ 아스팔트 살포기

④ 노상안정기

51. 교류(AC) 발전기의 특성이 아닌 것은?

① 저속에서도 충전성능이 우수하다.

② 소형 경량이고 출력도 크다.

③ 소모 부품이 적고 내구성이 우수하며 고속회전에 견딘다.

④ 전압조정기, 전류조정기, 컷 아웃 릴레이로 구성된다.

52. 현장에서 오일의 열화를 찾아내는 방법이 아닌 것은?

① 색깔이 변화나 수분, 침전물의 유무 확인

② 흔들었을 때 생기는 거품이 없어지는 양상 확인

③ 자극적인 악취 유무 확인

④ 오일을 가열하였을 때 냉각되는 시간 확인

53. 디젤기관 노즐(Nozzle)의 연료분사 3대 요건이 아닌 것은?

① 무화

② 관통력

③ 착화

④ 분포

54. 공구 사용 시 주의사항이 아닌 것은?

① 결함이 없는 공구를 사용한다.

② 작업에 적당한 공구를 선택한다.

③ 공구의 이상 유무르 ㄹ사용 후 점검한다.

④ 공구를 올바르게 취급하고 사용한다.

55. 디젤기관에서 회전속도에 따라 연료의 분사시기를 조절하는 장치는?

① 과급기

② 기화기

③ 타이머

④ 조속기

56. 동절기에 주로 사용하는 것으로, 디젤기관에 흡입된 공기온도를 상승시켜 시동을 원활하게 하는 장치는?

① 고압 분사장치

② 연료자치

③ 충전장치

④ 예열장치

57. 유압유의 압력, 유량 또는 방향을 제어하는 밸브의 총칭은?

① 안전밸브

② 제어밸브

③ 감압밸브

④ 축압기

58. 유압유의 온도가 상승할 경우 나타날 수 있는 현상이 아닌 것은?

① 오일 누설 저하

② 오일 점도 저하

③ 펌프 효율 저하

④ 작동유의 열화 촉진

59. 안전·보건표지의 종류와 형태에서 그림의 표지로 옳은 것은?

① 차량통행금지

② 사용금지

③ 탑승금지

④ 물체이동금지

60. 제동장치의 기능을 설명한 것으로 틀린 것은?

① 속도를 감속시키거나 정지시키기 위한 장치이다.

② 독립적으로 작동시킬 수 있는 2계통의 제동장치가 있다.

③ 급제동 시 노면으로부터 발생되는 충격을 흡수하는 장치이다.

④ 경사로에서 정지된 상태를 유지할 수 있는 구조이다.

1. 노면이 얼어붙은 경우 또는 폭설로 가시거리가 100미터 이내인 경우 최고 속고의 얼마나 감속 운행하여야 하는가?
   ① 50%
   ② 30%
   ③ 40%
   ④ 20%

2. 지게차로 가파른 경사지에서 화물을 운반할 때에는 어떤 방법이 좋은가?
   ① 화물을 앞으로 하여 천천히 내려온다.
   ② 기어의 변속을 중립에 놓고 내려온다.
   ③ 기어의 변속을 저속 상태로 놓고 후진으로 내려온다.
   ④ 지그재그로 회전하여 내려온다.

3. 기관 오일 압력이 상승하는 원인은?
   ① 오일 펌프가 마모되었을 때
   ② 오일 점도가 높을 때
   ③ 윤활유가 너무 적을 때
   ④ 유압 조절 밸브 스프링이 약할 때

4. 일반적으로 지게차의 자체 중량에 포함되지 않는 것은?
   ① 휴대공구
   ② 운전자
   ③ 냉각수
   ④ 연료

5. 디젤기관에서 시동이 잘 안 되는 원인으로 옳은 것은?
   ① 연료 공급 라인에 공기가 차 있을 때
   ② 클러치가 과대 마모되었을 때
   ③ 점화 플러그의 불꽃이 약할 때
   ④ 냉각수를 경수로 사용할 때

6. 지게차의 작업 방법을 설명한 것 중 적당한 것은?
   ① 화물을 싣고 평지에서 주행할 때에는 브레이크 페달을 급격히 밟아도 된다.
   ② 비탈길을 오르내릴 때에는 마스트를 전면으로 기울인 상태에서 전진 운행한다.
   ③ 자동 변속기가 장착된 지게차는 전진으로 진행 중 브레이크 페달을 밟지 않고, 후진을 시켜도 된다.
   ④ 화물을 싣고, 비탈길을 내려올 때에는 후진하여 천천히 내려온다.

7. 라디에이터의 구비 조건으로 틀린 것은?
   ① 공기유동 저항이 클 것
   ② 냉각수 튜브 흐름 저항이 적을 것
   ③ 단위면적당 방열량이 클 것
   ④ 강도가 클 것

8. 교류 발전기에서 교류를 직류로 바꾸는 것을 정류라고 하며, 대부분의 교류 발전기에는 정류성능이 우수한 무엇을 이용하여 정류 작용을 하는가?
   ① 트랜지스터
   ② 실리콘 다이오드
   ③ 사이리스터
   ④ 서미스터

9. 지게차에 대한 설명으로 틀린 것은?
   ① 화물을 싣기 위해 마스트를 약간 전경시키고 포크를 끼워 화물을 싣는다.
   ② 틸트 레버는 앞으로 밀면 마스트가 앞으로 기울고 따라서 포크가 앞으로 기운다.
   ③ 포크를 상승시킬 때는 리프트 레버를 뒤쪽으로, 하강시킬 때는 앞쪽으로 민다.
   ④ 목적지에 도착 후 화물을 내리기 위해 틸트 실린더를 후경시켜 전진한다.

10. 전기장치에서 접촉저항이 발생하는 개소로 가장 거리가 먼 것은?
    ① 배선 중간 지점
    ② 스위치 접점
    ③ 축전지 터미널
    ④ 배선 커넥터

11. 건설기계 등록 신청에 대한 설명으로 옳은 것은?(단, 전시 · 사변 등 국가비상사태 하의 경우 제외)
    ① 시 · 군 · 구청장에게 취득한 날로부터 10일 이내 등록 신청을 한다.
    ② 시 · 도지사에게 취득한 날로부터 15일 이내 등록 신청을 한다.
    ③ 시 · 군 · 구청장에게 취득한 날로부터 1개월 이내 등록 신청을 한다.
    ④ 시 · 도지사에게 취득한 날로부터 2개월 이내 등록신청을 한다.

12. 4행정 사이클 디젤기관 작동 중 흡입밸브와 배기밸브가 동시에 닫혀있는 행정은?
    ① 흡입행정
    ② 소기행정
    ③ 동력행정
    ④ 배기행정

13. 건설기계의 정기 검사 신청 기간 내에 정기 검사를 받은 경우, 다음 정기 검사 유효 기간의 산정 방법으로 옳은 것은?
    ① 정기 검사를 받은 날부터 기산한다.
    ② 정기 검사를 받은 날의 다음날부터 기산한다.
    ③ 종전 검사 유효 기간 만료일부터 기산한다.
    ④ 종전 검사 유효 기간 만료일의 다음날부터 기산한다.

14. 디젤기관의 노킹 방지책으로 틀린 것은?
    ① 연료의 착화점이 낮은 것을 사용한다.
    ② 흡기압력을 높게 한다.
    ③ 실린더 벽의 온도를 낮춘다.
    ④ 흡기온도를 높인다.

15. 「건설기계관리법」상 건설기계를 검사 유효 기간이 끝난 후에 계속 운행하고자 할 때는 어느 검사를 받아야 하는가?
    ① 신규 등록 검사
    ② 계속 검사
    ③ 수시 검사
    ④ 정기 검사

16. 축전지의 구조와 기능에 관련하여 중요하지 않은 것은?
    ① 축전지 제조회사
    ② 단자기둥의 [+], [-] 구분
    ③ 축전지의 용량
    ④ 축전지 단자의 접촉상태

17. 「건설기계관리법」상 건설기계의 정의로 바른 것은?
    ① 건설공사에 사용할 수 있는 기계로서 대통령령이 정하는 것을 말한다.
    ② 건설현장에서 운행하는 장비로서 대통령령이 정하는 것을 말한다.
    ③ 건설공사에서 사용할 수 있는 기계로서 국토교통부령이 적하는 것을 말한다.
    ④ 건설현장에서 운행하는 장비로서 국토교통부령이 정하는 것을 말한다.

18. 주행 중 진로를 변경해서는 안 되는 경우는?
    ① 교통이 복잡한 도로일 때
    ② 시속 40km 이상으로 주행할 때
    ③ 진로 변경 제한선이 표시되어 있을 때
    ④ 4차로 도로일 때

19. 작동유에 대한 설명으로 틀린 것은?
    ① 점도 지수가 낮아야 한다.
    ② 점도는 압력 손실에 영향을 미친다.
    ③ 마찰 부분의 윤활 작용 및 냉각 작용도 한다.
    ④ 공기가 혼입되면 유압기기의 성능은 저하된다.

20. 건설기계 등록말소 신청 시의 첨부서류가 아닌 것은?
    ① 건설기계 검사증
    ② 건설기계 등록증
    ③ 건설기계 양도증명서
    ④ 건설기계의 멸실, 도난 등의 등록 말소 사유를 확인할 수 있는 서류

21. 도로의 중앙을 통행할 수 있는 행렬은?
    ① 학생의 대열
    ② 말·소를 몰고 가는 사람
    ③ 사회적으로 중요한 행사에 따른 시가행진
    ④ 군부대의 행렬

22. "밀폐된 용기 속의 유체 일부에 가해진 압력은 각부의 모든 부분에 같은 세기로 전달된다."는 원리는?
    ① 베르누이의 원리
    ② 렌츠의 원리
    ③ 파스칼의 원리
    ④ 보일 샤를의 원리

23. 다음의 내용 중 ( ) 안에 들어갈 내용으로 옳은 것은?

    "도로를 통행하는 차마의 운전자는 교통안전시설이 표시하는 신호 또는 지시와 교통정리를 위한 경ㅇ찰공무원 등의 신호 또는 지시가 다른 경우에는 ( )의 ( )에 따라야 한다."

    ① 운전자, 판단
    ② 교통신호, 지시
    ③ 경찰공문원등, 신호 또는 지시
    ④ 교통신호, 신호

24. 수랭식 오일 냉각기(Oil cooler)에 대한 설명으로 틀린 것은?
    ① 소형으로 냉각 능력이 크다.
    ② 고장 시 오일 중에 물이 혼입될 우려가 있다.
    ③ 대기 온도나 냉각수 온도 이하의 냉각이 용이하다.
    ④ 유온을 항상 적정한 온도롤 유지하기 위하여 사용된다.

25. 체크 밸브가 내장되는 밸브로서 유압 회로의 한 방향의 흐름에 대해서는 설정된 배압을 생기게 하고, 다른 방향의 흐름은 자유롭게 흐르도록 한 밸브는?
    ① 셔틀 밸브
    ② 언로더 밸브
    ③ 슬로리터 밸브
    ④ 카운터 밸런스 밸브

26. 다른 교통 또는 안전표지의 표시에 주의해서 진행할 수 있는 신호로 가장 적합한 것은?
    ① 적색 X표 표시의 등화
    ② 황색등화 점멸
    ③ 적색의 등화
    ④ 녹색 화살표시의 등화

27. 유압 모터에 대한 설명으로 옳은 것은?
    ① 유압발생장치에 속한다.
    ② 압력, 유량, 방향을 제어한다.
    ③ 직선운동을 하는 작동기구이다.
    ④ 유압에너지를 기계적에너지로 변환한다.

28. 그림의 유압 기호는 무엇을 표시하는가?
    ① 유압 실린더
    ② 어큐뮬레이터
    ③ 오일 탱크
    ④ 체크 밸브

29. 유압장치의 기본 구성 요소가 아닌 것은?
　① 유압 펌프　　　　　② 유압 실린더
　③ 유압 제어 밸브　　　④ 종감속 기어

30. 공기고 사용에 대한 사항으로 틀린 것은?
　① 공구를 사용 후 공구상자에 넣어 보관한다.
　② 볼트와 너트는 가능한 소켓 렌치로 작업한다.
　③ 토크 렌치는 볼트와 너트를 푸는데 사용한다.
　④ 마이크로미터를 보관할 때는 직사광선에 노출시키지 않는다.

31. 유압장치에서 압력 제어 밸브가 아닌 것은?
　① 릴리프 밸브
　② 체크 밸브
　③ 감압 밸브
　④ 시퀀스 밸브

32. 화재의 분류에서 유류화재에 해당되는 것은?
　① A급 화재
　② B급 화재
　③ C급 화재
　④ D급 화재

33. 일반 수공구 취급 시 주의할 사항이 아닌 것은?
　① 작업에 알맞은 공구를 사용할 것
　② 공구를 청결한 상태에서 보관할 것
　③ 공구는 지정된 장소에 보관할 것
　④ 공구가 맞는 것이 없으면 비슷한 용도의 공구를 사용할 것

34. 운전 중 좁은 장소에서 지게차를 방향 전환시킬 때 가장 주의할 점으로 옳은 것은?
　① 뒷바퀴 회전에 주의하여 방향 전환한다.
　② 포크 높이를 높게 하여 방향 전환한다.
　③ 앞바퀴 회전에 주의하여 방향 전환한다.
　④ 포크가 땅에 닿게 내리고 방향 전환한다.

35. 전기 작업에서 안ㄱ업상 적합하지 않은 것은?
　① 저압 전력선에는 감전 우려가 없으므로 안심하고 작업할 것
　② 퓨즈는 규정된 알맞은 것을 끼울 것
　③ 전선이나 코드의 접속부분은 절연물로서 완전히 피복하여 둘 것
　④ 전기장치는 사용 후 스위치를 OFF할 것

36. 유지보수 작업의 안전에 대한 설명 중 잘못된 것은?
　① 기계는 분해하기 쉬워야 한다.
　② 보전용 통로는 없어도 가능하다.
　③ 기계의 부품은 교환이 용이해야 한다.
　④ 작업 조건에 맞는 기계가 되어야 한다.

37. 지게차 작업장치의 종류에 속하지 않는 것은?
　① 하이 마스트　　　　② 리퍼
　③ 사이드 클램프　　　④ 힌지드 버킷

38. 작업장의 사다리식 통로를 설치하는 관련법상 틀린 것은?
　① 견고한 구조로 할 것
　② 발판의 간격은 일정하게 할 것
　③ 사다리가 넘어지거나 미끄러지는 것을 방지하기 위한 조치를 할 것
　④ 사다리식 통로의 길이가 10미터 이상인 때에는 접이식으로 설치할 것

39. 시력을 교정하고 비산물로부터 눈을 보호하기 위한 보안경은?
　① 고글형 보안경
　② 도수렌즈 보안경
　③ 유리 보안경
　④ 플라스틱 보안경

40. 지게차의 작업장치 중 석탄, 소금, 비료, 모래 등 비교적 흘러내리기 쉬운 화물 운반에 이용되는 장치는?
　① 블록 클램프
　② 사이드 시프트
　③ 로테이팅 포크
　④ 힌지드 버킷

41. 전등의 스위치가 옥내에 있으면 안 되는 것은?
　① 카바이드 저장소
　② 건설기계 차고
　③ 공구 창고
　④ 절삭유 저장소

42. 지게차가 무부하 상태에서 최대 조향각으로 운행 시 가장 바깥쪽 바퀴의 접지 자국 중심점이 그리는 원의 반경을 무엇이라고 하는가?
　① 최대 선회 반지름
　② 최소 회전 반지름
　③ 최소 직각 통로 폭
　④ 윤간 거리

43. 일반적으로 사고로 인한 재해가 가장 많이 발생할 수 있는 것은?
　① 캠　　　　　　　　② 벨트
　③ 기관　　　　　　　④ 래크

44. 지게차 스프링장치에 대한 설명으로 옳은 것은?
　① 탠덤 드라이브장치이다.
　② 코일 스프링장치이다.
　③ 판 스프링장치이다.
　④ 스프링장치가 없다.

45. 지게차의 휠 얼라인먼트에서 토 인의 필요성이 아닌 것은?
　① 조향 바퀴의 방향성을 준다.
　② 조향 바퀴를 평행하게 회전시킨다.
　③ 바퀴가 옆 방향으로 미끄러지는 것을 방지한다.
　④ 타이어 이상 마멸을 방지한다.

46. 무거운 짐을 이동할 때 설명으로 틀린 것은?
    ① 힘겨우면 기계를 이용한다.
    ② 기름이 묻은 장갑을 끼고 한다.
    ③ 지렛대를 이용한다.
    ④ 2인 이상이 작업할 때는 힘센 사람과 약한 사람과의 균형을 잡는다.

47. 작업 전 지게차의 워밍업 운전 및 점검 사항으로 틀린 것은?
    ① 시동 후 작동유의 유온을 정상 범위 내에 도달하도록 고속으로 전·후진 주행을 2~3회 실시
    ② 엔진 시동 후 5분간 지속 운전 실시
    ③ 틸트 레버를 사용하여 전 행정으로 전후 경사운동 2~3회 실시
    ④ 리프트 레버를 사용하여 상승, 하강운동을 전 행정으로 2~3회 실시

48. 자동 변속기에서 변속 레버에 의해 작동되며, 중립, 전진, 후진, 고속, 저속의 선택에 따라 오일 통로를 변환시키는 밸브는?
    ① 거버너 밸브
    ② 시프트 밸브
    ③ 매뉴얼 밸브
    ④ 스로틀 밸브

49. 지게차를 전·후진 방향으로 서서히 화물에 접근시키거나 빠른 유압작동으로 신속히 화물을 상승 또는 적재시킬 때 사용하는 것은?
    ① 인칭조절 페달
    ② 액셀러레이터 페달
    ③ 디셀레이터 페달
    ④ 브레이크 페달

50. 지게차의 주된 구동방식은?
    ① 앞바퀴 구동
    ② 뒷바퀴 구동
    ③ 전후 구동
    ④ 중간차축 구동

51. 축전지와 전동기를 동력원으로 하는 지게차는?
    ① 전동 지게차
    ② 유압 지게차
    ③ 엔진 지게차
    ④ 수동 지게차

52. 주행 중 급가속 시 기관 회전은 상승하는데 차속은 증속이 안 될 때 원인으로 틀린 것은?
    ① 압력 스프링의 쇠약
    ② 클러치 디스크 판이 기름 부착
    ③ 클러치 페달의 유격 과대
    ④ 클러치 디스크 판 마모

53. 지게차의 동력 조향장치에 사용되는 유압 실린더로 가장 적합한 것은?
    ① 단동 실린더 플런저형
    ② 복동 실린더 싱글 로드형
    ③ 복동 실린더 더블 로드형
    ④ 다단 실린더 텔레스코픽형

54. 지게차에 대한 설명으로 틀린 것은?
    ① 연료 탱크에 연료가 비어 있으면 연료 게이지는 "E"를 가리킨다.
    ② 오일 압력 경고등은 시동 후 워밍업되기 전에 점등되어야 한다.
    ③ 히터 시그널은 연소실 글로우 플러그의 가열 상태를 표시한다.
    ④ 암페어 미터의 지침은 방전되면 (-)쪽을 가리킨다.

55. 일반적인 유압 실린더의 종류에 해당하지 않는 것은?
    ① 단동 실린더
    ② 다단 실린더
    ③ 레이디얼 실린더
    ④ 복동 실린더

56. 지게차를 주차하고자 할 때 포크는 어떤 상태로 하면 안전한가?
    ① 앞으로 3° 정도 경사지에 주차하고 마스트 전경각을 최대로 포크는 지면에 접하도록 내려놓는다.
    ② 평지에 주차하고 포크는 녹이 발생하는 것을 방지하기 위하여 10cm 정도 들어 놓는다.
    ③ 평지에 주차하면 포크의 위치는 상관없다.
    ④ 평지에 주차하고 포크는 지면에 접하도록 내려놓는다.

57. 기동전동기가 회전하지 않는 원인이 아닌 것은?
    ① 축전지가 과방전되었다.
    ② 전기자 코일이 단락되었엇다.
    ③ 브러시 스프링이 강하다.
    ④ 시동키 스위치가 불량하다.

58. 지게차 포크에 화물을 적재하고 주행할 때 포크와 지면과의 간격으로 가장 적합한 것은?
    ① 지면에 밀착
    ② 20~30cm
    ③ 50~55cm
    ④ 80~85cm

59. 디젤엔진의 배기량이 일정한 상태에서 연소실에 강압적으로 많은 공기를 공급하여 흡입 효율을 높이고 출력과 토크를 증대시키기 위한 장치는?
    ① 과급기
    ② 에어 컴프레서
    ③ 연료 압축기
    ④ 냉각 압축 펌프

60. 유량 제어 밸브를 실린더와 병렬로 연결하여 실린더의 속도를 제어하는 회로는?
    ① 미터 인 회로
    ② 미터 아웃 회로
    ③ 블리드 오프 회로
    ④ 블리드 온 회로

1. 소화설비를 설명한 내용으로 맞지 않는 것은?
   ① 포말 소화설비는 저온 압축한 질소가스를 방사시켜 화재를 진화한다.
   ② 분말 소화설비는 미세한 분말 소화제를 화염에 방사시켜 진화시킨다.
   ③ 물 분무 소화설비는 연소물의 온도를 인화점 이하로 냉각시키는 효과가 있다.
   ④ 이산화탄소 소화설비는 질식작용에 의해 화염을 진화시킨다.

2. 지게차의 일반적인 조향방식은?
   ① 앞바퀴 조향방식이다.
   ② 뒷바퀴 조향방식이다.
   ③ 허리꺾기 조향방식이다.
   ④ 작업조건에 따라 바꿀 수 있다.

3. 지게차의 적재방법으로 틀린 것은?
   ① 화물을 올릴 때에는 포크를 수평으로 한다.
   ② 적재한 장소에 도달했을 때 천천히 정지한다.
   ③ 포크로 화물을 찌르거나 끌어서 올리지 않는다.
   ④ 화물이 무거우면 사람이나 중량물로 밸런스 웨이트 를 삼는다.

4. 「도로교통법」에 따르면 운전자는 자동차 등의 운전 중에는 휴대용 전화를 원칙적으로 사용할 수 없다. 예외적으로 휴대용 전화 사용이 가능한 경우로 틀린 것은?
   ① 자동차 등이 정지하고 있는 경우
   ② 저속 건설기계를 운전하는 경우
   ③ 긴급자동차를 운전하는 경우
   ④ 각종 범죄 및 재해 신고 등 긴급한 필요가 있는 경우

5. 지게차의 틸트 레버를 운전석에서 운전자 몸 쪽으로 당기면 마스트는 어떻게 기울어지는가?
   ① 운전자의 몸쪽에서 멀어지는 방향으로 기운다.
   ② 지면 방향 아래쪽으로 내려온다.
   ③ 운전자의 몸쪽 방향으로 기운다.
   ④ 지면에서 위쪽으로 올라간다.

6. 지게차 조향 핸들의 유격이 커지는 원인과 관계없는 것은?
   ① 피트먼 암의 헐거움
   ② 타이어 공기압 과대
   ③ 조향 기어 링키지 조정 불량
   ④ 앞바퀴 베어링 과대 마모

7. 지게차의 운전방법으로 틀린 것은?
   ① 화물 운반 시 내리막길은 후진으로 오르막길은 전진으로 주행한다.
   ② 화물 운반 시 포크는 지면에서 20~30cm 가량 띄운다.
   ③ 화물 운반 시 마스트를 뒤로 4° 가량 경사시킨다.

   ④ 화물 운반은 항상 후진으로 주행한다.

8. 흡·배기 밸브의 구비 조건이 아닌 것은?
   ① 열전도율이 좋을 것
   ② 열에 대한 팽창률이 적을 것
   ③ 열에 대한 저항력이 적을 것
   ④ 가스에 견디고 고온에 잘 견딜 것

9. 지게차의 조종 레버 명칭이 아닌 것은?
   ① 리프트 레버
   ② 밸브 레버
   ③ 전·후진 레버
   ④ 틸트 레버

10. 전자의 움직임을 방해하는 요소를 무엇이라고 하는가?
    ① 전압
    ② 저항
    ③ 전력
    ④ 전류

11. 지게차의 리프트 실린더 작동회로에 사용되는 플로 레귤레이터(슬로리턴) 밸브의 역할은?
    ① 포크 상승 시 작동유의 압력을 높여준다.
    ② 포크가 상승하다가 리프트 실린더 중간에서 정지시 실린더 내부 누유를 방지한다.
    ③ 포크의 하강 속도를 조절하여 포크가 천천히 내려오도록 한다.
    ④ 화물을 하강할 때 신속하게 내려오도록 한다.

12. 디젤기관을 시동시킨 후 충분한 시간이 지났는데도 냉각수 온도가 정상적으로 상승하지 않을 경우 그 고장의 원인이 될 수 있는 것은?
    ① 냉각 팬 벨트의 헐거움
    ② 수온 조절기가 열린 채 고장
    ③ 물 펌프의 고장
    ④ 라디에이터 코어의 막힘

13. 교류 발전기를 설명한 내용으로 옳지 않은 것은?
    ① 정류기로 실리콘 다이오드를 사용한다.
    ② 스테이터 코일은 주로 3상 결선으로 되어있다.
    ③ 발전 조정은 전류 조정기를 이용한다.
    ④ 로터 전류를 변화시켜 출력이 조정된다.

14. 엔진 오일의 소비량이 많아지는 직접적인 원인은?
    ① 피스톤 링과 실린더의 간극이 과대하다.
    ② 오일 펌프 기어가 과대하게 마모되었다.
    ③ 배기 밸브 간극이 너무 작다.
    ④ 윤활의 압력이 너무 낮다.

15. 지게차의 좌우 포크 높이가 다를 경우에 조정하는 부위는?
① 리프트 밸브로 조정한다.
② 리프트 체인의 길이로 조정한다.
③ 틸트 레버로 조정한다.
④ 틸트 실린더로 조정한다.

16. 충전된 축전지를 방치 시 자기 방전의 원인과 가장 거리가 먼 것은?
① 양극판 작용 물질 입자가 축전지 내부에 단락으로 인한 방전
② 격리판이 설치되어 방전
③ 전해액 내에 포함된 불순물에 의해 방전
④ 음극판의 작용 물질이 황산과 화학 작용으로 방전

17. 4행정 사이클 디젤엔진에서 흡입행정 시 실린더 내에 흡입되는 것은?
① 혼합기   ② 연료
③ 공기   ④ 스파크

18. 실드 빔 형식의 전조등을 사용하는 건설기계에서 전조등 밝기가 흐려 야간 운전에 어려움이 있을 때 올바른 조치 방법은?
① 렌즈를 교환한다.
② 전조등을 교환한다.
③ 반사경을 교환한다.
④ 전구를 교환한다.

19. 도로의 중앙으로부터 좌측을 통행할 수 있는 경우는?
① 편도 2차로의 도로를 주행할 때
② 도로가 일방통행으로 된 때
③ 중앙선 우측에 차량이 밀려있을 때
④ 좌측도로가 한산할 때

20. 건설기계 등록을 말소할 때에는 등록번호표를 며칠 이내에 시ㆍ도지사에게 반납하여야 하는가?
① 10일   ② 15일
③ 20일   ④ 30일

21. 건설기계를 등록할 때 건설기계 출처를 증명하는 서류와 관계가 없는 것은?
① 건설기계 제작증
② 수입면장
③ 매수증서(관청으로부터 매수)
④ 건설기계 대여업 신고증

22. 유압 펌프의 토출 유량을 나타내는 단위로 옳은 것은?
① PSI   ② LPM
③ kPa   ④ W

23. 건설기계 형식에 관한 승인을 얻거나 그 형식을 신고한 자는 당사자 간에 별도의 계약이 없는 경우에 건설기계를 판매한 날로부터 몇 개월 동안 무상으로 건설기계를 정비해 주어야 하는가?
① 3개월   ② 6개월
③ 12개월   ④ 24개월

24. 주차 및 정차금지 장소는 건널목 가장자리로부터 몇 m 이내인 곳인가?
① 5m   ② 10m
③ 20m   ④ 30m

25. 밀폐된 용기 내의 액체 일부에 가해진 압력은 어떻게 전달되는가?
① 액체 각 부분에 다르게 전달된다.
② 액체 각 부분에 동시에 같은 크기로 전달된다.
③ 액체의 압력이 돌출 부분에서 더 세게 작용된다.
④ 액체의 압력이 홈 부분에서 더 세게 작용된다.

26. 「도로교통법」에 위반되는 것은?
① 밤에 교통이 빈번한 도로에서 전조등을 계속 하향하였다.
② 낮에 어두운 터널 속을 통과할 때 전조등을 켰다.
③ 소방용 방화 물통으로부터 10m 지점에 주차하였다.
④ 노면이 얼어붙은 곳에서 최고 속도의 20/100을 줄인 속도로 운행하였다.

27. 릴리프 밸브에서 포핏 밸브를 밀어 올려 유압유가 흐르기 시작할 때의 압력은?
① 설정 압력   ② 허용 압력
③ 크랭킹 압력   ④ 전량 압력

28. 「건설기계관리법」상 건설기계에 해당되지 않는 것은?
① 자체 중량 2톤 이상의 로더
② 노상 안정기
③ 천장크레인
④ 콘크리트 살포기

29. 유압유의 유체에너지(압력, 속도)를 기계적인 일로 변환시키는 유압장치는?
① 유압 펌프
② 유압 액추에이터
③ 어큐뮬레이터
④ 유압 밸브

30. 「건설기계관리법」상 건설기계의 등록신청은 누구에게 하여야 하는가?
① 사용 본거지를 관할하는 읍ㆍ면장
② 사용 본거지를 관할하는 시ㆍ도지사
③ 사용 본거지를 관할하는 검사대행장
④ 사용 본거지를 관할하는 경찰서장

31. 유압장치에서 기어 모터에 대한 설명 중 잘못된 것은?
① 내부 누설이 적어 효율이 높다.
② 구조가 간단하고 가격이 저렴하다.
③ 일반적으로 스퍼 기어를 사용하나 헬리컬 기어도 사용한다.
④ 유압유에 이물질이 혼입되어도 고장 발생이 적다.

32. 교차로 또는 그 부근에서 긴급자동차가 접근하였을 대 피양 방법으로 가장 적절한 것은?
    ① 교차로를 피하여 도로의 우측 가장자리에 일시 정지한다.
    ② 그 자리에 즉지 정지한다.
    ③ 진행 방향으로 진행을 계속한다.
    ④ 서행하면서 앞지르기 하라는 신호를 한다.

33. 유압식 작업 장치의 속도가 느릴 때의 원인으로 가장 옳은 것은?
    ① 오일 냉각기의 막힘이 있다.
    ② 유압 펌프의 토출 압력이 높다.
    ③ 유압 조정이 불량하다.
    ④ 유량 조정이 불량하다.

34. 유압장치에서 금속 가루 또는 불순물을 제거하기 위해 사용되는 부품으로 짝지어진 것은?
    ① 오일 여과기와 어큐뮬레이터
    ② 스크레이퍼와 오일 여과기
    ③ 오일 여과기와 스트레이너
    ④ 어큐뮬레이터 와 스트레이너

35. 연 100만 근로 시간당 몇 건의 재해가 발생했는지를 나타내는 재해율 산출을 무엇이라 하는가?
    ① 연천인율   ② 도수율
    ③ 강도율   ④ 천인율

36. 방향 제어 밸브에서 내부 누유에 영향을 미치는 요소가 아닌 것은?
    ① 관로의 유량
    ② 밸브 간극의 크기
    ③ 밸브 양단의 압력 차이
    ④ 유압유의 점도

37. 드릴 작업 시 재료 밑의 받침은 무엇이 적당한가?
    ① 나무판   ② 연강판
    ③ 스테인리스판   ④ 벽돌

38. 유압유의 점도가 지나치게 높았을 때 나타나는 현상이 아닌 것은?
    ① 오일 누설이 증가한다.
    ② 유동 저항이 커져 압력 손실이 증가한다.
    ③ 동력 손실이 증가하여 기계 효율이 감소한다.
    ④ 내부 마찰이 증가하고, 압력이 상승한다.

39. 풀리에 벨트를 걸거나 벗길 때 안전한 작동 상태는?
    ① 중속인 상태
    ② 정지한 상태
    ③ 역회전 상태
    ④ 고속인 상태

40. 유압 실린더의 지지 방식에 속하지 않는 것은?
    ① 푸트형   ② 플랜지형
    ③ 유니언형   ④ 트러니언형

41. 사용한 공구를 정리 보관할 때 가장 옳은 것은?
    ① 사용한 공구는 종류별로 묶어서 보관한다.
    ② 사용한 공구는 녹슬지 않게 기름칠을 잘해서 작업대 위에 진열 해 놓는다.
    ③ 사용 시 기름이 묻은 공구는 물로 깨끗이 씻어서 보관한다.
    ④ 사용한 공구는 면 걸레로 깨끗이 닦아서 공구상자 또는 공구 보관으로 지정된 곳에 보관한다.

42. 전기기기에 의한 감전 사고를 막기 위하여 필요한 설비로 가장 중요한 것은?
    ① 접지 설비
    ② 방폭등 설비
    ③ 고압계 설비
    ④ 대지 전위 상승 설비

43. 유압장치 작동 시 안전 및 유의사항으로 틀린 것은?
    ① 규정된 오일을 사용한다.
    ② 냉간 시에는 난기운전 후 작업한다.
    ③ 작동 중 이상 소음이 생기면 작업을 중단한다.
    ④ 오일이 부족하면 종류가 다른 오일이라도 보충한다.

44. 지게차 주차 시 취해야 할 안전조치로 틀린 것은?
    ① 포크를 지면에서 20cm 정도 높이에 고정시킨다.
    ② 엔진을 정지시키고 주차 브레이크를 잡아당겨 주차상태를 유지시킨다.
    ③ 포크의 선단이 지면에 닿도록 마스트를 전방으로 약간 기울인다.
    ④ 시동 스위치의 키르 빼내어 보관한다.

45. 클러치의 용량은 엔진 회전력의 몇 배이며, 이보다 클 때 나타나는 현상은?
    ① 1.5~ 2.5배 정도이며, 클러치가 엔진 플라이 휠에서 분리될 때 충격이 오기 쉽다.
    ② 1.5~ 2.5배 정도이며, 클러치가 엔진 플라이 휠에 접속 될 때 엔진이 정지되기 쉽다.
    ③ 3.5~ 4.5배 정도이며, 엔진 플라이 휠에 접속될 때 엔진이 정지되기 쉽다.
    ④ 3.5~ 4.5배 정도이며, 엔진 플라이 휠에서 분리될 때 엔진이 정지되기 쉽다.

46. 지게차를 주차시킬 때 포크의 위치로 가장 적합한 것은?
    ① 지면에서 약간 올려놓는다.
    ② 지면에서 약 20~30cm 정도 올린다.
    ③ 지면에서 약 40~50cm 정도 올린다.
    ④ 지면에 완전히 내린다.

47. 라디에이터 캡의 압력 스프링 장력이 약화되었을 때 나타나는 현상은?
    ① 기관 과냉   ② 기관 과열

③ 출력 저하　　　　　④ 배압 발생

48. 지게차가 자동차와 다르게 현가 스프링을 사용하지 않는 이유를 설명한 것으로 옳은 것은?
　① 롤링이 생기면 적하물이 떨어질 수 있기 때문에
　② 현가장치가 있으면 조향이 어렵기 때문에
　③ 화물에 충격을 줄여주기 위해
　④ 앞차축이 구동축이기 때문에

49. 토크 컨버터에서 회전력이 최댓값이 될 때를 무엇이라 하는가?
　① 토크 변환비
　② 유체 충돌 손실비
　③ 회전력
　④ 스톨 포인트

50. 지게차의 운전 장치를 조작하는 동작의 설명으로 틀린 것은?
　① 전 · 후진 레버를 앞으로 밀면 후진이 된다.
　② 틸트 레버를 뒤로 당기면 마스트는 뒤로 기운다.
　③ 리프트 레버를 앞으로 밀면 포크가 내려간다.
　④ 전 · 후진 레버를 뒤로 당기면 후진이 된다.

51. 가스용접 작업 시의 안전 수칙으로 바르지 못한 것은?
　① 산소 용기는 화기로부터 지정된 거리르 둔다.
　② 40°C 이하의 온도에서 산소 용기를 보관한다.
　③ 산소 용기 운반 시 충격을 주지 않도록 주의한다.
　④ 토치에 점화할 때 성냥불이나 담뱃불로 직접 점화한다.

52. 지게차 하역작업 시 안전한 방법이 아닌 것은?
　① 무너질 위험이 있는 경우 화물 위에 사람이 올라간다.
　② 가벼운 것은 위로, 무거운 것은 밑으로 적재한다.
　③ 굴러갈 위험이 있는 물체는 고임목으로 고인다.
　④ 허용 적재 하중을 초과하는 화물의 적재는 금한다.

53. 지게차의 주된 구동방식은?
　① 앞바퀴 구동
　② 뒷바퀴 구동
　③ 전후 구동
　④ 중간차축 구동

54. 지게차 화물 취급 작업 시 준수하여야 할 사항으로 틀린 것은?
　① 화물 앞에서 일단 정지해야 한다.
　② 화물의 근처에 왔을 때에는 가속 페달을 살짝 밟는다.
　③ 파렛트에 실려 있는 물체의 안전한 적재 여부를 확 인한다.
　④ 지게차를 화물 쪽으로 반듯하게 향하고 포크가 파렛트를 마찰하지 않도록 주의한다.

55. 작업장에서 공동작업으로 물건을 들고 이동할 때의 방법으로 잘못된 것은?
　① 힘을 균형을 유지하여 이동할 것
　② 불안전한 물건은 드는 방법에 주의할 것
　③ 보조를 맞추어 들도록 할 것
　④ 운반 도중 상대방에게 무리하게 힘을 가할 것

56. 지게차를 전 · 후진 방향으로 서서히 화물에 접근시키거나 빠른 유압 작동으로 신속히 화물을 상승 또는 적재시킬 때 사용하는 것은?
　① 인칭 조절 페달
　② 액셀러레이터 페달
　③ 디셀러레이터 페달
　④ 브레이크 페달

57. 지게차에서 적재 상태의 마스트 경사로 적합한 것은?
　① 뒤로 기울어지도록 한다.
　② 앞으로 기울어지도록 한다.
　③ 진행 좌측으로 기울어지도록 한다.
　④ 진행 우측으로 기울어지도록 한다.

58. 「산업안전보건법」상 안전보건표지에서 색채와 용도가 틀리게 짝지어진 것은?
　① 파란색: 지시
　② 녹색: 안내
　③ 노란색: 위험
　④ 빨간색: 금지, 경고

59. 전동 지게차의 동력전달 순서로 옳은 것은?
　① 축전지 → 제어 기구 → 구동 모터 → 변속기 → 종감속 및 차동장치 → 앞바퀴
　② 축전지 → 구동 모터 → 제어 기구 → 변속기 → 종감속 및 차동장치 → 앞바퀴
　③ 축전지 → 제어 기구 → 구동 모터 → 변속기 → 종감속 및 차동장치 → 뒷바퀴
　④ 축전지 → 구동 모터 → 제어 기구 → 변속기 → 종감속 및 차동장치 → 뒷바퀴

60. 가솔린 엔진에 비해 디젤엔진의 장점으로 볼 수 없는 것은?
　① 열효율이 높다.
　② 압축 압력, 폭압 압력이 크기 때문에 마력당 중량이 크다.
　③ 유해 배기가스 배출량이 적다.
　④ 흡입행정 시 펌핑 손실을 줄일 수 있다.

1. 지게차의 조향 방법으로 옳은 것은?
   ① 전자 조향
   ② 배력 조향
   ③ 전륜 조향
   ④ 후륜 조향

2. 커먼 레일 디젤기관의 압력 제한 밸브에 대한 설명 중 틀린 것은?
   ① 컴퓨터가 듀티 제어한다.
   ② 커먼 레일의 압력 제어한다.
   ③ 커먼 레일에 설치되어 있다.
   ④ 연료 압력이 높으면 연료의 일부분이 연료 탱크로 되돌아간다.

3. 건설기계 기관에 사용되는 여과장치가 아닌 것은?
   ① 오일 스트레이너
   ② 인젝션 타이머
   ③ 오일 여과기
   ④ 공기청정기

4. 지게차에서 화물 취급 방법으로 틀린 것은?
   ① 포크는 화물의 받침대 속에 정확히 들어갈 수 있도록 조작한다.
   ② 운반물을 적재하여 경사지를 주행할 때에는 짐이 언덕 위쪽으로 향하도록 한다.
   ③ 포크를 지면에서 약 800mm 정도 올려서 주행해야한다.
   ④ 운반 중 마스트를 뒤로 약 6° 정도 경사시킨다.

5. 축전지를 설명한 것으로 틀린 것은?
   ① 음극판이 양극판보다 1장 더 많다.
   ② 단자의 기둥은 양극이 음극보다 굵다.
   ③ 격리판은 다공성이며 전도성인 물체로 만든다.
   ④ 일반적으로 12V 축전지의 셀은 6개 구성되어 있다.

6. 수동 변속기를 변속할 때 기어가 끌리는 소음이 발생하는 원인으로 옳은 것은?
   ① 변속기 출력축의 속도계 구동 기어 마모
   ② 클러치판의 마모
   ③ 브레이크 라이닝의 마모
   ④ 클러치의 유격이 너무 클 때

7. 방향 지시등 스위치를 작동할 때 한쪽은 정상이고, 다른 한쪽은 점멸작동이 정상과 다르게(빠르게 또는 느리게) 작동하는 경우, 고장의 원인이 아닌 것은?
   ① 플래셔 유닛이 고장났을 때
   ② 전구를 교체하면서 규정 용량의 전구를 사용하지 않았을 때
   ③ 전구 1개 단선되었을 때
   ④ 한쪽 적구 소켓에 녹이 발생하여 전압 강하가 있을 때

8. 지게차를 운행할 때의 주의 사항으로 틀린 것은?
   ① 급유 중은 물론 운전 중에도 화기를 가까이 하지 않는다.
   ② 적재 시 급제동을 하지 않는다.
   ③ 내리막길에서는 브레이크 페달을 밟으면서 서서히 주행한다.
   ④ 적재 시에는 최고 속도로 주행한다.

9. 기관 연소실의 구비 조건에 속하지 않는 것은?
   ① 연소실 내의 표면적은 최대가 되도록 한다.
   ② 돌출부가 없어야 한다.
   ③ 압축 끝에서 혼합기의 와류를 형성하는 구조이어야 한다.
   ④ 화염 전파 거리가 짧아야 한다.

10. 기관에서 피스톤 링의 작용으로 틀린 것은?
   ① 완전연소 억제 작용
   ② 기밀 작용
   ③ 오일 제어 작용
   ④ 열전도 작용

11. 디젤엔진이 잘 시동되지 않거나 시동이 되더라도 출력이 약한 원인으로 옳은 것은?
   ① 연료 탱크 상부에 공기가 들어 있을 때
   ② 플라이 휠이 마모되었을 때
   ③ 연료 분사 펌프의 기능이 불량일 때
   ④ 냉각수 온도가 100°C 정도 되었을 때

12. 지게차의 발전기가 충전 작용을 하지 못하는 경우 점검 사항이 아닌 것은?
   ① 레귤레이터
   ② 솔레노이드 스위치
   ③ 발전기 구동 벨트
   ④ 충전 회로

13. 「도로교통법」에 위반되는 행위는?
   ① 야간에 교행할 때 전조등의 광도를 감하였다.
   ② 주간에 방향을 전환할 때 방향 지시들을 켰다.
   ③ 철길 건널목 바로 전에 일시정지하였다.
   ④ 다리 위에서 앞지르기 하였다.

14. 기관에서 연료 압력이 너무 낮은 원인이 아닌 것은?
   ① 연료 압력 레귤레이터에 있는 밸브의 밀착이 불량하여 리턴 호스 쪽으로 연료가 누설되었다.
   ② 연료 필터가 막혔다.
   ③ 연료 펌프의 공급 압력이 누설되었다.
   ④ 리턴 호스에서 연료가 누설된다.

15. 「도로교통법」상 주차 금지 장소가 아닌 곳은?
   ① 터널 안 및 다리 위

② 전신주로부터 12m 이내인 곳

③ 소방용 방화물통으로부터 5m 이내인 곳

④ 화재 경보기로부터 3m 이내인 곳

16. 건설기계 조종사면허증의 반납 사유가 아닌 것은?

　① 신규 면허를 신청할 때

　② 면허증 재교부를 받은 후 분실된 면허증을 발견한 때

　③ 면허의 효력이 정지된 때

　④ 면허가 취소된 때

17. 예열장치의 설치 목적으로 옳은 것은?

　① 냉간 시동 시 시동을 원활히 하기 위함이다.

　② 연료를 압축하여 분무성능을 향상시키기 위함이다.

　③ 연료 분사량을 조절하기 위함이다.

　④ 냉각수의 온도를 조절하기 위함이다.

18. 「도로교통법」상 정차의 정의에 해당하는 것은?

　① 차가 10분을 초과하여 정지

　② 운전자가 5분을 초과하지 않고 차를 정지시키는 것으로 주차 외의 정지 상태

　③ 차가 화물을 싣기 위하여 계속 정지

　④ 운전자가 식사하기 위하여 차고에 세워둔 것

19. 건설기계 소유자는 건설기계를 취득한 날부터 얼마 이내에 건설기계 등록신청을 해야 하는가?

　① 2주 이내　　　　　　② 10일 이내

　③ 2월 이내　　　　　　④ 1월 이내

20. 유압장치에서 내구성이 강하고 작동 및 움직임이 있는 곳에 사용하기 적합한 호스는?

　① 강 파이프　　　　　　② PVC 호스

　③ 구리 파이프　　　　　④ 플렉시블 호스

21. 건설기계 폐기인수증명서는 누가 교부하는가?

　① 시장 · 군수

　② 국토교통부장관

　③ 건설기계 폐기업자

　④ 시 · 도지사

22. 자체 중량에 의한 자유낙하 등을 방지하기 위하여 회로에 배압을 유지하는 밸브는?

　① 카운터 밸런스 밸브

　② 안전 밸브

　③ 체크 밸브

　④ 감압 밸브

23. 건설기계 등록 말소 신청 시의 첨부서류가 아닌 것은?

　① 건설기계 등록증

　② 건설기계 검사증

　③ 건설기계 양도증명서

　④ 건설기계의 말소 사유를 확인할 수 있는 서류

24. 4차로 이상 고속도로에서 건설기계의 법정 최고 속도는 시속 몇 km인가?(단, 경찰처장이 일부 구간에 대하여 제한 속도를 상향 지정한 경우는 제외한다.)

　① 50km/h　　　　　　② 60km/h

　③ 100km/h　　　　　④ 80km/h

25. 기어 펌프에 비해 피스톤 펌프의 특징이 아닌 것은?

　① 구조가 복잡하다.

　② 소음이 적고, 고속 회전이 가능하다.

　③ 효율이 높다.

　④ 최고 토출 압력이 높다.

26. 유압 회로 내의 유압유 점도가 너무 낮을 때 생기는 현상이 아닌 것은?

　① 시동 저항이 커진다.

　② 오일 누설에 영향이 있다.

　③ 회로 압력이 떨어진다.

　④ 펌프 효율이 떨어진다.

27. 건설기계 조종사의 적성 검사 기준을 설명한 것으로 틀린 것은?

　① 65데시벨의 소리를 들을 수 있을 것

　② 시각이 120도 이상일 것

　③ 두 눈을 동시에 뜨고 잰 시력(교정시력 포함)이 0.7 이상일 것

　④ 언어 분별력이 80% 이상일 것

28. 현장에서 작동유의 열화를 확인하는 인자가 아닌 것은?

　① 작동유의 점도

　② 작동유의 냄새

　③ 작동유의 색깔

　④ 작동유의 유동

29. 연산작업 시 반드시 착용해야 하는 보호구는?

　① 방독면　　　　　　② 보안경

　③ 안전장갑　　　　　④ 방한복

30. 다음 그림의 안내표지판이 나타내는 것은?

　① 인화성물질 경고

　② 산화성물질 경고

　③ 화기금지

　④ 폭발성물질 경고

31. 유압 작동부에서 오일이 누유되고 있을 때 가장 먼저 점검하여야 할 곳은?

　① 펌프(Pump)

　② 기어(Gear)

　③ 실(Seal)

　④ 피스톤(Piston)

32. 드릴작업에서 드릴링 할 때 공작물과 드릴이 함께 회전하기 쉬운 때는?
    ① 드릴 핸드에 약간의 힘을 주었을 때
    ② 구멍 뚫기 작업이 거의 끝날 때
    ③ 작업이 처음 시작될 때
    ④ 구멍을 중간쯤 뚫었을 때

33. 작업 용도에 따른 지게차의 종류가 아닌 것은?
    ① 로테이팅 클램프(Rotating clamp)
    ② 곡면 포크(Curved fork)
    ③ 로드 스태빌라이저(Load stabilizer)
    ④ 힌지드 버킷(Hinged bucket)

34. 압력 제어 밸브 중 상시 닫혀 있다가 일정 조건이 되면 열려 작동하는 밸브가 아닌 것은?
    ① 감압 밸브
    ② 무부하 밸브
    ③ 릴리프 밸브
    ④ 시퀀스 밸브

35. 유압 모터와 유압 실린더의 설명으로 옳은 것은?
    ① 둘 다 회전운동을 한다.
    ② 유압 모터는 회전운동, 유압 실린더는 직선운동을 한다.
    ③ 둘 다 왕복운동을 한다.
    ④ 유압 모터는 직선운동, 유압 실린더는 회전운동을 한다.

36. 산소-아세틸렌 가스용접에 의해 발생되는 재해가 아닌 것은?
    ① 폭발   ② 화재
    ③ 가스점화   ④ 감전

37. 안전보건표지에서 안내표지의 바탕색은?
    ① 흑색   ② 녹색
    ③ 백색   ④ 적색

38. 유압 실린더에서 피스톤 행정이 끝날 때 발생하는 충격을 흡수하기 위해 설치하는 장치는?
    ① 쿠션 기구   ② 압력 보상 장치
    ③ 서보 밸브   ④ 스로틀 밸브

39. 재해 발생 원인으로 가장 높은 비율을 차지하는 것은?
    ① 작업자의 성격과 경향
    ② 작업자의 불안전한 행동
    ③ 불안전한 작업환경
    ④ 사회적 환경

40. 기계 및 기계장치 취급 시 사고 발생 원인이 아닌 것은?
    ① 안전장치 및 보호장치가 잘 되어 있지 않을 때
    ② 기계 및 기계장치가 넓은 장소에 설치되어 있을 때
    ③ 정리정돈 및 조명장치가 잘 되어 있지 않을 때
    ④ 불량 공구를 사용할 때

41. 차축의 스플라인부는 차동장치의 어느 기어와 결합되어 있는가?
    ① 링 기어
    ② 차동 피니언
    ③ 구동 피니언
    ④ 차동 사이드 기어

42. 지게차로 화물을 싣고 경사지에서 주행할 때 안전상 올바른 운전방법은?
    ① 포크를 높이 들고 주행한다.
    ② 내려갈 때에는 저속 후진한다.
    ③ 내려갈 때에는 변속레버를 중립에 놓고 주행한다.
    ④ 내려갈 때에는 시동을 끄고 타력으로 주행한다.

43. 진공식 제동 배력장치의 설명으로 옳은 것은?
    ① 릴레이 밸브 피스톤 컵이 파손되어도 브레이크는 듣는다.
    ② 릴레이 밸브의 다이어프램이 파손되면 브레이크가 듣지 않는다.
    ③ 진공 밸브가 새면 브레이크가 전혀 듣지 않는다.
    ④ 하이드로릭 피스톤의 밀착 불량이면 브레이크가 듣지 않는다.

44. 지게차 포크의 간격은 파렛트 폭의 어느 정도로 하는 것이 가장 적당한가?
    ① 파렛트 폭의 1/3~1/2
    ② 파렛트 폭의 1/3~2/3
    ③ 파렛트 폭의 1/2~2/3
    ④ 파렛트 폭의 1/2~3/4

45. 지게차 포크에 화물을 적재하고 주행할 때 포크와의 지면과 간격으로 적합한 것은?
    ① 지면에 밀착   ② 20~30cm
    ③ 50~55cm   ④ 80~85cm

46. 아세틸렌 용접장치의 방호장치는?
    ① 덮개   ② 제동장치
    ③ 안전기   ④ 자동전격방지기

47. 지게차에 대한 설명으로 틀린 것은?
    ① 연료 탱크에 연료가 비어 있으면 연료게이지는 "E"를 가리킨다.
    ② 오일 압력 경고등은 시동 후 워밍업되기 전에 점등 되어야 한다.
    ③ 히터 시그널은 연소실 글로 플러그의 가열 상태를 표시한다.
    ④ 암페어 미터의 지침은 방전되면 (-)쪽을 가리킨다.

48. 지게차의 동력 조향장치에 사용되는 유압 실린더로 가장 적합한 것은?
    ① 단동 실린더 플런저형
    ② 복동 실린더 싱글 로드형
    ③ 복동 실린더 더블 로드형
    ④ 다단 실린더 텔레스코픽형

49. 지게차가 무부하 상태에서 최대 조향각으로 운행 시 가장 바깥쪽 바퀴의 접지 자국 중심점이 그리는 원의 반경을 무엇이라고 하는가?
    ① 최대 선회 반지름
    ② 최소 회전 반지름
    ③ 최소 직각 통로 폭
    ④ 윤간 거리

50. 일반적으로 지게차의 자체 중량에 포함되지 않는 것은?
    ① 휴대공구
    ② 운전자
    ③ 냉각수
    ④ 연료

51. 지게차 운전 종료 후 점검 사항과 가장 거리가 먼 것은?
    ① 각종 게이지
    ② 타이어의 손상 여부
    ③ 연료 보유량
    ④ 오일누설 부위

52. 화재의 분류에서 전기화재에 해당되는 것은?
    ① B급 화재
    ② C급 화재
    ③ D급 화재
    ④ A급 화재

53. 지게차를 주차할 때 주의할 점이 아닌 것은?
    ① 전·후진 레버를 중립에 놓는다.
    ② 포크를 바닥에 내려놓는다.
    ③ 핸드 브레이크 레버를 당긴다.
    ④ 주브레이크를 제동시켜 놓는다.

54. 드릴작업의 안전 수칙이 아닌 것은?
    ① 일감은 견고하게 고정시키고 손으로 잡고 구멍을 뚫지 않는다.
    ② 칩을 제거할 때는 회전을 정지시킨 상태에서 솔로 제거한다.
    ③ 장갑을 끼고 작업하지 않는다.
    ④ 드릴을 끼운 후에 척 렌치는 그대로 둔다.

55. 지게차에 포크에 화물을 싣고 창고나 공장을 출입할 때의 주의사항 중 틀린 것은?
    ① 팔이나 몸을 차체 밖으로 내밀지 않는다.
    ② 차폭이나 출입구의 폭은 확인할 필요가 없다.
    ③ 주위 장애물 상태를 확인 후 이상이 없을 때 출입한다.
    ④ 화물이 출입구 높이에 닿지 않도록 주의한다.

56. 지게차를 운전할 때 유의 사항으로 틀린 것은?
    ① 주행을 할 때에는 포크를 가능한 낮게 내려 주행한다.
    ② 적재물이 높아 전방 시야가 가릴 때에는 후진하여 운전한다.
    ③ 포크 간격은 화물에 맞게 수시로 조정한다.
    ④ 후방 시야 확보를 위해 뒤쪽에 사람을 탑승시켜야 한다.

57. 선반작업, 드릴작업, 목공기계작업, 연산작업, 해머작업 등을 할 때 착용하면 불안전한 보호구는?
    ① 장갑
    ② 귀마개
    ③ 방진 안경
    ④ 차광 안경

58. 평탄한 노면에서의 지게차를 운전하여 하역작업을 하는 방법으로 옳지 않은 것은?
    ① 파렛트에 실은 화물이 안정되고 확실하게 실려 있는지를 확인한다.
    ② 포크를 삽입하고자 하는 곳과 평행하게 한다.
    ③ 불안정한 적재의 경우에는 빠르게 작업을 진행시킨다.
    ④ 화물 앞에서 정지한 후 마스트가 수직이 되도록 기울여야 한다.

59. 건설기계의 수시 검사 대상이 아닌 것은?
    ① 소유자가 수시 검사를 신청한 건설기계
    ② 사고가 자주 발생하는 건설기계
    ③ 성능이 불량한 건설기계
    ④ 구조를 변경한 건설기계

60. 깨지기 쉬운 화물이나 불안전한 화물의 낙하를 방지하기 위하여 포크 상단에 상하 작동할 수 있는 압력판을 부착한 지게차는?
    ① 하이 마스트(High mast)
    ② 3단 마스트(Triple stage mast)
    ③ 사이드 시프트 마스트(Side shift mast)
    ④ 로드 스태빌라이저(Road stabilizer)

1. 지게차의 화물 운반작업으로 가장 적당한 것은?
   ① 댐퍼를 뒤로 3° 정도 경사시켜서 운반한다.
   ② 마스트를 뒤로 6° 정도 경사시켜서 운반한다.
   ③ 샤퍼를 뒤로 6° 정도 경사시켜서 운반한다.
   ④ 바이브레이터를 뒤로 8° 정도 경사시켜서 운반한다.

2. 사고로 인하여 위급한 환자가 발생하였다. 의사의 치료를 받기 전까지 응급처치를 실시할 때 응급처치 실시자의 준수사항으로 가장 거리가 먼 것은?
   ① 사고 현장에 대한 조사를 실시한다.
   ② 원칙적으로 의약품의 사용은 피한다.
   ③ 의식 확인이 불가능하여도 생사를 임의로 판정하지 않는다.
   ④ 정확한 방법으로 응급처치를 한 후 반드시 의사의 치료를 받도록 한다.

3. 둥근 목재나 파이프 등을 작업하는데 적합한 지게차의 작업 장치는?
   ① 블록 클램프
   ② 사이드 시프트
   ③ 하이 마스트
   ④ 힌지드 포크

4. 과급기를 부착하였을 때의 장점이 아닌 것은?
   ① 고지대에서도 출력의 감소가 적다.
   ② 회전력이 증가한다.
   ③ 기관 출력이 향상된다.
   ④ 압축 온도의 상승으로 착화 지연 시간이 길어진다.

5. 지게차의 하중을 지지하는 것은?
   ① 마스트 실린더
   ② 구동차축
   ③ 차동장치
   ④ 최종 구동장치

6. 보호구의 구비 조건으로 가장 거리가 먼 것은?
   ① 착용이 복잡할 것
   ② 유해 위험 요소에 대한 방호성능이 충분할 것
   ③ 재료의 품질이 우수할 것
   ④ 작업에 방해가 되지 않을 것

7. 온도에 따른 오일의 점도 변화 정도를 표시하는 것은?
   ① 점도 분포
   ② 점도
   ③ 점도 지수
   ④ 윤활 성능

8. 지게차에서 엔진의 가동이 정지되었을 때 레버를 밀어도 마스트가 경사되지 않도록 하는 것은?
   ① 벨 크랭크 기구
   ② 틸트 록 장치
   ③ 체크 밸브
   ④ 스태빌라이저

9. 건식 공기청정기 세척 방법으로 가장 적합한 것은?
   ① 압축 공기로 안에서 밖으로 불어낸다.
   ② 압축 공기로 밖에서 안으로 불어낸다.
   ③ 압축 오일로 안에서 밖으로 불어낸다.
   ④ 압축 오일로 밖에서 안으로 불어낸다.

10. 전기회로에서 단락에 의해 전선이 타거나 과대 전류가 부하에 흐르지 않도록 하는 구성품은?
    ① 스위치
    ② 릴레이
    ③ 퓨즈
    ④ 축전지

11. 기관에 사용되는 윤활유의 소비가 증대될 수 있는 두 가지 원인은?
    ① 연소와 누설
    ② 비산과 압력
    ③ 희석과 혼합
    ④ 비산과 희석

12. 실드형 예열 플러그에 대한 설명으로 옳은 것은?
    ① 히트 코일이 노출되어 있다.
    ② 발열량은 많으나 열용량은 적다.
    ③ 열선이 병렬로 결선되어 있다.
    ④ 축전지의 전압을 강하시키기 위하여 직렬 접속한다.

13. 성능이 불량하거나 사고가 자주 발생하는 건설기계의 안전성 등을 점검하기 위하여 수시로 실시하는 검사와 건설기계 소유자의 신청을 받아 실시하는 검사는?
    ① 신규 등록 검사
    ② 정기 검사
    ③ 수시 검사
    ④ 구조 변경 검사

14. 흡기장치의 요구 조건으로 틀린 것은?
    ① 전 회전 영역에 걸쳐서 흡입 요율이 좋아야 한다.
    ② 균일한 분배성을 가져야 한다.
    ③ 흡입부에 와류가 발생할 수 있는 돌출부를 설치해야 한다.
    ④ 연소 속도를 빠르게 해야 한다.

15. 최고 속도의 100분의 20을 줄인 속도로 운행하여야 할 경우는?
    ① 노면이 얼어붙은 때
    ② 폭우 · 폭설 · 안개 등으로 가시거리가 100미터 이내일 때
    ③ 눈이 20밀리미터 이상 쌓인 때
    ④ 비가 내려 노면이 젖어 있을 때

16. 교류 발전기의 주요 구성 요소가 아닌 것은?
    ① 3상 전압을 유도시키는 스테이터
    ② 전류를 공급하는 계자 코일
    ③ 자계를 발생시키는 로터
    ④ 다이오드가 설치되어 있는 엔드 프레임

17. 사용 중인 작동유의 수분 함유 여부를 현장에서 판정하는 것으로 가장 적합한 방법은?

① 오일의 냄새를 맡아본다.

② 오일을 가열한 철판 위에 떨어뜨려 본다.

③ 여과지에 약간(3~4방울)의 오일을 떨어뜨려 본다.

④ 오일을 시험관에 담아, 침전물을 확인한다.

18. 해당 건설기계 운전의 국가기술자격 소지자가 건설기계 조종 시 면허를 받지 않고 작업을 하였을 경우는?

① 무면허이다.

② 자격증이 면허를 대신하므로 상관없다.

③ 적발만 안 되면 상관없다.

④ 도로주행만 하지 않으면 괜찮다.

19. 기어 모터의 장점에 해당하지 않는 것은?

① 구조가 간단하다.

② 토크 변동이 크다.

③ 가혹한 운전 조건에서 비교적 잘 견딘다.

④ 먼지나 이물질에 의한 고장 발생률이 낮다.

20. 앞 차와의 안전 거리를 가장 바르게 설명한 것은?

① 앞 차 속도의 0.3배 거리

② 앞 차와의 평균 8미터 이상 거리

③ 앞 차의 진행 방향을 확인할 수 있는 거리

④ 앞 차가 갑자기 정지하였을 때 충돌을 피할 수 있는 거리

21. 유압장치의 고장 원인과 거리가 먼 것은?

① 작동유의 과도한 온도 상승

② 작동유에 공기 · 물 등의 이물질 혼입

③ 조립 및 접속 불량

④ 윤활성이 좋은 작동유 사용

22. 건설기계 조종사 면허의 취소 · 정지 처분 기준 중 면허 취소에 해당되지 않는 것은?

① 고의로 인명 피해를 입힌 때

② 과실로 7명 이상에게 중상을 입힌 때

③ 과실로 19명에게 경상을 입힌 때

④ 일천만 원 이상 재산 피해를 입힌 때

23. 유압장치에서 오일에 거품이 생기는 원인으로 가장 거리가 먼 것은?

① 유압유의 점도 지수가 클 때

② 오일이 부족하여 공기가 일부 흡입되었을 때

③ 오일 탱크와 펌프 사이에서 공기가 유입될 때

④ 유압 펌프 축 주위의 토출측 실(seal)이 손상되었을 때

24. 주행 중 앞지르기 금지 장소가 아닌 것은?

① 교차로

② 터널 안

③ 버스정류장 부근

④ 다리 위

25. 그림의 유압 기호는 무엇을 표시하는가?

① 오일 쿨러　　　② 유압 탱크

③ 유압 펌프　　　④ 유압 밸브

26. 건설기계 등록 전에 임시운행의 사유에 해당되지 않는 것은?

① 등록신청을 하기 위하여 건설기계를 등록지로 운행하고자 할 때

② 등록신청 전에 건설기계 공사를 하기 위하여 임시로 사용하고자 할 때

③ 수출을 하기 위해 건설기계를 선적지로 운행할 때

④ 신개발 건설기계를 시험 운행하고자 할 때

27. 건설기계의 형식에 관한 승인을 얻거나 그 형식을 신고한 자의 사후관리 사항으로 틀린 것은?

① 건설기계를 판매한 날부터 12개월 동안 무상으로 건설기계의 정비 및 정비에 필요한 부품을 공급하여야 한다.

② 사후 관리 기간 내일지라도 취급 설명서에 따라 관리하지 아니함으로 인하여 발생한 고장 또는 하자는 유상으로 정비하거나 부품을 공급할 수 있다.

③ 사후 관리 기간 내일지라도 정기적으로 교체하여야 하는 부품 또는 소모성 부품에 대하여는 유상으로 공급할 수 있다.

④ 주행거리가 2만 킬로미터를 초과하거나 가동시간이 2천 시간을 초과하여도 12개월 이내면 무상으로 사후관리 하여야 한다.

28. 유압장치에서 오일 냉각기(Oilcooler)의 구비 조건으로 틀린 것은?

① 촉매작용이 없을 것

② 오일 흐름에 저항이 클 것

③ 온도 조정이 잘 될 것

④ 정비 및 청소하기가 편리할 것

29. 유압기기는 작은 힘으로 큰 힘을 얻기 위해 어느 원리를 적용하는가?

① 베르누이 원리　　② 아르키메데스의 원리

③ 보일의 원리　　　④ 파스칼의 원리

30. 안전의 제일 이념에 해당하는 것은?

① 품질 향상　　　② 재산 보호

③ 인간 존중　　　④ 생산성 향상

31. 산업재해 부상의 종류별 구분에서 경상해란?

① 부상으로 1일 이상 14일 이하의 노동 손실을 가져온 상해 정도

② 응급처치 이하의 상처로 작업에 종사하면서 치료를 받는 상해 정도

③ 부상으로 인하여 2주 이상의 노동 손실을 가져온 상해 정도

④ 업무상 목숨을 잃게 되는 경우

32. 유량 제어 밸브를 실린더와 병렬로 연결하여 실린더의 속도를 제어하는 회로는?
① 미터 인 회로
② 미터 아웃 회로
③ 블리드 오프 회로
④ 블리드 온 회로

33. 축전지와 전동기를 동력원으로 하는 지게차는?
① 전동 지게차
② 유압 지게차
③ 엔진 지게차
④ 수동 지게차

34. 산업안전보건에서 안전표지의 종류가 아닌 것은?
① 위험표지
② 경고표지
③ 지시표지
④ 금지표지

35. 세척작업 중 알칼리 또는 산성 세척유가 눈에 들어갔을 경우 가장 먼저 조치하여야 하는 응급처치는?
① 먼저 수돗물로 씻어낸다.
② 눈을 크게 뜨고 바람 부는 쪽을 향해 눈물을 흘린다.
③ 알칼리성 세척유가 눈에 들어가면 붕산수를 구입하여 중화시킨다.
④ 산성 세척유가 눈에 들어가면 병원으로 후송하여 알칼리성으로 중화시킨다.

36. 지게차 인칭 조절장치에 대한 설명으로 옳은 것은?
① 트랜스미션 내부에 있다.
② 브레이크 드럼 내부에 있다.
③ 디셀레이터 페달이다.
④ 작업장치의 유압상승을 억제한다.

37. 일반 공구의 안전한 사용법으로 적합하지 않은 것은?
① 언제나 깨끗한 상태로 보관한다.
② 엔진의 헤드 볼트 작업에는 소켓 렌치를 사용한다.
③ 렌치의 조정 조에 잡아당기는 힘이 가해져야 한다.
④ 파이프 렌치에는 연장대를 끼워서 사용하지 않는다.

38. 지게차가 자동차와 다르게 현가 스프링을 사용하지 않는 이유는?
① 롤링이 생기면 적하물이 떨어질 수 있기 때문에
② 현가장치가 있으면 조향이 어렵기 때문에
③ 화물에 충격을 줄여주기 위해
④ 앞차축이 구동축이기 때문에

39. 해머작업 시 안전수직 설명으로 틀린 것은?
① 열처리된 재료는 해머로 때리지 않도록 주의한다.
② 녹이 있는 재료를 작업할 때는 보호 안경을 착용하여야 한다.
③ 자루가 불안정한 것(쐐기가 없는 것 등)은 사용하지 않는다.
④ 장갑을 끼고 시작은 강하게, 점차 약하게를 타격한다.

40. 안전을 위하여 눈으로 보고 손으로 가리키고, 입으로 복창하며 귀로 듣고, 머리로 종합적인 판단을 하는 지적 확인의 특성은?
① 안전 태도를 형성한다.
② 지식 수준을 높인다.
③ 육체적 기능 수준을 높인다.
④ 의식을 강화한다.

41. 지게차에서 주행 중 조향 핸들이 떨리는 원인으로 가장 거리가 먼 것은?
① 타이어 밸런스가 맞지 않을 때
② 휠이 휘었을 때
③ 스티어링 기어의 마모가 심할 때
④ 포크가 휘었을 때

42. 정비 공장의 정리정돈 시 안전 수칙으로 틀린 것은?
① 잭 사용 시 반드시 안전작동으로 2중 안전장치를 할 것
② 사용이 끝난 공구는 즉시 정리하여 공구상자 등에 보관할 것
③ 소화기구 부근에 장비를 세워두지 말 것
④ 바닥에 먼지가 나지 않도록 물을 뿌릴 것

43. 지게차의 작업 장치에 속하지 않는 것은?
① 사이드 시프트
② 로테이팅 클램프
③ 힌지드 버킷
④ 브레이커

44. 클러치의 구비 조건으로 틀린 것은?
① 동력 차단이 신속할 것
② 회전 부분 평형이 좋을 것
③ 방열이 잘 될 것
④ 구조가 복잡할 것

45. 지게차의 리프트 실린더 작동회로에 사용되는 플로 레귤레이터(슬로리턴)밸브의 역할은?
① 포크 상승 시 작동유의 압력을 높여준다.
② 포크가 상승하다가 리프트 실린더 중간에서 정지시 실린더 내부 누유를 방지한다.
③ 포크의 하강 속도를 조절하여 포크가 천천히 내려 오도록 한다.
④ 짐을 하강할 때 신속하게 내려오도록 한다.

46. 지게차의 타이어에 11.00-20-12PR이란 표시 중 .00"이 나타내는 것은?
① 타이어 외경을 인치로 표시한 것
② 타이어 폭을 센티미터로 표시한 것
③ 타이어 내경을 인치로 표시한 것
④ 타이어 폭을 인치로 표시한 것

47. 지게차에서 틸트 실린더의 역할은?
① 차체 수평 유지
② 포크의 상하 이동
③ 마스트 앞 · 뒤 경사 조정
④ 차체 좌우 회전

48. 지게차 조향장치의 구비 조건에 관한 설명 중 틀린 것은?

　① 조향 조작이 경쾌하고 자유로워야 한다.

　② 회전 반경이 되도록 커야 한다.

　③ 타이어 및 조향장치의 내구성이 커야 한다.

　④ 노면으로부터 충격이나 원심력 등의 영향을 받지 않아야 한다.

49. 지게차의 동력 조향자치에 사용되는 유압 실린더로 가장 적합한 것은?

　① 단동 실린더 플런저형

　② 복동 실린더 싱글 로드형

　③ 복동 실린더 더블 로드형

　④ 다단 실린더 텔레스코픽형

50. 자동차의 승차 정원에 대한 내용으로 옳은 것은?

　① 등록증에 기재된 인원

　② 화물자동차 4명

　③ 승용자동차 4명

　④ 운전자를 제외한 나머지 인원

51. 축압기(어큐뮬레이터)의 기능과 관계가 없는 것은?

　① 충격 압력 흡수

　② 유압 에너지 축적

　③ 릴리프 밸브 제어

　④ 유압 펌프 맥동 흡수

52. 지게차의 뒷부분에 설치되어 화물을 실었을 때 앞쪽으로 기울어지는 것은 방지하기 위하여 설치되어 있는 것은?

　① 기관

　② 클러치

　③ 변속기

　④ 평형추

53. 지게차 포크를 하강시키는 방법으로 가장 적합한 것은?

　① 가속 페달을 밟고 리프트 레버를 앞으로 민다.

　② 가속 페달을 밟고 리프트 레버를 뒤로 당긴다.

　③ 가속 페달을 밟지 않고 리프트 레버를 뒤로 당긴다.

　④ 가속 페달을 밟지 않고 리프트 레버를 앞으로 민다.

54. 「도로교통법」상 교통사고에 해당되지 않는 것은?

　① 도로 운전 중 언덕길에서 추락하여 부상한 사고

　② 차고에서 적재하던 화물이 전락하여 사람이 부상한 사고

　③ 주행 중 브레이크 고장으로 도로변의 전주를 충돌 한 사고

　④ 도로 주행 중 화물이 추락하여 사람이 부상한 사고

55. 유압장치에서 피스톤 로드에 있는 먼지 또는 오염물질 등이 실린더 내로 혼입되는 것을 방지하는 것은?

　① 필터(Filter)

　② 더스트 실(Dust seal)

　③ 밸브(Valve)

　④ 실린더 커버(Cylinder cover)

56. 지게차의 동력전달 순서로 옳은 것은?

　① 엔진 → 변속기 → 토크 컨버터 → 종감속 기어 및 차동장치 → 최종감속 기어 → 앞 구동축 → 앞바　퀴

　② 엔진 → 변속기 → 토크 컨버터 → 종감속 기어 및 차동장치 → 앞 구동축 → 최종감속 기어 → 앞바　퀴

　③ 엔진 → 토크 컨버터 → 변속기 → 앞 구동축 → 종감속 기어 및 차동장치 → 최종감속 기어 → 앞　바퀴

　④ 엔진 → 토크 컨버터 → 변속기 → 종감속 기어 및 차동장치 → 최종감속 기어 → 앞바퀴

57. 커먼 레일 디젤기관의 센서에 대한 설명이 아닌 것은?

　① 연료 온도 센서는 연료 온도에 따른 연료량 보정 신호로 사용된다.

　② 수온 센서는 기관 온도에 따른 연료량을 증감하는 보정 신호로 사용된다.

　③ 수온 센서는 기관의 온도에 따른 냉각 팬 제어 신호로 사용된다.

　④ 크랭크 포지션 센서는 밸브 개폐 시기를 검출한다.

58. 지게차의 운전 장치를 조작하는 동작의 설명으로 틀린 것은?

　① 전 · 후진 레버를 앞으로 밀면 후진이 된다.

　② 틸트 레버를 뒤로 당기면 마스트는 뒤로 기운다.

　③ 리프트 레버를 앞으로 밀면 포크가 내려간다.

　④ 전 · 후진 레버를 뒤로 당기면 후진이 된다.

59. 직권식 기동 전동기의 전기자 코일과 계자 코일의 연결로 옳은 것은?

　① 병렬로 연결되어 있다.

　② 직렬로 연결되어 있다.

　③ 직렬 · 병렬로 연결되어 있다.

　④ 계자 코일은 직렬, 전기자 코일은 병렬로 연결되어 있다.

60. 지게차 작업장치의 동력전달 기구가 아닌 것은?

　① 리프트 체인

　② 틸트 실린더

　③ 리프트 실린더

　④ 트렌치 호

지게차운전기능사 필기 모의고사 ①

문제 본문 184p

정답

1	2	3	4	5	6	7	8	9	10
③	③	④	④	①	④	②	③	②	①
11	12	13	14	15	16	17	18	19	20
②	②	③	①	④	④	②	④	②	①
21	22	23	24	25	26	27	28	29	30
①	②	③	②	①	②	②	③	②	②
31	32	33	34	35	36	37	38	39	40
②	①	②	③	④	④	④	①	②	②
41	42	43	44	45	46	47	48	49	50
②	①	②	③	②	④	①	②	③	④
51	52	53	54	55	56	57	58	59	60
④	③	②	①	①	①	③	①	②	①

1. 화재가 발생하기 위해서는 가연성 물질, 산소, 점화원(발화원)이 필요하다.

2. 지게차가 주행 할 때 포크는 지면으로부터 20~30cm 정도 높인다.

3. 스트레이너(Strainer)는 유압 펌프의 흡입관에 설치하는 여과기이다.

4. C급 화재 : 전기화재

5. 유압 모터는 넓은 범위의 무단 변속이 용이한 장점이 있다.

6. 지게차의 건설기계 범위는 타이어식으로 들어올림 장치와 조종석을 가진 것. 다만 전동식으로 솔리드 타이어를 부착한 것 중 도로가 아닌 장소에서만 운행하는 것은 제외한다.

7. 통고처분의 수령을 거부하거나 범칙금을 기간 안에 납부하지 못한 자는 즉결 심판에 회부된다.

8. 12V 80A 축전지 2개를 직렬로 연결하면 24V 80A가 된다.

10. 작동유의 수분 함유 여부를 판정하기 위해서는 가열한 철판 위에 오일을 떨어트려 본다.

11. 유압 액추에이터는 유압 펌프에서 발생된 유압(유체)에너지를 기계적에너지 (직선운동이나 회전운동)로 바꾸는 장치이다.

14. 출장 검사를 받을 수 있는 경우 : 도서 지역에 있는 경우, 자체 중량이 40ton 이상 또는 축중이 10ton 이상인 경우, 최고 속도가 시간당 35km 미만인 경우

15. 정기 검사 신청을 받은 검사 대행자는 5일 이내에 검사 일시 및 장소를 신청 인에게 통지하여야 한다.

16. 클러치의 구비 조건 : 회전 부분의 관성력이 작을 것, 동력 전달이 확실하고 신속할 것, 방열이 잘되어 과열되지 않을 것, 회전 부분의 평형이 좋을 것, 단속 작용이 확실하며 조작이 쉬울 것

18. 거버너(Governor, 조속기)는 분사 펌프에 설치되어 있으며, 기관의 부하에 따라 자동적으로 연료 분사량을 가감하여 최고 화전 속도를 제어한다.

19. 리듀싱(감압) 밸브는 회로 일부의 압력을 릴리프 밸브의 설정 압력(메인 유압) 이하로 하고 싶을 때 사용한다.

20. 베인 펌프는 소형 경량이고, 구조가 간단하고 성능이 좋으며, 맥동과 소음이 적은 장점이 있다.

21. 4행정 사이클 기관에서는 오일 펌프로 로터리 펌프와 기어 펌프를 주로 사용한다.

23. 압력식 캡은 냉각 장치 내의 비등점(비점)을 높이고, 냉각 범위를 넓히기 위하여 사용한다.

24. 작동유가 넓은 온도 범위에서 사용되기 위해서는 점도 지수가 높아야 한다.

25. 과급기의 터빈 축 베어링에는 기관 오일을 급유한다.

26. 아세틸렌 용접 장치의 방호장치는 안전기이다.

31. 자재 이음(유니버설 조인트)은 추진축의 각도 변화를 가능하게 한다.

32. 플래셔 유닛이 고장나면 모든 방향지시등이 점멸되지 못한다.

33. 인명 피해에 따른 면허 정지 기간 : 사망 1명마다 면허 효력 정지 45일, 중상 1 명마다 면허 효력 정지 15일, 경상 1명마다 면허 효력 정지 5일

37. 건설기계 사업의 종류에는 매매업, 대여업, 폐기업, 정비업이 있다.

39. 좌우 포크 높이가 다를 경우에는 리프트 체인의 길이로 조정한다.

41. 건설기계의 충전장치에서는 3상 교류 발전기를 사용한다.

42. 플로 프로텍터(벨로시티 퓨즈)는 컨트롤 밸브와 리브터 실린더 사이에서 배관이 파손되었을 때 적재물 급강하를 방지한다.

43. 리프트 실린더(Lift cylinder)는 포크를 상승·하강시키는 기능을 한다.

44. 틸트 레버를 당기면 운전자의 몸 쪽 방향으로 기운다.

46. 축전지 자기방전의 원인 : 음극판의 작용물질이 황산과의 화학작용으로 황산납이 되기 때문에(구조상 부득이 한 경우), 전해액에 포함된 불순물이 국부전지를 구성하기 때문에, 탈락한 극판 작용물질이 축천지 내부에 퇴적되기 때문에, 양극판 작용물질 입자가 축전지 내부에 단락되기 때문에, 축전지 커버와 케이스의 표면에서 전기 누설 때문에

49. 화물을 포크에 적재하고 경사지를 내려올 때는 기어 변속을 저속 상태로 놓고 후진으로 내려온다.

50. 지게차로 적재작업을 할 때 화물을 높이 들어올리면 전복되기 쉽다.

51. 유압 실린더의 종류 : 단동 실린더, 복동 실린더(싱글 로드형과 더블 로드형), 다단 실린더, 램형 실린더

52. 길고 급한 경사 길을 운전할 때 반 브레이크를 사용하면 라이닝에서는 페이드가 발생하고, 파이프에서는 베이퍼 록이 발생한다.

53. 지게차의 조향방식은 후륜(뒷바퀴) 조향이다.

지게차운전기능사 필기 모의고사 ②

정답

문제 본문 188p

1	2	3	4	5	6	7	8	9	10
③	④	②	②	④	①	③	③	①	②
11	12	13	14	15	16	17	18	19	20
④	②	④	④	③	①	③	②	④	④
21	22	23	24	25	26	27	28	29	30
②	④	④	③	②	①	②	④	①	②
31	32	33	34	35	36	37	38	39	40
③	③	③	③	②	④	③	④	④	①
41	42	43	44	45	46	47	48	49	50
④	④	③	②	②	④	②	④	④	④
51	52	53	54	55	56	57	58	59	60
②	④	①	②	④	④	②	④	④	①

1. 혼합비가 희박하면 기관 시동이 어렵고, 저속 운전이 불량해지며, 연소 속도가 느려 기관의 출력이 저하한다.

2. 지게차를 주차시킬 때
- 변속 레버를 중립 위치로 한다.
- 포크의 선단이 지면에 닿도록 내린 후 마스트를 전방으로 약간 경사시킨다.
- 엔진을 정지시키고 주차 브레이크를 잡아당겨 주차상태를 유지시킨다.
- 시동 스위치의 키를 빼내어 보관한다.

5. 제동장치에 대한 정기 검사를 면제 받고자 하는 경우에는 건설기계 제동장치 정비확인서를 첨부한다.

6. 화물을 포크에 적재하고 경사지를 내려올 때는 기어변속을 저속상태로 놓고 후진으로 내려온다.

7. 축압기의 사용 목적은 충격 압력 흡수, 유체의 맥동 감쇠, 압력 보상, 보조 동력원으로 사용등이다.

8. 플라이 휠 뒷면에는 클러치가 설치되므로 기관 오일이 공급되어서는 안 된다.

9. 커먼 레일은 고압 연료 펌프에 보내준 고압(1350bar)의 연료가 저장되는 부품이다.

10. 복선식은 접지 쪽에도 전선을 사용하는 것으로 주로 전조등과 같이 큰 전류가 흐르는 회로에서 사용한다.

11. 기관 과열 원인 : 냉각수 양이 부족할 때, 물재킷 내의 물때가 많을 때, 물 펌프의 회전이 느릴 때, 수온조절기가 닫힌 상태로 고장났을 때, 분사 시기가 부적당할 때, 라디에이터 코어가 20% 이상 막혔을 때

12. 서행이란 위험을 느끼고 즉지 정지할 수 있는 느린 속도로 운행하는 것이다.

13. 오버 러닝 클러치(Over running clutch)는 기동 전동기의 전기자 축으로부터 피니언으로는 동력이 전달되나 피니언으로부터 전기자 축으로는 동력이 전달되지 않도록 해주는 장치이다.

14. 특별표지판 부착 대상 건설기계 : 길이가 16.7m 이상인 경우, 너비가 2.5m 이상인 경우, 최소 회전 반경이 12m 이상인 경우, 높이가 4m 이상인 경우, 총중량이 40톤 이상인 경우, 축하중이 10톤 이상인 경우

15. 75% 충전일 때의 전해액 비중은 1.220~1.240이다.

16. 건설기계 등록신청은 건설기계를 취득한 날로부터 2개월(60일) 이내 하여야 한다.

17. 안전표지의 종류에는 지시표지, 주의표지, 규제표지, 보조표지, 노면표지 등이 있다.

18. 퓨저블 링크(Fusible link)는 전기회로가 단락되었을 때 녹아 끊어져 전원 및 회로를 보호한다.

20. 기관 오일에 냉각수가 유입되면 오일량이 증가한다.

22. 속도 제어 회로에는 미터인 방식, 미터아웃 방식, 블리드 오프 방식이 있다.

23. 시 · 도지사는 등록을 말소하고자 할 때에는 미리 그 뜻을 건설기계 소유자 및 이해관계자에게 통지하여야 하며 통지 후 1개월이 경과한 후가 아니면 이를 말소할 수 없다.

25. 디퓨저는 과급기 케이스 내부에 설치되며, 공기의 속도에너지를 압력에너지로 바꾸는 장치이다.

26. 술에 취한 상태의 기준은 혈중 알코올 농도 0.03& 이상

27. 유압 모터는 넓은 범위의 무단 변속이 용이한 장점이 있다.

29. 틸트 록 밸브(Tilt lock valve)는 마스트를 기울일 때 갑자기 엔진의 시동이 정지되면 작동하여 그 상태를 유지시키는 작용을 한다.

30. 양중기에 해당되는 것은 기중기(호이스트 포함), 이동식 기중기, 리프트, 곤돌라, 승강기이다.

31. 제어 밸브의 종류 : 압력 제어 밸브(일의 크기 결정), 유량 제어 밸브(일의 속도 결정), 방향 제어 밸브(일의 방향 결정)

34. 발전기, 용접기, 엔진 등 장비는 분산시켜 배치한다.

35. 카운터 밸런스 밸브(Counter balance valve)는 체크 밸브가 내장되는 밸브로써 유압 회로의 한 방향의 흐름에 대해서는 설정된 배압을 생기게 하고 다른 방향의 흐름은 자유롭게 흐르도록 한다.

36. 화물을 적재하고 주행할 때 포크와 지면과 간격은 20~30cm가 좋다.

37. 연사 작업은 숫돌차의 측면에 서서 작업한다.

38. 목적지에 도착 후 화물을 내리기 위해 포크를 수평으로 한 후 전진한다.

39. 유압 펌프의 종류에는 기어 펌프, 베인 펌프, 피스톤(플런저) 펌프, 나사 펌프, 트로코이트 펌프 등이 있다.

40. 격리형 방호장치 : 작업점에서 직접 사람이 접촉하여 말려들거나 다칠 위험이 있는 장소를 덮어씌우는 방호장치이다.

41. 이동할 때에는 포크를 반드시 지면에서 20~30cm 정도 들고 이동할 것

42. 안전표지의 종류에는 금지표지, 경고표지, 지시표지, 안내표지가 있다.

45. 오일 압력 경고등은 시동기를 ON으로 하면 점등되었다가 기관 시동 후에는 즉시 소등되어야 한다.

47. 화물의 근처에 왔을 때에는 브레이크 페달을 가볍게 밟아 정지할 준비를 한다.

48. 베이퍼 록을 방지하려면 엔진 브레이크를 사용한다.

49. 한지드 버킷은 석탄, 소금, 비료, 모래 등 흘러 내리기 쉬운 화물의 운반용이다.

50. 변속기의 구비 조건 : 소형이고 고장이 없을 것, 조작이 쉽고 신속 · 정확할 것, 연속적 변속에는 단계가 없을 것, 전달 효율이 좋을 것

51. 하이 마스트, 3단 마스트, 사이드 시프트 마스트(사이드 클램프), 로드 스태빌

라이저, 로테이팅 글램프, 블록 클램프, 힌지드 버킷, 힌지드 포크 등이 있다.

52. 작업장에서 통행의 우선 순위는 짐차 → 빈차 → 사람이다.

53. 지게차의 난기운전(워밍업) 방법
• 엔진을 시동 후 5분 정도 공회전 시킨다.
• 리프트 레버를 사용하여 포크의 상승 · 하강 운동을 실린더 전체 행정으로 2~3회 실시한다.
• 포크를 지면으로부터 20m 정도로 올린 후 틸트 레버를 사용하여 전체 행정으로 포크를 앞뒤로 2~3회 작동시킨다.

53. 유성 향상제는 금속 사이의 마찰을 방지하기 위한 방안으로 바찰계수를 저하시키기 위하여 사용되는 첨가제이다.

56. 정기 검사 : 검사 유효 기간이 끝난 후에 계속 운행하고자 할 때 받는 검사

57. 리프트 실린더(Lift cylinder)는 포크를 상승 · 하강시키는 기능을 한다.

58. 유성 기어 장치의 구성은 선 기어, 유성 기어, 링 기어, 유성 기어 캐리어이다.

60. 캐비테이션 현상은 공동 현상이라고도 부르며, 저압 부분의 유압이 진공에 가까워짐으로서 기포가 생기며 이로 인해 국부적인 고압이나 소음이 발생하는 현상이다.

지게차운전기능사 필기 모의고사 ③

정답

문제 본문 192p

1	2	3	4	5	6	7	8	9	10
④	②	④	④	①	①	①	②	③	②
11	12	13	14	15	16	17	18	19	20
①	②	①	①	①	④	③	④	④	③
21	22	23	24	25	26	27	28	29	30
④	③	④	①	①	①	③	①	②	③
31	32	33	34	35	36	37	38	39	40
③	①	④	①	①	③	④	②	①	③
41	42	43	44	45	46	47	48	49	50
②	③	④	④	②	④	②	②	①	①
51	52	53	54	55	56	57	58	59	60
②	①	①	①	①	④	②	④	④	③

2. 하이 마스트, 3단 마스트, 사이드 클램프, 로드 스태빌라이저, 로테이팅 클램프, 블록 클램프, 힌지드 버킷, 힌지드 포크 등이 있다.

4. 블로 다운이란 폭발행정 끝부분에서 실린더 내의 압력에 의해 배기가스가 배기 밸브를 통해 배출되는 현상이다.

5. 크랭크측에서 비틀림 진동 발생 : 기관의 주기적인 회전력 작용에 의해 발생하며, 기관의 회전력 변동이 클수록, 크랭크축의 길이가 길수록, 크랭크축의 강성이 적을수록, 기관의 회전 속도가 느릴수록 크다.

6. 소기행정이란 잔류 배기가스를 내보내고 새로운 공기를 실린더 내에 공급하는 과정이며, 2행정 사이클 기관에만 해당되는 과정(행정)이다.

7. 건설기계에서는 주로 3상 교류 발전기를 사용한다.

8. 분사노즐은 분사 펌프에서 보내준 고압의 연료를 연소실에 안개 모양으로 분사하는 장치이다.

9. 축전지와 각부 전장품에 전기를 공급하는 장치는 발전기이다.

10. 에어클리너가 막히면 배기색은 검은색이며, 출력은 저하된다.

11. 방향 지시등의 한쪽 램프가 단선되면 한쪽 방향지시등의 점멸이 빨라진다.

12. 4행정 사이클 기관은 크랭크축이 2회전하고, 피스톤은 흡입 → 압축 → 폭발(동력) → 배기의 4행정을 하여 1사이클을 완성한다.

13. 수소가스가 폭팔성 가스이기 때문에 충전 중인 축전지에 화기를 가까이 하면 위험하다.

15. 유압장치에 공기가 들어있으면 비정상적인 소음이 난다.

16. 축압기(어큐뮬레이터)는 유압 펌프에서 발생한 유압을 저장하고, 보조 동력원으로 사용하며, 압력 보상, 충격 흡수, 유체의 맥동을 감쇠시키는 장치이다.

18. 정기 검사에 불합격된 건설기계의 경우에는 정비 명령을 받는다.

19. 평형추(카운터 웨이트)는 지게차의 뒷부분에 설치되어 화물을 실었을 때 앞쪽으로 기울어지는 것을 방지하기 위하여 설치되어 있다.

20. 임시운행 사유 : 확인 검사를 받기 위하여 운행하고자 할 때, 신규 등록을 하기 위하여 건설 기계를 등록지로 운행하고자 할 때, 신개발 건설기계를 시험 운행하고자 할 때, 수출을 하기 위하여 건설기계를 선적지로 운행하는 경우

22. 릴리프 밸브는 유압 펌프와 제어 밸브 사이에 설치된다.

23. 특별표지판 부착대상 건설기계 : 길이가 16.7m 이상인 경우, 너비가 2.5m 이상인 경우, 최소 회전 반경이 12m 이상인 경우, 높이가 4m 이상인 경우, 총 중량이 40톤 이상인 경우, 축하중이 10톤 이상인 경우

24. 펌프 흡입구는 탱크 가장 밑면과 어느 정도의 공간을 두고 설치한다.

25. 건설기계를 도로에 계속하여 버려두거나 정당한 사유 없이 타인의 토지에 버려둔 경우의 처벌은 1년 이하의 징역 또는 1000만원 이하의 벌금

26. 버스정류장 표시판으로부터 10m 이내의 장소

27. 오일의 수분 함유 여부를 판정하려면 가열한 철판 위에 오일을 떨어뜨려본다.

28. 사망 1명마다 90점, 중상 1명마다 15점, 경상 1명마다 5점, 부상신고 1명마다 2점

29. 작동유의 정상 작동 온도 범위는 40~80℃ 정도이다.

30. 기어 모터의 장점 : 구조가 간단하고, 가격이 저렴하고, 가혹한 운전 조건에서 비교적 잘 견디며, 먼지나 이물질에 의한 고장 발생률이 낮다.

33. 틸트 실린더는 마스트를 전경 또는 후경시키는 작용을 한다.

34. 플로 프로텍터(벨로시티 퓨즈)는 컨트롤 밸브와 리프터 실린더 사이에서 배관이 파손되었을 때 적재물 급강하를 방지한다.

27. 협착이란 기계의 운동 부분 사이에 신체가 끼는 사고이다.

39. 화물을 적재하고 급한 고갯길을 내려갈 때는 변속 레버를 저속으로 하고 후진으로 천천히 내려가야 한다.

40. 덮개형 방호장치 : V-벨트나 평 벨트 또는 기어가 회전하면서 접선 방향으로 물려 들어가는 장소에 많이 설치한다.

41. 틸트 록장치(Tilt lock system)는 마스트를 기울일 때 갑자기 엔진의 시동이 정지하면 작동하여 그 상태를 유지시키는 작용을 한다. 즉 틸트 레버를 움직여도 마스트가 경사되지 않도록 한다.

42. 수동 변속기의 로킹 볼이 마모되면 물려있던 기어가 빠지기 쉽다.

43. 포크를 하강시킬 때에는 가속 페달을 밟지 않고 리프트 레버를 앞으로 민다.

46. 포크의 끝을 안으로 경사지게 한다.

47. 조향 바퀴 얼라인먼트의 요소에는 캠버, 토인, 캐스터, 킹핀 경사각 등이 있다.

48. 오일 압력 경고등은 엔진 시동 전에는 점등되었다가 시동 후에는 즉시 소등 되어야 한다.

49. 운전 중 좁은 장소에서 지게차를 방향 전환할 때에는 뒷바퀴 회전에 주의하여야 한다.

52. 가변 용량형 펌프는 회전수가 같을 때 토출유량이 변화한다.

53. 각종 게이지 점검은 운전 중에 점검한다.

54. 지게차의 난기운전(워밍업) 방법
- 엔진을 시동 후 5분 정도 공회전 시킨다.
- 리프트 레버를 사용하여 포크의 상승 · 하강 운동을 실린더 전체 행정으로 2~3회 실시 한다.
- 포크를 지면으로부터 20cm 정도로 올린 후 틸트 레버를 사용하여 전체 행정으로 포크를 앞뒤로 2~3회 작동시킨다.

55. 속도 제어 회로에는 미터 인 회로, 미터 아웃 회로, 블리드 오프 회로가 있다.

56. 지게차에서 롤링(Roling : 좌우 진동)이 생기면 적하물이 떨어지기 때문에 현가 스프링을 사용하지 않는다.

57. 로어링 : 포크 하강, 리프팅 : 포크 상승, 틸팅 : 마스트를 앞뒤로 기울임.

60. 단동 실린더는 자중이나 스프링에 의해서 수축이 이루어지는 방식이다.

지게차운전기능사 필기 모의고사 ④

정답

문제 본문 196p

1	2	3	4	5	6	7	8	9	10
②	①	①	②	②	④	④	④	②	③
11	12	13	14	15	16	17	18	19	20
③	①	④	①	②	①	③	③	②	②
21	22	23	24	25	26	27	28	29	30
①	③	③	④	②	②	①	①	②	③
31	32	33	34	35	36	37	38	39	40
③	①	③	②	③	①	③	③	①	①
41	42	43	44	45	46	47	48	49	50
④	②	①	④	②	④	④	①	①	④
51	52	53	54	55	56	57	58	59	60
④	④	①	①	①	④	②	②	④	③

3. 플라이밍 펌프는 디젤기관 연료계통에 공기가 혼입되었을 때 공기빼기 작업을 할 때 사용한다.

5. 정기 검사 연기 사유 : 천재지변, 건설기계의 도난, 사고발생, 압류, 1월 이상에 걸친 정비 그밖의 부득이 한 사유로 검사신청기관 내에 검사를 신청할 수 없는 경우

7. 지게차로 적재작업을 할 때 화물을 높이 들어올리면 전복되기 쉽다.

8. 축전지의 충전 방법에는 정전류 충전, 정전압 충전, 단별전류 충전, 급속 충전 등이 있다.

9. 소음기나 배기관 내부에 많은 양의 카본이 부착되면 배압은 높아진다.

10. G(Green, 녹색), L(Blue, 파랑색), B(Black, 검정색), R(Red, 빨강색)

12. 워터 펌프(Water pump)가 불량하면 교환해야 한다.

16. 연료 분사량 조정은 분사 펌프 내의 컨트롤 슬리브와 피니언의 관계 위치를 변화하여 조정한다.

17. 건설기계 조종사면허를 거짓이나 그 밖의 부정한 방법으로 받았거나, 건설기계를 도로에 계속하여 버려두거나 정당한 사유 없이 타인의 토지에 버려둔 경우의 처벌을 1년 이하의 징역 또는 1000만원 이하의 벌금

18. 오버러닝 클러치는 엔진이 시동된 다음에는 피니언이 공회전하여 링 기어에 의해 엔진의 회전력이 기동전종기에 전달되지 않도록 한다.

19. 작동유가 넓은 온도 범위에서 사용되기 위해서는 점도 지수가 높아야 한다.

20. 다리 위에는 진로변경 제한선(백색 실선)이 있으므로 앞지르기를 해서는 안 된다.

21. 타이머(Timer)는 기관의 회전의 속도에 따라 자동적으로 분사시기를 조정하여 운전을 안정되게 한다.

24. 최고 주행 속도 15km/h 미만 타이엇r 건설 기계가 반드시 갖추어야 하는 조명장치는 전조등, 후부반사기, 제동등이다.

25. 유조식 공기청정기는 먼지가 많은 지역에 적합하다.

26. 주차 및 정치금지 장소는 건널목의 가장자리로부터 10m 이내의 곳이다.

28. 카운터 밸런스 밸브(Counter balance vavle)는 유압 실린더 등이 중력에 의한 자유낙하를 방지하기 위해 배압을 유지한다.

29. 교차로에서 우회전을 하려고 할 때에는 신호를 행하면서 서행으로 주행하여야 하며, 교통신호에 따라 횡단하는 보행자의 통행을 방해하여서는 아니 된다.

30. 캐비테이tus(Cavitation)은 저압 부분의 유압이 진공에 가까워짐으로서 기포가 발생하며 이로인해 국부적인 고압이나 소음과 진동이 발생하고, 양정과 효율이 저하되는 현상이다.

31. 유압 실린더의 종류에는 단동 실린더, 복동 실린더(싱글 로드형과 더블 로드형), 다단 실린더, 램형 실린더 등이 있다.

33. 안내표지는 녹색바탕에 백색으로 안내대상을 지시하는 표지판이다.

35. GPM(Gaiion Per Minute)이란 계통 내에서 이동되는 작동유의 양, 즉 분당 토출하는 작동유의 양이다.

36. 적재 상태에서 마스트는 뒤로 기울어지도록 한다.

37. 리프트 실린더는 포크를 상승 · 하강시키는 기능을 한다.

39. 유압 모터는 회전체의 관성이 작아 응답성이 빠른 장점이 있다.

40. 오일 탱크 내의 오일을 배출시킬 때에는 드레인 플러그를 사용한다.

41. 재해가 발생하였을 때 조치 순서는 운전 정지 → 피해자 구조 → 응급처치 → 2차 재해 방지

43. 제동장치는 주행속도를 감속시키거나 정지시키기 위한 장치이며, 독립적으로 작동시킬 수 있는 2계통의 제동장치가 있다. 또 경사로에서 정지된 상태를 유지할 수 있는 구조이다.

44. 지게차에서 현가 스프링을 사용하지 않는 이유는 롤링(Roling, 좌우 진동)이 생

기면 적하물이 떨어지기 때문이다.

45. 틸트 실린더 : 마스크의 전경 및 후경 작용

46. 금지표시는 적색 원형으로 만들어지는 안전 표지판이다.

47. 양중기에 해당되는 것은 크레인(호이스트 포함), 이동식 크레인, 리프트, 곤돌라, 승강기이다.

48. 화물을 적재하고 급한 고갯길을 내려갈 때는 변속 레버를 저속으로 하고 후진으로 천천히 내려가야 한다.

51. 클러치판의 댐퍼 스프링(비틀림 코일 스프링, 토션 스프링)은 클러치가 작동할 때 충격을 흡수한다.

53. 리프트 체인의 한쪽이 늘어나면 포크가 한쪽으로 기울어진다.

54. 토크 컨버터 오일의 구비 조건 : 점도가 낮을 것, 착화점이 높을 것, 빙점이 낮고, 비점이 높을 것, 비중이 크고, 유성이 좋을 것, 윤활성과 내산성이 클 것

55. 인칭 조절장치는 트랜스미션 내부에 설치되어 있다.

57. 화물을 적재하고 경사지를 내려갈 때는 기어의 변속을 저속 상태로 놓고 후진으로 내려온다.

60. 정기 검사 신청 기간 내에 정기 검사를 받은 경우 다음 정기 검사 유효 기간의 산정은 종전 검사 유효 기간 만료일의 다음날부터 기산한다.

지게차운전기능사 필기 모의고사 ⑤

정답

1	2	3	4	5	6	7	8	9	10
②	①	①	③	③	③	②	①	④	④
11	12	13	14	15	16	17	18	19	20
③	③	①	②	③	④	④	②	③	④
21	22	23	24	25	26	27	28	29	30
①	③	①	③	③	③	①	②	②	④
31	32	33	34	35	36	37	38	39	40
②	③	④	②	①	④	①	①	②	②
41	42	43	44	45	46	47	48	49	50
③	④	②	③	③	②	①	②	①	③
51	52	53	54	55	56	57	58	59	60
④	②	②	④	③	①	②	③	④	④

1. 토크 렌치는 볼트나 너트를 조일 때만 사용한다.

2. 부동액의 종류에는 알코올(메탄올), 글리세린, 에틸렌글리콜이 있다.

3. 각종 게이지 점검은 운전 중에 한다.

4. 크랭크축은 피스톤의 직선운동을 회전운동으로 변환시키는 장치이다.

5. 로테이팅 클램프는 원추형 화물을 조이거나 회전시켜 운반 또는 적재하는데 적합하다.

6. 공기 유량 센서(Air flow sensor)는 열막(Hot film) 방식을 사용하며, 주요 기능은 EGR 피드백 제어이며, 또 다른 기능은 스모그 제한 부스트 압력 제어이다.

7. 포토 다이오드는 접합 부분에 빛을 받으면 빛에 의해 자유전자가 되어 전자가

이동하며, 역방향으로 전기가 흐른다.

8. 플로 프로텍터(벨로시티 퓨즈)는 컨트롤 밸브와 리프터 실린더 사이에서 배관이 파손되었을 때 적재물 급강하를 방지한다.

9. 병렬로 연결권 예열 플러그에서 배선이 단선되면 단선된 예열 플러그만 작동을 하지 못한다.

10. 포크와 간격은 파레트 폭의 1/2~3/4 정도가 좋다.

14. 프라이밍 펌프는 연료 공급 펌프에 설치되어 있으며, 분사 펌프로 연료를 보내거나 연료계통의 공기를 배출 할 때 사용한다.

15. 교통사고 발생 후 벌점
• 사망 1명마다 90점(사고 발생으로부터 72시간 내에 사망한 때)
• 중상 1명마다 15점(3주 이상의 치료를 요하는 의사의 진단이 있는 사고)
• 경상 1명마다 5점(3주 미만 5일 이상의 치료를 요하는 의사의 진단이 있는 사고)
• 부상신고 1명마다 2점(5일 미만의 치료를 요하는 의사의 진단이 있는 사고)

16. 축전지 터미널(단자)의 식별 방법 : P(positive), N(negative)의 문자로 표시, (+)와 (-)의 부호로 표시, 양극단자(+)는 굵고 음극단자(-)는 가는 것으로 표시, 적색과 흑색의 색깔로 표시

17. 인명 피해에 따른 면허 정지 기간 : 사망 1명마다 면허 효력 정지 45일, 중상 1명마다 면허 효력 정지 15일, 경상 1명마다 면허 효력 정지 5일

18. 면허를 반납해야 할 경우 : 면허가 취소된 때, 면허의 효력이 정지된 때, 면허증의 재교부를 받은 후 분실된 면허증을 발견한 때

19. 일시정지 안전표지판이 설치된 횡단보도에서는 보행자가 없어도 일시정지 후 통과하여야 한다.

21. 공기 압축형 축압기의 종류에는 피스톤 방식, 다이어프램 방식, 블래더 방식 등이 있다.

22. 모든 고속도로에서 건설기계의 법정 최고 속도는 시속 80km이다.

25. ① 솔레노이드 조작 방식
② 간접 조작방식
③ 레버 조작방식
④ 기계 조작방식

24. 자동차 : 자동차안전기준에서 정하는 전조등, 차폭등, 미등, 번호등과 실내조명등(실내조명등은 승합자동차와 여객자동차 운송 사업용 승용자동차만 해당)

25. 유압 펌프의 종류 : 기어 펌프, 베인 펌프, 피스톤(플런저) 펌프, 나사 펌프, 트로코이드 펌프 등이 있다.

26. 정기 검사 신청은 건설기계의 정기 검사 유효기간 만료일 전후 30일 이내에 신청한다.

27. 방향 제어 밸브는 일의 방향을 전환하는 작용을 하며, 종류에는 스풀 밸브, 체크 밸브, 셔틀 밸브 등이 있다.

28. 단동식 실린더와 복동식 실린더
• 단동식 : 한쪽 방향에 대해서만 유효한 일을 하고, 복귀는 중력이나 복귀 스프링에 의한   다.
• 복동식 : 유압 실린더 피스톤의 양쪽에 유압유를 교대로 공급하여 양방향의 운동을 유압   으로 작동시킨다.

30. 점도가 서로 다른 2종류의 오일을 혼합하면 열화 현상을 촉진시킨다.

31. 건설기계를 도로에 계속하여 버려두거나 정당한 사유 없이 타인의 토지에 버려둔 경우의 처벌은 1년 이하의 징역 또는 1000만원 이하의 벌금

33. 유압 펌프가 유압유를 토출하지 못하는 원인 : 유압 펌프 회전 속도가 너무

필기모의고사

낮을 때, 흡입관 또는 스트레이너가 막혔을 때, 유압 펌프의 회전 방향이 반대로 되어있을 때, 유압 펌프 입구에서 공기를 흡입할 때, 유압유의 양이 부족할 때, 유압유의 점도가 너무 높을 때

34. 금속나트륨이나 금속칼륨 화재의 소화제로 건조사를 사용한다.

35. 지게차는 앞바퀴 구동, 뒷바퀴 조항이다.

36. 폐입 현상이란 토출된 유량 일부가 입구 쪽으로 귀환하여 토출량 감소, 축 동력 증가 및 케이싱 마모 등의 원인을 유발하는 현상이다. 폐입된 부분의 유압유는 압축이나 팽창을 받으므로 소음과 진동의 원인이 된다. 기어 측면에 접하는 펌프 측판(Side plate)에 릴리프 홈을 만들어 방지한다.

37. 연쇄반응 이론의 발생 순서 : 사회적 환경과 선천적 결함 → 개인적 결함 → 불안전한 행동 → 사고 → 재해

38. 회로 내의 압력을 설정치 이하로 유지하는 밸브에는 릴리프 밸브, 리듀싱 밸브, 언로더 밸브가 있다.

40. 해머작업을 할 때 작업자가 서로 마주보고 두드려서는 안 된다.

42. 볼트·너트를 조이고 풀 때에는 육각 소켓 렌치가 가장 적합하다.

43. 착화 늦음은 연료의 미립도, 연료의 착화성, 공기의 와류 상태, 기관의 온도 등에 관계된다.

45. 화재가 발생하기 위해서는 가연성 물질, 산소(공기), 점화원(발화원)이 필요하다.

48. 화물을 포크에 싣고 경사지를 내려갈 때에는 저속 후진하여야 한다.

50. 슬립 이음은 추진축의 길이에 변화를 주기 위해 사용한다.

51. 포크에 화물을 적재하고 주행할 때 포크와 지면과의 간격은 20~30cm가 적합하다.

52. 마스터 실린더를 조립할 때 나중 세척은 브레이크액이나 알코올로 한다.

53. 하이 마스트, 3단 마스트, 사이드 시프트 마스트(사이드 클램프), 로드 스태빌라이저, 로테이팅 클램프, 블록 클램프, 힌지드 버킷, 힌지드 포크 등이 있다.

54. 동력 조향장치의 장점 : 작은 조작력으로 조향 조직을 할 수 있고, 조향 기어비를 조작력에 관계없이 선정할 수 있으며, 굴곡 노면에서늬 충격을 흡수하여 조향 핸들에 전달되는 것을 방지하고, 조향 핸들의 시미 현상을 줄일 수 있다.

56. 벤트 플러그와 드레인 플러그
• 벤트 플러그 : 공기를 배출하기 위해 사용하는 플러그
• 드레인 플러그 : 액체를 배출하기 위해 사용하는 플러그

57. 리프트 실린더(Lift cylinder)는 포크를 상승·하강 시키는 기능을 한다.

59. 교류 발전기의 특징 : 속도 변화에 따른 적용 범위가 넓고 소형·경량이며, 저속에서도 충전 가능한 출력 전압이 발생하며, 실리콘 다이오드로 정류하므로 전기적 용량이 크고, 브러시 수명이 길며, 전압 조정기만 필요하고, 출력이 크고, 고속 회전에 잘 견딘다.

60. 지게차의 조향 방식은 후륜(뒷바퀴) 조향이다.

지게차운전기능사 필기 모의고사 ⑥

정답

문제 본문 204p

1	2	3	4	5	6	7	8	9	10
④	②	②	④	②	③	①	①	②	②
11	12	13	14	15	16	17	18	19	20
④	①	①	④	③	②	①	②	②	①
21	22	23	24	25	26	27	28	29	30
③	④	④	①	④	④	③	③	①	④
31	32	33	34	35	36	37	38	39	40
②	③	①	①	④	④	②	②	③	④
41	42	43	44	45	46	47	48	49	50
③	②	②	④	③	①	③	①	②	①
51	52	53	54	55	56	57	58	59	60
④	④	④	③	③	④	②	①	①	③

1. 등록번호표의 색칠 기
• 자가용 건설기계 : 녹색 판에 흰색 문
• 영업용 건설기계 : 주황색 판에 흰색 문
• 관용 건설기계 : 백색 판에 흑색 문자

4. 지게차에서 현가 스프링을 사용하지 않는 이유는 롤링(Rolling, 좌우 진동)이 생기면 적하물이 떨어지기 때문이다.

5. 실린더 벽의 마멸은 상사점 부근(윗부분)이 가장 크다.

6. 피스톤 링에는 압축가스가 새는 것을 방지하는 압축 링과 엔진 오일을 실린더 벽에서 긁어내리는 작용을 하는 오일 링이 있다.

7. 인터록 장치는 변속 중 기어가 이중으로 물리는 것을 방지하고, 로킹 볼은 기어가 빠지는 것을 방지한다.

13. 감압(리듀싱) 밸브는 회로 일부의 압력을 릴리프 밸브의 설정압력(메인 유압) 이하로 하고 싶을 때 사용한다.

14. 유압 모터는 유압 에너지에 의해 연속적으로 회전운동 함으로서 기계적인 일을 하는 장치이다.

15. 등록번호를 부착 또는 봉인하지 아니하거나 등록번호를 새기지 아니한 자는 100만 원 이하의 과태료

16. 오일 여과기의 여과입도 수(mesh)가 너무 높으면(여과입도가 너무 조밀하면) 오일 공급 불충분으로 공동(캐비테이션) 현상이 발생한다.

17. 방향지시등의 신호를 운전석에서 확인할 수 있는 파일럿 램프가 설치되어 있다.

18. 최고 속도의 50%를 감속하여 운행하여야 할 경우 : 노면이 얼어붙은 때, 폭우·폭설·안개 등으로 가시거리가 100미터 이내일 때, 눈이 20mm 이상 쌓인 때

20. 건설기계 소유자가 정비업소에 건설기계 정비를 의뢰한 후 정비업자로부터 정비완료통보를 받고 5일 이내에 찾아가지 않을 때 보관, 관리비용을 지불하여야 한다.

21. 모든 고속도로에서 건설기계의 최저 속도는 50km/h 이다.

22. 엔진 오일의 온도가 상승하는 원인 : 과부하 상태에서 연속작업, 오일 냉각기의 불량, 오일의 점도가 부적당할 때(점도가 높을 때), 오일량이 부족할 때 등

이다.

23. 힌지드 버킷(Hinged bucket)은 석탄, 소금, 비료, 모래 등 흘러내리기 쉬운 화물의 운반용이다.

24. 틸트 록 밸브(Tilt lock valve)는 마스트를 기울일 때 갑자기 엔진의 시동이 정지되면 작동하여 그 상태를 유지시키는 작용을 한다. 즉 틸트 레버를 움직여도 마스트가 경사되지 않도록 한다.

25. 포크를 하강시킬 때에는 가속페달을 밟지 않고 리프트 레버를 앞으로 민다.

28. 틸트 실린더(Tilt cylinder)는 마스트를 앞, 뒤로 경사시키는 장치이다.

29. 적재 상태에서 마스트는 뒤로 기울어지도록 한다.

30. 횡단보도로부터 10m 이내의 곳에는 정차 및 주차를 해서는 안 된다.

32. 벨트의 장력은 반드시 회전이 정지된 상태에서 점검해야 한다.

33. 좁은 장소에서 지게차를 방향 전환시킬 때에는 뒷바퀴 회전에 주의하여야 한다.

34. 카커스 부분은 고무로 피복된 코드를 여러겹 겹친 층에 해당되며, 타이어 골격을 이룬다.

35. 격리판의 구비조건
• 비전도성일 것
• 다공성이어서 전해액의 환산이 잘 될 것
• 기계적 강도가 있고, 전해액에 부식되지 않을 것

38. 기제차의 하중을 지지하는 것은 구동자축이다.

39. 릴리프 밸브는 유압 펌프 출구와 제어 밸브 입구 사이에 설치된다.

41. 유량이 부족하면 작업장치의 작동속도가 느려진다.

43. 진공 제동 배력장치(하이드로 백)는 흡기다가관 진공과 대기압과의 차이를 이용한 것이므로 배력장치에 고장이 발생하여도 일반적인 유압 브레이크로 작동할 수 있도록 하고 있다.

45. 지게차는 앞바퀴 구동, 뒷바퀴 조향이다.

46. 덤프트럭, 콘크리트 믹서 트럭, 콘크리트 펌프, 타워크레인의 번호표 규격은 가로 600mm, 세로 280mm이고, 그 밖의 건설기계 번호표 규격은 가로 400mm, 세로 220mm이다. 덤프트럭, 아스팔트살포기, 노상안정기, 콘크리트 믹서 트럭, 콘크리트 펌프, 천공기(트럭적재식)의 번호표 재질은 알루미늄이다.

48. 과급기는 기관의 출력과 토크를 증대시키기 위한 장치이다.

50. 제1종 대형 운전면허로 조종할 수 있는 건설 기계 : 덤프트럭, 아스팔트 살포기, 노상안정기, 콘크리트 믹서 트럭, 콘크리트 펌프, 트럭적 재식 천공기

51. 교류 발전기의 장점
• 속도변화에 따른 적용범위넓고 소형, 경량이다
• 저속에서도 충전 가능한 출력전압이 발생한다
• 실리콘 다이오드로 정류하므로 전기적 용량이 크다
• 브러시 수명이 길고, 전압조정기만 있으면 된다
• 정류자를 두지 않아 폴리비를 크게 할 수 있다
• 출력이 크고, 고속회전에 잘 견딘다.
• 실리콘 다이오드를 사용하기 때문에 정류특성이 좋다.

52. 작동유의 열화를 판정하는 방법
• 점도상태로 확인
• 색깔의 변화나 수분, 침전물의 유무 확인
• 자극적인 악취 유무 확인(냄새로 확인)

• 흔들었을 때 생기는 거품이 없어지는 양상 확인

53. 연료분사의 3대 요소는 무화(안개화), 분포(분산), 관통력이다.

55. 타이머(Timer)는 기관의 회전속도에 따라 자동적으로 분사시기를 조정하여 운전을 안정되게 한다.

56. 예열장치는 한랭한 상태에서 기관을 시동할 때 시동을 원활히 하기 위해 사용한다.

58. 작동유가 과열하면
• 작동유의 열화 촉진
• 작동유의 점도 저하에 의해 누출 발생
• 유압장치의 효율 저하
• 온도변화에 의해 유압기기의 열 변형 발생
• 유압장치의 작동 불량
• 기계적인 마모 발생

60. 제동장치는 속도를 감속시키거나 정지시키기 위한 장치이며, 독립적으로 작동시킬 수 있는 2계통의 제동장치가 있다. 또 경사로에서 정지된 상태로 유지할 수 있는 구조이다.

지게차운전기능사 필기 모의고사 ⑦

정답								문제 본문 208p	
1	2	3	4	5	6	7	8	9	10
①	③	②	②	①	④	①	②	④	①
11	12	13	14	15	16	17	18	19	20
④	③	④	③	④	①	①	③	①	③
21	22	23	24	25	26	27	28	29	30
③	③	③	③	④	②	④	②	④	③
31	32	33	34	35	36	37	38	39	40
②	②	④	①	①	②	②	④	②	④
41	42	43	44	45	46	47	48	49	50
①	②	②	④	②	①	②	③	①	①
51	52	53	54	55	56	57	58	59	60
①	②	③	②	③	④	③	②	①	③

1. 노면이 얼어붙은 경우 또는 폭설로 가시거리가 100미터 이내인 경우 최고 속도의 50%를 감속운행하여야 한다.

2. 화물을 포크에 적재하고 경사지를 내려올 때는 기어 변속을 저속 상태로 놓고 후진으로 내려온다.

3. 기관 오일 압력이 높아지는 원인 : 윤활유의 점도가 높을 때, 윤활 회로의 일부가 막혔을 때, 유압 조절 밸브(릴리프 밸브) 스프링의 장력이 과다할 때, 유압 조절 밸브가 닫힌 상태로 고장 났을 때

4. 자체중량이란 연료, 냉각수 및 윤활유 등을 가득 채우고 휴대공구, 작업용구 및 예비 타이어(예비 타이어를 장착하도록 한 건설기계에만 해당한다)를 신거나 부착하고, 즉시 작업할 수 있는 상태에 있는 건설기계의 중량을 말한다.

5. 디젤기관에서 시동이 잘 안 되는 원인 : 연료공급 계통에 공기가 혼입되었을 때, 기관의 압축 압력이 낮을 때, 연료가 결핍되었거나 연료여과기가 막혔을

때, 공급 펌프 및 분사 펌프가 불량할 때, 분사 노즐이 막혔을 때

7. 라디에이터의 구비 조건 : 단위면적당 방열량이 클 것, 가볍고 작으며 강도가 클 것, 냉각수흐름 저항이 적을 것, 공기 흐름 저항이 적을 것

8. 교류 발전기에서는 실리콘 다이오드를 정류기로 사용한다.

9. 목적지에 도착 후 화물을 내리기 위해 포크를 수평으로 한 후 전진한다.

10. 접촉저항은 스위치 접점, 배선의 거넥터, 축전지 단자(터미널) 등에서 발생하기 쉽다.

11. 건설기계 등록 신청은 건설기계를 취득한 날로부터 2개월(60일) 이내 시, 도 지사에게 한다.

12. 동력행정(폭발행정)에서 피스톤은 상사점에서 하사점으로 내려가고 흡, 배기 밸브는 모두 닫혀 있다.

13. 정기 검사 신청 기간 내에 정기 검사를 받은 경우, 다음 정기 검사 유효 기간은 총전 검사 유효기간 만료일의 다음날부터 기산한다.

14. 디젤기관의 노크 방지 방법 : 연료의 착화점이 낮은 것(착화성이 좋은)을 사용할 것, 흡기압력과 온도, 실린더(연소실) 벽의 온도를 높을 것, 세탄가가 높은 연료를 사용할 것, 압축비 및 압축압력과 온도를 높일 것, 착화지연기간을 짧게 할 것

15. 정기 검사는 검사 유효 기간이 끝난 후에 계속 운행하고자 할 때 받는다.

17. 건설기계라 함은 건설공사에 사용할 수 있는 기계로서 대통령령으로 정한 것이다.

18. 진로 변경 제한선(백색 실선)이 표시되어 있을 때에는 진로를 변경해서는 안 된다.

19. 작동유는 마찰 부분의 윤활 작용 및 냉각 작용을 하며, 점도 지수가 높아야 하고, 점도가 낮으면 유압이 낮아진다. 또 공기가 혼입되면 유압기기의 성능은 저하된다.

20. 등록말소를 신청할 때 첨부서류 : 건설기계검사증, 건설기계 등록증, 건설기계의 멸실, 도난 등의 등록말소사유를 확인할 수 있는 서류

22. 파스칼의 원리 : "밀폐된 용기 속의 유체 일부에 가해진 압력은 각 부분의 모든 부분에 같은 세기로 전달된다."는 원리이다.

23. 도로를 통행하는 차마의 운전자는 교통안전시설이 표시하는 신호 또는 지시와 교통정리를 위한 경찰공무원 등의 신호 또는 지시가 다른 경우에는 경찰공무원등의 신호 또는 지시에 따라야 한다.

24. 수랭식 오일 냉각기는 유온을 항상 적정한 온도로 유지하기 위하여 사용하며, 소형으로 냉각 능력은 크지만 발생하면 오일 중에 물이 혼입될 우려가 있다.

25. 카운터 밸런스 밸브(Couter balanbce valve)는 체크 밸브가 내장된 밸브이며 유압 회로의 한 방향의 흐름에 대해서는 설정된 배압을 생기게 하고, 다른 방향의 흐름은 자유롭게 흐르도록 한다.

26. 황색등화가 점멸하는 지역에서는 안전표지의 표시에 주의하면서 진행하여야 한다.

27. 유압 모터는 유압에너지에 의해 연속적으로 회전운동함으로서 기계적인 일을 한다.

30. 토크 렌치는 볼트와 너트를 조일 때만 사용한다.

31. 압력 제어 밸브의 종류 : 릴리프 밸브, 리듀싱(강입) 밸브, 시퀀스(순차) 밸브, 언로드(무부하) 밸브, 카운터 밸런스 밸브

32. 화재의 분류 : A급 화재(나무, 석탄 등 연소 후재를 남기는 일반적인 화재), B급 화재(휘발유, 벤젠 등 유류화재), C급 화재(전기화재), D급 화재(금속화재)

34. 좁은 장소에서 지게차를 방향 전환시킬 때에는 뒷바퀴 회전에 주의하여야 한다.

37. 하이 마스트, 3단 마스트, 사이드 시프트 마스트(사이트 클램프), 로드 스테빌라저, 로테이팅 클램프, 블록 클램프, 힌지드 버킷, 힌지드 포크 등이 있다.

38. 사다리식 통로의 길이가 10미터 이상인 때에는 5m 이내마다 계단참을 설치할 것

40. 힌지드 버킷은 석탄, 소금, 비료, 모래 등 흘러내리기 쉬운 화물의 운반용이다.

41. 카바이드에서는 아세틸렌가스가 발생하므로 저장소에 전등 스위치가 옥내에 있으면 안된다.

42. 최소 회전 반지름 : 지게차가 무부하 상태에서 최대 조향각으로 운행할 때 가장 바깥쪽 바퀴의 접지 자국 중심점이 그리는 원의 반경이다.

43. 사고로 인한 재해가 가장 많이 발생할 수 있는 것은 벨트이다.

44. 롤링(좌우 진동) 발생하면 화물이 떨어지기 쉬우므로 지게차에는 스프링장치가 없다.

45. 토 인의 필요성 : 조향 바퀴를 평행하게 회전시키며, 조향 바퀴가 옆 방향으로 미끄러지는 것을 방지하고, 타이어 이상 마멸을 방지한다. 또 조향 링키지 마멸에 따라 토 아웃(Toe-out)이 되는 것을 방지한다.

47. 지게차의 난기운전(워밍업) 방법
• 엔진을 시동 후 5분 정도 공화전 시킨다.
• 리프트 레버를 사용하여 포크의 상승, 하강운동을 실린더 전체 행정으로 2~3회 실시한다.
• 포크를 지면으로부터 20cm 정도로 올린 후 틸트 레버를 사용하여 전체 행정으로 포크를 앞뒤로 2~3회 작동시킨다.

48. 매뉴얼 밸브(Manual valve)는 변속 레버에 의해 작동되며, 중립, 전진, 후진 고속, 저속의 선택에 따라 오일 통로를 변환시킨다.

49. 인칭조절 페달은 지게차를 전, 후진 방향으로 서서히 화물에 접근시키거나 빠른 유압작동으로 신속히 화물을 상승 또는 적재시킬 때 사용하며, 트랜스미션 내부에 설치되어 있다.

50. 지게차는 앞바퀴 구동, 뒷바퀴 조향이다.

52. 클러치가 미끄러지는 원인 : 클러치 페달의 자유간극(유격)이 작을 때, 클러치판의 마멸이 심할 때, 클러치판에 오일이 묻었을 때(크랭크축 뒤 오일 실 및 변속기 입력축 오일 실 파손), 플라이 힐 및 압력판이 손상 또는 변형되었을 때, 클러치 스프링의 장력이 약하거나, 자유높이가 감소되었을 때

54. 오일 압력 경고등은 시동키를 ON으로 하면 점등되었다가 기관 시동 후에는 즉시 소등되어야 한다

55. 유압 실린더의 종류에는 단동 실린더, 복동 실린더, 다단 실린더, 램형 실린더 등이 있다.

56. 지게차를 주차시킬 때
• 전,후진 레버를 중립 위치로 한다.
• 포크의 끝 부분이 지면에 닿도록 내린 후 마스트를 전방으로 약간 경사시킨다.
• 엔진을 정지시키고 주차 브레이크를 잡아당겨 주차 상태를 유지시킨다.
• 시동 스위치의 키를 빼내어 보관한다.

57. 기동전동기의 회전이 안 되는 원인 : 시동스위치의 접촉이 불량할 때, 축전기가 과다 방전 되었을 때, 축전기 단자와 케이블의 접촉이 불량하거나 단선되었을 때, 기동전동기 브러시 스프링 장력이 약해 정류자의 밀착이 불량할 때,

231

기동전동기 전기차 코일 또는 계자 코일이 단락 되었을 때

58. 화물을 적재하고 주행할 때 포크와 지면과 간격은 20~30cm가 좋다.

59. 과급기는 엔진의 배기량이 일정한 상태엣 연소실에 강압적으로 많은 공기를 공급하여 흡입효율을 높이고 출력과 토크를 증대시키기 위한 장치이다.

60. 블리드 오프 회로는 유량 제어 밸브를 실린더와 병렬로 연결하여 실린더의 속도를 제어한다.

지게차운전기능사 필기 모의고사 ⑧

정답

문제 본문 212p

1	2	3	4	5	6	7	8	9	10
①	②	②	②	③	②	④	③	②	②
11	12	13	14	15	16	17	18	19	20
③	②	③	①	②	②	③	②	②	①
21	22	23	24	25	26	27	28	29	30
④	②	②	③	②	④	③	③	②	④
31	32	33	34	35	36	37	38	39	40
①	①	④	③	②	①	①	①	①	③
41	42	43	44	45	46	47	48	49	50
④	①	④	①	②	④	②	①	④	①
51	52	53	54	55	56	57	58	59	60
④	①	①	②	④	①	①	③	①	②

1. 포말 소화기는 거품을 발생시켜 방사하는 것이며 A,B급 화재에 적합하다.

2. 지게차의 조향방식은 뒷바퀴 조향이다.

4. 운전 중 휴대전화 사용이 가능한 경우 : 자동차 등이 정지해 있는 경우, 긴급자동차를 운전하는 경우, 각종 범죄 및 재해 신고 등 긴급을 요하는 경우, 안전운전에 지장을 주지 않는 장치로 대통령령이 정하는 장치를 이용하는 경우

5. 딜트 레버를 당기면 운전자의 몸쪽 방향으로 기운다.

6. 조향 핸들의 유격이 커지는 원인 : 조향(스티어링) 기어 박스 장착부의 물림, 조향 기어 링키지 조정 불량, 피트먼 암의 헐거움, 조향 바퀴 베어링 마모, 타이로드의 볼 조인트 마모

8. 흡, 배기 밸브의 구비 조건 : 열전도율이 좋을 것, 열에 대한 팽창률이 작을 것, 열에 대한 저항력이 클 것, 가스에 견딜 것, 고온에 잘 견딜 것, 무게가 가벼울 것

10. 저항은 전자의 이동을 방해하는 요소이다.

11. 지게차의 리프트 실린더 작동회로에 플로 레귤레이터(슬로 리턴) 밸브를 사용하는 이유는 포크를 천천히 하강시키도록 하기 위함이다.

12. 수온 조절기가 열린 상태로 고장나면 기관이 과냉한다.

13. 교류 발전기는 전압 조정기만 필요하다.

14. 피스톤 링 및 실린더 벽의 마모가 과다하면 엔진 오일의 소비가 많아진다.

15. 좌우 포크 높이가 다를 경우에는 리프트 체인의 길이로 조정한다.

16. 자기 방전의 원인 : 음극판의 작용 물질이 황산과의 화학 작용으로 황산납이

되기 때문에, 전해액에 포함된 불순물이 국부 전지를 구성하기 때문에, 탈락한 극판 작용 물질이 축전기 내부에 퇴적되기 때문에, 양극판 작용 물질 입자가 축전기 내부에 퇴전되어 단락되기 때문에, 축전지 커버 위에 부착된 전해액이나 먼지 등에 의한 누전으로 인해

17. 4행정 사이클 디젤엔진은 흡입행정을 할 때 공기만 흡입한다.

18. 실드 빔 형식은 교환 할 때 전조등 전체를 교환한다.

19. 도로가 일방통행으로 된 때에는 도로의 중앙으로부터 좌측을 통행할 수 있다.

20. 등록을 말소한 경우 등록번호표는 10일 이내에 시, 도지사에게 반납하여야 한다.

21. 출처를 증명하는 서류는 건설기계 제작증, 수입연장, 매수증서(관청으로부터 매수) 등이다.

22. 유압 펌프의 토출 유량은 LPM(min)이나 GPM을 사용한다.

23. 건설기계 형식에 관한 승인을 얻거나 그 형식을 신고한 자는 당사자 간에 별도의 계약이 없는 경우에 건설기계를 판매한 날로부터 12개월 동안 무상으로 건설기계를 정비해 주어야 한다.

24. 건널목 가장자리로부터 10m 이내는 주차 및 정차금지 장소이다.

25. 파스칼의 원리
- 밀폐된 용기 속의 액체 일부에 가해진 압력은 각부에 똑같은 세기로 전달된다.
- 액체의 압력은 면에 대하여 직각으로 작용한다.
- 각 점의 압력은 모든 방향으로 같다.

26. 노면이 얼어붙은 곳에서는 최고 속도의 50/100을 줄인 속도로 운행하여야 한다.

27. 크랭킹 압력(Cranking pressure)이란 릴리프밸브에서 포팻 밸브(Poppet valve)를 밀어 올려 유압유가 흐르기 시작할 때의 압력이다.

28. 천장크레인은 산업용 기계에 속한다.

29. 유압 액추에이터는 유압 펌프에서 발생된 유압(유체)에너지를 기계적에너지(직선운동이나 회전운동)로 바꾸는 장치이다.

30. 건설기계 등록신청은 소유자의 주소지 또는 건설기계 사용 본거지를 관할하는 시, 도지사에게 간다.

31. 기어 모터는 플런저 모터에 비해 효율이 낮은 단점이 있다.

32. 교차로 또는 그 부근에서 긴급자동차가 접근하였을 때에는 교차로를 피하여 도로의 우측 가장자리에 일시 정지한다.

33. 유량이 부족하면 작업 장치의 속도가 느려진다.

35. 도수율 : 안전사고 발생 빈도로 근로시간 100만 시간당 발생하는 사고 건수

36. 방향 제어 밸브에서 내부 누유에 영향을 미치는 요소는 밸브 간극의 크기, 밸브 양단의 압력 차이, 유압유의 점도 등이다.

37. 드릴작업을 할 때 재료 밑에는 나무판을 받친다.

38. 유압유의 점도가 높으면 유압이 높아지며, 유압유 누출은 감소한다.

40. 푸트형, 플랜지형, 트러니언형, 클레비스형이 있다.

42. 전기기기에 의한 감전 사고를 막기 위하여 필요한 접지 설비이다.

43. 종류 및 점도가 다른 오일을 혼합하여 사용하면 열화가 촉진된다.

44. 지게차를 주차할 때 포크는 지면에 내려놓는다.

45. 클러치 용량이란 클러치가 전달할 수 있는 회전력의 크기이며, 기관 최대 출

력의 1.5~2.5배로 설계한다. 용량이 크면 클러치가 접속될 때 기관의 가동이 정지되기 쉽고, 용량이 적으면 클러치가 미끄러진다.

46. 지게차를 주차시킬 때에는 포크의 선단이 지면에 닿도록 내린 후 마스트를 전방으로 약간 경사 시킨다.

47. 라디에이터 캡의 스프링이 약하거나 파손되면 비등점이 낮아져 기관이 과열되기 쉽다.

48. 지게차에서 현가 스프링을 사용하지 않는 이유는 롤링(Rolling, 좌우 진동)이 생기면 적하물이 떨어지기 때문이다.

49. 토크 컨버터에서 회전력이 최댓값이 될 때를 스톨 포인트(Stall point)라 한다.

51. 토치에 점화할 때에는 전용 라이터를 사용하여야 한다.

53. 지게차는 앞바퀴 구동, 뒷바퀴 조향이다.

54. 화물의 근처에 왔을 때에는 브레이크 페달을 가볍게 밟아 정지할 준비를 한다.

56. 인칭 조절 페달은 지게차를 전, 후진 방향으로 서서히 화물에 접근시키거나 빠른 유압작동으로 신속히 화물을 상승 또는 적재시킬 때 사용하며, 트랜스미션 내부에 설치되어 있다.

57. 적재 상태에서 마스트는 뒤로 기울어지도록 한다.

58. 노란색 : 충돌, 추락 주의표시

59. 전동 지게차의 동력전달 순서 : 축전기 → 제어 기구 → 구동 모터 → 변속기 → 종감속 및 차동장치 → 앞바퀴

60. 디젤기관은 압축 압력, 폭압 압력이 크기 때문에 마력당 중량이 큰 단점이 있다.

지게차운전기능사 필기 모의고사 ⑨

정답

문제 본문 216p

1	2	3	4	5	6	7	8	9	10
④	①	②	②	③	④	①	④	①	①
11	12	13	14	15	16	17	18	19	20
③	②	④	④	②	①	②	②	③	④
21	22	23	24	25	26	27	28	29	30
③	①	②	④	②	①	②	④	②	③
31	32	33	34	35	36	37	38	39	40
③	②	②	①	②	④	②	①	②	②
41	42	43	44	45	46	47	48	49	50
④	②	①	④	②	③	③	②	②	②
51	52	53	54	55	56	57	58	59	60
①	②	④	④	②	④	①	③	④	④

1. 지게차의 조향 방식은 후륜(뒷바퀴) 조향이다.

2. 압력 제한 밸브는 커먼 레일에 설치되어 커먼 레일 내의 연료 압력이 규정 값보다 높으면 열려 연료의 일부를 연료 탱크로 복귀시킨다.

5. 격리판은 양극판과 음극판의 단락을 방지하기 위한 것이며 다공성이고 비전도성인 물체로 만든다.

6. 클러치 페달의 유격이 크면 변속할 때 기어가 끌리는 소음이 발생한다.

7. 플래셔 유닛이 고장나면 모든 방향지시등이 점멸되지 못한다.

9. 연소실의 구비 조건 : 연소실 내의 표면적은 최소가 되도록 할 것, 돌출부가 없을 것, 압축 끝에서 혼합기의 와류를 형성하는 구조일 것, 화염 전파 거리가 짧을 것

10. 피스톤 링은 기밀(밀봉) 작용, 오일 제어 작용 및 냉각(열전도) 작용 등 3가지 작용을 한다.

11. 연료 분사 펌프의 기능이 불량하며 ㄴ기관이 시동이 잘 안되거나 시동이 되더라도 출력이 저하한다.

12. 슬레노이드 스위치는 기동 전동기의 전자석 스위치이다.

14. 연료 압력이 낮은 원인 : 연료 보유량이 부족할 때, 연료 펌프 및 연료 펌프 내의 체크 밸브의 밀착이 불량할 때, 연료 압력 레귤레이터 밸브의 밀착이 불량 할 때, 연료 필터가 막혔을 때, 연료 계통에 베이퍼 록이 발생하였을 때

16. 면허증 반납 : 면허증 재교부를 받은 후 분실된 면허증을 발견한 때, 면허의 효력이 정지된 때, 면허가 취소된 때

17. 예열장치는 한랭한 상태에서 기관을 시동할 때 시동을 원활히 하기 위해 사용한다.

18. 정차란 운전자가 5분을 초과하지 아니하고 차를 정지시키는 것으로서 주차 외의 정지 상태를 말한다.

19. 건설기계를 취득한 날부터 2월(60일) 이내에 건설기계 등록신청을 해야 한다.

20. 플랙시블 호스는 내구성이 강하고 작동 및 움직임이 있는 곳에 사용하기 적합하다.

21. 건설기계 폐기인수증명서는 건설기계 폐기업자가 교부한다.

22. 카운터 밸런스 밸브는 유압 실린더 등이 중력에 의한 자유낙하를 방지하기 위해 배압을 유지한다.

24. 모든 고속도로에서 건설기계의 법정 최고 속도는 80km/h 이다.

25. 피스톤(플런저) 펌프는 효율이 높고 최고 토출 압력이 높은 장점이 있으나 구조가 복잡한 단점이 있다.

26. 유압유의 점도가 너무 낮으면 오일 누설에 영향을 주며, 회로 압력 및 유압 펌프 효율이 떨어진다.

27. 적성 검사 기준 : 두 눈의 시력이 각각 0.3 이상일 것(교정시력 포함), 두 눈을 동시에 뜨고 잰 시력이 0.7 이상일 것(교정시력 포함), 시각은 150도 이상일 것, 55 데시벨(보청기를 사용하는 사람은 40데시벨)의 소리를 들을 수 있고, 언어 분별력이 80% 이상일 것

28. 작동유의 열화를 확인하는 인자는 오일의 점도, 오일의 냄새, 오일의 색깔 등이다.

31. 오일 실(Seal)은 유압 작동부의 오일 누출을 방지하기 위해 사용하는 부품이다.

32. 드릴링 할 때 공작물과 드릴이 함께 회전하기 쉬운 때는 구멍 뚫기 작업이 거의 끝날 때이다.

33. 하이 마스트, 3단 마스트, 사이드 시프트 마스트(사이드 클램프), 로드 스태빌라이저, 로테이팅 클램프, 블록 클램프, 힌지드 버킷, 힌지드 포크 등이 있다.

34. 감압 밸브(리듀싱)는 상시 열려 있다가 유압이 높아지면 닫힌다.

37. 안내표지의 바탕색은 녹색이다.

38. 쿠션 기구는 유압 실린더에서 피스톤 행정이 끝날 때 발생하는 충격을 흡수하기 위해 설치하는 장치이다.

39. 재해 발생 원인으로 가장 ㄴ포은 비율을 차지하는 것은 작업자의 불안전한 행동이다.

41. 차축의 스플라인부는 차동장치의 차동사이드기어와 결합되어 있다.

42. 화물을 싣고 경사지에서 내려갈 때에는 저속 후진한다.

43. 진공식 제동 배력장치에 고장이 발생하여도 통상적인 유압 브레이크는 작동한다.

44. 포크의 간격은 파렛트 폭의 1/2~3/4 정도가 좋다.

45. 화물을 적재하고 주행할 때 포크와 지면과의 간격은 20~30cm가 좋다.

46. 아세틸렌 용접장치의 방호장치는 안전기이다.

47. 오일 압력 경고등은 시동 전에는 점등되었다가 시동 후에는 즉시 소등되어야 한다.

49. 지게차가 무부하 상태에서 최대 조향각으로 운행할 때 가장 바깥쪽 바퀴의 접지 자국 중심점이 그리는 원의 반경을 최소회전 반지름이라 한다.

50. 자체중량이란 연료, 냉각수 및 윤활유 등을 가득 채우고 휴대공구, 작업용구 및 예비 타이어(예비 타이어를 장착하도록 한 건설기계에만 해당한다)를 싣거나 부착하고, 즉시 작업할 수 있는 상태에 있는 건설기계의 중량을 말한다.

51. 각종 게이지는 운전 중에 점검한다.

52. 화재의 분류 : A급 화재(연소 후 재를 남기는 일반화재), B급 화재(유류화재), C급 화재(전기 화재), D급 화재(금속화재)

54. 드릴을 끼운 후 척 렌지(Chuck wrench)는 분리하여야 한다.

59. 수시 검사 : 성능이 불량하거나 사고가 자주 발생하는 건설기계의 안전성 등을 점검하기 위하여 수시로 실시하는 검사와 건설기계 소유자의 신청을 받아 실시하는 검사

60. 로드 스태빌라이즌 깨지기 쉬운 화물이나 불안전한 화물의 낙하를 방지하기 위하여 포크 상단에 상하 작동할 수 있는 압력판을 부착한 지게차이다.

지게차운전기능사 필기 모의고사 ⑩

정답

문제 본문 220p

1	2	3	4	5	6	7	8	9	10
②	①	②	④	②	①	③	②	①	③
11	12	13	14	15	16	17	18	19	20
①	③	③	③	④	②	②	①	②	④
21	22	23	24	25	26	27	28	29	30
④	④	①	③	④	③	②	④	④	③
31	32	33	34	35	36	37	38	39	40
①	③	①	①	①	①	③	①	④	④
41	42	43	44	45	46	47	48	49	50
④	④	④	④	④	④	③	②	③	①
51	52	53	54	55	56	57	58	59	60
③	④	④	②	④	④	④	①	②	④

3. 힌지도 포크는 둥근 목재나 파이프 등을 작업하는 데 사용한다.

4. 과급기(터보 차저)를 부착하였을 때의 장점
- 동일 배기량에서 출력이 증가하고, 연료 소비율이 감소된다.
- 냉각 손실이 적으며, 고지대에서도 기관의 출력 변화가 적다.
- 연소 상태가 좋아지므로 압축 온도 상승에 따라 착화 지연 기간이 짧아진다.
- 구조가 간단하고 무게가 가벼우며, 설치가 간단하다.

5. 지게차의 하중을 지지하는 것은 구동자축이다.

7. 점도 지수는 온도에 따르는 오일의 점도 변화정도를 표시하는 것이다.

8. 틸트 록 장치(Tilt lock system)는 마스트를 기울일 때 갑자기 엔진의 시동이 정지되면 작동하여 그 상태를 유지시키는 작용을 한다. 즉 틸트 레버를 움직여도 마스트가 경사되지 않도록 한다.

9. 건식 공기청정기는 정기적으로 엘리먼트를 빼내어 압축 공기로 안쪽에서 바깥쪽으로 불어내어 청소하여야 한다.

10. 퓨즈는 전기장치에서 과전류에 의한 화재 예방을 위해 사용하는 부품이다.

11. 윤활유의 소비가 증대되는 주요 원인은 연소와 누설이다.

12. 실드형 예열 플러그는 보호금속 튜브에 히트코일이 밀봉되어 있으며, 방열량과 열용량이 크고, 열선이 병렬로 접속되어 있다.

13. 수시 검사 : 성능이 불량하거나 사고가 자주 발생하는 건설기계의 안전성 등을 점검하기 위하여 수시로 실시하는 검사와 건설기계 소유자의 신청을 받아 실시하는 검사

14. 흡기장치의 구비 조건 : 흡입 부분에는 돌출부가 없을 것, 전체 회전 영역에 걸쳐서 흡입 효율이 좋을 것, 균일한 분배성이 있을 것, 연소 속도를 빠르게 할 것

15. 비가 내려 노면이 젖어 있을 때에는 최고 속도의 100분의 20을 줄인 속도로 운행하여야 한다.

16. 교류 발전기는 스테이터, 로터, 다이온, 슬립링과 브러시, 엔드 프레임 등으로 되어있다.

17. 가열한 철판 위에 오일을 떨어뜨리는 방법은 오일의 수분 함유 여부를 판정하기 위한 방법이다.

18. 해당 건설기계 운전의 국가기술자격 소지자가 건설기계 조종 시 면허를 받지 않고 작업을 하였을 경우는 무면허이다.

19. 기어 모터는 토크 변동이 큰 단점이 있다.

20. 안전 거리란 앞차가 갑자기 정지하였을 때 충돌을 피할 수 있는 거리이다.

22. 면허 취소 사유 : 면허 정지 처분을 받은 자가 그 정지 기간 중에 건설기계를 조종한 때, 거짓 또는 부정한 방법으로 건설기계의 면허를 받은 때, 건설기계의 조종 중 고의로 인명 피해를 입힌 때, 과실로 3명 이상을 사망하게 한 때, 과실로 7명 이상에게 중상을 입힌 때, 과실로 19명에게 경상을 입힌 때

26. 임시운행 사유 : 확인 검사를 받기 위하여 운행하고자 할 때, 신규 등록을 하기 위하여 건설 기계를 등록지로 운행하고자 할 때, 신개발 건설기계를 시험 운행하고자 할 때, 수출을 하기 위하여 건설기계를 선적지로 운행하는 경우

27. 12개월 이내에 건설기계의 주행거리가 2만 킬로미터(원동기 및 차동장치의 경우에는 4만 킬로미터)를 초과하거나 가동시간이 2천 시간을 초과한 때에는 12개월이 경과한 것으로 본다.

28. 오일 냉각기의 구비 조건 : 촉매작용이 없을 것, 오일 흐름에 저항이 작을 것, 온도 조정이 잘 될 것, 정비 및 청소하기가 편리할 것

29. 파스칼의 원리

- 밀폐 용기 속의 액체 일부에 가해진 압력은 각부에 똑같은 세기로 전달된다.
- 액체의 압력은 면에 대하여 직각으로 작용한다.
- 각 점의 압력은 모든 방향으로 같다

31. 경상해란 부상으로 1일 이상 14일 이하의 노동 손실을 가져온 상해 정도

32. 블리드 오프 회로는 유량 제어 밸브를 실린더와 병렬로 연결하여 실린더의 속도를 제어한다.

34. 안전표지의 종류 : 금지표지, 경고표지, 지시표지, 안내표지

35. 알칼리 또는 산성 세척유가 눈에 들어갔을 경우 수돗물로 씻어낸다.

36. 인칭 조절장치는 트랜스미션 내부에 설치되어 있다.

37. 렌치의 고정 조에 잡아당기는 힘이 가해져야 한다.

38. 지게차에서는 롤링(Rolling : 좌우 진동)이 생기면 적하물이 떨어지기 때문에 현가 스프링을 사용하지 않는다.

40. 의식의 강화는 안전을 위하여 눈으로 보고 손으로 가리키고, 입으로 복창하며 귀로 듣고, 머리로 종합적인 판단을 하는 지적 확인의 특성이다.

43. 하이 마스트, 3단 마스트, 사이드 시프트 마스트, 사이드 글램프, 로드 스태빌라이저, 로테이팅 클램프, 블록 클램프, 힌지드 버킷, 힌지드 포크 등이 있다.

44. 클러치의 구비 조건 : 회전 부분의 관성력이 작을 것, 동력 전달이 확실하고 신속할 것, 방열이 잘되어 과열되지 않을 것, 회전 부분의 광형이 좋을 것, 단속 작용이 확실하며 조작이 쉬울 것

45. 지게차의 리프트 실린더 작동회로에 플로 레귤레이터(슬로 리턴) 밸브를 사용하는 이유는 포크를 천천히 하강시키도록 하기 위함이다.

46. 11.00-20-12PR에서 11.00은 타이어 폭(인치), 20은 타이어 내경(인치), 14PR은 플리어 수를 의미한다.

47. 틸트 실린더는 마스트 앞, 뒤로 경사시키는 장치이다.

48. 조향장치의 구비 조건 : 회전 반경이 작을 것, 조향 조작이 경쾌하고 자유로울 것, 타이어 및 조향장치의 내구성이 클 것, 노면으로부터의 충격이나 원심력 등의 영향을 받지 않을 것.

51. 축압기(어큐물레이터) 사용 목적 : 압력 보상, 체적 변화 보상, 에너지 축적, 유압회로 보호, 맥동 감쇠, 충격 압력 흡수, 일정 압력 유지

52. 평형추(카운터 웨이트)는 지게차의 뒷부분에 설치되어 화물을 실었을 때 앞쪽으로 기울어지는 것을 방지하기 위하여 설치되어 있다.

53. 포크를 하강시킬 때에는 가속 페달을 밟지 않고 리프트 레버를 앞으로 민다.

55. 더스트 실은 피스톤 로드에 있는 먼지 또는 오염물질 등이 실린더 내로 혼입되는 것을 방지한다.

56. 토크 컨버터를 장착한 지게차의 동력전달 순서 : 엔진→토크 컨버터→변속기→종감속기어 및 차동장치→앞 구동축→최종감속 기어→앞바퀴

57. 크랭크 포지션 센서(CPS, CKP)는 크랭크축과 일체로 되어 있는 센서 휠(Sensor wheel)의 돌기를 검출하여 크랭크축의 각도 및 피스톤의 위치, 기관 회전 속도 등을 검출한다.

59. 직권식 기동 전동기의 전기자 코일과 계자 코일은 직렬로 연결되어 있다.

60. 트렌치 호는 기중기의 작업 장치의 일종이다.

지게차 운전기능사 필기시험 최신판

초판 인쇄 2021년 2월 23일
초판 발행 2021년 2월 27일

지은이 한상돈, 정동혁, 강성만 검토위원 이천복, 성도근
펴낸이 김재광
펴낸곳 솔과학
편   집 miro1970@hotmail.com
영   업 최회선
디자인 miro1970@hanmail.net
등   록 제10-140호 1997년 2월 22일
주   소 서울특별시 마포구 독막로 295번지 302호(염리동 삼부골든타워)
전   화 02)714-8655
팩   스 02)711-4656
E-mail solkwahak@hanmail.net

ISBN 979-11-87124-74-0 13550